V&R

Vergleichen, Verflechten, Verwirren?

Europäische Geschichtsschreibung zwischen Theorie und Praxis

Herausgegeben von
Agnes Arndt, Joachim C. Häberlen,
Christiane Reinecke

Vandenhoeck & Ruprecht

Bibliografische Information der Deutschen Nationalbibliothek

Die Deutsche Nationalbibliothek verzeichnet diese Publikation in der Deutschen Nationalbibliografie; detaillierte bibliografische Daten sind im Internet über http://dnb.d-nb.de abrufbar.

ISBN 978-3-525-30022-0
ISBN 978-3-647-30022-1 (E-Book)

Umschlagabbildung: Diffusion, © Jörg Rittmeister

Gedruckt mit Unterstützung der Gerda Henkel Stiftung, Düsseldorf

Satz: textformart, Göttingen
Druck und Bindung: ⊕ Hubert & Co, Göttingen

Gedruckt auf alterungsbeständigem Papier.

Inhalt

Schlusswort

Vorwort

Das von der Freien Universität und der Humboldt Universität gemeinsam getragene, vor allem von der Gemeinnützigen Hertie-Stiftung und der Gerda Henkel Stiftung finanzierte Berliner Kolleg für Vergleichende Geschichte Europas (BKVGE) hat von 2004 bis 2009 vergleichende und transnationale Forschungen zur modernen Geschichte Europas gefördert und betrieben. Es hat zwanzig Doktoranden aus sieben europäischen Ländern beherbergt, die mit ihren auf dieses Forschungsfeld bezogenen Dissertationen im Kolleg eng zusammenarbeiteten. Es veranstaltete Konferenzen, Seminare, Sommerkurse und Workshops. Es beherbergte Gäste und entwickelte Arbeitsbeziehungen zu zahlreichen einschlägig arbeitenden Institutionen in verschiedenen Ländern Europas. Auf diese Weise und mit seinen Publikationen trug es zur Weiterentwicklung der komparativen Geschichtswissenschaft in Europa bei. Das Kolleg nutzte den Standort Berlin, um mit systematischen Fragen die Verknüpfung von ost- und westeuropäischer Geschichte voranzutreiben, die allzu oft noch separiert voneinander betrieben werden. Es sah sich selbst als ein förderndes Moment innerhalb des Prozesses der intellektuellen und wissenschaftlichen Integration Europas. Von den zwanzig Stipendiatinnen und Stipendiaten des BKVGE kamen elf aus den Gesellschaften des östlichen und südöstlichen Europas, neun aus Deutschland und dem westlichen Europa.

Thematisch und personell konnte das BKVGE auf zwei Berliner Vorgängerinstitutionen aufbauen, der Arbeitsstelle für Vergleichende Gesellschaftsgeschichte (1993–1998) und dem Zentrum für Vergleichende Geschichte Europas (1998–2003), die von der Deutschen Forschungsgemeinschaft (Leibniz-Preis für Jürgen Kocka) und der VolkswagenStiftung finanziert wurden. Dem Direktorium des BKVGE gehörten Etienne François, Manfred Hildermeier, Hartmut Kaelble, Jürgen Kocka und Holm Sundhaussen an, die für die wissenschaftliche Leitung und die Betreuung der Stipendiaten verantwortlich waren. Die tagtägliche Leitung lag in der Hand des Geschäftsführers Arnd Bauerkämper, der auch an der konzeptionellen Arbeit und der Stipendiatenbetreuung beteiligt war.

Methodisch stand im BKVGE die Verknüpfung von historischem Vergleich und Verflechtungsgeschichte im Vordergrund. Jener fragt primär nach Ähnlichkeiten und Unterschieden, diese nach Beziehungen, Transfers und Beeinflussungen zwischen Untersuchungseinheiten und -gegenständen (wie Ländern, Regionen, Institutionen, Kulturen, Gesellschaften etc.). Insgesamt wurde deutlich, dass Verflechtungsgeschichte (*entangled histories, histoire croisée*) nicht ohne Vergleich auskommt und dieser durch Verflechtungsgeschichte gewinnt. Während das Thema »Zivilgesellschaft« weiterhin interessierte, kam dem Thema »Grenzziehung und Grenzüberschreitung« wachsende Bedeutung zu. Die empirischen Arbeiten, die im BKVGE betrieben worden sind, waren im Einzelnen vielfältig. Vier thematische Bereiche standen im Vordergrund: »Migration und Transfer«, »Staat und zivilgesellschaftliche Selbstorganisation«, »Öffentlichkeit und *Citizenship*« sowie »Identitäten und Zuschreibungen Europas in globaler Perspektive«.

Die im Folgenden versammelten Aufsätze wurden von Angehörigen der letzten Stipendiaten-Kohorte verfasst. Auf ihre Initiative geht dieser Band zurück. Die Aufsätze sind thematisch mit den Dissertationen der Autorinnen und Autoren verbunden, die von diesen im Kolleg bearbeitet wurden, zum Teil schon erschienen sind oder demnächst erscheinen. Arnd Bauerkämpers Beitrag leitet in die Gesamtthematik des BKVGE ein. Bo Stråths Gastbeitrag umreißt dessen Ort in der sich rasant entwickelnden globalgeschichtlichen Forschung. Besonderer Dank gebührt Agnes Arndt, Joachim C. Häberlen und Christiane Reinecke, die das Gemeinschaftsprojekt organisiert und die Herausgeberschaft geschultert haben. Für die finanzielle Unterstützung des Bandes sei der Gerda Henkel Stifung, für redaktionelle Arbeiten Rabea Rittgerodt gedankt. Mit großer Genugtuung begrüßen die Leiter des Berliner Kollegs die hier vorgelegte Sammlung von Forschungsergebnissen, die aus den Arbeiten an der 2009 zu Ende gebrachten Institution hervorgingen. Die Aufsätze lassen etwas von der intellektuellen Energie, der thematisch-methodischen Debatte und dem großen Engagement erkennen, die für das Kolleg typisch waren.

Jürgen Kocka Berlin, September 2010

Agnes Arndt, Joachim C. Häberlen
und Christiane Reinecke

Europäische Geschichtsschreibung zwischen Theorie und Praxis

Auf die Beschränkungen und Probleme einer im nationalstaatlichen Rahmen verharrenden Geschichtsschreibung ist mittlerweile zu Genüge hingewiesen worden. Der Ruf nach einer transnationalen Ausrichtung der Historiographie ist insofern nicht neu.[1] Gerade in der jüngsten Zeit folgte eine Vielzahl von Studien der Forderung nach einer Abkehr vom methodischen Nationalismus.[2] Doch während über die Notwendigkeit einer Ausweitung und Ausdifferenzierung des historiographischen Blicks weitgehend Einigkeit besteht, fällt auf, dass Fragen der Forschungspraxis in diesem Zusammenhang selten diskutiert werden. Zwar gehen viele Autorinnen und Autoren auf Forderungen ein, wie sie unter dem Signum von Vergleich, Transfer oder Verflechtung in den vergangenen zwei Jahrzehnten formuliert wurden, doch fehlt eine ergiebige Auseinandersetzung mit den Problemen und Möglichkeiten, die sich aus der praktischen Anwendung dieser Ansätze ergeben. Diese Beobachtung bildet den Ausgangspunkt des vorliegenden Bandes. Sein Ziel ist es, auf der Basis aktueller empirischer Studien zur europäischen Geschichte des 19. und 20. Jahrhunderts den etablierten Methodenkanon kritisch zu beleuchten und die Risiken und Chancen vergleichs-, transfer- und verflechtungsgeschichtlicher Analysen zu diskutieren.

Über die klassischen Vergleichsachsen der so genannten »europäischen Geschichtsschreibung«[3] hinausgehend, beziehen die hier vorgestellten Analysen komparative und verflechtungsgeschichtliche Studien mit ein, die »west-« und »osteuropäische« Räume zueinander in Bezug setzen und damit über die ehemaligen »Blockgrenzen« hinweg nach Gemeinsamkeiten und Unterschieden, nach Abgrenzungen und Verflechtungen fragen. Neben Polen und der ehemaligen Tschechoslowakei, Ungarn, der DDR und der Bundesrepublik behandeln die Beiträge das Britische Empire,

Frankreich, das Habsburger und das Deutsche Reich, Lothringen, die Rheinprovinz und Luxemburg. Aus der Vielfalt der geographischen Zugänge resultierend, bieten sie so die Möglichkeit, sich dem Feld der »Europäischen Geschichte« vor allem kritisch zu nähern: Denn zum einen hinterfragen die Autorinnen und Autoren die in der deutschen historischen Forschung nach wie vor klar dominierende Trennung von »allgemeiner« (und damit im gängigen Verständnis zumeist »westeuropäisch« konnotierter) sowie »ostmitteleuropäischer« Geschichte. Zum anderen weisen sie auf die zahlreichen Verflechtungen europäischer mit außereuropäischen Entwicklungen hin. Gemäß der Forderung, Europa zu provinzialisieren, zielt der Band darauf ab, den Sinn- und Konstruktionscharakter einer »europäischen« Geschichtsschreibung selbst als einen Gegenstand historischen Arbeitens zu situieren und mithilfe empirischer und methodenkritischer Untersuchungen zu historisieren.

Vor diesem Hintergrund befassen sich die Beiträge mit Räumen und Grenzen, Akteuren und sozialen Praktiken sowie Konzepten und Repräsentationen als den spezifischen Gegenständen der historisch-komparativen Analyse und zentralen Dimensionen der Europäischen Geschichte des 19. und 20. Jahrhunderts. Orientiert an diesen drei Dimensionen durchleuchten die Beiträge die Vorzüge und Probleme vergleichender, verflechtender und transferierender Perspektiven. Sie befassen sich mit der Frage, welche Probleme und Chancen sich aus der komparativen Analyse von Imperien, städtischen Räumen und Grenzregionen ergeben. Sie erörtern, inwieweit sich alltagsgeschichtliche Prozesse und soziale Praktiken – wie sich politisches und soziales Protestverhalten, Migrationsprozesse und die alltäglichen Kontakte »west-« und »ostmitteleuropäischer« Jugendlicher – in einer vergleichenden Perspektive untersuchen lassen. Schließlich diskutieren sie anhand des Umgangs mit dem Holocaust in den deutschen Kirchen, des Bildungsbürgerbegriffs in der Bundesrepublik und in Ungarn, der Architektur europäischer Botschaftsgebäude sowie des Niedergangs marxistischer Ideen in der zweiten Hälfte des 20. Jahrhunderts, inwiefern Konzepte, Begriffe und Repräsentationen in einem komparativen Setting überhaupt analysiert oder von dem einen in den anderen Kontext übersetzt werden können. Sie rücken damit Vergleichsobjekte in den Blickpunkt, von denen es wiederholt geheißen hat, sie eigneten sich nicht für komparative

Analysen: von Imperien als Vergleichsrahmen über den Eigensinn von Akteuren und alltagsgeschichtlichen Prozessen bis hin zu Ästhetiken, Begriffen und Diskursen.

Dabei setzen sich die Autorinnen und Autoren ebenso mit dem praktischen Mehrwert wie mit den Auslassungen und Problemen von Transfer, Vergleich und Verflechtung auseinander. Sie greifen somit auf etablierte Arbeitsweisen und Fragestellungen der »transnationalen«[4] Geschichtsschreibung zurück und gehen zugleich über sie hinaus, indem sie die gängigen Ansätze kritisch beleuchten, sie vielfach kombinieren und ihren Wert für die Forschung neu bewerten und diskutieren. Damit tragen sie nicht nur zur Verständigung über methodische Fragen bei, sondern geben auch einen Einblick in aktuelle Tendenzen und mögliche Perspektiven einer europäischen Geschichtsschreibung. Ihre Beiträge werden im Folgenden, an die Gliederung des Bandes anknüpfend, in drei Themenkomplexen vorgestellt: Zunächst wird in konzeptionell gehaltenen Aufsätzen der Diskussionsstand zur europäischen beziehungsweise globalen Geschichtsschreibung kritisch nachgezeichnet; die beiden folgenden empirischen Abschnitte widmen sich dann einerseits Versuchen, die Spaltung der europäischen Geschichte in »Ost-« und »Westeuropa« zu überwinden und fragen andererseits nach der »Verortung des Transnationalen.«

Vom Vergleich zum Transfer zur Verflechtung: Ansätze und Erträge transnationaler Forschung

Als die vornehmlich in den deutsch-französischen Geschichts- und Literaturwissenschaften geführte Debatte um Transfer und Vergleich Ende der 1990er Jahre ihren Höhepunkte erreichte, präsentierten die Vertreter beider Richtungen den Vergleich isolierter Vergleichsobjekte und die Beschreibung von Kulturtransfers noch als zwei separate Verfahren.[5] Der Vergleich galt in diesem Zusammenhang als ein analytisches Instrumentarium, das es erlaubte, Faktoren zu isolieren, nach dem Spezifischen und (All)Gemeinen der untersuchten Prozesse zu fragen und kausale Zusammenhänge herzustellen. Demgegenüber betonten die Repräsentanten der Transferforschung stärker die Interaktionen zwischen Kulturen oder Gesellschaften. In ihren Augen folgte die vergleichende

Geschichtswissenschaft zu sehr dem Bild Emile Durckheims vom Vergleich als einem »indirekten Experiment« – ohne zu reflektieren, dass gerade die historische Forschung schwerlich von den gegenseitigen Beziehungen abstrahieren könne, aus denen die untersuchten Phänomene hervorgingen. Die Transferforschung konzentrierte sich daher auf die Analyse von Austauschprozessen und der »Bewegung von Menschen, materiellen Gegenständen, Konzepten und kulturellen Zeichensystemen im Raum«.[6]

Parallel dazu rückten mit der zunehmenden Verbreitung postkolonialer Ansätze die vielfältigen Verflechtungen zwischen »europäischen« und »nicht-europäischen« Gesellschaften in den Vordergrund des historischen Interesses. Gemäß der Beobachtung, dass, um mit Andreas Eckert und Shalini Randeria zu sprechen, »alle in einer postkolonialen Welt [leben], nicht nur jene Menschen in und aus ehemals kolonialisierten Gebieten«,[7] hat die Globalgeschichte den Blick auf die Interferenzen und geteilten Erfahrungen von »Peripherie« und »Metropole«, Kolonialisierenden und Kolonialisierten gelenkt und auf diese Weise Kritik am gängigen Eurozentrismus der Forschung geübt.[8] Den in diesem Kontext formulierten Konzepten von »shared history« oder »entangled histories« ist gemein, dass sie den Blick auf den wechselseitigen Austausch und die Interdependenzen zwischen verschiedenen Kulturen oder Gesellschaften lenken.[9] Eine derart relationale Perspektive ist schließlich auch das Anliegen der Anhänger einer wiederum stärker im europäischen Raum verhafteten »histoire croisée«, die in erster Linie eine kritische Selbstreflektion der Forschenden auf ihre sprachlichen und kulturellen Vorprägungen einfordern und sie für die vergleichende Analyse produktiv zu machen suchen.[10] Forschende sind in dieser Perspektive stets *Teil* des Settings, das sie untersuchen. Sie sollten daher beständig zwischen den unterschiedlichen Standorten und Semantiken, die ihnen das komparative Setting bietet, hin- und herwechseln, ohne dabei die Verschränkungen der untersuchten Entwicklungen aus dem Auge zu verlieren.

Gleichwohl haben die Debatten um Vorzüge und Nachteile von Vergleich, Transfer und Verflechtung in den letzten Jahren deutlich an Schärfe verloren. Wurden Komparatistik und Transferforschung zunächst als miteinander konkurrierende Ansätze angesehen, wird heute eher ihr ergänzender Charakter hervorgehoben: Auf der einen Seite sollten vergleichende Studien nach wechselseitigen Austauschprozessen fragen, auf der anderen Seite müssen transfergeschichtliche Arbeiten die verschiedenen Kontexte berücksichtigen, in denen Austausch- und Aneignungsprozesse stattfanden.[11] Auch erfordern alle drei Verfahren die Konstruktion ihres Analysegegenstandes: der Vergleich, indem er der Definition eines *tertium comparationis* bedarf, dessen Ausprägung in verschiedenen Kontexten untersucht wird,[12] die Transfer- und Verflechtungsanalyse, indem sie von einem Objekt ausgeht, das dann in seiner Übertragung, Aneignung oder wechselseitigen Beeinflussung verfolgt wird. Gemeinsam mit ihren Autorinnen und Autoren plädieren auch die Herausgeberinnen und Herausgeber dieses Bandes für methodische Vielfalt in der transnationalen Geschichtsschreibung. Vergleichende Studien sind in ihren Augen in gleicher Weise wie die Untersuchung von Übertragungs-, Aneignungs- oder Vernetzungsprozessen zu legitimieren und bei einem umsichtigen Umgang mit den Leerstellen, die ein jeder Ansatz mit sich bringt, methodisch zu rechtfertigen. Ihrer Auffassung nach ist indes weiterhin zwischen dem Vergleich, einer *Methode*, und der Analyse von Transfers, letztendlich einem *Gegenstand*, zu unterscheiden. Die daraus resultierenden unterschiedlichen Logiken des Zugangs zu einem transnationalen Setting müssen, wie die folgenden Beiträge zeigen, in empirischer ebenso wie methodologischer Hinsicht stets mitberücksichtigt werden.

Als wie nützlich sich die gewählten Verfahren in der Praxis jeweils erweisen, hängt letztlich von der historischen Fragestellung einer Studie ab. Sie entscheidet darüber, ob sinnvollerweise verglichen wird, Verflechtungen untersucht werden oder eine Kombination beider Verfahren angewandt werden kann. Der Wert und die Probleme des gewählten Ansatzes erschließen sich, wie die Aufsätze im vorliegenden Band eindrücklich zeigen, vor allem in der konkreten Auseinandersetzung mit dem spezifischen Analysegegenstand und seiner historischen und räumlichen Situierung. Daher sind viele dieser Studien von vornherein nicht rein komparativ oder rein verflechtungsgeschichtlich angelegt worden. Die ursprünglich als konkurrierend gedachten Konzepte von Vergleich, Transfer und Verflechtung werden in der aktuellen Forschung, so auch Arnd Bauerkämper in diesem Band, zunehmend miteinander verknüpft, und gerade der flexible Umgang mit dem etablierten Methodenkanon scheint sich dabei, wie an den hier vorgestellten Beiträgen deutlich wird, als besonders produktiv zu erweisen. Vor allem die Kombination begriffshistorischer mit vergleichs- und verflechtungsgeschichtlichen Ansätzen eröffnet, wie Bo Stråth im Folgenden zeigt, die Möglichkeit, nicht nur die »europäische«, sondern auch die ältere Globalgeschichte einer kritischen Erneuerung zu unterziehen.

Gleichwohl heißt das nicht, dass die Verknüpfung der unterschiedlichen Verfahren und Fragestellungen keine Probleme mit sich brächte, wie etwa Jakob Hort in seinem Beitrag eindringlich beleuchtet. Denn nicht immer lassen sich die Beschränkungen des einen Verfahrens durch ein anderes ausgleichen, auch kann ihre Kombination dazu führen, dass sich Analyseergebnisse immer weniger in ein zusammenhängendes Narrativ fügen lassen. Gerade an der Durchführbarkeit der »histoire croisée« scheinen in diesem Zusammenhang Zweifel angebracht. So weist Agnes Arndt auf die forschungspraktischen Probleme hin, die sich aus deren Forderung nach Multiperspektivität und erhöhter Selbstreflexivität ergeben; zumal, wenn die Analyse über einen eng begrenzten Gegenstand hinausgeht. Die »kaum zu bewältigende Arbeitsmenge«, von der sie spricht, weist auf ein generelles Risiko hin: darauf nämlich, dass der gängige Ruf nach Verflüssigung und Relationalität in der transnationalen Geschichte zwar dazu beiträgt, einer normativen Verengung des historiographischen Blicks zu begegnen, es aber eines Balanceaktes bedarf, um eine solch produktive Verwirrung etablierter Narrative überhaupt organisierbar zu halten.

Vom Osten zum Westen und vom Westen zum Osten: Wege zu einer Beziehungsgeschichte

Am konkreten Beispiel »ost-« und »westeuropäischer« Verflechtungsgeschichte wird das Problem der forschungspraktischen Operationalisierbarkeit noch drängender. Unterschiedliche semantische, kulturelle und politische Zusammenhänge einer für das 20. Jahrhundert noch immer vordringlich als Gegensatzpaar begriffenen Geschichte Ostmittel- und Westeuropas methodologisch und empirisch zu erfassen, stellt in diesem Feld arbeitende Historikerinnen und Historiker vor zahlreiche Herausforderungen. Wie Claudia Kraft vor einiger Zeit am Beispiel eines Vergleichs zwischen der »ostmitteleuropäischen« Geschichte und der Geschlechtergeschichte instruktiv gezeigt hat, wird »Europa« in diesem Zusammenhang noch immer als eine Art »Gütesiegel« und Ost- sowie Ostmitteleuropa vor allem normativ in ihrer »Angleichung« an eine »westeuropäisch« definierte Moderne verstanden. Auf der Folie einer vermeintlichen »Rückkehr nach Europa« erscheint vor allem die »ostmitteleuropäische« Entwicklung nach 1945 »diskursiv als etwas Fremdes«.[13] Diese »Fremdheit« zu dekonstruieren und die normativen Vorannahmen der »allgemeinen« Geschichte am Beispiel ihrer Verflochtenheit mit der Geschichte Ostmitteleuropas zu dechiffrieren, ist ein wichtiges Ziel der in diesem Band versammelten Beiträge.

Dabei folgen die Aufsätze einer zweifachen Prämisse: Sie betonen erstens die diskursive Herstellung sozialer und politischer Handlungsfelder, innerhalb derer »europäische« Deutungszusammenhänge überhaupt erst historisch konstruiert und räumlich wie semantisch immer wieder neu austariert werden. Und sie deuten zweitens auf das in ihren Augen defizitäre, weil nur oberflächlich zu begründende Verständnis einer vermeintlich »rückschrittlichen ostmitteleuropäischen« Entwicklung hin, die sie empirisch und methodisch zu hinterfragen und zu überwinden suchen. Die vor allem über ihre Abweichung von anderen »Normalentwicklungen« westeuropäischer Provenienz definierte Geschichte Ostmitteleuropas erscheint ihnen in diesem Zusammenhang, um mit Wolfgang Schmale zu sprechen, eher als ein »Kunstprodukt« des Kalten Krieges denn als eine geschichtliche Kohärenz, die auch heute noch perpetuiert werden müsste.[14]

So belegt Benno Gammerl, dass maritime und kontinentale Imperien auch »jenseits der West-Ost-Dichotomie« fruchtbar miteinander verglichen werden können, wenn man dabei »Ähnlichkeiten nicht außer Acht lässt und Unterschiede kontextuell einbettet«. Anstatt normative Gegensätze zwischen einem vermeintlich »rückständigen Osten« und einem »fortschrittlichen Westen« von neuem fortzuschreiben, entwickelt er einen alternativen Untersuchungsrahmen für die Analyse des Umgangs mit ethnischer Heterogenität im British Empire und im Habsburgerreich. Insbesondere die Unterscheidung von nationalstaatlichen, etatistischen und imperialistischen Logiken ist ihm zufolge aufschlussreich, da sie Diskriminierungen »nicht-weißer« Bürger und Untertanen verdeutlicht, die der britischen und westeuropäischen Geschichte inhärent sind. Dieses Muster heute noch als »fortschrittlich« zu bezeichnen, wäre schlicht »zynisch«, so sein Fazit.

Wie stark die konsequente Kontextualisierung der Untersuchungsgegenstände eine mögliche Vorwegnahme späterer, normativ geprägter Ergebnisse komparativer Studien zu vermeiden hilft, zeigt auch Tetyana Pavlush. Am Beispiel der Auseinandersetzung der evangelischen Kirchen mit dem Eichmann-Prozess in der BRD und der DDR macht sie deutlich, dass die beiden deutschen Nachkriegsgeschichten nur dann in ein gemeinsames Narrativ integriert werden können, wenn sie kontextuell eingebunden und mögliche Asymmetrien oder Disproportionalitäten zwischen den Vergleichseinheiten damit erklärt und relativiert werden können. Indem sie sowohl die Interaktionen zwischen den Untersuchungsobjekten und ihren Kontexten als auch zwischen den unterschiedlichen Untersuchungsebenen analysiert, gelingt es ihr, die schwierige Frage nach der analytischen Trennung zwischen den Untersuchungseinheiten im Rahmen des Vergleiches »nicht auf Kosten ihrer Zusammengehörigkeit« zu beantworten. Für die deutsch-deutsche Kirchengeschichte sei, so lautet ihre Schlussfolgerung, nur ein Vorgehen, »das die Zusammengehörigkeit der ost- und westdeutschen Kirchen sowie ihre sukzessive Entfremdung als zwei parallel und zeitgleich verlaufende Prozesse auffasst und darstellt«, ergiebig.

Auf die Untersuchung jenseits vermeintlich »unüberbrückbarer« Grenzen vorhandener, physischer oder diskursiver Raum- und Kommunikationsstrukturen zielen auch die Beiträge von Zdeněk Nebřensky, Mateusz Hartwich, Márkus Keller und Agnes Arndt ab. So zeigt Zdeněk Nebřensky anhand der Untersuchung von kulturellen Transfers zwischen Ostmittel- und Westeuropa, wie die Reisen polnischer und tschechoslowakischer Jugendlicher den sozialistischen Alltag ihrer Altersgenossen berührten, die Herrschaftsausübung und die Attraktivität der politischen Ordnung im so genannten »Ostblock« abschwächten und Mechanismen der Ablehnung und Opposition gegenüber den Zentralbehörden generierten. Umgekehrt wirft er die Frage auf, inwiefern »die Mobilisierung der westlichen Jugend in den 1960er Jahren auch durch Begegnungen mit und Bindungen zu ostmitteleuropäischen Altersgenossen angeregt wurde«. Ähnlich wie Mateusz Hartwich betont er die Auswirkungen einer im polnischen Fall um 1956 vorgenommenen Liberalisierung, die zu weitreichenden, bislang noch kaum erforschten Austauschbeziehungen im Kultur- und Tourismuswesen zwischen Ostmittel- und Westeuropa führte. Auch Agnes Arndts Analyse des Bedeutungswandels und -rückgangs marxistischer Ideen in Europa rekurriert auf die durch die so genannte Destalinisierung hervorgerufenen Liberalisierungstendenzen in der internationalen, kommunistischen Bewegung. Am Beispiel einer »histoire croisée« zwischen dissidenten Kommunisten in Polen und Großbritannien zeigt sie jedoch, dass ein dementsprechend auf das Jahr 1956 zurückgehender, diskursiver Raum vor allem im »Westen« konstruiert wurde, während kommunistische Intellektuelle im »Osten« diesen transnationalen Verflechtungshorizont bereits zu Beginn der 1960er Jahre allmählich zu verlassen und mit national konturierten Versuchen der demokratischen Opposition zu überschreiben suchten.

Wie wichtig und schwierig die Übersetzbarkeit und Übertragbarkeit analytischer Begriffe aus einem in einen anderen Forschungszusammenhang sein kann, zeigt wiederum der Beitrag von Márkus Keller. Anhand der begrifflichen Probleme des Vergleichs am Beispiel der deutschen und ungarischen Bürgertumsforschung macht er deutlich, dass die Begriffe des deutschen »Bildungsbürgers« und des ungarischen »értelmiség« weder hinsichtlich ihrer jeweiligen Verwendung, noch hinsichtlich der von ihnen erfassten gesellschaftlichen Gruppen eindeutig übereinstimmen. Vergleiche, die mit nur einem der in unterschiedlichen nationalen Kontexten ausgeprägten Termini operieren, seien daher im Grunde irreführend und in ihrer Aussagekraft von vornherein eingeschränkt. Umgekehrt scheint allerdings nur der vergleichende Zugang zu diesem Problem einen Weg aus etwaigen asymmetrischen oder defizitären Erklärungsansätzen zu bieten. Erst wenn beispielsweise die zu Bildungsbürgertum und »értelmiség« dazugehörigen Berufsgruppen vergleichend untersucht und hinsichtlich ihrer Ähnlichkeiten, aber auch Unterschiede befragt würden, sei es möglich, einen an die Ergebnisse solcher Studien anschließenden »transnationalen Oberbegriff« für die Analyse beider Gesellschaftsformationen in Ostmittel- und Westeuropa stichhaltig zu begründen.

Alle Beiträge des Kapitels eint letztendlich ihre stärker auf gemeinsame Beziehungen und Ähnlichkeiten als auf gegenseitige Abgrenzungen und Unterschiede abhebende, die Geschichte

»west-« und »ostmitteleuropäischer« Gesellschaften integrierende Perspektive. Anstatt von der, in der Forschungsliteratur ohnehin zunehmend als überholt geltenden, klaren Trennung zwischen in sich stabilen und fest umrissenen »Blöcken« auszugehen, rücken die zwischen ihnen statt gefundenen Transfers und Verflechtungen in den Mittelpunkt der Untersuchungen.[15] Die Fluidität und Fragilität politisch konstruierter Abgrenzungen, die in der überbemühten Metapher des so genannten »Eisernen Vorhangs« noch heute latent eine Art »Zivilisationsgrenze« innerhalb Europas markieren, können von den Autorinnen und Autoren so nicht nur benannt, sondern auch hinsichtlich ihrer tatsächlichen Tragfähigkeit für die Komparatistik hinterfragt werden. Dabei rückt vor allem die diskursive Herstellung von Raumvorstellungen sowie deren Rückwirkung auf und deren Konterkarierung durch soziale und kulturelle Praktiken in den Fokus der Untersuchungen. Über die so genannten Systemgrenzen zwischen West- und Ostmitteleuropa hinweg, dies machen die Beiträge dieses Bandes deutlich, existierten in Teilen äußerst gefestigte, in ihrer regionalen oder internationalen Tradition auf Entwicklungen vor 1945 zurückgehende »transnationale« Kommunikationsstrukturen, die auch während des Kalten Krieges nie gänzlich überdeckt wurden. Diese diskursiven Räume konstruktiv zu analysieren und die Geschichte Europas nicht etwa aus einer vermeintlich verspäteten Zugehörigkeit zu den Institutionen der Europäischen Gemeinschaft, sondern vielmehr aus ihrer über Jahrhunderte hinweg miteinander verflochtenen Beziehungs-, aber auch Konfliktgeschichte heraus zu definieren, ist das Anliegen der Autorinnen und Autoren. Eine so verstandene »europäische« Geschichte untersucht »Europäische Geschichten im Plural«[16], wie Michael G. Müller kürzlich formulierte. Unabhängig davon, ob sie primär »west-« oder »ostmitteleuropäische« Untersuchungseinheiten wählt, steht sie, wie die folgenden Beiträge zeigen, vor ähnlichen, methodologischen Herausforderungen.

Vom Globalen zum Nationalen zum Lokalen: Zur Verortung des Transnationalen

Mit dem vielfach beschworenen Abschied vom methodischen Nationalismus geht die Forderung einher, sich vom Nationalstaat als dominanter Untersuchungseinheit zu lösen und lokale, regionale ebenso wie globale Dynamiken zu berücksichtigen. Dementsprechend schenkt die aktuelle, durch die Globalisierung geprägte und auf sie bezogene Forschung nicht nur der Frage *wann*, sondern auch der Frage *wo* Geschichte stattfindet, zunehmend Beachtung.[17] Auch die Beiträge dieses Band deuten auf eine erhöhte Sensibilisierung im Hinblick auf die räumliche Rahmung der eigenen Forschungen hin. Indem der Nationalstaat als selbstverständliche Einheit zunehmend in Frage gestellt wird, gewinnen alternative räumliche Begrenzungen des Untersuchungsraumes sowie die Mobilität zwischen Räumen und Grenzen an Bedeutung. Das zeigt sich an der Hinwendung zu imperialen Formationen im Beitrag von Benno Gammerl ebenso wie an der Verortung politischer und sozialer Praktiken im städtischen Raum bei Joachim C. Häberlen und Jakob Hort oder an den auf regionaler Ebene angesiedelten Analysen von Mateusz Hartwich und Stephanie Schlesier. Indem sie sich auf die Ebenen unter- und oberhalb des Nationalstaates begeben, brechen die Autorinnen und Autoren nicht nur mit der Dominanz des Nationalen, sondern nehmen auch neue Fragen, Probleme und Akteure in den Blick. Vor allem zwei Punkte verdienen in diesem Zusammenhang Beachtung: Die Ausdifferenzierung der Untersuchungsebenen in der »transnationalen« Geschichtsschreibung bedeutet *erstens*, dass für die Verortung historischer Entwicklungen auf eine immer breitere Skala räumlicher Bezüge zurückgegriffen wird, die vom Botschaftsbau und dem Stadtviertel bis hin zum britischen Empire reicht. Und sie bedeutet *zweitens*, dass sich viele Studien nicht auf den Vergleich von Entitäten beschränken, sondern sich den Wechselbeziehungen zwischen ihren Untersuchungsräumen, zwischen Region und Region, Nation und Nation, ebenso zuwenden wie den Verbindungen zwischen den verschiedenen Untersuchungsebenen: zwischen Lokalem, Regionalem, Nationalem und Globalem.

Gegenüber der konventionellen Analyse von Nationalstaaten als voneinander abgeschotteten Entitäten gewinnen so die Durchlässigkeit von Grenzen und die Verbindungen zwischen beziehungsweise die Überlagerungen von Räumen an Bedeutung.[18] Gerade in Grenznähe trafen, wie Stephanie Schlesier am Beispiel von preußischer Rheinprovinz, Lothringen und Luxemburg im 19. Jahrhundert beschreibt, unterschiedliche identitäre, politische und kulturelle Entwürfe aufeinander und beeinflussten sich über nationale Grenzen hinweg gegenseitig. Auch vermag sie zu zeigen, wie mit den spezifischen sozio-ökonomischen und demographischen Bedingungen von Regionen eigene, grenzüberspannende Wanderungsräume und Traditionsbildungen einher gehen konnten. In methodischer Hinsicht verdeutlicht ihr Aufsatz insbesondere, wie gewinnbringend sich vergleichende Ansätze mit solchen der Verflechtung kombinieren lassen. Einzig sich gegenüberliegende Grenzregionen zu vergleichen ohne wechselseitige Beeinflussungen zu berücksichtigen – und seien es solche, die durch gegenseitige Abschottung zustande kommen – würde der historischen Realität nicht gerecht werden. Andererseits erlaubt der Vergleich, unterschiedliche Entwicklungen innerhalb der nationalstaatlich verfassten Territorien zu erfassen. Demgegenüber illustriert Mateusz Hartwich anhand in- und ausländischer Touristen, die in den 1950er Jahren in das polnische Riesengebirge kamen, die fortwährende Anbindung dieser »Grenzregion mit wechselnden staatlichen Zugehörigkeiten, kulturellen und materiellen Schichten unterschiedlicher Herkunft« an das transnationale Geschehen. In diesem Zusammenhang behandelt er auch die gerade für die europäische Geschichte bedeutsamen grenzüberschreitenden Verflechtungen, die – unter anderem aufgrund der Bevölkerungstransfers nach dem Zweiten Weltkrieg – die Existenz von Minderheiten mit sich brachte. Das Transnationale zu verorten bedeutet allerdings nicht nur, nach Grenzüberschreitungen, sondern auch, nach Dynamiken der Grenzziehung zu fragen, wie die Auseinandersetzung mit Politiken der Migrationskontrolle bei Christiane Reinecke verdeutlicht. Sie diskutiert in ihrer Analyse die Vielfalt des transatlantischen Wanderungsgeschehens im späten 19. und frühen 20. Jahrhundert, verweist in diesem Zusammenhang aber zugleich auf das Spannungsverhältnis, das sich in dieser Zeit zwischen dem weltweit ausgeprägten individuellen Bedürfnis nach transnationaler Mobilität und dem wachsenden staatlichen Bedürfnis nach einer Kontrolle der Zuwanderung in Großbritannien und dem

Deutschen Reich entwickelte. Damit führt ihr Aufsatz vor Augen, dass eine Verortung des Transnationalen ebenso die Auseinandersetzung mit grenzüberschreitendem Handeln wie mit staatlichen Praktiken beinhalten kann, die zu diesem Handeln in Beziehung stehen.

An ihrem wie auch an anderen Beiträgen wird deutlich, dass der Nationalstaat aus der europäischen und globalen Geschichtsschreibung keineswegs verschwunden ist, sondern vielmehr historisch neu situiert und konzeptualisiert werden sollte. Das geschieht unter anderem, indem auf die interne Widersprüchlichkeit nationalstaatlichen Handelns verwiesen und indem die schrittweise Herausbildung von nationalstaatlichen Herrschaftspraktiken historisiert wird. Nationalstaaten wie nationale Identitäten waren eben nicht stabil, sondern veränderten sich ständig, in der Auseinandersetzung verschiedener Akteursgruppen ebenso wie durch die Konfrontation mit globalen Entwicklungen. Auch waren, wie Christiane Reinecke an der Herausbildung der Verwaltungspraxis im Umgang mit ausländischen Migranten zeigt, Nationalisierungsprozesse häufig aufeinander bezogen und miteinander verflochten. Das galt selbst für die Entwicklung symbolischer Praktiken, wie sie Jakob Hort anhand der Botschaftsarchitektur unterschiedlicher Staaten beschreibt. Auch hier bedarf es des Blicks auf Verflechtungen und Transfers, um die Herausbildung nationalstaatlicher Repräsentationspraktiken verstehen und einordnen zu können.

Indem die Autorinnen und Autoren die Frage aufwerfen, wie Verwaltungen oder Gewerkschaften in Imperien, Provinzen oder lokalen Räumen handelten, auf welche spezifischen Gegebenheiten sie dort reagierten, welche Interessen sie verfolgten und welche Logiken, beispielsweise der In- oder Exklusion, der Solidarität oder des Kampfes, sie etablierten, machen sie gleichzeitig auf Strukturen aufmerksam, die sich teils unabhängig, teils in Konkurrenz zu oder in der Entsprechung mit nationalstaatlichen Setzungen herausbildeten. Die Beiträge verdeutlichen somit, dass Rechtssetzung und politische Entscheidungsfindung im 19. und 20. Jahrhundert nicht allein im nationalen Rahmen stattfanden, sondern auch im imperialen und lokalen. Die Auseinandersetzungen der Arbeiterbewegung in Lyon oder Leipzig, auf die Joachim C. Häberlen in seinem Beitrag eingeht, illustrieren das ebenso wie die Äußerungen von Gemeinderäten und Bürgern, die Stephanie

Schlesier mit Blick auf das Zusammenleben von christlicher und jüdischer Bevölkerung in der preußischen Rheinprovinz, Lothringen und Luxemburg anführt. Von mikro- und alltagsgeschichtlichen Ansätzen inspiriert, führen beide Beiträge zudem vor Augen, wie sich Akteure in ihrer Wahrnehmungs- und Handlungsweise in erster Linie an konkreten wirtschaftlichen, sozialen, politischen und kulturellen Gegebenheiten vor Ort orientierten und vergleichsweise unabhängig von nationalen Bezügen agierten.

Gleichwohl ist die Kritik an der Exklusivität des Nationalstaats als Analyseeinheit keinesfalls neu. So bewegten sich Studien von Imperien und Imperialismus immer schon auf einer den Nationalstaat überschreitenden Ebene, während andererseits die Alltags- und Mikrogeschichte Machtdynamiken in Räumen untersuchte, die sich außerhalb oder unterhalb nationalstaatlich verfasster Räume befanden.[19] Deutlich strittiger schien ihre jeweilige Betrachtung aus komparativer Perspektive. Vertreter vergleichender Geschichtsschreibung hoben immer wieder hervor, dass ein Vergleich der Abstraktion bedarf, weshalb sich komplexe Totalitäten nicht vergleichen ließen, sondern nur bestimmte Teilaspekte. Bemerkenswerterweise schienen ausschließlich Nationalstaaten diesem Kriterium zu genügen. Ein *Überschreiten* dieser Ebene, etwa indem Imperien in den Blick genommen wurden, schien für vergleichende Studien ebenso problematisch wie ein *Unterschreiten* dieser Ebene, etwa um Alltage vergleichen zu wollen. Sowohl Imperien als auch Alltage schienen zu komplex für sinnvolle Vergleiche. Gleiches wurde für die komparative Analyse von Diskursen und Begriffen geltend gemacht, die darüber hinaus als problematisch galten, weil Diskursanalysen die Frage nach dem *wie* der Entwicklung in den Vordergrund schoben, während die sozialhistorische Forschung die Frage nach dem *warum* privilegierte.

Entgegen dieser Annahmen illustrieren die folgenden Beiträge, dass die Ausweitung von Vergleich, Transfer und Verflechtung auf imperiale Formationen und alltags- und begriffsgeschichtliche Fragen zwar komplex, aber durchaus ertragreich sein kann. Auch ist sie notwendig, um den analytischen Beschränkungen zu entgehen, die die reine Fokussierung auf den konventionellen Vergleich zwischen Nationalstaaten mit sich brachte. Das verdeutlichen die Überlegungen Benno Gammerls zum Umgang mit ethnischer Heterogenität im Habsburger Reich und dem britischen Weltreich ebenso wie die Analyse der alltäglichen Praktiken der Arbeiterbewegung bei Joachim C. Häberlen. Beide entwickeln Ansätze, wie mit dem Problem einer »übermäßigen« Komplexität umgegangen werden könnte und arbeiten dabei heraus, wie der analytische Gewinn eines Vergleichs erhalten bleiben kann, ohne (altmodisch) Nationalstaaten als homogene Einheiten zu vergleichen – und damit zu verfestigen, wie es der vergleichenden Geschichtsschreibung oft vorgeworfen wurde.

Agnes Arndt schließlich zeigt anhand der Kontroverse um die sich wandelnde Bedeutung des Marxismus, dass sich die Analyse von Diskursen nicht auf einen nationalen oder sprachlichen Raum beschränken muss, sondern in produktiver Weise darüber hinaus gehen kann und sollte. Ihr Beitrag ebenso wie die Arbeit von Márkus Keller und das Plädoyer Bo Stråths für eine vergleichende Begriffsgeschichte im globalen Rahmen deuten auf einen allgemeinen Trend hin: In ihnen spiegelt sich eine Wiederbelebung der Geschichte politisch-sozialer Semantiken in der Geschichtswissenschaft wider, die sich den geschichtlichen Grundbegriffen des 20. Jahrhunderts zuwendet und in diesem Rahmen auch die »Wanderung von Begriffen zwischen den einzelnen modernen Sprachen«[20] berücksichtigt. Der weltumspannende Prozess der Vernetzung und Verdichtung von Zeit und Raum, den historische Studien zur Globalisierung als zentrales Kennzeichnen der modernen Welt ausmachen, wird demnach zunehmend auch auf der semantischen Ebene deutlich.[21]

Was »europäische Geschichte« in diesem Zusammenhang ausmacht und inwiefern sie mehr beinhaltet, als eine rein geographisch definierte Begrenzung des Untersuchungsrahmens, diese Frage wirft der vorliegende Band allerdings eher auf, als sie eindeutig zu beantworten. »Europa« entzieht sich, wie Arnd Bauerkämper zutreffend bemerkt, »einer eindeutigen Bestimmung«.[22] In seinem Aufsatz diskutiert er ausführlich die Möglichkeiten einer Geschichtsschreibung, die »Europa« entweder als eine Kategorie der Selbstbeschreibung oder aber als Netzwerk der Kommunikation und Interaktion versteht und in ihren Verflechtungen analysiert. Zu einer historisch hergeleiteten, aber letztlich politisch motivierten Identitätskonstruktion »Europas« will dieser Band somit nicht beitragen. Denn auch wenn der Trend zu einer »europäischen Geschichte« nur vor dem Hintergrund einer voranschreitenden europäischen Integration zu verstehen ist, begegnen die Autorinnen und Autoren einem damit einhergehenden

Bedürfnis nach identitätsstiftenden historischen Metanarrativen mit Skepsis. Vielmehr deuten die Beiträge gerade an, wie stark sich europäische Geschichte verflüssigt, wenn sie in unterschiedlichen und miteinander verwobenen räumlichen Konfigurationen stattfindet, zu denen lokale ebenso wie nationale oder globale Kontexte gehören.

Europa bietet sich daher unseres Erachtens ebenso wenig als Schlüsselkategorie für eine Geschichtsschreibung und -lehre an wie es Nationalstaaten taten. Vielmehr wären gerade die multiplen Zusammenhänge wie auch Selbstbeschreibungen, von denen das »Europäische« nur eine darstellt, in den Blick zu nehmen und kritisch aufzulösen. Ein wichtiges Element zur Überwindung der zwar immer öfters infrage gestellten, aber nach wie vor existierenden Dominanz »(west)europäischer« Geschichte, zumindest im deutschen akademischen Betrieb, gegenüber derjenigen »Ostmitteleuropas« und der »nicht-westlichen« Welt insgesamt könnte dabei in der Etablierung von Forschungsnetzwerken, wie sie auch Bo Stråth einfordert, bestehen. Indem es Doktorandinnen und Doktoranden aus ost- und westeuropäischen Ländern, deren universitäre Biographien von der Ukraine über Rumänien, Deutschland, Frankreich bis in die USA reichten, zusammen brachte, stellte das Berliner Kolleg für Vergleichende Geschichte Europas den Versuch einer solchen Netzwerkbildung dar. Seinen ehemaligen Mitarbeiterinnen und Mitarbeitern Nenad Stefanov, Bernhard Struck und Tatjana Tönsmeyer, den Direktoren Arnd Bauerkämper, Etienne François, Manfred Hildermeier, Hartmut Kaelble, Jürgen Kocka und Holm Sundhausen sowie der Gerda Henkel und der Gemeinnützigen Hertie-Stiftung möchten wir daher für eine intensive und ertragreiche Zeit danken. Der Gerda Henkel Stiftung verdanken wir auch die Drucklegung dieses Bandes, Rabea Rittgerodt das gründliche Durchsehen des Manuskripts und Daniel Sander die hervorragende Zusammenarbeit mit dem Verlag Vandenhoeck & Ruprecht. Vor allem aber gilt unser Dank den Autorinnen und Autoren dieses Bandes – und allen Stipendiatinnen und Stipendiaten für großartige Jahre am BKVGE, einschließlich gemeinsamer Grillabende und Fußballspiele.

Anmerkungen

1 Zum Stand der Debatten zur transnationalen Geschichte im deutschsprachigen Raum siehe vor allem: *Budde, G.* u.a. (Hg.), Transnationale Geschichte. Themen, Tendenzen und Theorien, Göttingen 2006. Vgl. auch die Beiträge in dem H-Soz-und-Kult-Forum zu »Transnationaler Geschichte« unter http://hsozkult.geschichte.hu-berlin.de/forum/2005 [Stand: 30. Juni 2010] sowie *Conrad, S.* u.a. (Hg.), Globalgeschichte. Theorien, Ansätze, Themen, Frankfurt/Main 2007; *Osterhammel, J.* (Hg.), Weltgeschichte, Stuttgart 2008.

2 Zum Begriff des methodischen Nationalismus – und den Forderungen nach einer Abkehr davon, siehe etwa *Wimmer, A.* u. *N. Glick Schiller,* Methodological Nationalism, the Social Sciences, and the Study of Migration. An Essay in Historical Epistemology, in: International Migration Review 37 (2003), S. 576–610. Ein Beispiel, diese konzeptionellen Überlegungen empirisch umzusetzen, bietet *Patel, K.*, Europäisierung wider Willen. Die Bundesrepublik Deutschland in der Agrarintegration der EWG, 1955–1973, München 2009 sowie die den Aufsätzen in diesem Band zugrunde liegenden (und dort jeweils zitierten) Dissertationen.

3 Zum Begriff der »europäischen« Geschichtsschreibung vgl. den Beitrag von Arnd Bauerkämper im vorliegenden Band. Siehe zudem aktuell *Arnason, J. P.* u. *N. J. Doyle,* (Hg.), Domains and Divisions of European History, Liverpool 2010.

4 Zum Begriff der »transnationalen« Geschichte und insbesondere den Angrenzungen zwischen »transnationalen«, »supranationalen« und »internationalen« Zugängen vgl. *Clavin, P.*, Defining Transnationalism, in: Contemporary European History, 14, 4 (2005), S. 421–439 sowie *Gassert, P.*, Transnationale Geschichte, Version: 1.0, in: Docupedia-Zeitgeschichte, 16.2.2010, zuletzt eingesehen am 25.01.2011 unter http://docupedia.de/zg/Transnationale_Geschichte?oldid=75537. Zur »internationalen Geschichte« siehe zudem *Conze, E.* u.a. (Hg.), Geschichte der internationalen Beziehungen. Erneuerung und Erweiterung einer historischen Disziplin, Köln 2004.

5 Zur komparativen Geschichtsschreibung siehe klassischerweise *Haupt, H.-G.* u. *J. Kocka*, Historischer Vergleich: Methoden, Aufgaben, Probleme. Eine Einleitung, in: *dies.* (Hg.), Geschichte und Vergleich. Ansätze und Ergebnisse international vergleichender Geschichtsschreibung, Frankfurt/Main 1996, S. 9–43; *Kaelble, H.*, Der historische Vergleich. Eine Einführung zum 19. und 20. Jahrhundert, Frankfurt/Main 1999 sowie kritischer: *Welskopp, T.*, Stolpersteine auf dem Königsweg. Methodenkritische Anmerkungen zum internationalen Vergleich in der Gesellschaftsgeschichte, in: Archiv für Sozialgeschichte 35 (1995), S. 339–367. Zur Transferforschung siehe *Espagne, M.*, Sur les limites du comparatisme en histoire culturelle, in: Genèses 17 (1994), S. 112–121. Zur Gegenüberstellung beider Ansätze vgl. zudem *Paulmann, J.*, Internationaler Vergleich und interkultureller Transfer. Zwei Forschungsansätze zur europäischen Geschichte

des 18. bis 20. Jahrhunderts, in: Historische Zeitschrift 267 (1998), S. 649–685; *Middell, M.*, Kulturtransfer und Historische Komparatistik – Thesen zu ihrem Verhältnis, in: Comparativ 10 (2000), S. 7–41; *Geppert, A.* u. *A. Mai*, Vergleich und Transfer im Vergleich, in: Comparativ 10 (2000), S. 95–111; *Kaelble, H.*, u. *J. Schriewer* (Hg.), Vergleich und Transfer. Komparatistik in den Sozial-, Geschichts- und Kulturwissenschaften, Frankfurt/Main 2003.

6 *Middell*, Kulturtransfer, S. 18.

7 *Eckert, A.* u. *S. Randeria*, Geteilte Globalisierung, in: *dies.* (Hg.), Vom Imperialismus zum Empire. Nicht-westliche Perspektiven auf Globalisierung, Frankfurt/Main 2009, S. 9–33, hier S. 11.

8 Vgl. zu dieser Perspektive u.a. die Studien von *Bayly, C.A.*, The Birth of the Modern World, 1870–1914. Global Connections and Comparisons, Malden u.a. 2004; *Osterhammel, J.*, Die Verwandlung der Welt: Eine Geschichte des 19. Jahrhunderts, München 2009; *Conrad, S.*, Globalisierung und Nation im Deutschen Kaiserreich, München 2006; *Conrad, S.* u. *J. Osterhammel* (Hg.), Das Kaiserreich transnational: Deutschland in der Welt 1871–1914, Göttingen 2004 sowie *Osterhammel, J.* u. *N. Petersson*, Geschichte der Globalisierung, München 2003.

9 Zum Konzept der »shared history« siehe vor allem *Stoler, A. L.* u. *F. Cooper*, Between Metropole and Colony. Rethinking a Research Agenda, in: *dies.*, Tensions of Empire: Colonial Cultures in a Bourgeois World, Berkeley 1997, S. 1–56; zu dem der »entangled histories« vergleiche in erster Linie *Conrad, S.*, u. *S. Randeria*, Einleitung: Geteilte Geschichten – Europa in einer postkolonialen Welt, in: *dies.* (Hg.), Jenseits des Eurozentrismus: Postkoloniale Perspektiven in den Geschichts- und Kulturwissenschaften, Frankfurt/Main 2002, S. 9–49 sowie *Randeria, S.*, Jenseits von Soziologie und soziokultureller Anthropologie. Zur Ortsbestimmung der nichtwestlichen Welt in einer zukünftigen Sozialtheorie, in: Soziale Welt 50 (1999), S. 373–382 und *Randeria, S.*, Entangled Histories of Uneven Modernities. Civil Society, Caste Solidarities and the Post-Colonial State in India, in: *Y. Elkana* u.a. (Hg.), Unraveling Ties. From Social Cohesion to Cartographies of Connectedness, Frankfurt/Main 2002.

10 Vgl. *Werner, M.* u. *B. Zimmermann*, Vergleich, Transfer, Verflechtung. Der Ansatz der Histoire croisée und die Herausforderung des Transnationalen, in: Geschichte und Gesellschaft 28 (2002), S. 607–636; sowie *dies.*, Beyond Comparison: Histoire Croisée and the Challenge of Reflexivity, in: History and Theory 45 (2006), S. 30–50.

11 »Vergleiche, die gänzlich vom Kontext einer gemeinsamen, von Austausch und Transfer gekennzeichneten Geschichte absehen, sind jedenfalls für die moderne Epoche zunehmend unplausibel geworden. Aber auch die Untersuchung von Transfers und Interaktionen kommt ohne eine vergleichende Bewertung der unterschiedlichen Wirkungszusammenhänge und sozialen Kontexte nicht aus«, so *Conrad, C.* u. *S. Conrad* (Hg.), Die Nation schreiben. Geschichtswissenschaft im internationalen Vergleich, Göttingen 2002, S. 18ff.

12 Vgl. die Definition des Vergleichs bei *Welskopp, T.*, Stolpersteine auf dem Königsweg. Methodenkritische Anmerkungen zum internationalen Vergleich in der Gesellschaftsgeschichte, in: Archiv für Sozialgeschichte 35 (1995), S. 339–367, hier S. 343.

13 Vgl. *Kraft, C.*, Die Geschlechtergeschichte Osteuropas als doppelte Herausforderung für die »allgemeine« Geschichte, in: H-Soz-u-Kult, 06.06.2006, zuletzt eingesehen am 10.01.2011 unter http://hsozkult.geschichte.hu-berlin.de/forum/2006–06–005 sowie ebenfalls kritisch zu der weithin gebräuchlichen Metapher einer »Rückkehr nach Europa« *Schmale, W.*, Wie europäisch ist Ostmitteleuropa?, in: H-Soz-u-Kult, 30.05.2006, zuletzt eingesehen am 10.01.2011 unter http://hsozkult.geschichte.hu-berlin.de/forum/2006-05-003.

14 Vgl. *Schmale, W.*, »Osteuropa«: Zwischen Ende und Neudefinition?, in: *J.M. Faraldo* u. *P. Gulińska-Jurgiel* u.a. (Hg.), Europa im Ostblock. Vorstellungen und Diskurse (1945–1991), Köln 2008, S. 23–35, hier S. 35.

15 Zu der vor allem für den so genannten »Ostblock« nicht haltbaren These von einer in sich kohärenten, gemeinsame politische, soziale und kulturelle Entwicklungsdynamiken aufweisenden Formation vgl. *Boyer, C.*, Die Europäizität der ostmitteleuropäischen Zeitgeschichte, in: H-Soz-u-Kult, 01.06.2006, zuletzt eingesehen am 10.01.2011 unter http://hsozkult.geschichte.hu-berlin.de/forum/2006-06-002, sowie *ders.*, Zwischen Pfadabhängigkeit und Zäsur. Ost- und westeuropäische Sozialstaaten seit den siebziger Jahren des 20. Jahrhunderts, in: *K.H. Jarausch* (Hg.), Das Ende der Zuversicht? Die siebziger Jahre als Geschichte, Göttingen 2008, S. 103–119.

16 Vgl. *Müller, M.G.*, Europäische Geschichte – Nur eine Sprachkonvention?, in: H-Soz-u-Kult, 31.05.2006, zuletzt eingesehen am 10.01.2011 unter http://hsozkult.geschichte.hu-berlin.de/forum/2006-05-005.

17 Zur veränderten Konzeptualisierung von Raum im Zuge der vermehrten Rezeption postkolonialer Ansätze vgl. u.a. den Abschnitt Postkolonialer Raum. Grenzdenken und Thirdspace, in: *S. Günzel* (Hg.), Raum. Ein interdisziplinäres Handbuch, Stuttgart 2010, S. 177–191 sowie *Varela, C.* u. *M. do Mar* u.a., Postkoloniale Theorie, in: *S. Günzel* (Hg.), Raumwissenschaften, Frankfurt/Main 2009, S. 308–323.

18 Zu den verschiedenen Aspekten von Grenzen und Grenzräumen siehe u.a. *Donnan, H.* u. *T.M. Wilson*, Borders. Frontiers of Identity, Nation and State, Oxford 1999, S. 15ff. Siehe hierzu auch die Einleitung von *François, E., Seifarth, J.* u. *B. Struck*, Einleitung. Grenzen und Grenzräume: Erfahrungen und Konstruktionen, in: *dies.* (Hg.), Die Grenze als Raum, Erfahrung und Konstruktion: Deutschland, Frankreich und Polen vom 17. bis zum 20. Jahrhundert, Frankfurt/Main u.a. 2007, S. 7–29. Zur Geschichte von Grenzregionen siehe zudem *Duhamelle, C.* u.a. (Hg.), Grenzregionen. Ein europäischer Vergleich vom 18. bis zum 20. Jahrhundert, Frankfurt/Main 2007.

19 Zur Alltagsgeschichte allgemein siehe *Lüdtke, A.* (Hg.), Alltagsgeschichte: Zur Rekonstruktion historischer Erfahrungen und Lebensweisen, Frank-

furt/Main 1989; *Medick, H.*, »Missionare im Ruderboot«? Ethnologische Erkenntnisweisen als Herausforderung an die Sozialgeschichte, in: Geschichte und Gesellschaft 10 (1984), S. 295–319; *Eley, E.*, Wie denken wir über die Politik? Alltagsgeschichte und die Kategorie des Politischen, in: Berliner Geschichtswerkstatt (Hg.), Alltagskultur, Subjektivität und Geschichte: Zur Theorie und Praxis von Alltagsgeschichte, Münster 1994, S. 17–36 sowie Ulbricht, O., Mikrogeschichte. Menschen und Konflikte in der Frühen Neuzeit, Frankfurt/Main 2009. Als Klassiker der Imperialismusgeschichte sei verwiesen auf *Eisenstadt, S. N.*, The Political Systems of Empire, New York 1963; *Said, E.*, Orientalism, New York 1978; *Hobsbawm, E. J.*, The Age of Empire, 1875–1914, New York 1987 sowie zuletzt *Burbank, J. u. F. Cooper*, Empires in World History: Power and the Politics of Difference, Princeton 2010.

20 Vgl. *Geulen, C.*, Plädoyer für eine Geschichte der Grundbegriffe des 20. Jahrhunderts im Rahmen der von Stefan-Ludwig Hoffmann und Kathrin Kollmeier eröffneten Debatte zu den Perspektiven einer »Historischen Semantik des 20. Jahrhunderts« in: Zeithistorische Forschungen/ Studies in Contemporary History, Online-Ausgabe, 7 (2010), H. 1, http:// www.zeithistorische-forschungen.de/16126041-Geulen-1-2010, 13. Charakteristisch für diese Entwicklung war auch die Themenwahl und Zusammensetzung der Sektion »Grenzverschiebungen. Historische Semantik der 1960er und 1970er Jahre im deutsch-britischen Vergleich« beim Deutschen Historikertag; http://hsozkult.geschichte.hu-berlin.de/tagungs berichte/id=3491 [Stand: 24. Januar 2010].

21 Als empirisches Beispiel für eine begriffsgeschichtliche Studie im globalen Kontext mag zudem die Studie von *Pernau, M.*, Bürger mit Turban, Göttingen 2008 dienen. Vergleiche außerdem das Plädoyer Dipesh Chakrabartys, Europa »zu provinzialisieren« und Kategorien, die an westlichen Industriegesellschaften entwickelt wurden, nicht auf außereuropäische Kontexte zu übertragen in *Chakrabartys, D.*, Provincializing Europe. Postcolonial Thought and Historical Difference, Princeton 2000.

22 Siehe den Aufsatz von Arnd Bauerkämper in diesem Band sowie die darin erwähnte weiterführende Literatur zur Frage, was Europa ausmacht.

Vom Vergleich zum Transfer zur Verflechtung: Ansätze und Erträge transnationaler Forschung

Arnd Bauerkämper

Wege zur europäischen Geschichte

Erträge und Perspektiven der vergleichs- und transfergeschichtlichen Forschung

Studien zu interkulturellen und transnationalen Beziehungen, Transfers und Verflechtungen sind in der Geschichtswissenschaft – besonders in Deutschland – erst spät aufgenommen worden. Seit dem Aufstieg des Historismus im 19. Jahrhundert hatten vielmehr nationalgeschichtliche Konzepte die Historiographie beherrscht. Dies galt nicht nur für die Politikgeschichte; auch in der Sozialgeschichte bildete der Nationalstaat lange den weithin unreflektiert tradierten analytischen Referenzrahmen. Die Nationalgeschichtsschreibung war aber nicht ausschließlich in Deutschland besonders ausgeprägt, sondern auch in anderen Staaten wie Italien, Polen, der Tschechoslowakei und Ungarn, die erst Ende des 19. Jahrhunderts beziehungsweise Anfang des 20. Jahrhunderts geeint worden waren. Aber auch darüber hinaus blieben die Historiker dem nationalgeschichtlichen Untersuchungsrahmen verhaftet, den ihre Befunde wiederum fortwährend bestätigten. Damit festigten Geschichtswissenschaftler die nationalstaatliche Ordnung und die Herrschaft der politischen, wirtschaftlichen und kulturellen Eliten in den einzelnen Ländern. Zugleich unterstützten die politischen Akteure ihrerseits die Institutionalisierung und Professionalisierung der Geschichtswissenschaft. Eine vergleichs-, transfer- und verflechtungsgeschichtliche Forschung bildete sich vor dem Zweiten Weltkrieg kaum heraus.[1]

Obgleich vor allem die Historiker der französischen »Annales«-Schule die Nation als analytisches Bezugssystem schon in der Zwischenkriegszeit in Frage stellten, verloren nationalhistorische Untersuchungsansätze in Europa weithin erst nach 1945 ihre dominierende Geltungskraft. Zunächst nahm der Einfluss der vergleichenden Methode in der Geschichtswissenschaft allmählich zu. Seit den achtziger Jahren traten Untersuchungsansätze der

Transfer- und Verflechtungsforschung hinzu. Damit ist die Analyse grenzüberschreitender Beziehungen, Austauschprozesse, Wechselwirkungen und Verflechtungen zu einer wichtigen Aufgabe geschichtswissenschaftlicher Forschung geworden. Dabei haben Historiker kontrovers diskutiert, inwieweit und wie die komparative Methode mit transfer- beziehungsweise verflechtungsgeschichtlichen Untersuchungsansätzen kombiniert werden kann. Zudem ist umstritten geblieben, ob und wie »europäische Geschichte« als distinkter Gegenstand historischer Forschung identifiziert und analysiert werden kann, besonders im Verhältnis zur traditionellen Nationalgeschichte und neueren globalgeschichtlichen Arbeiten. Wie kann dabei »Europa« gefasst werden? Welche Ziele und Zwecke werden der Forschung zur Geschichte Europas besonders gerecht? Auf welche Probleme und inhaltlichen Felder hat sich diese Richtung der Historiographie konzentriert? Wo sind demgegenüber Grenzen der Geschichtsschreibung zu Europa erkennbar? Diese Fragestellungen werden im Folgenden behandelt. Abschließend stellt dieser Beitrag weiterführende Überlegungen zur künftigen Forschung zur Diskussion.

Was ist Europa? Konturen europäischer Geschichte

»Europa« entzieht sich einer eindeutigen Bestimmung. Diese Erkenntnis hat die Forschung zur Geschichte des Kontinents einerseits behindert, ihr aber andererseits auch Impulse verliehen. Die Debatte über das Profil der europäischen Geschichte ist vor allem von Fachhistorikern geführt worden, deren Forschungen sich vorrangig auf das 19. und 20. Jahrhundert beziehen. Aber auch Geschichtswissenschaftler, die für das Mittelalter und die Frühe Neuzeit ausgewiesen sind – wie Jacques Le Goff, Michael Borgolte und Michael Mitterauer – haben zu der konzeptionellen Diskussion über die europäische Geschichte beigetragen. Dabei kann zwischen Konzepten, die »Europa« als Begriff der Selbstbeschreibung und diskursiven Auseinandersetzung verstehen und einem essentialistischeren Verständnis unterschieden werden, das auf spezifische Merkmale der europäischen Geschichte abhebt. In der konkreten Forschung sind die beiden Untersuchungsansätze freilich vielfach – aber in unterschiedlichen Nuancierungen – kombiniert worden. So hat Hartmut Kaelble gleichermaßen die Entstehung und Entwicklung eines gemeinsamen Bewusstseins der Europäer und Formen der Bewältigung ähnlicher struktureller Herausforderungen analysiert. Ähnlich ist von Wolfgang Reinhard gefordert worden, dass sich die Geschichtsschreibung zu Europa gegenüber einem uferlosen konstruktivistischen Kulturbegriff auf die Analyse eines Substrats europäischer politischer Kultur und ihrer dauerhaften, wenngleich hinsichtlich der Intensität variierenden Wirkung auf die soziale und diskursive Praxis von Individuen und Gruppen im Spannungsfeld gesellschaftlicher und politischer Strukturen beschränken sollte. Er hat vor allem die Dichotomien von Herrschaft und Eigentum (Ausbildung einer Zentralgewalt, Sicherheit des Privateigentums), Recht und Gewalt (Säkularisierung, Professionalisierung, Rationalisierung, Monopolisierung) sowie Einheit und Vielfalt (obrigkeitliche Homogenisierungsstrategien gegenüber extremer lebensweltlicher Partikularität) als treibende Kräfte gesamteuropäischer Entwicklungstendenzen identifiziert. Diese brachten den modernen bürokratischen Zentralstaat ebenso hervor wie eine Kultur von Aushandlungsprozessen und legitimer gesellschaftlicher Widerständigkeit.[2]

Allerdings war dieser Prozess weder linear noch gleichmäßig. Zudem vollzog sich die »Europäisierung« im Mittelalter und in der Frühen Neuzeit nicht nur durch Austausch, sondern auch mittels Abgrenzung. So richtete sich die Vorstellung der *christianitas*, mit der »Europa« im Mittelalter weitestgehend identifiziert wurde, gegen die »Heiden«. Mit den Kreuzzügen, die der Aufruf Papst Urbans II. 1095 auslöste, erreichte diese Abgrenzung vorläufig ihren gewalttätigen Höhepunkt. Obgleich der Verlust Konstantinopels 1453 erneut die Furcht vor den Türken in Europa steigerte, vertieften die Erfahrungen des 4. Kreuzzuges die Spaltung Europas nachhaltiger als die türkischen Eroberungen. Seit dem 18. Jahrhundert ist »Europa« schließlich nicht mehr vorrangig mit dem Christentum identifiziert worden. In der Aufklärung traten vielmehr Rationalisierung, zivilisatorischer Fortschritt und wissenschaftliche Erkenntnis hinzu. Die europäische Moderne als Leitbild kennzeichnete auch die entstehende Zivilgesellschaft. Diese ist – ebenso wie eurozentrische Überlegenheitsvorstellungen insgesamt – allerdings durch die grundsätzliche Diskrepanz von universalistischem Anspruch und realer Partikularität gekennzeichnet. Dieser Widerspruch ist bereits seit der Aufklärung wiederholt kritisiert worden, so im späten 19. und frühen 20. Jahrhundert von der Arbeiter- und Frauenbewegung. Aber erst mit dem radikalen Konstruktivismus, der sich auch in der Geschichtsschreibung durchgesetzt und – so in den *postcolonial studies* – Modernisierungskonzepte westlicher Provenienz grundlegend in Frage gestellt hat, ist diese Grenze der traditionalen Historiographie zu Europa deutlich hervorgetreten.[3]

Die Errichtung beziehungsweise Konstruktion innerer und äußerer Grenzen, Inklusion und Exklusion sind damit wichtige Problembereiche der vergleichenden und beziehungsgeschichtlichen Forschung zu Europa geworden, zum Beispiel in neueren Studien über grenzüberschreitende Prozesse wie den Waren- und Kapitalhandel, Konsumformen, Reisen und Migration. Zudem sind Grenzziehungen und Grenzüberschreitung in der Geschichtsschreibung als Herausforderungen untersucht worden, die europäische Staaten im 19. und 20. Jahrhundert bewältigen mussten. Europäer waren beispielsweise mit dem Zwang, in den beiden Weltkriegen durchzuhalten, ebenso ähnlich konfrontiert wie mit der Notwendigkeit, den sozialen Wohlfahrtsstaat aufzubauen und Erinnerungskulturen herauszubilden, die eine Auseinandersetzung mit den Folgen von Kriegen, dem Holocaust und der Kolonialherrschaft ermöglichten. Darüber hinaus war die Aufgabe zu bewältigen, die wirtschaftliche und politische Entwicklung zu planen und dazu Konzepte des *social engineering* zu entwickeln, um der Kluft zwischen dem überkommenen Leitbild politisch-sozialer Homogenität und den daraus resultierenden Sicherheitserwartungen einerseits und den Prozessen zunehmender Differenzierung und der Erfahrung neuer Unsicherheiten in der Krise der Hochmoderne andererseits seit dem späten 19. Jahrhundert zu begegnen.[4] Die transnationale Geschichte Europas wird damit grenzüberschreitende Transfers und (in der Regel selektive) Aneignungen ebenso untersuchen müssen wie Abwehr und Abgrenzungen. Insgesamt ist das Wechselverhältnis von Angleichung und Trennung als Gegenstand der Historiographie zu definieren und konzeptionell zu konturieren, um der geteilten (das heißt gemeinsamen und getrennten) Geschichte Europas gerecht zu werden.

Ausgehend von Überlegungen, die in den letzten Jahren zur Verbindung von sozial- und kulturgeschichtlichen Untersuchungsansätzen in einer praxeologisch orientierten historischen Forschung diskutiert worden sind, kann »Europa« als Raum gefasst werden, der gleichermaßen durch spezifische Interaktionen und Strukturmerkmale gekennzeichnet ist. Damit wird die »Geschichte der performativen Akte und der diskursiven Konstitutionen Europas« mit der »Geschichte der Ausbildung universal- beziehungsweise teileuropäischer Strukturelemente« verbunden. Nach diesem Verständnis, das – in Anschluss an Wolfgang Schmale – kultur- und strukturgeschichtliche Kriterien kombiniert, wird »Europäizität« durch »Verdichtungen materieller und ideeller kultureller Strukturelemente« hergestellt.[5]

Ausgehend von diesen Überlegungen, kann Europa als »Netzwerk der Kommunikation und Interaktion« analytisch als Handlungs- und Erfahrungsraum gefasst werden, dessen interne und (weniger oft) äußere Grenzen seit dem 18. Jahrhundert durch Reisende und Friedensaktivisten, aber auch Soldaten überschritten worden sind. Besonders vor dem Beginn des modernen Tourismus in der Mitte des 19. Jahrhunderts ist der interkulturelle Austausch nicht zu unterschätzen, den Kriege in Europa herbeiführten. Aber noch im frühen 20. Jahrhundert vertieften bewaffnete Konflikte auf dem Kontinent zwar einerseits Feindschaften zwischen europäischen Nationen; andererseits trugen sie aber auch zur graduellen Überwindung von Lebensformen und Erfahrungen bei, die weitestgehend lokalen Räumen verhaftet waren.[6]

Insgesamt ist »Europa« vor allem als ein – normativ überwiegend positiv belegter – Aktionsrahmen und nicht als eine dauerhaft festgelegte geographische, territoriale oder administrative Einheit zu betrachten. Die Grenzen dieses Handlungs- und Bezugsraums sind damit flexibel (nach dem jeweils analysierten Problem) zu fassen und zu gradualisieren. Außer der äußeren Abgrenzung und inneren Differenziertheit des Kontinents ist zu berücksichtigen, dass europäische Zuschreibungen jeweils an spezifische Kontexte und Konstellationen gebunden waren. »Europa«, das als eine »vielfältig verbundene Erfahrungsgemeinschaft« interpretiert werden kann, ist deshalb konsequent zu historisieren. Das Verständnis von »Europa« hat sich seit dem 18. Jahrhundert nicht nur erheblich verändert, sondern unterschied sich auch in den jeweiligen Gesellschaften und einzelnen sozialen Gruppen deutlich. Deshalb werden in den Beiträgen zu diesem Band nicht nur die semantischen Verschiebungen seit der Frühen Neuzeit rekonstruiert und analysiert, sondern auch die gruppen- und generationsspezifischen Erfahrungen und Konzeptualisierungen.

Jedoch verdichtete sich das soziale Handeln zu Netzwerken grenzüberschreitender Interaktion in Europa. Das sich daraus ergebende handlungslogische Verständnis Europas und die Fokussierung auf die jeweiligen Akteure haben in einzelnen empirischen Studien neue Erkenntnisse vermittelt, so zur Verbreitung literarischer Werke.[7]

Die Varianz der Vernetzungsprozesse, des Verständnisses und der Definitionen von Europa legt eine flexible Abgrenzung des jeweiligen Untersuchungsraumes europäischer Geschichte nahe. »Europa« bezeichnet letztlich einen Raum von Verflechtungen, die analytisch in spezifische historische Konstellationen – vor allem der Abgrenzung und Verknüpfung – eingebettet, auf diese bezogen und prozessual gefasst werden müssen.[8] Die Verdichtung dieser Prozesse zu Strukturmerkmerkmalen jenseits bloßer Diskurse und Imaginationen wird in den folgenden Studien, die auf im Berliner Kolleg für Vergleichende Geschichte Europas durchgeführten Dissertationen basieren, jeweils detailliert und konkret untersucht.

Dabei treten auch Differenzen in Europa hervor. Soziale und politische Interaktionen, die Grenzen konstruiert und konstituiert, aber auch überschritten haben, vollzogen sich in verschiedenen europäischen Räumen nicht nur unterschiedlich, sondern verfestigten sich zum Teil auch zu strukturellen Demarkationen. So wird ein Heirats- und Reproduktionsmuster, das durch einen relativ großen Anteil unverheirateter Personen (im Gesindeverhältnis) auf dem Lande und ein hohes Durchschnittsalter der Mütter bei der Geburt des ersten Kindes gekennzeichnet ist, nach Osten durch die »Hajnal-Linie« abgegrenzt. Diese Kluft, die sich seit dem Mittelalter herausgebildet hatte und nach dem norwegischen Historiker John Hajnal benannt worden ist, stimmt weitgehend mit der Scheidelinie zwischen dem lateinischen Christentum und den orthodoxen Kirchen überein. Wie Hajnal in den fünfziger und sechziger Jahren feststellte, gingen konfessionelle Zugehörigkeiten zumindest bis zur Mitte des 20. Jahrhunderts mit spezifischen gesellschaftlichen und kulturellen Praktiken einher. Im Anschluss an diesen Befund eröffnet die Analyse der Wechselbeziehungen (anstelle einer gegenseitigen Abgrenzung) von Formen sozialer und kultureller Praxis und Strukturmerkmalen weiterführende Erkenntnisse zur Geschichte Europas. Damit kann die Verstetigung soziokultureller Praktiken in bestimmten Konstellationen und durch identifizierbare Akteure rekonstruiert werden. Dieser Untersuchungsansatz setzt Strukturen nicht voraus, sondern vermag deren Genese und Verfestigung ebenso zu erklären wie ihre Auflösung.[9]

Auf der Grundlage dieses Verständnisses behandeln die hier veröffentlichten Beiträge auch die voraussetzungsvollen historischen Prozesse der innereuropäischen Konstruktion und Überwindung von Grenzen, sowohl in politisch-territorialem als auch in einem soziokulturellen Verständnis. So sind gesellschaftliche und ethnische Demarkationen, die sich in der binnenräumlichen Verteilung von Sprache wie auch in spezifischen Denk- und Verhaltensweisen gespiegelt haben, bis zur Gegenwart ebenso wirkungsmächtig geblieben wie unterschiedliche Klassenlagen.[10] Die jeweilige Verteilung sozialer und kultureller Güter, Menschen und Orte, die Zuschreibung von Wahrnehmungen und Erinnerungen sowie deren Platzierung und institutionelle Einlagerung »in Relation zu anderen Gütern und Menschen« hat in Europa seit dem 18. Jahrhundert gesellschaftliche Interaktion organisiert und strukturiert, durchweg auf der Basis der sozialen Aneignung von Räumen.[11]

Zunächst eng an die Vorstellung einer einheitlichen christlichen Gemeinschaft (*Res Publica Christiana*) gebunden, wurde »Europa« in der Aufklärung zum Inbegriff eines universalistischen Zivilisationsprojektes, das eine hohe Integrationskraft entfaltete, aber auch eine Abgrenzung nach außen aufwies, vor allem gegenüber dem »barbarischen Osten«. Dieser Raum schien geradezu paradigmatisch »Rückständigkeit« zu repräsentieren. Jedoch ist in den letzten Jahren intensiv darüber diskutiert worden, inwieweit die »Rückständigkeit« Osteuropas auf Strukturmerkmalen oder lediglich auf Projektionen und Konstruktionen basierte – ein Problem, das auch in den hier vorgestellten Aufsätzen aufgegriffen und kritisch reflektiert wird. Wie besonders die Debatte über die Arbeiten des ungarisch-amerikanischen Wirtschaftshistorikers Ivan T. Berend gezeigt hat, berührt der Konflikt über das Konzept der »Rückständigkeit« ein Kernproblem der neueren Geschichtsschreibung über Osteuropa. Dabei ist die Vorstellung einer Entwicklungsdiskrepanz ernst zu nehmen, zumal es auch der Wahrnehmung vieler zeitgenössischer Akteure in Osteuropa entsprach, die Modernisierungsvorbilder im Westen suchten. Jedoch haben Studien zu funktionalen Äquivalenten von Basisprozessen der politischen, sozioökonomischen und kulturellen Entwicklung in Osteuropa einfache modernisierungstheoretische Annahmen und Vorurteile ebenso relativiert wie Untersuchungsansätze, die den historischen Vergleich durch eine beziehungs- und verflechtungsgeschichtliche Analyse ergänzen.[12]

Dennoch ist die Konstruktion einer Dichotomie von West- und Osteuropa auch in der neueren Geschichtsschreibung einflussreich geblieben, nicht zuletzt unter dem Einfluss politischer Abgrenzungen. So ist die Zugehörigkeit besonders Russlands oder Jugoslawiens und seiner Nachfolgestaaten zu Europa noch im Ost-West-Konflikt, der sich letztlich von 1917 bis 1989/1991 erstreckte, immer wieder infrage gestellt worden, obgleich sogar im Kalten Krieg von den späten vierziger bis zum Ende der achtziger Jahre wechselseitige Beziehungen – als Aneignung und Abwehr – und zum Teil sogar partielle Transfers zwischen dem westlichen und dem östlichen Mächtesystem durchweg wirksam blieben. Nach dem Zweiten Weltkrieg distanzierten sich die westlichen Staaten aber offiziell von den nunmehr sowjetisch dominierten Ländern Osteuropas. Ihren prägnanten Ausdruck fand diese Abgrenzung in der Metapher des »Eisernen Vorhangs«, die von der nationalsozialistischen Propaganda in der Endphase des Zweiten Weltkrieges auf die Sowjetunion verengt worden war.[13]

Auch die gegenwärtige Zeitgeschichtsschreibung wird noch von der Ost-West-Dichotomie und den damit verbundenen *Mental Maps* beeinflusst, obgleich diese – wie die folgenden Beiträge zeigen – zunehmend selbst historisiert und damit dekonstruiert werden. Die Distanzierung von »Europa« als übergreifender (Selbst-)Zuschreibung diente nicht zuletzt der Konstruktion und Festigung europäischer Nationalstaaten. Neben Einheitsbestrebungen blieben deshalb auch nach 1945 nationalistische Rekurse wichtig. Die Europäisierung Europas kann damit ebenso wenig als ein linear fortschreitender, zielgerichteter Prozess gefasst werden wie die politische Einigung des Kontinents. Die neuere historische Forschung hat vielmehr gezeigt, dass durchweg von historisch variierenden und miteinander konkurrierenden Europabegriffen und -vorstellungen ausgegangen werden muss. Studien zum Wandel der Europakonzepte und der Differenzen hinsichtlich der jeweils eingeschlossenen Räume eröffnen deshalb Erkenntnisse zur Geschichte des Kontinents selber. In dieser konstruktivistischen Perspektive wird von einem »variablen Ensemble von Zuschreibungen« ausgegangen, das »Europa« jeweils konstituiert hat.[14]

In Grenzzonen, in denen sich unterschiedliche soziale Räume überlagert und kulturelle Kontakte entwickelt haben, ist es zur Kollision sozialer, politischer und ökonomischer Interessen sowie kultureller Zuschreibungen gekommen. Besonders hier haben die Ambivalenz oder das Versagen der Bezugs- und Orientierungssysteme (Missverstehen), aber auch zum Teil scharfe Verteilungskonflikte jeweils zu Orientierungsverlust geführt. Die Wahrnehmung dieser Differenzen und Inkongruenzen hat ein Spektrum von (tendenziell reflexiven) Abgrenzungsstrategien generiert, das von der Exklusion und Segregation bis zum Massenmord reichte. Zugleich haben sich in Übergangszonen Austausch- und Transferprozesse vollzogen, die Grenzen in Frage gestellt haben. Damit sind in produktiven Auseinandersetzungen und Übernahmen von anderen Kulturgütern mit nationalen Zuschreibungen konkurrierende Identitäten entstanden, die allerdings jeweils mit neuen Fremdbildern und Alteritätskonstruktionen einhergegangen sind.[15] Die Verdichtung und symbolische Verknüpfung dieser Zuschreibungen mit den sozialen Verteilungsrelationen von Menschen und Gütern haben erst zu konkreten Raum- und Zeitwahrnehmungen (*Mental Mapping*) geführt. Umgekehrt sind solche Vorstellungen oder gar Ansprüche mittels der Kartographie erst in veränderte soziale Verteilungsrelationen übersetzt worden.[16]

Indem Kontrast- und Differenzerfahrungen in Europa akzentuiert werden, müssen spezifische Formen der privilegierten Aneignung sozialer Räume und des Umgangs mit Interessenkonflikten identifiziert und erklärt werden, die von den meisten europäischen Gesellschaften geteilt werden. Dazu gehören Symbolisierungen Europas und Diskurse über die gemeinsame und trennende Vergangenheit – so die beiden Weltkriege – ebenso wie soziales Handeln in grenzüberschreitenden Begegnungen, in freiwilligen und erzwungenen Migrationsprozessen wie Kriegen beziehungsweise im Tourismus. Nach dieser Forschungsperspektive haben sich auf Europa bezogene Identitäten durch performative und kommunikative Akte herausgebildet. Damit ist die Handlungspraxis zu beachten, die in Europa zu Formen der Vernetzung, Integration und Partizipation geführt hat. Insgesamt haben sich in Europa Räume kultureller und sozialer Verdichtung ebenso herausgebildet wie Konstellationen, in denen Strukturen und Handeln aufeinander bezogen sind. Spezifische Struktur-, Wahrnehmungs- und Handlungsräume sind deshalb in Beziehung zu setzen.[17]

Außer dem Binnenverhältnis haben interkulturelle Beziehungen zu außereuropäischen Räumen die Identitäten der Europäer nachhaltig geprägt. Vor allem die Wahrnehmung und Konstruktion von Alterität hat die Profilierung Europas wiederholt beträchtlich gefördert. Bereits in der Frühen Neuzeit hatten Fremdheitserfahrungen und Begegnungen der Europäer mit dem »Anderen« Vorstellungen zivilisatorischer Überlegenheit kräftig Auftrieb verliehen. Auch im Hochimperialismus des späten 19. Jahrhunderts band die Abgrenzung von der indigenen Bevölkerung in überseeischen Besitzungen die europäischen Kolonialherren trotz der imperialen Rivalität und Konflikte zusammen. Spätestens mit dem Aufstieg der Vereinigten Staaten von Amerika und der Sowjetunion zu Hegemonialmächten im frühen 20. Jahrhundert haben Konzepte europäischer Superiorität und der Eurozentrismus aber deutlich an Anziehungskraft verloren. Nach 1945 ist der politisch-kulturelle Einfluss Europas in der Welt weiter zurückgegangen. Vor allem das geteilte Deutschland lehnte sich im Kalten Krieg eng an die Hegemonialmächte der Vereinigten Staaten von Amerika und der Sowjetunion an.[18]

Eine Perspektive, die den Umgang mit Pluralismus und Konflikten in den Mittelpunkt stellt, betont nicht zuletzt die zivilgesellschaftliche Entwicklung Europas. Demgegenüber drängt die Außenperspektive die Formen der intersubjektiven Regelung und vertikal verlaufenden Regulierung sozialer und politischer Beziehungen wie überhaupt die für Europa konstitutive innere Vielfalt – und ebenso die inner-europäischen Differenzerfahrungen – in den Hintergrund.[19] So wirkte die Kolonialherrschaft europäischer Mächte in Räumen außerhalb Europas nicht nur auf die jeweiligen imperialen Staaten zurück – zum Beispiel als »Experimentierfeld« für die Sozialdisziplinierung. Vielmehr konstituierte sie in den beherrschten Gebieten auch unter den Kolonisatoren Gemeinsamkeiten, welche die imperiale Rivalität und den – sich im 19. Jahrhundert radikalisierenden – Nationalismus in den europäischen Staaten relativierten. In erweiterter Perspektive widmet sich die Forschung zur Geschichte Europas deshalb auch den Außenwahrnehmungen und Außenbeziehungen des Kontinents und deren Rückwirkung auf innereuropäische Entwicklungen.[20]

Eine transnationale Geschichtsschreibung, die der Interdependenz historischer Entwicklungen in unterschiedlichen Räumen Europas und der Welt Rechnung zu tragen sucht, prolongiert nicht die überkommene Fixierung auf das nationalstaatliche Paradigma, sondern untersucht vorrangig die Beziehungs- und Verflechtungsgeschichte lokaler, regionaler oder grenzüberschreitender Räume. Dazu hat die neuere Geschichtsschreibung über europäische Regionen – auch jenseits nationalstaatlicher Grenzen – nachhaltig beigetragen. Diese Studien sind unter anderem von den gegenwärtigen Erfahrungen transnationaler beziehungsweise interkultureller Begegnung, Kommunikation und Interaktion beeinflusst worden.[21]

In Europa haben Kulturkontakte seit dem 18. Jahrhundert vielfach asymmetrische Beziehungsgeflechte zwischen aufeinander treffenden Kulturen hervorgebracht. Die Gründe und Dimensionen dieser ungleichen Verhältnisse sind in einzelnen Studien zur Geschichte Europas identifiziert und analysiert worden. *Erstens* waren Differenzen in den Ressourcen und Handlungspotentialen von Akteuren – zum Beispiel auf Grund technischen Wissens, gesellschaftlicher Restriktionen oder ökonomischer Problemlagen – einflussreich, die auf Seiten der Empfängerkulturen gelegentlich zu erheblichen politischen und sozioökonomischen Verwerfungen geführt haben. *Zweitens* ist die Ausstrahlungswirkung von Gesellschaften, politischen Ordnungen und Kulturen hervorzuheben, deren Ordnungssysteme zeitweilig einen Modellcharakter erreichten oder Konjunkturen der Akzeptanz erlebten. Diese hat nicht nur aktive Transferpolitik begünstigt und den Aufbau kultureller Referenzen außerhalb des begrenzten eigenen politischen und kulturellen Einflussbereiches unterstützt, sondern auch für die Empfängerkulturen den Zugang erleichtert. Dadurch sind langfristig größere Angleichungstendenzen – im Hinblick auf materielle Güter, Regelungsstrategien oder auch Erfahrungs- und Deutungshorizonte – wirksam geworden, die als Ursache gemeineuropäischer Entwicklungen verstanden werden können.

So muss eine historische Abhandlung über das 17. Jahrhundert den Bezug zur europäischen Vorbildwirkung des französischen Absolutismus einbeziehen. Ebenso sollten Untersuchungen zu den Nationalstaatsbildungen des 19. Jahrhunderts die europaweite Anknüpfungsfähigkeit und diskursiv weiterwirkende Schlagkraft der Deutungsangebote der Französischen Revolution in Rechnung stellen, die Voraussetzung für die Entwicklung einer europäischen Öffentlichkeit waren.[22] Allerdings ist a priori nicht auszuschließen, dass die Ausstrahlungswirkung, die ursprünglich auf bestimmten begrenzten kulturellen Errungenschaften beruhte, auch auf andere Merkmale und Problemlösungsstrategien derselben Kultur ausgedehnt worden ist, was einen kritiklosen oder sogar völlig unreflektierten Transfer nach sich ziehen konnte. Dies hat wiederholt zu krisenhaften Strukturbrüchen geführt, wie die Geschichte der verschiedenen Demokratisierungswellen des 20. Jahrhunderts zeigt.[23]

Insgesamt hat sich der Transfer von Technologien, administrativen Ordnungsstrategien wie öffentlichem Recht, Zivil- oder Strafrecht, komplexen politischen Systemen oder aber kollektiven Erfahrungen und den damit verbundenen Deutungsangeboten und Symboliken in Europa jeweils unterschiedlich vollzogen.[24] Schwierigkeiten beginnen deshalb nicht erst bei technischen Problemen der Kompatibilität, sondern bereits bei semantischen Inkongruenzen, die durch Missverständnisse von Beginn an die Kommunikationsfähigkeit wiederholt eingeschränkt und in Europa so noch weit vor dem Beginn grenzüberschreitender Transfers Rezeptionsprozesse beeinträchtigt oder sogar ganz verhindert haben. Ebenso wie neuere Studien des *translational turn*, in denen diese Barrieren und ihre Überwindung untersucht worden sind, eröffnen in diesem Zusammenhang vor allem Studien zur Vermittlung weiterführende Erkenntnisse. Mediatoren haben – oft über Umwege – vielfach Kommunikationsbarrieren überwunden, jedoch andererseits auch beträchtliche Verzerrungen in Rezeptionsvorgängen herbeigeführt.[25]

Zudem ist zu berücksichtigen, dass Prozesse kultureller Vermittlung in Europa durchweg von partikularen Zielen und Interessen der jeweiligen Akteure beeinflusst worden sind. Es kann also eine Dialektik von transkultureller Verbreitung und kulturspezifischer Rezeption unterstellt werden. Nicht zuletzt muss in Rechnung gestellt werden, dass die Prozesse von Aneignung beziehungsweise Abwehr auch von Vergleichen beeinflusst worden sind, die schon die Sicht der Zeitgenossen auf die jeweilige eigene Gesellschaft geprägt haben.[26] Außer den transfer- und verflechtungsgeschichtlichen Untersuchungen müssen auch weiterhin analytisch-systematische Vergleiche durchgeführt werden, um die Unterschiede zwischen den Gesellschaften zu akzentuieren, die jeweils miteinander verflochten waren. Nur durch diese Kombination der beiden methodischen Zugänge kann eine vorschnelle Fixierung auf Konzepte wie »Akkulturation«, »Hybridisierung« und »Symbiose« vermieden werden. Zudem sind historisch-komparative Studien geeignet, den Wandel zu erfassen, den Transfers jeweils herbeigeführt haben. Dazu hat die neuere historische Forschung gezeigt, dass sich Europäer auch im späten 19. und frühen 20. Jahrhundert, als der Nationalismus seinen Höhepunkt erreichte, grenzüberschreitend fremde Vorbilder aneigneten, freilich durchaus selektiv und in komplexen innenpolitischen und gesellschaftlichen Auseinandersetzungen. Die daraus resultierenden Transfers lösten jeweils zum Teil erhebliche Veränderungen aus. So studierten englische Beobachter wie Sir Douglas Galton und Sidney Webb um 1900 intensiv die 1887 gegründete Physikalisch-Technische Reichsanstalt in Berlin-Charlottenburg, die als Vorbild des National Physical Laboratory und des Imperial College of Science and Technology fungierte. Letztlich übernahmen die englischen Vermittler dabei keineswegs die etatistische deutsche Wissenschaftspolitik, die im Kaiserreich zu einer beträchtlichen Förderung und Kontrolle geführt hatte, aber nicht den Voraussetzungen und vorherrschenden Traditionen in Großbritannien entsprach. Wiederholt haben in der neueren Geschichte Europas auch gegnerische Akteure voneinander gelernt.[27] Diese Prozesse und ihre Auswirkungen können nur mittels spezifischer, von den jeweiligen Fragestellungen abhängiger Kombinationen verflechtungsgeschichtlicher Ansätze mit dem historischen Vergleich erfasst, nachvollzogen und erklärt werden.

Vergleich, Transfer, Verflechtung. Unterschiedliche, aber komplementäre Untersuchungsansätze zur europäischen Geschichte

Transnationale Untersuchungen zur neueren Geschichte können vom Vergleich ausgehen. Komparative Studien ermöglichen mit Hilfe kontrollierter Komplexitätsreduktion und begrenzter Dekontextualisierung universale Aussagen oder die Identifikation von Singularität. Ihr analytischer Vorteil besteht in ihrer vielfältigen Anwendbarkeit: Ob heuristisch und deskriptiv, hermeneutisch und analytisch, induktiv oder deduktiv, generalisierend oder individualisierend – den Vergleich kennzeichnet ein breites Spektrum von Zielen und Zwecken. Dabei werden unterschiedliche Typen spezifischen analytischen Zielen gerecht, so dass die komparative Anlage von Untersuchungen und die Wahl des vergleichenden Ansatzes aufeinander bezogen sind. Auch wird eine wissenschaftlich gebotene Distanzierung vom Untersuchungsgegenstand befördert. Die gewonnenen Erkenntnisse können so zu innovativen Fragestellungen und komparativen Perspektiven anregen. Nicht zuletzt ist der Vergleich in verflechtungsgeschichtlichen Studien notwendig, um den Effekt von Transfers in den empfangenden Gesellschaften bestimmen zu können.[28]

Grundsätzlich geht die komparative Methode damit von getrennten Objekten aus, die sich wechselseitig nicht oder kaum beeinflussen, denn diese Wechselbeziehungen könnten die Vergleichsanordnung stören und erscheinen deshalb als Interferenzen. Daher hat Marc Bloch, der 1927 auf dem Internationalen Historikerkongress »eine vergleichende Geschichtsbetrachtung der europäischen Gesellschaften« forderte, zwischen zwei Formen des Vergleichs unterschieden. Eine Variante setzt eine »Milieuverschiedenheit« (das heißt eine Distanz) der verglichenen Objekte voraus. Die Vergleichseinheiten sollten nicht miteinander verwoben, sondern möglichst säuberlich getrennt voneinander sein: »Man wählt Gesellschaften aus, die zeitlich wie räumlich so weit voneinander entfernt sind, dass zwischen dieser und jener Erscheinung in den einzelnen Gesellschaften beobachtete Gemeinsamkeiten sich ganz offenkundig weder durch gegenseitige Beeinflussung noch durch irgendeinen gemeinsamen Ursprung erklären lassen.«[29] Dieser Variante hat Bloch einen anderen Typ des »Vergleichs« gegenüber gestellt, der von ihm für geschichtswissenschaftliche Forschungen empfohlen worden ist: »Die parallele Untersuchung von Nachbargesellschaften in derselben historischen Epoche, die sich ununterbrochen gegenseitig beeinflussen, die in ihrer Entwicklung aufgrund der räumlichen Nähe und der Zeitgleichheit dem Wirken derselben Hauptursachen unterworfen sind und die, zumindest teilweise, auf einen gemeinsamen Ursprung zurückgehen.« In dieser Differenzierung ist bereits die Unterscheidung zwischen dem historischen Vergleich einerseits und transferbeziehungsweise verflechtungsgeschichtlichen Untersuchungsansätzen andererseits angelegt, die allerdings nach Bloch in der empirischen Arbeit kombiniert werden sollten: »Der wohl eindeutigste Dienst, den wir von einem sorgfältigen Vergleich von Tatsachenmaterial aus unterschiedlichen und gleichzeitig benachbarten

Gesellschaften erhoffen dürfen, besteht darin, dass wir die wechselseitigen Einflüsse zwischen ihnen herausschälen können.«[30]

Der historische Vergleich bedarf deshalb der Ergänzung durch transfer- und verflechtungsgeschichtliche Untersuchungsansätze, weil er Interdependenzen vernachlässigt (»Galtons Problem«). Letztlich ist er auf klar abgrenzbare Analyseeinheiten angewiesen. Die Untersuchungsanlage reproduziert damit die unterstellte, aber empirisch nicht haltbare Isolierung und Autonomie der jeweils untersuchten Einheiten. Zudem sind oft Nationalstaaten miteinander verglichen worden. Diese beruhten aber selber nicht unwesentlich auf der »Ausbildung nationaler selbstreferentieller Wissenschaftssysteme« während des 18. und 19. Jahrhunderts. Allerdings ist die nationalgeschichtliche Ausrichtung von Vergleichen nicht der Methode geschuldet, sondern vielmehr auf eine einseitige Praxis zurückzuführen.[31]

Während komparative Studien im Allgemeinen mehrere Vergleichsfälle zur »Analyse und Typisierung der Unterschiede und der Gemeinsamkeiten« gegenüberstellen, versteht man unter »Transfer« vorrangig »die Anverwandlung von Konzepten, Werten, Normen, Einstellungen, Identitäten bei der Wanderung von Personen und Ideen zwischen Kulturen und bei der Begegnung zwischen Kulturen.«[32] Über ein Rezeptionsverhältnis hinaus werden dabei vor allem (oft selektive) Übertragungsprozesse behandelt, besonders die daran jeweils beteiligten Vermittler sowie die Voraussetzungen und Folgen der Transfers in den empfangenden Gesellschaften. Allerdings sind die Einflüsse als Folge von Übertragungen empirisch vielfach nur schwer nachzuweisen. Überdies darf der Erfolg von Transfers nicht unreflektiert vorausgesetzt werden.[33]

Darüber hinaus akzentuieren verflechtungsgeschichtliche Studien wechselseitige, feste und enge Beziehungen zwischen zwei oder mehreren Untersuchungseinheiten, die miteinander verklammert und oft untrennbar verwoben sind. Transnationale Austauschverhältnisse haben keineswegs ausschließlich Aneignungsprozesse, sondern durchweg auch Abwehrreaktionen ausgelöst, die gleichfalls einzubeziehen sind. In empirischen Arbeiten ist deshalb jeweils das Verhältnis zwischen Abgrenzung und Verflechtung in Kulturtransfers konkret konturiert worden. Dabei wurde besonders deutlich, dass sich negative Wahrnehmungen und sogar Feindbilder und kultureller Austausch mit daraus resultierenden Lernprozessen keineswegs ausschlossen. Vielmehr intensivierte in Europa die Gegnerschaft nicht nur im Kalten Krieg von 1947/48 bis 1989, sondern auch im Legitimationskonflikt zwischen Demokratien und den neuen Diktaturen seit 1918 und in den Beziehungen zwischen Anhängern von Revolution und Monarchie im späten 18. und frühen 19. Jahrhundert jeweils die wechselseitigen Wahrnehmungen, die ihrerseits zumindest partielle Transfers, Aneignungen und Lernprozesse auslösten. Insgesamt hat sich die Rekonstruktion und Analyse der »›ansteckenden‹ Wirkung von Kontakten« als aussichtsreiche Aufgabe grenzüberschreitender historischer Forschung erwiesen.[34]

Bei verflechtungsgeschichtlichen Untersuchungen, die sich den *entanglements* zwischen Untersuchungseinheiten widmen, stellt sich auch das Problem des Gewichtungsverhältnisses von Autochthonem und Übertragenem. Deshalb ist möglichst trennscharf zwischen Transfer- und Diffusionsprozessen sowie lokaler Evolution zu unterscheiden, um in späteren Arbeitsschritten deren Zusammenwirken bei der Herausbildung genuin europäischer Strukturen und Prozesse identifizieren zu können. Die Bewertung und Interpretation der Auswirkungen von Transfers setzt insofern die Kenntnis der Unterschiede zwischen Ausgangsgesellschaft und Ankunftsgesellschaft und in dieser die Differenz der Verhältnisse vor und nach dem Transferprozess voraus. Dieses Wissen kann nur durch historisch-vergleichende Untersuchungen gewonnen werden. Umgekehrt sind Ähnlichkeiten und Unterschiede zwischen Gesellschaften mittelbar oder unmittelbar erst durch Transfers herbeigeführt worden. So stellen Affinitäten im Bereich der Werte und Ideen, aber auch ähnliche Institutionen, die mehrere Untersuchungsgegenstände aufweisen, häufig Folgen interkulturellen Transfers dar, so zwischen nationalen Rechtssystemen. Eine methodisch reflektierte Verknüpfung beider Zugänge eröffnet deshalb für eine transnationale Gesellschaftsgeschichte viel versprechende wissenschaftliche Erkenntnisse. Jedoch bleibt grundsätzlich die Differenz zwischen den Ansätzen zu beachten, die nicht vorschnell vermischt werden sollten.[35]

Dies gilt besonders für das Konzept der *histoire croisée*, das die komplexen Überlagerungen und Verschränkungen zwischen Untersuchungsgegenständen behandelt und dabei auf eine Pluralisierung der Perspektiven zielt. Zudem setzt die *histoire croisée* eine permanente (Selbst-)Reflexivität der Historiker im Erkenntnisprozess voraus. Methodisch ebenso innovativ wie anspruchsvoll, konnte das Konzept bislang aber nur unzulänglich in empirischen Arbeiten genutzt werden. Allerdings ist das von den Verfechtern der *histoire croisée*, Michael Werner und Bénédicte Zimmermann, vorgeschlagene Konzept des methodischen Induktionismus, das den Perspektivwandel der historischen Akteure wie auch der analysierenden Historiker berücksichtigt, trotz seiner Komplexität grundsätzlich anregend und weiterführend – worauf auch Beiträge zu diesem Band verweisen. Eine neue Perspektive der Forschung eröffnet zudem die Überlegung, die Geschichte Europas als »diversity of transactions, negotiations, and reinterpretations played out in different settings around a great variety of objects« zu schreiben. Nicht zuletzt haben Werner und Zimmermann das historisch variierende Beziehungsverhältnis von Räumen und ihren Grenzen als wichtige Dimension einer *histoire croisée* hervorgehoben.[36]

Insgesamt bedarf die Transferforschung der komparativen Methode, zumal die einzelnen und sich teilweise überlagernden Ebenen von Transferprozessen – Problemwahrnehmung, Rezeption fremder Lösungsstrategien, Vermittlung und Übertragung, Anverwandlung und Transformation – in der sozialen Praxis selber von (jeweils zeitgenössischen) Vergleichen bestimmt sind. Andererseits ergänzen verflechtungsgeschichtliche Studien historisch-komparative Untersuchungen, da sie Wechselbeziehungen erfassen und erklären.[37] Es bietet sich damit an, eine Verbindung der vergleichenden Methode mit transfergeschichtlichen Untersuchungsansätzen anzustreben, wofür auch die Herausgeber und Autoren dieses Bandes am Beispiel ihrer empirischen Forschungen plädieren. Dies kann durch Transfervergleiche geleistet werden, die nicht nur Strukturen als Ergebnisse von Verflechtungs- und Übertragungsprozessen, sondern diese selber in Beziehung zueinander setzen, um Idealtypen entwickeln zu können.[38] Mit einem solchen Vorgehen ließe sich das Wirken ideologisch oder teleologisch geprägter Aussagen einschränken, wie sie vor allem bestimmten Formen modernisierungstheoretischer Ansätze zu Eigen sind. Darüber hinaus müssen sich Untersuchungen in einer Perspektive der *longue durée* ohnehin der Problematik dynamisierter Vergleichsobjekte, von Wechselwirkungen und akkumulierten Transfertatbeständen stellen.[39] Insgesamt eröffnen diese Ansätze viel versprechende Erkenntnisperspektiven. So bietet die Herausbildung »interhistorischer« Geschichtsbilder,[40] die Raum schaffen könnten für die Integration paralleler oder gegensätzlicher Narrative politischer Gemeinschaften, vor dem Hintergrund grenzüberschreitender Begrifflichkeiten und globaler Problemlagen aussichtsreiche Perspektiven für die weitere Forschung zur Herausbildung und Transformation transnationaler Zivilgesellschaftlichkeit in Europa. Dabei wird durchweg zu beachten sein, dass interkulturelle und transnationale Transfers und Verflechtungen normativ ebenso wenig eindeutig sind wie die daraus resultierende Europäisierung Europas. So waren der Austausch zwischen faschistischen Bewegungen in Europa (trotz ihres extremen Nationalismus) und der Zusammenschluss orthodox-kommunistischer Parteien in der III. Internationale ebenso integraler Bestandteil dieser Prozesse wie die Entstehung transnationaler Beziehungsnetze zwischen Friedensbewegungen.[41] Grenzziehung und Grenzüberschreitung sind in der Geschichte Europas seit dem 18. Jahrhunderts unterschiedlich bewertet worden und bis zur Gegenwart ambivalent geblieben.

Verflechtung und Abgrenzung. Perspektiven einer transnationalen Geschichte Europas

Ein handlungslogisches, an sozialer Praxis orientiertes Verständnis Europas hebt sich ab von Definitionen, welche die Geschichte des Kontinents Europa vorschnell homogenisieren und essentialisieren, so die überkommenen »Abendland«-Konzepte.[42] Gegenüber der Festlegung eines Wertekanons oder kultureller Kerne, die noch gegenwärtig zum Beispiel die politische Debatte über den Beitritt der Türkei zur Europäischen Union prägt, ist »Europa« als Raum aufeinander bezogener Handlungen, Repräsentationen und Diskurse zu verstehen, die sich zu Strukturmerkmalen verdichteten. Diese »Sedimentierungen« haben wiederum auf die (individuellen und kollektiven) Akteure zurückgewirkt, die Europa durch ihre Interaktionsprozesse und wechselseitige Vernetzung als Handlungs-, Erfahrungs- und Diskursraum konstituiert haben.[43]

Diese offene Bestimmung Europas wird historischen Prozessen ebenso gerecht wie den neueren methodologisch-theoretischen Diskussionen und den hier diskutierten konzeptionellen Überlegungen, auch zur Globalgeschichte. Europäer waren vielfältig aufeinander bezogen, in Prozessen wechselseitiger nationaler Abwehr und grenzüberschreitender Verflechtung. Zugleich bildete sich seit dem späten 15. Jahrhundert ein transatlantischer Bezugsraum heraus, und das Handeln von Europäern hat sich seit der Frühen Neuzeit zunehmend auch auf einzelne Gebiete Asiens erstreckt. Dennoch nahm Europa bis zur »Enteuropäisierung der Welt« im 20. Jahrhundert einen einzigartigen Platz in der Welt ein, dem in konzeptioneller Hinsicht Rechnung zu tragen ist.[44] Ebenso wie neuere Untersuchungsansätze zur Globalgeschichte sollte die transnationale historische Forschung zu Europa nicht nur auf den Leitvorstellungen der Multiperspektivität, Interkulturalität und Selbstreflexivität basieren, sondern vor allem eine »relationale Perspektive« einnehmen, die grenzüberschreitende Inter- und Transaktionen, aber auch Abwehr und Abgrenzungen als Dimensionen betont.[45] So ausgerichtete verflechtungsgeschichtliche Studien zu Europa schließen den Vergleich ein und berücksichtigen die »asymmetrische Referenzverdichtung« in der Neuzeit. Sie vermeiden eine wissenschaftliche Legitimation politischer Konzepte Europas – so der Europäischen Union – und stellen neben den Ähnlichkeiten und Konvergenzen fortbestehende (nationale) Partikularitäten und Divergenzen in Rechnung. Dieses Konzept einer transnationalen Geschichte Europas erfordert vor allem Studien zu wechselseitigen Bezügen, besonders zu Grenzüberschreitungen und Grenzziehungen in variierenden Räumen als wichtige Untersuchungsfelder. Die unterschiedlichen Dimensionen von *connectedness* und *interconnectivity* treten besonders in Übergangszonen hervor, innerhalb Europas, aber auch an den Außengrenzen. Nicht zuletzt kann damit der Stellenwert der historischen Entwicklung Europas in der Globalgeschichte konturiert werden.[46]

Anmerkungen

1 Vgl. *Berger, S.* u. a. (Hg.), Writing National Histories. Western Europe since 1800, London 1999; *Berger, S.*, A Return to the National Paradigm? National History Writing in Germany, Italy, France, and Britain from 1945 to the Present, in: Journal of Modern History 77 (2005), S. 629–678. Übersicht in: *G. G. Iggers*, Geschichtswissenschaft im 20. Jahrhundert. Ein kritischer Überblick im internationalen Zusammenhang, Göttingen 1993, S. 16–25.

2 Vgl. *Kaelble, H.*, Sozialgeschichte Europas 1945 bis zur Gegenwart, München 2007; *ders.* Europäer über Europa. Die Entstehung des europäischen Selbstverständnisses im 19. und 20. Jahrhundert, Frankfurt/Main 2001; *ders.*, Die gelebte und gedachte europäische Gesellschaft. Einleitung, in: *ders.* u. *J. Schriewer* (Hg.), Gesellschaften im Vergleich. Forschungen aus Sozial- und Geschichtswissenschaften, Frankfurt/Main 1998, S. 343–351; *ders.*, Europabewußtsein, Gesellschaft und Geschichte. Forschungsstand und Forschungschance, in: *ders.* u. *K. Schwabe* (Hg.), Europa im Blick der Historiker, München 1995, S. 1–29; *Reinhard, W.*, Was ist europäische politische Kultur? Versuch zur Begründung einer politischen Historischen Anthropologie, in: Geschichte und Gesellschaft 27 (2001), S. 593–616, Zitat: S. 614. Vgl. auch *Ertl, T.* u. *S. Esders*, Auf dem Sprung in eine planetarische Zukunft? Mediävistische Annäherungen an ein interkulturelles Europa und seine Nachbarn, in: Historische Zeitschrift 279 (2004), S. 127–146, hier: S. 131, 141, 144–146; *Osterhammel, J.*, Differenzwahrnehmungen. Europäisch-asiatische Gesichtspunkte der Neuzeit, in: *ders.*, Geschichtswissenschaft jenseits des Nationalstaats. Studien zu Beziehungsgeschichte und Zivilisationsvergleich, Göttingen 2001, S. 73–90, hier: S. 77. Damit ist auch deutlich geworden, dass hierbei nicht politische oder rechtliche Definitionen von Europäisierung, die den Rückgang von nationalstaatlichen Regelungskompetenzen zugunsten der Europäischen Union in den Blick nehmen, gemeint sind. Eine politikwissenschaftlich-soziologische Definition findet sich in: *M. Bach*, Die Europäisierung der nationalen Gesellschaft? Problemstellungen und Perspektiven einer Soziologie der europäischen Integration, in: *ders.* (Hg.), Die Europäisierung nationaler Gesellschaften, Wiesbaden 2000; *Green Cowles, M.* u. a. (Hg.), Transforming Europe. Europeanization and Domestic Change, Ithaca 2001. Einer teleologischen Sicht bleiben letztlich verhaftet: *Le Goff, J.*, Die Geburt Europas im Mittelalter, München 2004; *Borgolte, M.*, Europa entdeckt seine Vielfalt, 1050–1250, Stuttgart 2002; *Mitterauer, M.*, Warum Europa? Mittelalterliche Grundlagen eines Sonderweges, München 2003.

3 Zu den *postcolonial studies* der Überblick in: *S. Conrad* u. *A. Eckert*, Globalgeschichte, Globalisierung, multiple Modernen: Zur Geschichtsschreibung der modernen Welt, in: *S. Conrad* u. a. (Hg.), Globalgeschichte. Theorien, Ansätze, Themen, Frankfurt/Main 2007, S. 7–49, hier: S. 22–24. Wichtige Studien zur historischen Zivilgesellschaftsforschung sind in den folgenden Bänden veröffentlicht: *Hildermeier, M.*, u. a. (Hg.), Europäische Zivilgesellschaft in Ost und West. Begriff, Geschichte, Chancen, Frankfurt/Main 2000; *Conrad, C.* u. *J. Kocka* (Hg.), Staatsbürgerschaft in Europa, Hamburg 2001; *Jessen, R.* u. a. (Hg.), Zivilgesellschaft als Geschichte. Studien zum 19. und 20. Jahrhundert, Wiesbaden 2004; *Gosewinkel, D.* u. a. (Hg.), Zivilgesellschaft – national und transnational, Berlin 2004; *Bauerkämper, A.* (Hg.), Die Praxis der Zivilgesellschaft. Akteure, Handeln und Strukturen im internationalen Vergleich, Frankfurt/Main 2003. Vgl. auch *Adloff, F.*, Zivilgesellschaft. Theorie und politische Praxis, Frankfurt/Main 2005, besonders S. 7–16, 150–155; *Schmidt, J.*, Zivilgesellschaft. Bürger-

schaftliches Engagement von der Antike bis zur Gegenwart. Texte und Kommentare, Reinbek 2007, S. 13–31.

4 Grundlegend: *Kaelble, H.*, Sozialgeschichte, besonders S. 412–428. Überdies: *Mergel, T.*, Die Sehnsucht nach Ähnlichkeit und die Erfahrung der Verschiedenheit. Perspektiven einer Europäischen Gesellschaftsgeschichte des 20. Jahrhunderts, in: Archiv für Sozialgeschichte 49 (2009), S. 417–434. Zu den dargelegten Herausforderungen siehe die Beiträge in: *K.J. Bade* u.a. (Hg.), Enzyklopädie Migration in Europa. Vom 17. Jahrhundert bis zur Gegenwart, Paderborn 2007; *Bauerkämper, A.* u. *E. Julien* (Hg.), Durchhalten! Krieg und Gesellschaft im Vergleich 1914–1918, Göttingen 2010; *Etzemüller, T.* (Hg.), Die Ordnung der Moderne. Social Engineering im 20. Jahrhundert, Bielefeld 2009; *Pakier, M.* u. *B. Stråth* (Hg.), A European Memory? Contested Histories and Politics of Remembrance, New York 2010; *Siegrist, H.* u.a. (Hg.), Europäische Konsumgeschichte. Zur Gesellschafts- und Kulturgeschichte des Konsums (18. bis 20. Jahrhundert), Frankfurt/Main 1997. Vgl. auch *Assmann, A.*, Ein geteiltes Wissen von uns selbst'? Europa als Erinnerungsgemeinschaft, in: *J. Feichtinger* u.a. (Hg.), Schauplatz Kultur – Zentraleuropa. Transdisziplinäre Annäherungen, Innsbruck 2006, S. 15–24; *Boyer, C.*, Lange Entwicklungslinien europäischer Sozialpolitik im 20. Jahrhundert. Eine Annäherung, in: Archiv für Sozialgeschichte 49 (2009), S. 25–62; *Hockerts, H.G.*, Vom Problemlöser zum Problemerzeuger? Der Sozialstaat im 20. Jahrhundert, in: Archiv für Sozialgeschichte 47 (2007), S. 3–29; *Haustein, S.*, Vom Mangel zum Massenkonsum 1945–1970, Frankfurt/Main 2007; *Torp, C.*, Weltwirtschaft vor dem Weltkrieg. Die erste Welle ökonomischer Globalisierung vor 1914, in: Historische Zeitschrift 279 (2004), S. 561–609.

5 Zit. nach (in dieser Reihenfolge): *Schmale, W.*, Geschichte Europas, Wien 2000, S. 19; *ders.*, Die Europäizität Ostmitteleuropas, in: Jahrbuch für Europäische Geschichte 4 (2003), S. 189–214, hier: S. 213. Allgemein zum Verhältnis von Interaktionen und gemeinsamen Strukturen und Erfahrungen für die Geschichte Europas: *Bauerkämper, A.*, Europe as Social Practice: Towards an Interactive Approach to Modern European History, in: East Central Europe 36 (2009), S. 20–36; *ders.*, Zeitgeschichte Europas in transnationaler Perspektive, in: Berliner Wissenschaftliche Gesellschaft, Jahrbuch 2006, Berlin 2006, S. 211–215, hier: S. 214f.; *Mergel*, Sehnsucht, S. 418f. Zu den Erkenntnischancen von Studien zu sozialer Praxis als integratives Konzept der Sozial- und Kulturgeschichtsschreibung, die das Handeln konkreter Akteure und deren Deutungen auf materielle Prozesse wie die Entwicklung des Kapitalismus bezieht: *Kocka, J.*, Returning to Social History?, in: History and Theory 47 (2008), S. 421–426, hier: S. 425; *Joyce, P.*, What is the Social in Social History?, in: Past and Present 206 (2010), S. 213–248, hier: S. 219–221, 225–228.

6 Zit. nach: *Frevert, U.*, Europeanizing German History, in: German Historical Institute Bulletin 36 (2005), S. 9–24, hier: S. 11. Vgl. auch *Rüsen, J.*, Europäisches Geschichtsbewusstsein. Vorgaben, Visionen, Interventionen, in: *ders.*, Kann gestern besser werden? Essays zum Bedenken der

Geschichte, Berlin 2003, S. 91–106, hier: S. 98, 101; *Schulze, W.*, Von der »europäischen Geschichte« zum »Europäischen Geschichtsbuch«, in: Geschichte in Wissenschaft und Unterricht 44 (1993), S. 402–409, hier: S. 407.

7 Vgl. vor allem *Moretti, F.*, Atlas des europäischen Romans. Wo die Literatur spielte, Köln 1999; *Lützeler, P. M.*, Die Schriftsteller und Europa. Von der Romantik bis zur Gegenwart, Baden-Baden [2]1998, bes. S. 483–505. Der Netzwerkbegriff wird im Hinblick auf Prozesse der Europäisierung diskutiert in: *D. Blackbourn*, Europeanizing German History, in: German Historical Institute Bulletin 36 (2005), S. 25–31, hier: S. 26 f.; *Bauerkämper*, Europe, S. 20, 36. Zum handlungstheoretischen Fundament: *Adloff, F.*, Kollektives Handeln und kollektive Akteure, in: *F. Jaeger* u. *J. Straub* (Hg.), Handbuch der Kulturwissenschaften. Paradigmen und Disziplinen, Bd. 2, Stuttgart 2004, S. 308–326. Zit. nach (in dieser Reihenfolge): *Duchhardt, H.*, Was heißt und zu welchem Ende betreibt man – europäische Geschichte?, in: *ders.* u. *A. Kunz* (Hg.), »Europäische Geschichte« als historiographisches Problem, Mainz 1997, S. 191–202, hier: S. 202.

8 Vgl. *Schmale, W.*, Die Komponenten der Historischen Europäizität, in: *G. Stourzh* (Hg.), Annäherungen an eine europäische Geschichtsschreibung, Wien 2002, S. 119–139, hier: S. 133–138; *Haupt, H.-G.*, Auf der Suche nach der europäischen Geschichte. Einige Neuerscheinungen, in: Archiv für Sozialgeschichte 42 (2002), S. 544–556, hier: S. 555 f.; Europa – aber wo liegen seine Grenzen? (104. Bergedorfer Gesprächskreis), hg. von der Körber-Stiftung, Hamburg 1995, S. 8–25; *Stråth, B.*, Introduction: Europe as a Discourse, in: *ders.* (Hg.), Europe and the other and Europe as the other, Brüssel 2002, S. 13–44; *ders.*, Multiple Europes: Integration, Identity and Demarcation to the Other, in: ebd., S. 385–420.

9 Vgl. *Hajnal, J.*, European Marriage Patterns in Perspective, in: *D. V. Glass* u. a. (Hg.), Population in History. Essays in Critical Demography, London 1965, S. 101–143. Vgl. auch *Kocka*, Grenzen, S. 282 f. Zu Grenzen: *Osterhammel*, Kulturelle Grenzen, S. 109–116, 120–122, 128. Osterhammel unterscheidet zwischen den militärisch defensiven Sicherheitszonen imperialer Barbarengrenzen, den einheitliche Jurisdiktion und Souveränität einfordernden nationalstaatlichen Territorialgrenzen und Erschließungsgrenzen, die primär auf Aneignung und Ausbeutung naturräumlicher Ressourcen angelegt sind. Vgl. überdies *Medick, H.*, Grenzziehung und die Herstellung des politisch-sozialen Raumes. Zur Begriffsgeschichte und politischen Sozialgeschichte der Grenzen in der Frühen Neuzeit, in: *B. Weisbrod* (Hg.), Grenzland. Beiträge zur Geschichte der deutsch-deutschen Grenze, Hannover 1993, S. 195–207, hier: S. 195, 198, 201; *Frevert, U.*, Eurovisionen. Ansichten guter Europäer im 19. und 20. Jahrhundert, Frankfurt/Main 2003, S. 22. Vgl. auch die Einführung von Arnd Bauerkämper in: *ders.* u. a. (Hg.), Die Welt erfahren. Reisen als kulturelle Begegnung von 1780 bis heute, Frankfurt/Main 2004, S. 33–41, hier: S. 36 f. Zum traditionalen deutschen Konzept: *Demandt, A.*, Die Grenzen in der Geschichte Deutschlands, in: *ders.* (Hg.), Deutschlands Grenzen in der Geschichte, München 1990, S. 9–31, hier: 12–18.

10 Vgl. *Osterhammel, J.*, Kulturelle Grenzen in der Expansion Europas, in: Saeculum 46 (1995), S. 101–138, hier: S. 114.

11 Vgl. *Löw, M.*, Raumsoziologie, Frankfurt/Main 2001, S. 263. Vgl. auch *Siegrist, H.*, Perspektiven der vergleichenden Geschichtswissenschaft. Gesellschaft, Kultur und Raum, in: *H. Kaelble* u. *J. Schriewer* (Hg.), Vergleich und Transfer. Komparatistik in den Sozial-, Geistes- und Kulturwissenschaften, Frankfurt/Main 2003, S. 305–339, hier: S. 322.

12 Vgl. *Haupt, H.-G.* u. *S. Woolf*, Introduction, in: *dies.* (Hg.), Regional and National Identities in Europe in the XIXth and XXth Centuries, Den Haag 1998, S. 1–21, hier: S. 18f.; *Hildermeier, M.*, Osteuropa als Gegenstand vergleichender Geschichte, in: *G. Budde* u.a. (Hg.), Transnationale Geschichte. Themen, Tendenzen und Theorien, Göttingen 2006, S. 117–136, hier: S. 127, 131f.; *Müller, M.G.*, Wo und wann war Europa? Überlegungen zum Konzept von europäischer Geschichte, in: Comparativ 14 (2004), Nr. 3, S. 72–82, hier: S. 73, 78; *Schöpflin, G.*, The Political Traditions of Eastern Europe, in: *S.R. Graubard* (Hg.), Eastern Europe – Central Europe – Europe, Boulder 1991, S. 59–94, bes. S. 59f.; *Berend, I.T.*, Decades of Crisis. Central and Eastern Europe before World War II, Berkeley 1998; *ders.*, Central and Eastern Europe, 1944–1993. Detour from the Periphery to the Periphery, Cambridge 1996; *ders.*, Markt und Wirtschaft. Ökonomische Ordnungen und wirtschaftliche Entwicklung in Europa seit dem 18. Jahrhundert, Göttingen 2007. Zur Debatte über Berends Studien vgl. exemplarisch *Wingfield, N.M.*, The Problem with ›Backwardness‹: Ivan T. Berend's Central and Eastern Europe in the Nineteenth and Twentieth Centuries, in: European History Quarterly 34 (2004), S. 535–551.

13 Vgl. *Koller, C.*, Der »Eiserne Vorhang«. Zur Genese einer politischen Zentralmetapher in der Epoche des Kalten Krieges, in: Zeitschrift für Geschichtswissenschaft 54 (2006), S. 366–384, bes. S. 384.

14 Zit. nach: *Haupt, H.-G.*, Die Geschichte Europas als vergleichende Geschichtsschreibung, in: Comparativ 14 (2004), S. 83–97, hier: S. 89. Vgl. auch *Malmborg M. af* u. *B. Stråth*, Introduction: The National Meanings of Europe, in: *dies.* (Hg.), The Meanings of Europe. Variety and Contention within and among Nations, Oxford 2002, S. 1–25, hier: S. 1–9; *Mokre, M.*, Die Europäische Union und das politische Konstrukt der Frau. Versuch einer produktiven Auseinandersetzung, in: *dies.* u.a. (Hg.), Europas Identitäten. Mythen, Konflikte, Konstruktionen, Frankfurt/Main 2003, S. 55–71. Zu den Europa-Bildern umfassend: *Öhner, V.* u.a. (Hg.), Europa-Bilder, Innsbruck 2005; *von Plessen, M.-L.* (Hg.), Idee Europa. Entwürfe zum »Ewigen Frieden«. Ordnungen und Utopien für die Gestaltung Europas von der pax romana zur Europäischen Union. Eine Ausstellung als historische Topographie, Berlin 2003; *Burgdorf, W.*, »Chimäre Europa«: Antieuropäische Diskurse in Deutschland (1648–1999), Bochum 1999; *Schmale*, Geschichte, S. 21–81. Zu unterschiedlichen Konzeptionen und Visionen Europas seit dem Mittelalter auch exemplarisch: *Gehler, M.*, Europa, Frankfurt/Main 2002, S. 3–41. Daneben: *Aust, M.*, Europäisierung und Modernisierung, in: *T.M. Bohn* u. *D. Neutatz* (Hg.), Studienhandbuch

Östliches Europa, Bd. 2: Geschichte des Russischen Reiches und der Sowjetunion, Köln 2002, S. 220–226, hier: S. 220. Dazu auch die anschaulichen Dokumente in: *H. Schulze* u. *I. U. Paul* (Hg.), Europäische Geschichte. Quellen und Materialien, München 1994, S. 319–418.

15 Vgl. *Struck, B.*, Nicht West – nicht Ost. Frankreich und Polen in der Wahrnehmung deutscher Reisender, 1750–1850, Göttingen 2006; *Duhamelle, C.* u. a. (Hg.), Grenzregionen. Ein europäischer Vergleich vom 18. bis zum 20. Jahrhundert, Frankfurt/Main 2007; *François, E.* (Hg.), Die Grenze als Raum, Erfahrung und Konstruktion. Deutschland, Frankreich und Polen vom 17. bis zum 20. Jahrhundert, Frankfurt/Main 2007. Zu den Grenzräumen auch die Beiträge zu: *Ther, P.* u. *H. Sundhaussen* (Hg.), Regionale Bewegungen und Regionalismen in europäischen Zwischenräumen seit der Mitte des 19. Jahrhunderts, Marburg 2003; *Struve, K.* u. *P. Ther* (Hg.), Die Grenzen der Nationen. Identitätswandel in Oberschlesien in der Neuzeit, Marburg 2002; *Müller, M. G.* u. *R. Petri* (Hg.), Die Nationalisierung von Grenzen. Zur Konstruktion nationaler Identität in sprachlich gemischten Grenzregionen, Marburg 2002. Zum Konzept des transnationalen »Grenzraums«: *Paulmann, J.*, Grenzüberschreitungen und Grenzräume. Überlegungen zur Geschichte transnationaler Beziehungen von der Mitte des 19. Jahrhunderts bis in die Zeitgeschichte, in: *E. Conze* u. a. (Hg.), Geschichte der internationalen Beziehungen. Erneuerung und Erweiterung einer historischen Disziplin, Köln 2004, S. 169–196, hier: S. 184 f. Im Hinblick auf die Verbreitung von Literatur: *Jordan, L.* u. *B. Kortländer* (Hg.), Nationale Grenzen und internationaler Austausch. Studien zum Kultur- und Wissenschaftstransfer in Europa, Tübingen 1995, S. 34–49. Vgl. überdies den Beitrag von Mateusz J. Hartwig in diesem Band.

16 Vgl. *Schenk, F. B.*, Mental Maps. Die Konstruktion von geographischen Räumen in Europa seit der Aufklärung, in: Geschichte und Gesellschaft 28 (2002), S. 493–514. Zu den Grenzräumen die Beiträge zu: *Struve, K.* u. *P. Ther* (Hg.), Die Grenzen der Nationen. Identitätswandel in Oberschlesien in der Neuzeit, Marburg 2002; *Ther, P.* u. *H. Sundhaussen* (Hg.), Regionale Bewegungen und Regionalismen in europäischen Zwischenräumen seit der Mitte des 19. Jahrhunderts, Marburg 2003. Vgl. auch den Beitrag von Mateusz J. Hartwig in diesem Band.

17 Vgl. *Schmale, W.*, Europäische Geschichte als historische Disziplin. Überlegungen zu einer »Europäistik«, in: Zeitschrift für Geschichtswissenschaft 46 (1998), S. 389–405, hier: S. 396 f.

18 Vgl. *Schabert, T.*, Die Atlantische Zivilisation. Über die Entstehung der einen Welt des Westens, in: *P. Haungs* (Hg.), Europäisierung Europas?, Baden-Baden 1989, S. 41–54. Übersicht über neuere Studien zum transatlantischen Kulturtransfer: *Bauerkämper, A.*, Demokratisierung als transnationale Praxis. Neue Literatur zur Geschichte der Bundesrepublik in der westlichen Welt, in: Neue Politische Literatur 53 (2008), S. 57–84.

19 Vgl. *Schmale*, Geschichte, S. 160.

20 Vgl. *Frevert*, Eurovisionen, S. 23, 85, 91–94. Zit. nach: *Conrad, S.* u. *S. Randeria*, Geteilte Geschichten – Europa in einer postkolonialen Welt, in: *dies.*

(Hg.), Jenseits des Eurozentrismus. Postkoloniale Perspektiven in den Geschichts- und Kulturwissenschaften, Frankfurt/Main 2002, S. 9–49, hier: S. 26.

21 Vgl. *Kocka, J.*, Sozialgeschichte im Zeitalter der Globalisierung, in: Merkur 60 (2006), S. 305–316, hier: S. 307, 310, 314.

22 Vgl. *Schmale*, Geschichte, S. 164–167; *Espagne*, Transferanalyse, S. 423–432.

23 Vgl. *Puhle, H.-J.*, Demokratisierungsprobleme in Europa und Amerika, in: *H. Brunkhorst*, u. *P. Niesen* (Hg.), Das Recht der Republik, Frankfurt/Main 1999, S. 317–345. In konzeptioneller Hinsicht: *Lauth, H.-J.*, Drei Dimensionen der Demokratie und das Konzept einer defekten Demokratie, in: *G. Pickel* u. a. (Hg.), Demokratie – Entwicklungsformen und Erscheinungsbilder im interkulturellen Vergleich, Frankfurt/Oder 1997, S. 33–54.

24 Vgl. *Osterhammel*, Transferanalyse, S. 454.

25 So diente Japan lange Zeit China als Vermittler westlicher Vorstellungen und Technologien, was zu erheblichen begrifflichen Verwirrungen führte, wie *Osterhammel*, Differenzwahrnehmungen, S. 87, hervorhebt. Vgl. auch *Pernau, M.*, An ihren Gefühlen sollt ihr sie erkennen. Eine Verflechtungsgeschichte des britischen Zivilitätsdiskurses (ca. 1750–1860), in: Geschichte und Gesellschaft 35 (2009), S. 249–281; *dies.*, Gab es eine indische Zivilgesellschaft im 19. Jahrhundert? Überlegungen zum Verhältnis von Globalgeschichte und historischer Semantik, in: Traverse 14 (2007), S. 51–67. Zu den Prozessen grenzüberschreitender Übersetzung auch der Beitrag von Bo Stråth in diesem Band und *Bauerkämper, A.*, Von der bürgerlichen Gesellschaft zur Zivilgesellschaft. Überlegungen zu den Trägern und zur Handlungspraxis sozialen Engagements am Beispiel Deutschlands im 19. und 20. Jahrhundert in globalhistorischer Perspektive (Center for Area Studies, Working Paper 1/2010, Freie Universität Berlin), Berlin 2010.

26 Vgl. *Ther, P.*, Beyond the Nation: The Relational Basis of a Comparative History of Germany and Europe, in: Central European History 36 (2003), S. 45–73, hier: S. 68. Vgl. zum gesamten Themenkomplex *Siegrist*, Perspektiven, S. 313, 324; *Schriewer, J.*, Problemdimensionen sozialwissenschaftlicher Komparatistik, in: *Kaelble* u. *Schriewer* (Hg.), Vergleich und Transfer, S. 9–52, hier: S. 41 f.

27 Dazu die Beiträge zu: *Aust, M.* u. *D. Schönpflug* (Hg.), Vom Gegner lernen. Feindschaften und Kulturtransfers im Europa des 19. und 20. Jahrhunderts, Frankfurt/Main 2007. Vgl. auch *Alter, P.*, Bewunderung und Ablehnung. Deutsch-britische Wissenschaftsbeziehungen von Liebig bis Rutherford, in: *Jordan* u. *Kortländer* (Hg.), Grenzen, S. 296–311. Allgemein: *Suppranz, W.*, Transfer, Zirkulation, Blockierung. Überlegungen zum kulturellen Transfer als Überschreitung signifikatorischer Grenzen, in: *F. Celestini* u. *H. Mitterbauer* (Hg.), Verrückte Kulturen. Zur Dynamik kulturellen Transfers, Tübingen 2003, S. 21–35. Vgl. auch *Schmale*, Geschichte, S. 170.

28 Grundlegend: *Kaelble, H.*, Der historische Vergleich. Eine Einführung zum 19. und 20. Jahrhundert, Frankfurt/Main 1999. Vgl. auch *van den*

Braembussche, A. A., Historical Explanation and Comparative Method: Towards a Theory of the History of Society, in: History and Theory 28 (1989), S. 1–24, hier: S. 13, 21–24; *Skocpol, T.* u. *M. Somers*, The Uses of Comparative History in Macrosocial Inquiry, in: Comparative Studies in Society and History 22 (1980), S. 174–197; *Kocka, J.*, Comparison and Beyond, in: History and Theory 42 (2003), S. 39–44, hier: S. 40.

29 Vgl. *Bloch, M.*, Für eine vergleichende Geschichtsbetrachtung der europäischen Gesellschaften, in: *M. Middell* u. *S. Sammler* (Hg.), Alles Gewordene hat Geschichte. Die Schule der Annales in ihren Texten 1929–1992, Leipzig 1994, S. 121–167, hier: S. 123. Dazu: *Sewell, W.*, Marc Bloch and the Logic of Comparative History, in: History and Theory 6 (1967), S. 208–218, bes. S. 213–215.

30 Vgl. *Bloch*, Geschichtsbetrachtung, S. 130.

31 Vgl. *Haupt, H.-G.* u. *J. Kocka*, Historischer Vergleich: Methoden, Aufgaben, Probleme. Eine Einleitung, in: *dies.* (Hg.), Geschichte und Vergleich. Aufsätze und Ergebnisse international vergleichender Geschichtsschreibung, Frankfurt/Main 1996, S. 9–45; *Kocka, J.*, Historische Komparatistik in Deutschland, in: ebd., S. 47–60; *Osterhammel, J.*, Transkulturell vergleichende Geschichtswissenschaft, in: *ders.*, Geschichtswissenschaft, S. 11–45, hier: S. 12, 42–45; *Berger, S.*, Comparative history, in: *ders.*, *H. Feldner* u. *K. Passmore* (Hg.), Writing History. Theory and Practice, London 2003, S. 161–179, hier: S. 162; *Haupt, H.-G.*, Historische Komparatistik in der internationalen Geschichtsschreibung, in: *Budde* u. a. (Hg.), Geschichte, S. 137–149, hier: S. 146; *Schmale*, Geschichte, S. 205. Ergänzend: *Schriewer, J.*, Problemdimensionen. Zur Komplementarität der Methode des historischen Vergleichs mit Ansätzen der Verflechtungsgeschichte: *Haupt, H.-G.* u. *J. Kocka*, Comparative History: Methods, Aims, Problems, in: *Cohen* u. *O'Connor* (Hg.), Comparison, S. 23–39, hier: S. 30–32; *Kaelble*, Debatten, S. 478 f.; *Kocka*, Comparison, S. 39, 43 f. Zu »Galtons Problem«: *Haupt, H.-G.*, Art. »Comparative History«; *Smelser, N. J.* u. *P. B. Baltes* (Hg.), International Encyclopedia of the Social and Behavioral Sciences, Bd. 4, Amsterdam 2001, S. 2397–203, hier: S. 2402.

32 Vgl. *Kaelble, H.*, Die interdisziplinären Debatten über Vergleich und Transfer, in: *ders.* u. *Schriewer* (Hg.), Vergleich und Transfer, S. 469–493, hier: S. 472.

33 Vgl. *Haupt*, Komparatistik, S. 147; *Haupt* u. *Kocka*, Comparative History, S. 32.

34 Vgl. *Hildermeier*, Osteuropa, S. 135. Vgl. auch *Blackbourn*, Europeanizing German History, S. 29. Vgl. auch *Aust, M.* u. *D. Schönpflug*, Vom Gegner lernen. Einführende Überlegungen zu einer Interpretationsfigur der Geschichte Europas im 19. und 20. Jahrhundert, in: *dies.* (Hg.), Gegner, S. 9–35.

35 Vgl. *Eisenberg, C.*, Kulturtransfer als historischer Prozess. Ein Beitrag zur Komparatistik, in: *Kaelble* u. *Schriewer* (Hg.), Vergleich, S. 355–373, hier: S. 410. Daneben: *Lorenz, C.*, Comparative Historiography: Problems and Perspectives, in: History and Theory 38 (1999), S. 25–39, hier: S. 29 f.;

Kocka, J., Comparison, S. 39, 43 f.; *Paulmann, J.*, Internationaler Vergleich und interkultureller Transfer. Zwei Forschungsansätze zur europäischen Geschichte des 19. und 20. Jahrhunderts, in: Historische Zeitschrift 267 (1998), S. 649–685, hier: S. 681; *Middell, M.*, Kulturtransfer und Historische Komparatistik – Thesen zu ihrem Verhältnis, in: Comparativ 10 (2000), S. 7–41, hier: S. 31–39. Dagegen ein Plädoyer zugunsten des historischen Vergleichs in: *G. Lingelbach*, Erträge und Grenzen zweier Ansätze. Kulturtransfer und Vergleich am Beispiel der französischen und amerikanischen Geschichtswissenschaft während des 19. Jahrhunderts, in: *C. Conrad* u. *S. Conrad* (Hg.), Die Nation schreiben. Geschichtswissenschaft im internationalen Vergleich, Göttingen 2002, S. 333–359, hier: S. 355 f., 359.

36 Zit. nach: *Werner, M.* u. *B. Zimmermann*, Beyond Comparison: Histoire Croisée and the Challenge of Reflexivity, in: History and Theory 45 (2006), S. 30–50, hier: S. 43. Vgl. auch *dies.*, Vergleich, Transfer, Verflechtung. Ansatz der *Histoire croisée* und die Herausforderung des Transnationalen, in: Geschichte und Gesellschaft 28 (2002), S. 607–636, hier: S. 608; *dies.* (Hg.), De la comparaison à l'histoire croisée, Paris 2004.

37 Vgl. *Ther, P.*, Deutsche Geschichte als transnationale Geschichte. Überlegungen zu einer Histoire Croisée Deutschlands und Ostmitteleuropas, in: Comparativ 13 (2003) S. 155–180, hier: S. 177, 180; *ders.*, Nation, S. 68.

38 Vgl. *Osterhammel*, Transferanalyse, S. 464–466; Siegrist, Perspektiven, S. 310 f.

39 Ebd., S. 328 f.

40 Ebd., S. 334 f.

41 Vgl. *Bauerkämper, A.* u. *C. Gumb*, Towards a Transnational Civil Society: Actors and Concepts in Europe from the Late Eighteenth to the Twentieth Century (WZB Discussion Paper Nr. SP IV 2010–401), Berlin 2010. Zu den Friedensbewegungen: *Nehring, H.*, Towards a social history of transnational relations: The British and West German protests against nuclear weapons, 1957–1964, in: *J. Gienow-Hecht* (Hg.), New Perspectives on Culture and International History, New York 2005; *ders.*, Cold War, Apocalypse and Peaceful Atoms. Interpretations of Nuclear Energy in the British and West German Anti-Nuclear Weapons Movements, 1955–1964, Historical Social Research 29 (2004), Nr. 3, S. 150–170. Zur transnationalen Dimension des Faschismus in Europa: *Mazower, M.*, Hitler's Empire. Nazi Rule in Occupied Europe, London 2008, S. 563 f., 566, 570 f., 574 f.; *Patel, K.K.*, In Search of a Transnational Historicization: National Socialism and its Place in History, in: *K.H. Jarausch* u. *T. Lindenberger* (Hg.), Conflicted Memories. Europeanizing Contemporary History, New York 2007, S. 96–116, hier: S. 97, 108, 112. *Bauerkämper, A.*, Ambiguities of Transnationalism: Fascism in Europe Between Pan-Europeanism and Ultra-Nationalism, 1919–39, in: German Historical Institute Bulletin 29 (2007), Nr. 2, S. 43–67.

42 Vgl. *Conze, V.*, Das Europa der Deutschen. Ideen von Europa in Deutschland zwischen Reichstradition und Westorientierung (1920–1970), Mün-

chen 2005, S. 111–206; *Schildt, A.*, Europa als visionäre Idee und gesellschaftliche Realität. Der westdeutsche Europadiskurs in den 50er Jahren, in: *W. Loth* (Hg.), Das europäische Projekt zu Beginn des 21. Jahrhunderts, Opladen 2001, S. 99–117; *ders.*, Ankunft im Westen. Ein Essay zur Erfolgsgeschichte der Bundesrepublik, Frankfurt/Main 1999, S. 149–173.

43 Zit. nach: *Schmale*, Geschichte, S. 16. Vgl. auch *O'Connor, M.*, Cross-National Travelers: Rethinking Comparisons and Representations, in: *D. Cohen* u. *M. O'Connor* (Hg.), Comparison and History. Europe in Cross-National Perspective, New York 2004, 133–144; *Osterhammel, J.*, Europamodelle und imperiale Kontexte, in: Journal of Modern European History 3 (2005) S. 157–182, hier: S. 165.

44 Vgl. *Maurer, M.*, Europäische Geschichte, in: *ders.*, Aufriß der Historischen Wissenschaften in sieben Bänden, Bd. 2: Räume, Stuttgart 2001, S. 99–197, hier: S. 180. Zum transatlantischen Bezugsraum in der Geschichte und Historiographie: *Patel, K.K.*, Transatlantische Perspektiven transnationaler Geschichte, in: Geschichte und Gesellschaft 29 (2003), S. 625–647; *Gräser, M.*, Weltgeschichte im Nationalstaat. Die transnationale Disposition der amerikanischen Geschichtswissenschaft, in: Historische Zeitschrift 283 (2006), S. 355–382. Richtungweisend die Studie von *Rodgers, D. T.*, Atlantic Crossings. Social Politics in a Progressive Era, Cambridge/Mass. 1998, bes. S. 1–7, 33–75.

45 Vgl. *Conrad* u. *Eckert*, Globalgeschichte, S. 24. Zu den erwähnten Leitvorstellungen: *Siegrist, H.* u. *R. Petri*, Geschichten Europas. Kritik, Methoden und Perspektiven, in: Comparativ 14 (2004), S. 7–14, hier: S. 10.

46 *Berger*, Comparative history, S. 170. Zu Problematik politischer Legitimation: *Middell, M.*, Europäische Geschichte oder global history – master narratives oder Fragmentierung? Fragen an die Leittexte der Zukunft, in: *K.H. Jarausch* u. *M. Sabrow* (Hg.), Die historische Meistererzählung. Deutungslinien der deutschen Nationalgeschichte nach 1945, Göttingen 2002, S. 214–252, hier: S. 247–250. Zit. nach: *Osterhammel, J.*, Die Verwandlung der Welt. Eine Geschichte des 19. Jahrhunderts, München 2009, S. 1292. Zum Konzept der interconnectivity: *Gräser*, Weltgeschichte, S. 359.

Bo Stråth

Europäische und Globalgeschichte

Probleme und Perspektiven

Weltgeschichte ist nicht neu. Das Genre ist wesentlich älter als das jüngste Interesse an Globalgeschichte seit dem Ende des Kalten Krieges. Wenn die Globalgeschichte jedoch der zunehmenden Aufmerksamkeit, die ihr entgegengebracht und der Hoffnung auf eine Überwindung des »methodischen Nationalismus«, die mit ihr verbunden wird, zukünftig gerecht werden möchte, muss sie sich – so das zentrale Argument dieses Aufsatzes – grundlegend erneuern. Eine neue Weltgeschichte muss etwas anderes sein als einfach eine aktualisierte Version älterer Weltgeschichten westlichen Ursprungs, in denen der Westen als Standard funktioniert, demgegenüber alles andere teleologisch in Begriffen des Fortschritts oder der Rückständigkeit gemessen wird. Sie muss multizentristisch sein und verflochtene Perspektiven entwickeln, wobei Verflechtung nicht einfach Transfer in eine Richtung heißen kann. Und sie muss die Rolle der Nation als exklusivem Träger von Bedeutung unterminieren und – durchaus auch mit Blick auf die Behandlung Europas als einer Art Nationalstaat – destabilisieren, was jedoch keinesfalls bedeutet, die historische Rolle von Nationalstaaten im 19. und 20. Jahrhundert zu vernachlässigen, sondern sie vielmehr in neuem Licht zu betrachten.

In welchem Maße reagieren die zunehmenden Appelle für Globalgeschichte seit den 1990er Jahren auf solche Anforderungen? Welche methodischen und theoretischen Konsequenzen lassen sich aus diesen Anforderungen an eine erneuerte Globalgeschichte ableiten? Und in welchem Verhältnis stünde eine solche Globalgeschichte zur Geschichte Europas? Der folgende Beitrag sucht diese Fragen zu beantworten, indem er in vier Schritten vorgeht: Zunächst wird die Globalgeschichte und die ihr zugrundeliegende Globalisierungserzählung auf der Grundlage bisheriger Forschungsansätze problematisiert. Im zweiten Teil wird diese

Kritik auf die Notwendigkeit einer erneuerten, kritischen Geschichte bezogen und diese – im dritten Teil – als Möglichkeit zur Kombination von begriffs-, vergleichs- und verflechtungsgeschichtlichen Ansätzen konzipiert. Am Beispiel eines konkreten Forschungsprojektes werden daran anschließend in Teil vier mögliche Perspektiven einer so verstandenen Globalgeschichte skizziert.

Globale Geschichte und die Globalisierungserzählung

Das Journal of World History (seit 1990), das konkurrierende Journal of Global History (seit 2006) sowie eine wachsende Anzahl an Sammelbänden und Monographien bezeugen den neuen historiographischen Trend, Geschichte in ihren globalen Zusammenhängen zu analysieren. Dabei scheint der Namenswandel von »Welt-« zur »Globalgeschichte«, wie er in den beiden Zeitschriften angedeutet wird, den wachsenden Anspruch widerzuspiegeln, die Welt in einheitlichen Begriffen wahrzunehmen und dabei zugleich Raum für lokale Diversität zu lassen. Doch ist Weltgeschichte zugleich auch ein äußerst ambivalenter Begriff. Seit Kant war »Weltgeschichte« ein Synonym für »Universalgeschichte«, welche der Welt durch eine inhärente Logik, einen Prozess hin zu höheren Entwicklungsstufen, Kohärenz geben sollte. Ihr Ursprung, Maßstab und Ziel war Europa. Spätestens nach dem Zweiten Weltkrieg wurde dieses Narrativ problematisch, aber inhaltlich setzte es sich in den 1950er und 1960er Jahren unter dem Schlagwort der Modernisierung fort, und, nachdem diese Modernisierungsrhetorik in den 1980ern wiederum problematisch wurde, in den 1990ern unter dem Begriff der Globalisierung.

Als Globalisierung zum Schlagwort wurde, verlor »Weltgeschichte« an Konturen und begann ein allgemeines, themenunspezifisches Interesse an der Vergangenheit der Welt zu bezeichnen. So war Weltgeschichte in den 1990er Jahren mehr oder weniger »die Welt in ihrer Vergangenheit«. Erst die später einsetzende »Globalgeschichte« brachte den älteren Anspruch, ein wirklich globales Muster an Kohärenz aufzuzeigen, zurück auf die Agenda. Die Sprache der Ökonomen, die vom »global village« und von »glocalization« sprechen, erhielt ihren historischen

Unterbau, indem nun nicht mehr von einer Welt-, sondern einer Globalgeschichte gesprochen wurde. Hier ist nicht der Ort, um dieses Argument im Detail auszuführen; es soll einzig anhand des Klappentextes einer 2001 erschienen, 200 Seiten umfassenden Monographie mit dem Titel *Global History. A Short Overview* illustriert werden:

> This short book offers a clear and engaging introduction to the history of humankind, from the earliest movements of people to the contemporary epoch of globalization. Cowen traces this complex history in a manner which offers both a compelling narrative and an analytical and comparative treatment. Drawing on a new perspective on global history, he traces the intersection of change in economics, politics and human beliefs, examining the formation, enlargement and limits of human societies. Global History shows how much of human history encompasses three intersecting forces – trading networks, expanding political empires and crusading creeds. Abandoning the limits of a Eurocentric view of the world, the book offers a number of fresh insights. Its periodization embraces movement across continents and across the millennia. The indigenous American civilizations are included, for instance. The book also ranges over the early civilizations of China and Europe as well as the Russian and Islamic worlds. Modern American and Japanese civilizations are, in addition, a focus for attention. The author examines national and regional histories in relation to wider themes, sequences and global tendencies. In conclusion, he seeks to address the question of the extent to which a global society is beginning to crystallize.[1]

Neben dem deutlich vernehmbaren Echo der ökonomistischen Globalisierungserzählung war die Behauptung, die Globalisierung sei wesentlich älter, als es die ökonomische Meistererzählung über die Entfaltung des globalen Marktes, die in den frühen 1990ern einsetzte, impliziert, ein wesentliches und immer wiederkehrendes Argument in diesem Kontext. Das Argument stellt die Globalisierungserzählung in einen langfristigen historischen Zusammenhang und untermauert sie somit. Gleichzeitig aber lässt sich diese Bestätigung der ökonomischen Globalisierungstheorie durch Historiker – mit Blick auf den Einbruch der globalisierten Wirtschaft 2008 – beinahe als Zeichen für die Unfähigkeit der Wissenschaft deuten, ein Phänomen zu verstehen, bevor es zum Abschluss gekommen ist. Der Trend zu einer teleologischen Weltsicht, aus der im Zusammenhang mit der ökonomistischen Globalisierungserzählung heraus argumentiert wurde, dass Märkte sich automatisch als gleichsam selbstangetriebene Maschinen entfalteten, bekräftigte diese Tendenz zusätzlich. Politische Interventionen, um die Märkte zu regulieren, wurden als Hindernisse für wirtschaftliche Effizienz und langfristigen Wohlstand wahrgenommen. Diese Theorie wurde mit besonderer Vehemenz von Vertretern der neoliberalen Wirtschaftsschule in Chicago wie Milton Friedman verfochten, die sich dabei auf theoretische Ausführungen von Friedrich Hayek aus der Zwischenkriegszeit beriefen. Nicht zuletzt basierte ihre Argumentation auf einer speziellen, um nicht zu sagen parteiischen, Lesart von Adam Smith.

Hayeks Theorie ging in den gesellschaftlichen Umbrüchen unter, die in den 1930ern den Goldstandard hinwegfegten. Nach dem Krieg ersetzte John Maynard Keynes, der die Rolle der Politik für das Funktionieren der Ökonomie betonte, Hayek als dominierenden Denker, allerdings nur für wenige Dekaden. Als die internationale Ordnung, die auf dem zum Ende des Zweiten Weltkriegs abgeschlossenen Bretton Woods Abkommen basierte, in den 1970ern kollabierte, nahm das Vertrauen in Keynes ab und die Zeit für Hayek und seine Anhänger in Chicago kam. Es war kennzeichnend für die damalige Entwicklung, dass Friedrich Hayek 1974 und Milton Friedman 1976 den Wirtschaftsnobelpreis erhielten. Die 1980er waren schließlich von Auseinandersetzungen zwischen zwei Theorien mit teils schrillen ideologischen Untertönen gekennzeichnet, wobei die eine die Rolle des Marktes, die andere die Rolle des Staates betonte.

Der große Moment der neoliberalen Schule kam mit dem Kollaps des sowjetischen Systems um 1990. Die Rolle des Staates war diskreditiert. Dies war ein euphorischer Moment, der Francis Fukuyama vom Ende der Geschichte reden ließ. Die liberale Marktordnung hatte endgültig triumphiert.[2] Die 1990er brachten den Aufstieg eines neuen, hegemonialen Weltbildes unter dem Schlagwort der Globalisierung. Der Glaube an diese neue Hegemonie griff von den Wirtschaftswissenschaften auch auf andere Sozialwissenschaften über. In den Politikwissenschaften wurden frühere Schlüsselbegriffe wie Staat, Regierung und Hierarchie durch ein neues semantisches Feld, das sich um Begriffe wie Governance und Netzwerk gruppierte, ersetzt. Dass in den Geschichtswissenschaften die etablierte Strukturalismustheorie an Bedeutung verlor, lässt sich als Teil dieser ideologischen und akademischen Entwicklung begreifen. Neue Formen der Kulturgeschichte kamen auf, und Fragen nach gesellschaftlichen Konflikten und politischen Kämpfen verschwanden mehr oder weniger in diesem neuen semantischen Terrain. Allgemein gesprochen war mit dem Glauben an einen Imperativ des Marktes die Vorstellung von der problemlosen Entwicklung hin zu einer prosperierenden Welt verbunden. Dabei stellt sich die Frage, inwieweit das neue Interesse an Globalgeschichte unter Historikern diese Weltsicht bestätigte, oder inwiefern es zu ihrer kritischen Hinterfragung führte.

Meines Erachtens hat die Verwendung des Globalisierungsbegriffs seitens der Historiker eher dazu beigetragen, soziale Konflikte, grenzüberschreitende Interaktionen und langfristigen Wandel – alles Probleme, die vorgeblich in diesem Zusammenhang angesprochen werden sollten – zu verdunkeln als zu erhellen. Das Ergebnis war, dass eine Metaerzählung, die nach der Erosion des modernisierungstheoretischen Diskurses angeblich überwunden werden sollte, mit neuer Stärke formuliert wurde. Argumenten, die Globalisierung sei sowohl unvermeidbar wie auch wünschenswert, steht nun andererseits die Einschätzung gegenüber, sie sei bösartig. Auch argumentieren manche, die stetig zunehmende Interaktion bringe keine Konvergenz hervor. Doch was auch immer die Argumente sind: Das Globalisierungsnarrativ behauptet eine nicht gegebene Neuheit, verwechselt große Entfernungen mit Globalität, es scheitert daran, Diskussionen über Verbindungen zwischen Räumen mit Diskussionen über deren Begrenzungen zu verbinden und verzerrt schließlich die Geschichte von Imperien und Kolonisation, um sie in eine Geschichte mit vorbestimmtem Ende zu pressen, indem das lineare Konzept der Globalisierung verwendet wird.[3] Die Glaubwürdigkeit dieses teleologischen Universalismus – sowohl in seiner zukünftigen wie auch vergangenen Dimension – ist mit dem Kollaps der Finanzmärkte 2008 zumindest in Frage gestellt worden und es deutet sich an, dass »Staat« und »Gesellschaft« im Bereich der Politik wieder mobilisierende Wirkung entfalten. Doch was sind die Implikationen dieser Entwicklungen für Historiker und Historikerinnen? Und welche Art von Geschichte ist notwendig, um unter Bedingungen allgemeiner Orientierungslosigkeit Orientierung bieten zu können?

Trotz der wachsenden Anzahl an Argumenten für eine Globalgeschichte ist es immer noch schwierig, Interpretationsmodelle klar zu bestimmen, die eine Alternative zur herrschenden Meistererzählung der Globalisierung darstellen könnten. Könnten historische Erfahrungen, die zeigen, welche Rolle politisches Handeln und politische Verantwortung spielen und die zudem die Fragilität gesellschaftlicher Ordnungen illustrieren, zum Ausgangspunkt für neue Narrative werden? Könnte ein kritischer Fokus auf die Spannungen zwischen der Interpretation von Erfahrungen einerseits und den Erwartungen historischer Akteure andererseits den Ausgangspunkt für ein anderes Verständnis der Welt in unserer Zeit liefern? Könnten nicht insgesamt historische Analysen vergangener Zukünfte ein wichtiges Instrument sein, um die teleologischen Narrative von der Welt als sich selbst antreibender Maschine zu destabilisieren?

Es gibt eine erneute Nachfrage nach Sozialgeschichte, die nicht nur soziale Ungleichheiten und Leiden in der Vergangenheit betont, sondern ebenso die Rolle von Politik und politischem Handeln, wenn es darum geht, die Zukunft zu formen und soziale Not zu lindern. Diese neue Sozialgeschichte kann offensichtlich keine Rückkehr zur alten, mehr oder weniger teleologischen, Strukturgeschichte unter dem Label der »Modernisierung« sein, in der Entwicklung (im Singular) als fortschrittlich und von intrinsischen Strukturen getrieben gedacht wurde. Darüber hinaus muss eine neue Sozialgeschichte den nationalen Rahmen überwinden – ohne die historische Rolle des Nationalstaates gerade in der sozialen Sphäre zu ignorieren – und sollte, anstatt Pfadabhängigkeiten zu beschreiben, die Vergangenheit in ihrer Offenheit, Kontingenz und Fragilität begreifen.

Bislang jedoch hat sich ein Großteil der historischen Globalisierungsliteratur vor allem auf Institutionen und deren transnationale Verflechtungen und Transfers konzentriert.[4] Unter dem Etikett »global« wurden dabei oftmals bilaterale Beziehungen gefasst, mit einem Part außerhalb Europas. Die westlichen ökonomischen, politischen und gesellschaftlichen Institutionen bildeten zumeist den Ausgangspunkt. Und obwohl die Forschung gezeigt hat, dass es nicht eine, sondern vielmehr multiple Modernitäten gibt, galten und gelten westliche Standards im Sinne von Fortschritt und Rückschrittlichkeit, von »früh« und »spät«, nach wie vor als Referenzpunkte.[5]

Der institutionelle Fokus macht es vermutlich schwer, aus dieser westlichen Befangenheit auszubrechen. Und auch die sterile Dichotomie zwischen der europäischen Fähigkeit zu kolonisieren und zu versklaven einerseits und dem Narrativ des europäischen Triumphes aufgrund einer angeblichen europäischen Einzigartigkeit andererseits prägt nach wie vor einflussreiche Interpretationen. Selbst wenn der extreme Eurozentrismus eines Eric Jones und David Landes eine Seltenheit geworden ist, so sind doch viele Ansätze immer noch von dieser Perspektive bestimmt.[6]

Um dieser Befangenheit und dem daraus resultierenden analytischen »bias« zu entkommen, hat Jan de Vries eine Neukonzeptionalisierung der »industriellen Revolution« als »industrious revolution« vorgeschlagen; ein Konzept, das beschreiben soll, dass im 19. Jahrhundert nicht nur in Europa, sondern auch in anderen Wirtschaftsräumen Handwerk, Manufakturproduktion sowie Agrarproduktion verfeinert und effizienter wurden. Durch Fleiß und Sorgfalt intensivierten sich interne wie externe Handels- und Austauschbeziehungen lange vor dem Aufkommen des industriellen Kapitalismus und der Fabrikproduktion und zwar weit über Europa hinaus. Statt die Ausbreitung eines Modells von einem Zentrum aus zu beschreiben, entwirft de Vries daher das Bild eines komplexen Netzes von dynamischen politischen, ökonomischen, kulturellen, militärischen und wissenschaftlichen Prozessen und Interaktionen zwischen Konsumstilen und Produktionsweisen. Polyzentrismus und Multikausalität. Die Beschleunigung von Zeit und die Verdichtung von Raum sind terminologische Ausgangspunkte in dieser sich entwickelnden Perspektive einer eher globalen als europäischen Entwicklung.[7] Und auch wenn dieser Ansatz sich im Prinzip auf Strukturen und Triebkräfte konzentriert, so lässt er doch wesentlich mehr Komplexität zu als das Modernisierungsnarrativ. Ein anderes zukunftsweisendes Werk, das dem Trend hin zu einer erhöhten Komplexität folgt und das traditionelle Ausgehen von einem europäischen Standard überwindet, ist Christopher Baylys Buch *The Birth of the Modern World*.[8]

Den wichtigsten, die westliche Perspektive unterwandernden, über einseitige Transfers hinausweisenden und vielfältige, reziproke Beziehungen zwischen Zentrum und Peripherie ebenso wie zwischen den verschiedenen Peripherien und Imperien in den Blick nehmenden Ansatz bieten jedoch die *subaltern and postcolonial studies*.[9] Während es dem Antikolonialismus eher um die Vertreibung der Kolonialmächte und die Bildung neuer politischer Nationen ging, sucht das postkoloniale Projekt die Konzeption des Westens als Ausgangspunkt und überlegene Macht zu demontieren. Auf diese Weise haben postkoloniale Historiker »entangled histories« zum Vorschein gebracht, die Kolonisierte und Kolonisierende, versklavte Völker und christliche Missionare miteinander in Verbindung bringen. Sie gehen von Machtbeziehungen zwischen Kolonie und Metropole aus, die jeweils hierarchisch konstituiert waren. Ihr methodischer Ausgangspunkt ist es, Kolonie und Metropole in einem gemeinsamen analytischen Rahmen zu betrachten. Das Recht auf koloniale Herrschaft basierte auf einer Diskrepanz zwischen Metropole und Kolonie, zwischen Zivilisation und Barbarei, wobei der Abstand, der Metropole und Kolonie trennte, stets neu definiert und verhandelt werden musste. Diese Diskrepanz zwischen miteinander verflochtenen Kräften ist ein wichtiger Gegenstand postkolonialer Geschichte.

Weltgeschichte, Globalgeschichte, Universalgeschichte, »entangled history« – all dies sind zentrale Begriffe in einer neuen Sprache über eine neue Geschichte. Es ist jedoch unklar, was sie genau bezeichnen. Es gibt sowohl Überschneidungen als auch Unterschiede zwischen ihnen, doch entsprechen sie sich in dem Bestreben, den vorherrschenden methodischen Nationalismus aufbrechen zu wollen. Nur der Begriff der Universalgeschichte von Kant und Schiller bis Lamprecht scheint endgültig aufgegeben zu sein mit seinem Anspruch, gesetzmäßige Entwicklungen und die Nationen als Träger des Universalen zu beschreiben. Der Ansatz der *subaltern and postcolonial studies* repräsentiert dabei sicherlich einen Trend zu einer Sicht auf die Welt, die den kolonialen und imperialen Blick des westlichen Zentrums gewissermaßen aus einer Perspektive »von unten« konstruktiv in Frage stellt. Dieser Ansatz hinterfragt offensichtlich auch die ökonomistische Globalisierungserzählung. Gleichwohl, ist dies Welt- oder Globalgeschichte im eigentlichen Sinne? Diese Frage soll nicht notwendigerweise als Kritik verstanden werden. Ein alternativer Blick auf die Welt in geschichtlicher Perspektive sollte jedoch nicht den gleichen homogenisierenden Anspruch haben wie das Globalisierungsnarrativ. Im Gegenteil: Eine neue Weltgeschichte muss die Vergangenheit auf eine Art und Weise kommentieren, die die Welt nicht einheitlicher macht als sie ist. Denn auch wenn der Begriff der Welt- oder Globalgeschichte zumindest eine implizite geographische Konnotation erhält, die auf die gesamte Welt verweist, ist »Imperium« eben nicht das gleiche wie »Welt«.

Rolf Torstendahl hat kürzlich überzeugend argumentiert, dass Weltgeschichte im eigentlichen Sinne des Wortes äußerst selten ist und dass der Großteil dessen, was Welt- oder Globalgeschichte genannt wird, eigentlich transnationale Geschichte ist, in dem Sinne, dass sie nationale Grenzen überschreitet, und dies auf wichtige und innovative Weise, ohne dabei aber die gesamte Welt zu umfassen. Den mit dem Begriff der Weltgeschichte verbundenen Anspruch setzt Thorstendahl in Bezug zu der im frühen 19. Jahrhundert gängigen Vorstellung von einer Universalgeschichte, die eine globale Ordnung herstellen, Konsistenz und Kohärenz schaffen sollte, wobei die Nationen eine Vorreiterrolle spielten. Ein derartiger Anspruch war auch Teil des Globalisierungsnarrativs, das kürzlich so deutlich erschüttert wurde. Torstendahl erinnert zudem an die Tatsache, dass im Französischen das Konzept der *histoire globale* auch *histoire totale* im Sinne von Fernand Braudel meinen kann.[10] Und er argumentiert, dass Weltgeschichte im eigentlichen Sinne des Begriffs die Fähigkeiten individueller Historiker und Historikerinnen übersteigt.

Sein Aufsatz wurde just in dem Moment publiziert, in dem Jürgen Osterhammels Buch *Die Verwandlung der Welt* erschien.[11] Es ist nicht regional, sondern systematisch gegliedert, besteht also nicht aus addierten Nationalgeschichten. Osterhammel verfolgt einen vergleichenden Ansatz, vor allem in der Trias Europa – Amerika – Asien, aber auch Afrika ist berücksichtigt. Ein besonderes Interesse liegt auf Zeitstrukturen unter dem Einfluss von Reinhart Koselleck. In Abkehr vom Industrialisierungsparadigma untersucht er ausführlich das Entstehen unterschiedlicher Formen von Wissensgesellschaft. Das 19. Jahrhundert wird weniger als bei Bayly als Geburt der Moderne denn als Übergangsepoche konzeptualisiert. Insgesamt ist Osterhammels Ansatz ein gelungener Mittelweg zwischen einem nicht mehr haltbaren Eurozentrisumus und einem Postkolonialismus, für den Europa hauptsächlich der Ursprung der Kehrseiten der Weltgeschichte ist.

Im Sinne Torstendahls argumentierend, wird man jedoch durchaus behaupten können, dass Osterhammel hier einzig die Ausnahme darstellt, die die Regel bestätigt.

Dennoch ist die Frage, ob der *subaltern* und *postcolonial* Ansatz nicht *zusammengenommen*, mit all seinen inneren Widersprüchen, de facto einen kohäsiveren Ansatz darstellt, der Globalgeschichte genannt werden könnte, nicht unberechtigt. So ist Torstendahl zwar vermutlich zuzustimmen, wenn er argumentiert, dass Welt- oder Globalgeschichte wörtlich genommen die Kapazität einzelner Forscher – von einigen bemerkenswerten Ausnahmen einmal abgesehen – übersteigt, aber die Sache könnte durchaus anders aussehen, wenn wir über größere Gruppen oder Schulen von Historikern nachdenken. Die Frage ist, ob neue Formen von Forschungsorganisationen, die sich auf vergleichende und transnationale Methoden stützen, Anreize für Ansätze zu einer Weltgeschichte schaffen würden, die versuchten, die Welt als solche, und nicht nur als Europa oder den Westen und den »Rest«, zu konzeptionalisieren. Diese Frage soll daher zum Abschluss des Aufsatzes diskutiert werden.

Europa und die Welt in einer Kritischen Geschichte

Mit der Frage nach neuen Formen von Forschungsorganisationen wird gleichzeitig auch die Frage nach einer neuen, kritischen, Europa in seinen globalen Beziehungen denkenden Europäischen Geschichte virulent. Europa in seinen globalen Beziehungen zu analysieren bedeutet, sich von der eurozentristischen Perspektive zu lösen, und es bedeutet zugleich eine Öffnung hin zu komplexeren Interaktionsmustern und -konfigurationen. Kritisch und global meint demgegenüber eher, eine alternative Gegenerzählung zum reduktionistischen Globalisierungsdiskurs zu entwerfen, der mit seiner Betonung globaler, von politischen Zwängen befreiter Märkte als wesentlichen Triebkräften seit den frühen 1990ern den Interpretationsrahmen bereitgestellt hat. Eine neue Europäische Geschichte steht nicht im Widerspruch zu einer neuen Weltgeschichte, sondern wäre Teil davon. Was aber soll eine *kritische* Geschichte sein?

»Kritisch« hat in diesem Zusammenhang drei Bedeutungen: Erstens die Zurückweisung eines linearen Fortschrittsdenkens und die Destablisierung jeglichen teleologischen Denkens; zweitens den sozialen Fokus; und drittens einen transnationalen Ansatz für eine Europäische ebenso wie für eine Weltgeschichte.

Nach den Erfahrungen mit dem Globalisierungsnarrativ und seiner »Mutter«, dem Modernisierungsnarrativ, kritische Geschichte zu schreiben bedeutet, teleologische Vorstellungen zu überwinden, keine Geschichte des kontinuierlichen Fortschritts zu schreiben, sondern stattdessen die Fragilität, Offenheit und Kontingenz gesellschaftlicher Entwicklungen und Organisationen zu betonen. Seit die Vorstellung von Zeit in der Philosophie der Aufklärung eine fortschrittliche Note erhielt, indem zwischen Vergangenheit, Gegenwart und Zukunft unterschieden wurde, können wir vermutlich nicht länger ohne zielorientiertes Denken leben. Dennoch ist es wichtig, solche Entwürfe zu historisieren und sie gleichfalls zu destabilisieren, indem beispielsweise auf die Bedeutung menschlicher Handlungsweisen verwiesen wird und zwar nicht nur auf deren Erfolg, sondern auch auf ihr Scheitern. Auch wäre die Frage nach der historischen Verantwortung für Handeln oder unterlassenes Handeln zu stellen. Das Instrument für einen solchen Ansatz ist ein methodischer Fokus auf die Rolle von Sprache, da Sprache Handeln ist, wie die Cambridge School im Bereich der Politischen Theorie überzeugend argumentiert hat.[12]

Die kritische, theoretisch informierte Sozialgeschichte bricht mit der Teleologie der strukturellen Sozialgeschichte. Sie bricht auch mit makrostrukturellen Ansätzen wie etwa der Weltsystemtheorie Immanuel Wallersteins.[13] Dieser Bruch bietet eine neue kritische Dimension, innerhalb derer vor allem das Soziale und das heisst die Fähigkeit der Menschen, ihre Zukunft handelnd zu gestalten, und zwar sowohl was ihren Erfolg als auch ihr Scheitern anbelangt, in den Blickpunkt gelangt. Mit einer Betonung des *Sozialen* hat Begriffsgeschichte das Potential, in Zukunft eine »Geschichte von unten« zu sein. Das Soziale muss daher auf die Tagesordnung zurück gebracht werden – wenn auch anders als dies in der alten strukturellen Gesellschaftsgeschichte der Fall war. Etienne Balibar hat zu diesem Punkt überzeugend Weichen gestellt. Was wahrhaft den Planet vereinigt hat, ist nicht nur koloniale Expansion, sondern auch die Revolte, die Befreiungskämpfe, die den Begriff »verschiedene Naturen« in Frage stellten, die Leute aus den Metropolen von denen in den Kolonien trennten, mit der Wirkung, dass eine Dialektik zwischen diesen beiden demographischen Gruppen entstanden ist, die die alten Rollen diametral umgedreht hat. Die alten Metropolen werden in der Perspektive von Balibar partikularisiert und die ehemaligen Kolonien universalisiert. Das neue koloniale Universum ist vor allem in den multikulturellen Ghettos der Großstädte sichtbar.[14]

»Kritisch« bedeutet darüber hinaus auch, nationale Historiographien hinter sich zu lassen ohne die Rolle des Nationalstaates in vergangenen Debatten und Konflikten über das Soziale zu ignorieren; Konflikten, die oftmals gewaltsam verliefen. Es kommt der kritischen Geschichte darauf an, historische Alternativen zu Nationalstaaten als Organisationen, die auf die Artikulation sozialer Probleme reagierten, zu finden, und zwar sowohl erfolgreiche wie auch gescheiterte Alternativen.

Kritische Geschichte als Kombination von Begriffs-, Vergleichs- und Verflechtungsgeschichte

Ein methodischer Ansatz, der den Herausforderungen einer solchen neuen, kritischen und transnationalen Gesellschaftsgeschichte gerecht werden würde, wäre – so das Argument dieses Aufsatzes – die *Begriffsgeschichte.* Von Reinhardt Koselleck entwickelt, steht die Begriffsgeschichte nicht nur für einen vielversprechenden Ansatz in der Gesellschaftsgeschichte, sondern auch für eine offenere und kontingentere Herangehensweise an eine Geschichte, die sich als Gegensatz zu der in den 1970er und 1980er Jahren vorherrschenden, makro- und modernisierungstheoretisch orientierten Strukturgeschichte versteht. Die Auseinandersetzung über die gegebene Bedeutung von Schlüsselbegriffen und über die Aneignung von analytischen Fähigkeiten mittels der Beherrschung von Sprache lässt sich auf diese Weise als die Geschichte einer niemals endenden, stets neue Probleme aufwerfenden Herausforderung begreifen. In der Retrospektive gab es kein inhärentes Endziel der Geschichte oder gesellschaftlicher Strukturen in diesem Prozess, auch wenn solche Endziele oftmals imaginiert und propagiert wurden, um eine mobilisierende Wirkung zu entfalten. Die Macht von Sprache wurde benutzt, um vergangenen Erfahrungen Bedeutung zu geben und Erfahrungen in Erwartungshorizonte zu übersetzen. In diesem Spannungsfeld zwischen Erfahrungen und Erwartungen war auch Platz für Stimmen von Unterdrückten, die ihre Befreiung und Emanzipation forderten. Begriffsgeschichte ist damit immer auch eine Geschichte von Konflikten, die das Potential hat, mehr zu sein als eine affirmative Geschichte von Siegern. Vor allem aber bietet die Begriffsgeschichte ein Werkzeug, um mit der epistemologischen Herausforderung der alten strukturellen Gesellschaftsgeschichte umzugehen.

Denn Begriffsgeschichte, wie Reinhart Koselleck sie formuliert hat, geht von der Überlegung aus, dass Politik in demokratischen Gesellschaften oder wenigstens in Gesellschaften mit einem Minimum an öffentlicher Debatte von allen geteilte Begriffe erfordert – und gleichzeitig Uneinigkeit über die genaue Bedeutung dieser Begriffe. Diese Spannung zwischen geteilten und gleichzeitig umstrittenen Begriffen schafft eine Arena für politische Konflikte. Versuche, Positionen zu erlangen, die eine interpretatorische Macht über diese Schlüsselbegriffe erlauben, konstituieren den politischen Prozess. Mit der Philosophie der Aufklärung und der Französischen Revolution erhielt Geschichte eine Richtung, indem eine Vorstellung von der Vergangenheit entwickelt wurde, die anders war, und von einer Zukunft, die durch menschliches Handeln anders werden konnte. Seitdem stand im Zentrum des Konflikts über die Bedeutung von Begriffen die Frage, wie (vergangene) Erfahrungen interpretiert und wie sie in Erwartungen (an künftige Entwicklungen) übersetzt werden könnten. Die Suche nach politischen Positionen zwischen Erfahrungen und Erwartungen war von einer konstanten Spannung zwischen gesellschaftlicher Kritik und politischer Krise unterlegt.[15]

Doch in welchem Maße kann eine soziale Begriffsgeschichte dazu beitragen, die national-sprachlichen Beschränkungen von Deutungen, Definitionen und Begriffen zu überwinden? Inwiefern kann sie hierbei mit einer Vergleichs- und Verflechtungsgeschichte kombiniert werden? Und auf welche Weise kann diese Kombination nicht nur als Instrument einer neuen Gesellschaftsgeschichte dienen, sondern auch dazu beitragen, den nationalen Fokus kritisch aufzubrechen und für alternative Blickwinkel zu öffnen?

Vergleichende Geschichte, sogar vergleichende Weltgeschichte, ist, wie oben notiert, an sich nichts Neues. Karl Lamprechts Vorstellungen von Universalgeschichte bauten auf Vergleichen auf, und auch in der französischen Geschichte der Annales bildete die Komparatistik einen methodologischen Eckpunkt, um nur ein paar ältere Beispiele zu erwähnen. Während Lamprechts Ausgangspunkt sicherlich eine Art hegelianisches Verständnis von den Nationen als zentralen Akteuren der Geschichte war, gebrauchten die vergleichenden Studien der Annales komplexere analytische Kategorien, wie etwa die der Feudalgesellschaften.

Eine Art Neustart erfuhr die vergleichende Geschichte in den 1960er und 1970er Jahren mit Barrington Moores *Social Origins of Dictatorship and Democracy: Lord and Peasant in the Making of the Modern World* als Ausgangspunkt. Zur Schule der historischen Soziologie ließen sich unter anderem Theda Skocpol und Dieter Rueschemeyer zählen. Den Rahmen ihrer Analysen bildete die Welt des Kalten Krieges mit ihrer Neigung zum Schwarz-Weiß-Denken und zur scharfen Kontrastierung von Demokratie und Diktatur, von westlichen Normalwegen und deutschem Sonderweg. Der nationalstaatliche Rahmen wurde in diesem Zusammenhang eher historisch bestätigt und verfestigt als überschritten. Dabei entstand weniger eine gesamteuropäische als eine westliche in Konfrontation mit einer östlichen Perspektive. In dieser interdisziplinären Strukturgeschichte mit generalisierenden Ambitionen wurde die Methodologie vor allem aus der Soziologie und den Geschichtswissenschaften abgeleitet.

Um 1990 wurde die vergleichende Strukturgeschichte dann mit zwei Herausforderungen konfrontiert, einer epistemologischen und einer politischen. Ausgehend von ihren Anfängen in der französischen Philosophie der 1970er Jahre entwickelte sich eine Reihe neuerer theoretischer Ansätze in den 1980er Jahren zu einer epistemologischen Herausforderung für weite Teile der Kultur- und Sozialwissenschaften. Im gleichen Zeitraum lässt sich der Wandel der ökonomistischen Meistererzählung beobachten, der als Übergang von Keynes zu Hayek beschrieben werden könnte. Die Schlüsselbegriffe, um die sich die neuen Ansätze gruppierten, waren »post-modern« und »linguistic« oder »cultural turn«. Demnach konnte die Gesellschaftsdynamik nicht aus inneren Triebkräften bei den sozialen und wirtschaftlichen Strukturen abgeleitet werden, sondern entstand in Deutungskämpfen durch mobilisierende Sprache und begriffliche Überzeugungskraft. Um 1990 beförderten diese zwei Herausforderungen – die epistemologische und die politische – die Suche nach einer grenzüberschreitenden Geschichte jenseits des Nationalstaates. Forschungsprojekte, wie Jürgen Kockas an der Universität Bielefeld durchgeführtes Bürgertumsprojekt trugen in der Übergangsphase zwischen verschiedenen epistemologischen und politischen Perspektiven um 1990 maßgeblich zu der Debatte bei.[16]

Vor etwa zehn Jahren schließlich entwickelte sich eine Diskussion zwischen Vertretern der komparativen Geschichte und Anhängern der Verflechtungsgeschichte. Histoire comparée stand gegen histoire croisée. Jürgen Kocka, Michael Werner und Bénédicte Zimmermann gehörten zu ihren Protagonisten. Die Debatte griff Sichtweisen auf, die seit den späten 1980er Jahren im Bielefelder Bürgertumsprojekt entwickelt worden waren. Jürgen Kocka verteidigte zwar 2003 in einem Artikel in History and Theory die vergleichende gegenüber der Verflechtungsgeschichte, kam aber in dem Artikel auch zu dem Schluss, dass vergleichende und verflochtene Geschichte miteinander kombiniert werden könnten oder sollten. Diese Schlussfolgerung deuteten sich schon in den Ergebnissen des Bielefelder Projektes an, wenn sie auch nicht explizit ausgesprochen wurden.[17]

Seit 1990 hat die epistemologische und methodologische Debatte das Geschichtsbild des Bürgertumsprojektes ergänzt und verfeinert. Die Perspektive hat sich auf neue Sachgebiete und Themenfelder ausgedehnt, und die Blickrichtung hat sich von der sozialen Strukturgeschichte in Richtung Kulturgeschichte, von der Makro- in Richtung Mikrogeschichte verschoben. Die methodologische Debatte ist viel feiner geworden und die Spannung zwischen Vergleich und Verflechtung wird offen thematisiert. Damit wird auch das konventionelle Bild von den Nationalstaaten als Europas *black boxes* problematisiert und in Frage gestellt. Zu dieser Komplexisierung hat die explizite interdisziplinäre Anknüpfung an andere akademische Disziplinen als die der Soziologie entscheidend beigetragen. Eine Reihe erfolgreicher bilateral vergleichender Untersuchungen hat seit 1990 ein viel facettenreicheres Bild von Europa vermittelt, wenn auch vielleicht noch nicht eine neue europäische Geschichte entwickelt. Dagegen hat man eindeutig *eine* neue europäische Dimension betont, die unumgänglich einer europäischen Geschichte angehört: die Verflechtung zwischen West- und Osteuropa. So ist die alte Spaltung vor 1990 durch neue historische Untersuchungen zumindest relativiert, wenngleich nicht ganz überwunden worden. Die europäische Welt vor dem Kalten Krieg ist mit der europäischen Welt nach dem Kalten Krieg verbunden worden. Denn auch wenn die Grenze zwischen Ost und West sicherlich bis in die Philosophie der Aufklärung im 18. Jahrhundert zurückverfolgt werden könnte,[18] haben die neueren Analysen wesentlich dazu beigetragen, diese Trennung kritisch zu hinterfragen und damit nicht nur das Spaltende, sondern auch das Verbindende zwischen Ost und West herauszustellen.[19]

Zu fragen bleibt jedoch, ob vergleichende und/oder verflechtende Ansätze auch in eher diskurs- und begriffsgeschichtlich orientierten Analysen angewandt werden können? Und können Vergleiche von Sprachen beziehungsweise von Begriffsverwendungen einerseits und Studien zu Verflechtungen und Transfers zwischen Sprachen andererseits dem Ziel einer offeneren und kontingenteren Globalgeschichte dienlich sein? Auch wenn die Bedeutung von Sprache in nationalen Historiographien zwanzig Jahre nach dem so genannten »linguistic turn« kaum noch umstritten ist – in der Weltgeschichte ist sie bisher eher marginal geblieben.

Eine von Reinhart Kosellecks zentralen Fragen in diesem Zusammenhang war, inwieweit Begriffe und ihre Verwendung in verschiedenen Sprachen verglichen werden können. Er tendierte dazu, die Frage verneinend zu beantworten. Für einen Vergleich wäre eine neutrale Metasprache erforderlich und diese sei eine Utopie, so Koselleck. Er ging bei seiner Argumentation vom Beispiel des Begriffs *citoyen* aus. Wenn man *citoyen* ins Deutsche übersetze, würde es zu »Staatsbürger« und die Unterschiede zwischen beiden Begriffen seien so groß, dass ein Vergleich unmöglich würde. Koselleck fügte auch den englischen Begriff *citizen* hinzu, um zu zeigen, dass der Vergleich noch unmöglicher würde.[20] Dem ließen sich »Volk« auf Deutsch und *folk* in den skandinavischen Sprachen hinzufügen. Dasselbe Wort mit einem f statt einem V geschrieben, repräsentiert ganz unterschiedliche Geschichten.

Dennoch ließe sich fragen, ob Kosellecks negatives Urteil überzeugend ist. Sind nicht gerade die begrifflichen Unterschiede eine reiche Quelle, um historische Unterschiede aufzurollen und zu interpretieren? Könnte nicht der Vergleich von Begriffen in verschiedenen Sprachen eher eine methodologische Stärke als ein Problem in historischen Analysen darstellen? Die gesellschaftlichen und politischen Begriffe entstehen ja nicht in einem Leerraum, sondern durch Übersetzungen von Erfahrungen und Denkmodellen zwischen verschiedenen Sprachräumen. Eine Analyse dieser Übersetzungen würde sowohl vergleichende als auch verflochtene Dimensionen aufweisen, und Europa und die Welt sowohl verschieden als auch verflochten thematisieren.

Margrit Pernau ist den Fragen von Koselleck zum Thema Vergleich in ihrer Studie *Bürger mit Turban* nachgegangen und ist zu dem Schluss gekommen, dass komparative Analysen von Begriffsverwendungen durchaus möglich sind.[21] Es sind Studien wie ihre, die veranschaulichen, dass eine verflochtene Begriffsgeschichte dazu beitragen könnte, dichotomische Raum-Zeitkategorien zu lockern. Statt harte Dichotomien wie Zentrum-Peripherie oder progressiv-rückständig zu reproduzieren, würden, wie Arnd Bauerkämper in einem Aufsatz argumentiert, verflochtene Geschichte oder Transfergeschichte eine größere Sensitivität hinsichtlich des komplexen Wechselspiels zwischen Ländern und Regionen innerhalb und außerhalb Europas entwickeln.[22] Doch ist zugleich nicht alles Wechselspiel, nicht alles fließt. Es gibt auch zähere begriffliche und gesellschaftliche Strukturen, die nur teilweise externe Impulse integrieren oder sie sogar abwehren. Um diese Dimension zu verstehen, braucht man vergleichende Geschichte. Der Punkt, den ich hier machen möchte, betrifft nicht so sehr die Möglichkeit einer Kombination von Verflechtung und Vergleich, sondern vielmehr ihre Anwendung in einer Begriffsgeschichte statt in einer Institutions- oder Strukturgeschichte. Dies bedeutet eine Weiterentwicklung des Ansatzes von Arnd Bauerkämper hin zu einer Betonung von Sprache und Semantik. Der Fokus in diesem Ansatz läge auf Übersetzungen von zentralen Begriffen auf eine Weise, die historische Offenheit und Kontingenz anstelle von Pfadabhängigkeiten betonen würde.[23]

Forschungsansätze und -perspektiven einer erneuerten Weltgeschichte

Ansätze einer erneuerten Weltgeschichte gibt es bereits. Dabei wären neben der bereits angesprochenen Studie von Margrit Pernau unter anderem auch die Arbeiten »*Translating the West. Language and Political Reason in Nineteenth Century Japan*« von Douglas Howland oder, aus einer eher linguistischen Perspektive, Anna Wierzbickas »*Understanding Cultures through Key Words*« *zu erwähnen.*[24] »Conceptual Histories of the World and Global Translations: The Euro-Asian and African Semantics of the Social and the Economic« ist der Titel eines Forschungsprojektes, das darauf abzielt, zu erkunden, welche Beiträge eine solche Begriffsgeschichte zu einer kritischen Globalgeschichte leisten könnte. Das Projekt wurde an der Universität Helsinki entworfen und entwickelt und wird von dort aus in Kooperation mit einer großen Anzahl an Universitäten in Europa, Asien und Afrika geleitet.[25]

Der Ausgangspunkt des Projektes ist die Erfahrung der Notwendigkeit einer neuen Weltgeschichte, die etwas anderes sein sollte als eine nur aktualisierte Version der herkömmlichen westlichen Erzählung mit einem Beginn und einem Ende, in der alles in Kategorien der Rückschrittlichkeit und des Fortschritts gemessen wird, und in der der Begriff der »Welt« eine Konnotation des Universellen vermeidet. Das implizite Ziel des Projekts ist es, zu einer Gegenerzählung zu jener reduktionistischen ökonomistischen Globalisierungserzählung beizutragen, die in den frühen 1990ern entstand; eine Gegenerzählung von unten, die das Ökonomische in seiner sozialen und politischen Dimension sieht. Dabei soll die dynamische Interaktion des Sozialen und des Ökonomischen in verschiedenen europäischen, asiatischen und afrikanischen Sprachen analysiert werden. Die Semantiken dieser beiden Sphären gehen für gewöhnlich auf westliche Konzeptionalisierungen zurück, wobei die Ursprünge bis in die Antike reichen. Ausgehend vom dem zu problematisierenden Charakter der westlichen Provenienz dieser Konzeptualisierung möchte das Forschungsprojekt einen transnationalen epistemologischen Horizont etablieren, zu dem europäische, asiatische und afrikanische Deutungen des Sozialen und des Ökonomischen in gleicher Weise beitragen sollen. Die zentrale Frage ist, inwieweit die westliche Verzerrung überwunden werden und wie globale Kommunikation zwischen Kulturen und Zivilisationen hergestellt werden kann. Dabei sollen nicht asiatische oder afrikanische Begriffsverwendungen gegen europäische ausgespielt werden, sondern europäische, asiatische und afrikanische Semantiken in einem historischen Prozess verflochten und Möglichkeiten eines nicht-eurozentristischen transkulturellen Dialogs gesucht werden.

Im Gefolge Kosellecks interessiert sich das Forschungsprojekt nicht nur für Begriffe als einzelne Konstrukte, sondern geht davon aus, dass sie entscheidend durch die Nähe zu anderen Begriffen geprägt sind, die sie auf verschiedene Weise, an je unterschiedlichen Orten und zu unterschiedlichen Zeiten definieren oder zu denen sie in Konkurrenz stehen. Begriffe entwickeln Gegenbegriffe in einem semantischen Feld. Beispielsweise bedeuten Freiheit, Privateigentum und persönliche Initiative etwas anderes, wenn die einzelnen Begriffe für sich genommen betrachtet werden, als wenn sie in Verbindung mit Semantiken menschlichen Wohlergehens und gesellschaftlicher Entwicklung gebraucht werden, um ein Beispiel aus einem westlichen Vokabular zu gebrauchen. Vor der französischen Revolution bezeichnete Freiheit in diesem Vokabular Privilegien, wie etwa die Befreiung von der Steuerpflicht; nach der Revolution wurde diese Verbindung neu definiert und gleichsam vom Kopf auf die Füße gestellt. Die Bandbreite begrifflicher Konfigurationen und semantischer Felder ist daher ein wichtiger Gegenstand des Forschungsprojektes.

Ein diachroner oder synchroner Vergleich begrifflicher Situationen oder Momente resultiert in einem Verständnis von Kontinuitäten und Diskontinuitäten sowie der Dynamik von Übersetzungen. Wie sehen die Beziehungen zwischen übersetzten Konzepten aus und zu welchem Grad sind sie in ähnlichen semantischen Feldern und metaphorischen Sprachen eingeschrieben? Aus welchen metaphorischen Feldern etwa stammen die Übersetzungen von Schlüsselbegriffen im sozialen oder ökonomischen Feld? Sind es etwa biologische oder mechanische Metaphern? Zu welchen Zeiten kam es zu begrifflichen Wandlungen und Mutationen und zu welchem Grad und wie wurden sie übersetzt? Wie sieht die Abfolge in vergleichender Hinsicht aus? Zu welchen Transfers von Wörtern und Bedeutungen kommt es bei der Entwicklung welcher Gegenbegriffe, und wie sehen die Beziehungen zwischen symmetrischen und asymmetrischen Begriffen aus? Welche Ähnlichkeiten und Unterschiede in Hinsicht auf die Interpretation von Erfahrungen und die Formulierung von Erwartungen gibt es in verschiedenen Kulturen? Welche unterschiedlichen und ähnlichen Politikstile? Solche und ähnliche vergleichende Fragen können zeigen, wie sich Begriffe wandeln und zwischen verschiedenen metaphorischen Sprachen und semantischen Feldern wandern.

Das Ziel einer Begriffsgeschichte, die Europa in einem globalen Kontext verortet, ist wesentlich komplexer als eine Europäische Geschichte, die auf einem Vergleich verschiedener Konzeptionalisierungen von Gesellschaft beruht. Das Soziale, das Ökonomische, Politik, Demokratie, Fortschritt, Entwicklung, Religion, Zivilisation, Kultur, Imperium, aber auch modern, traditionell, bürgerlich und so weiter – all dies sind westliche Begriffe. Auch wenn die Übersetzungen dieser Begriffe in verschiedene europäische Sprachen wichtige Unterschiede zeigen, so fallen diese Unterschiede doch viel geringer aus als wenn die entsprechenden

Übersetzungen in chinesische, indische oder afrikanische Sprachen erfolgen würden. Es gibt einen westlichen normativen »bias« bei der Konzeptionalisierung gesellschaftlichen Lebens.

Die Herausforderung für eine kritische Gesellschaftsgeschichte mit einem begrifflichen Ansatz liegt darin, positive Antworten auf das von Koselleck formulierte Problem der Vergleichbarkeit und Übersetzung zu finden, aber auf einer noch komplizierteren Ebene linguistischer Differenzen. Das Problem, das sich ergibt, wenn man über Europa hinaus geht, ist, dass, trotz der innereuropäischen Diversität, unsere Konzeptionalisierungen des Politischen, Ökonomischen, Sozialen, Religiösen und so weiter, wie auch die semantischen Felder, in denen diese Konzeptionalisierungen vor sich gehen, in vielerlei Hinsicht auf griechische oder römische Ursprünge zurück gehen, und dass dieser gemeinsame Ursprung eine Kommunikation über alle Unterschiede hinweg innerhalb Europas einfacher macht als wenn die Grenzen Europas überschritten werden. Wie also können westliche Begriffe wie Zivilisation, Kultur, Demokratie, Gemeinschaft, Union, Klasse, Religion, Erlösung, Utopie, und so weiter in außereuropäische Sprachen übersetzt werden? Stellt diese Kommunikation nur einen Monolog über westliche Werte dar, oder gibt es ein Potential für die Entwicklung einer eher dialogischen Reflektion auf Ähnlichkeiten und Unterschiede? Kann die europäische Erfahrung einer Europäisierung des Verständnisses von Unterschieden (etwa zwischen *citoyen* und *Staatsbürger*) auch auf globaler Ebene gebraucht und adaptiert werden? Die Herausforderung liegt darin, diese Fragen positiv zu beantworten.

Dabei wird es vor allem darauf ankommen, zu erforschen, bis zu welchem Grad der europäische oder westliche Blickwinkel relativiert werden kann. Dipesh Chakrabarty stellt mit seiner postkolonialen Kritik die Frage, inwieweit dies ein mögliches Unterfangen sei.[26] Auch wenn er die Werte der Aufklärung als eine europäische Errungenschaft für die Welt anerkennt und darüber hinaus erkennt, dass indische Geschichte nicht geschrieben werden kann, ohne die koloniale Erfahrung zu integrieren, so wirft seine subalterne Empfehlung, »Europa zu provinzialisieren«, die Frage auf, ob eine alternative Geschichte unabhängig von Europa geschrieben werden kann oder sollte, was einem kommunikativen Bruch gleich käme. Es fällt leicht, Chakrabrty zuzustimmen, dass Kolonialismus eine Weltsicht produziert hat, in der es »normal« ist, sich

England als ein reiches Land und Indien als ein armes Land vorzustellen. Sein Argument, dass er und andere Historiker Asiens und Afrikas die Produktion akademischen Wissens seitens ihrer europäischen Kollegen wahrnehmen müssten, während diese sich nicht um die Forschungen in Asien oder Afrika kümmern würden, ist eine ernstzunehmende Kritik. Dennoch liegt die Herausforderung meines Erachtens gerade darin, die Art von Kommunikation zu entwickeln, der gegenüber Chakrabarty eher skeptisch scheint.

Ein solcher Ansatz hat nicht nur eine intellektuelle, theoretische und methodologische Dimension, sondern auch eine organisatorische. Historiker nicht-europäischer Kulturen müssen viel mehr in Forschungsnetzwerke und -projekte integriert werden. Hier könnten die durch die europäischen Rahmenprogramme entstandenen transnationalen Forschungsgemeinschaften als Modell dienen. Denn auch wenn es durchaus gute Gründe gibt, kritisch gegenüber der Organisation der Europaforschung zu sein, muss man zumindest in einem Punkt ihre großen Verdienste anerkennen.[27] Die transeuropäischen Forschungsprojekte haben in den letzten zehn bis fünfzehn Jahren europäische Forschungsgruppen und -netzwerke zusammen gebracht. Historiker und Historikerinnen haben Kooperationspartner in vielen anderen europäischen Ländern gefunden. Die Netzwerke, in denen Forscher operieren, haben nationale Grenzen überschritten. Wahrhaft europäische Forschungsgemeinden sind entstanden. Daran orientiert, müssten europäische Forscherinnen und Forscher intensivere, persönliche Kontakte mit ihren Kollegen in China, Indien, Japan, Korea, Thailand, dem Nahen Osten und Afrika entwickeln, etwa in der Weise, wie schwedische oder dänische Forscher vor fünfzehn Jahren begannen, Forschungskooperationen mit ihren ungarischen oder griechischen Kollegen zu entwickeln und dabei Dinge über diese Länder lernten, von denen sie vorher nicht die geringste Ahnung hatten.

Eine neue Welt- oder Globalgeschichte ist Teamarbeit trotz der Ergebnisse individueller Forschung, die beispielsweise Jürgen Osterhammel vorgelegt hat. Dies ist eine große Herausforderung, die wir annehmen müssen, wenn wir zu einer Weltgeschichte neuer Art beitragen wollen. Man bräuchte hierzu mehr finanzielle Mittel von internationalen Organisationen und auch mehr Forschungszentren in der Art des Berliner Kollegs für Vergleichende Geschichte Europas, die zukünftig systematisch auch außereuropäische Kulturen in ihre Vergleiche mit einbeziehen müssten.

Anmerkungen

1 Vgl. *Cowen, N.*, Global History. A Short Overview, Cambridge 2001.
2 Vgl. *Fukuyama, F.*, The end of history and the last man, New York 1992.
3 Vgl. *Cooper, F.*, Colonialism in Question. Theory, Knowledge, History, Berkeley 2005.
4 Vgl. z. B. *Bayly, C. A.*, The Birth of the Modern World 1870–1914, Oxford 2004; *Pomeranz, K.*, The Great Divergence. China, Europe and the Making of the Modern World Economy, Princeton 2000; *Batliwala, S.*, Transnational civil society. An introduction, Bloomfield 2006; *Findlay, R.* u. *K. H. O'Rouke*, Power and Plenty. Trade, War, and the World Economy in the Second Millennium, Princeton 2007; *Schäbler, B.* (Hg.), Area Studies und die Welt. Weltregionen und neue Globalgeschichte, Wien 2007; *Conrad, S.* u. *J. Osterhammel* (Hg.), Das Kaiserreich transnational. Deutschland in der Welt, 1871–1914, Göttingen 2004; *Conrad, S.*, Globalisierung und Nation im deutschen Kaiserreich, München 2006; *Conrad, S.* u. *D. Sachsenmaier* (Hg.), Competing Visions of World Order. Global Moments and Movements, 1880s-1930s, New York 2007; *dies.* (Hg.) Conceptions of World Order. Global Historical Approaches, New York 2007; *Eckert, A.*, Geschichte des deutschen Kolonialismus, München 2010.
5 Zum Thema multiple modernities vgl. *Eisenstadt, S.*, Multiple modernities, Daelus, 129, S. 1–29.
6 Vgl. *Jones, E.*, Agriculture and the Industrial Revolution, Oxford 1974; *Landes, D.*, Wealth and Poverty of Nations, New York 1998, S. 516–523; *Landes, D.*, The Unbound Prometheus: Technological Change and Industrial Development in Western Europe from 1750 to the Present, Cambridge 1972.
7 Vgl. *Vries, J. De*, The Industrious Revolution: Consumer Behaviour and the Household Economy, 1650 to the Present, Cambridge 2008.
8 Vgl. *Bayly, C. A.*, The Birth of the Modern World 1780–1914, Oxford 2004.
9 Für eine neue einsichtige Diskussion des postkonialen Forschungsansatzes, s. *Majumdar, R.*, Writing Postkolonial History, London und New York 2010. Majumdar betont den Unterschied zwischen post- und antikolonial. Der postkoloniale und subalterne Ansatz betont seit dem Ende der 1970er Jahre die Verflechtungen und Überlagerungen genau so stark wie Widerstand und Konflikt, Verhandlungen und Kompromisse, Hand in Hand mit Streit und Bruch. Er problematisiert und destabilisiert binäre Sichtweisen. Der Begiff subaltern wurde ab Anfang der 1980er Jahre die Selbstbezeichnung einer Gruppe südasiatischer Akademiker in Philosophie, Literatur- und Geschichtswissenschaft. Die *Subaltern Studies Group* bezog sich auf Antonio Gramsci, der den Begriff in seiner Hegemonietheorie entwickelte. In der Sprache der Gruppe verwies der Begriff auf Personen oder Schichten, die aufgrund von Rasse, Klasse, Geschlecht, sexueller Orientierung, Ethnizität oder Religion eine unterlegene Position bzw. einen niedrigeren Status einnahmen. Vgl. *Chakrabarty, D.*, Habitations of Modernity: Essays in the Wake of Subaltern Studies, Chicago 2002 und

Morton, S., The Subaltern: Genealogy of a Concept in: *G. C. Spivak*, Ethics, Subalternity and the Critique of Postcolonial Reason, Cambridge 2007, S. 29–47. Die Unterscheidung zwischen postkolonialen und subalternen Studien ist nicht trennscharf. Die Postkolonialisten gehen von der Sichtweise aus, dass viele der Voraussetzungen und Bedingungen, die den Kolonialismus stützten, nach wie vor wirksam sind. Ihr Ziel ist es, deren rassistische und imperialistische Natur aufzudecken und zu dekonstruieren, um den vielfältigen alternativen Stimmen, die durch die vorherrschenden Ideologien bisher unterdrückt wurden, Raum zu geben. Zu den frühen Beiträgen, die diese Perspektive eröffneten, zählen: *Fanon, F.*, Les damnés de la terre, Paris 1961 and *Said, E.*, Orientalism. London 1978. Andere wichtige Beiträge zum postkolonialen/subalternen Ansatz – eine Auswahl aus einem riesigen Literaturbestand – liefern: *Chakrabarty, D.*, Provincialising Europe: Postcolonial Thought and Historical Difference, Princeton 2000; *Spivak, G.C.* u. *S. Harasym* (Hg.), The Postcolonial Critic. Interviews, Strategies, Dialogues, London 1990 und *Spivak, G. C.*, A Critique of Postcolonial Reason: Towards a History of the Vanishing Present, Cambridge/Mass. 1999; *Gandhi, L.*, Postcolonial Theory: a Critical Introduction, New York 1998; *Young, R. J. C.*, Postcolonialism: An Historical Introduction, Oxford 2001; *Bhabha, H.*, The Location of Culture, London 1994; *Said, E.*, Culture and Imperialism, London 1993; *Mudimbe, V.*, The Invention of Africa, Bloomington 1988; *Cooper, F.* u. *A. L. Stoler* (Hg.), Tensions of Empire. Colonial Cultures in a Bourgeois World, Berkeley 1997; *Cooper, F.* u. a., Beyond Slavery. Explorations of Race, Labour and Citizenship in Postemancipation Societies, Chapel Hill 2000; *Hall, C.*, Civilising Subjects. Metropole and Colony in the English Imagination, 1830–1867, Cambridge 2002; *McGranahan, C.* u. a. (Hg.), Imperial Formations, Santa Fe 2007.

10 Vgl. *Torstendahl, R.*, Idén om global historia och den transnationella trenden in: Historisk Tidskrift 2 (2009), S. 235–240.

11 Vgl. *Osterhammel, J.*, Die Verwandlung der Welt: eine Geschichte des 19. Jahrhunderts, München 2009.

12 Vgl. z. B. *Pocock, J. G. A.* u. *S. Quentin*, The History of Politics and the Politics of History, in: Common Knowledge 10 (2004), S. 532–550; *Skinner, Q.*, Reason and rethoric in the philosophy of Hobbes, Cambridge 1996; *Skinner, Q.*, Regarding Method, Cambridge 2003; *Skinner, Q.*, Visions of politics, Cambridge 2002.

13 Vgl. *Wallerstein, I.*, The Modern World System, New York 1974.

14 *Balibar, E.*, Europe: an ›Unimagined‹ Frontier of Democracy. Diacritics, Vol. 33, 2003. Vgl. *ders.*, We the People of Europe? Reflections on Transnational Community, Princeton 2004.

15 Vgl. *Koselleck, R.*, Kritik und Krise. Eine Studie zur Pathogenese der bürgerlichen Welt, Frankfurt/Main 1992[7] [1959].

16 Vgl. *Kocka, J.* (Hg.), Bürgertum im 19. Jahrhundert: Deutschland im Europäischen Vergleich, Bd I–III. München 1988. Der nationale Vergleich zwischen verschiedenen strukturhistorisch angelegten Entstehungs- und Entwicklungsmodellen war deutlich, aber interessanterweise entstand im

Projekt auch eine Diskussion über transnationale europäische Verflechtungen des Bürgertums und der bürgerlichen Weltbilder und Alltagspraktiken. Die kulturelle Dimension ergänzte dabei die soziale. Das Projekt, das wohl als implizites Ziel hatte, die These des deutschen Sonderweges zu untermauern, endete mit der Widerlegung dieser These. Es gab in Europa nicht nur einen deutschen Sonderweg sondern lauter Sonderwege. Das Bürgertum trat als viel komplexer und viel schwieriger zu konzeptualisieren hervor, als man dies vorher vermutet hatte. Die vergleichende Perspektive führte zu Fragen von Verflechtungen, die den nationalen Rahmen sprengten. Es entstand eine europäische Perspektive, die eine Reihe von Sonderwegen verband. Dabei war besonders wichtig, dass auch Ost- und Zentraleuropa einbezogen waren. Die Ergebnisse des Bürgertumprojektes überschritten damit den Rahmen des Bürgertumbegriffes als solchen. Sie könnten auch als ein Hinweis für die Konzeptualisierung der Arbeiter und der Arbeiterbewegung oder der sozialen Eliten gesehen werden. Es erfolgte eine methodologische Verschiebung von einem Fokus auf die Strukturen zu einer Konzentration auf die Konzeptualisierung der sozialen und kulturellen Beziehungen. Soziale Kategorien, die man bis dahin als homogen und ziemlich unproblematisch betrachtet hatte, wurden problematisiert. Ich halte das Bürgertumsprojekt als zielorientierte konzertierte Aktion für das bis heute gelungenste Projekt im national grenzüberschreitenden Sinn in Richtung einer europäischen Geschichte. Das Projekt verband Vergleich mit Verflechtung, auch wenn Verflechtungsgeschichte sicher nicht als Begriff verwendet wurde. Vor allem verband es Ost- mit Westeuropa, was Ähnlichkeiten und Unterschiede anbelangte. Das Projekt fand danach in vielen Hinsichten eine Fortsetzung und Entwicklung im Zentrum/Kolleg für Vergleichende Geschichte Europas.

17 Vgl. *Werner, M.* u. *B. Zimmermann*, Vergleich, Transfer, Verflechtung. Der Ansatz der Histoire croisée und die Herausforderung des Transnationalen, in: Geschichte und Gesellschaft 28 (2002), S. 607–636; *Kocka, J.*, Comparison and Beyond, in: History and Theory 42 (Februar 2003), 2003, S. 39–44.

18 Vgl. z. B. *Wolff, L.*, Inventing Eastern Europe. The Map of Civilisation on the Mind of Enlightenment, Stanford 1994.

19 Das Berliner Zentrum/Kolleg für Vergleichende Geschichte Europas hat sehr wichtige Beiträge zu dieser Entwicklung geleistet. Ich würde hier auch das Institut für Zeitgeschichte in Potsdam und die Zentraleuropäische Universität in Budapest erwähnen. Aus diesen Institutionen hat sich eine im Westen früher nicht wahrgenommene Geschichte entfaltet. In Budapest geht es dabei vor allem um eine Reihe von Doktorarbeiten. Zusammen haben diese drei Institutionen maßgeblich beigetragen zu einer Verschiebung der Perspektive von Europa in eine östliche Richtung. Holm Sundhausen und die Gruppe um ihn hat massiv die südosteuropäische Perspektive in die Debatte eingeführt, vgl. z. B. *Sundhausen, H.* u. a. (Hg.), Regionale Bewegungen und Regionalismen in europäischen Zwischenräumen seit der Mitte des 19. Jahrhunderts, Marburg 2003 und *ders.* u. a. (Hg.), Religionen und Kulturen in Südosteuropa. Nebeneinander und Mit-

einander von Muslimen und Christen, Berlin 2003. Hartmut Kaelble hat systematisch Ost- und Westeuropa verglichen. *Kaelble, H.* u. *G. Schmid* (Hg), Das europäische Sozialmodell: auf dem Weg zum transnationalen Sozialstaat, Berlin 2004. Aber das Berliner Zentrum/Kolleg hat nicht nur die europäische Ost-Westgrenze problematisiert, sondern auch atlantische Gegensätze relativiert, wie z.B. Arnd Bauerkämpers Vergleich von anglo-amerikanischen Demokratiemodellen und deutschen Traditionen mit den daraus resultierenden Implikationen für die »innere Demokratisierung« der Bundesrepublik Deutschland nach 1945 zeigt, vgl. *Bauerkämper, A.*, Demokratie als Verheißung oder Gefahr? Deutsche Politikwissenschaftler und anglo-amerikanische Modelle 1945 bis zur Mitte der 1960er Jahre, in: *A. Bauerkämper* u. a. (Hg.), Demokratiewunder. Transatlantische Mittler und die kulturelle Öffnung Westdeutschlands 1945–1970, Göttingen 2005, S. 253–280; *ders.*, Americanisation as Globalisation? Remigrés to West Germany after 1945 and Conceptions of Democracy: The Cases of Hans Rothfels, Ernst Fraenkel and Hans Rosenberg, in: Leo Baeck Institute Year Book 49 (2004), S. 153–170.

20 Vgl. *Koselleck, R.*, Drei bürgerliche Welten? Zur vergleichenden Semantik der bürgerlichen Gesellschaft in Deutschland, England und Frankreich, in: *H.-J. Puhle* (Hg.), Bürger in der Gesellschaft der Neuzeit. Wirtschaft-Politik-Kultur, Göttingen 1991.

21 Vgl. *Pernau, M.*, Bürger mit Turban. Muslime in Delhi im 19. Jahrhundert, Göttingen 2008. Sie hat es in einem Vergleich getan, der die Grenzen Europas sprengt. Mit der gescheiterten Revolte im Jahre 1857 verlor der Adel im Mogulreich an Macht. Britische Landreformen verstärkten den Abstieg. Neue ökonomische und kulturelle Gruppen profitierten vor allem von den veränderten politischen Rahmenbedingungen im britischen Imperium, vor allem Kaufleute, aber auch eine wachsende Zahl von Spezialisten in der Verwaltung wie z. B. Juristen und Ärzte – aufsteigende Gruppen, die man in Deutschland Wirtschafts- und Bildungsbürger nennen würde. Wie in Deutschland entwickelten diese verflochtenen Gruppen Gemeinschaftsgefühle. Bis heute haben Historiker Bürgertum und Bourgeoisie ausschließlich als ein europäisches Phänomen analysiert. Seit Marx liegt der Fokus grundsätzlich auf dem Bürgertum als Träger einer besonderen westlichen Modernität mit wenig Relevanz in anderen Teilen der Welt, die vor allem als vormodern verstanden wurde. Marx selbst sprach abschätzig von der asiatischen Produktionsart. Von der afrikanischen war gar nicht die Rede. In Margrit Pernaus Konzeptualisierung nimmt der Bürger universale Proportionen an und löst sich von einem europäischen Ursprung. Statt nur den Standard darzustellen wird er zu einem weiteren Begriff mit großen globalen Unterschieden, aber eben auch mit gemeinsamen Zügen. Pernau deutet mit ihrer Methode an, dass eine ergänzende Anwendung zum Beispiel auf chinesische und arabische Fälle in der Tat einen Schritt in die Richtung einer weltlichen Begriffsgeschichte bedeuten würde, wobei der konventionelle Ausgangspunkt von einem europäischen Zentrum relativiert und auch überschritten werden würde. Wie in der Koselleckschen

Begriffsgeschichte liegt der Fokus bei Pernau nicht auf der Sprache im engen lexiographischen Sinn, sondern auf den historischen Zusammenhängen und Kontexten, wo sie detailliert Muster von verflochtenen kulturellen, sozialen, ökonomischen und politischen Praktiken und Strategien sowohl der Zusammenarbeit als auch des Widerstands in der Begegnung zwischen der indischen Bevölkerung und ihren Kolonialherren schildert. Vgl. *Stråth, B.*, Review of Pernau, in: Redescriptions 13 (2009).

22 Vgl. *Bauerkämper, A.*, Europe as Social Practice: Towards an Interactive Approach to Modern European History, in: East Central Europe 36 (2009), S. 20–36.

23 Für eine kritische Sichtweise auf den Begriff *path dependence*, s. *Stråth, B.*, Path Dependency versus Path-breaking Crises. An Alternative View, in: *L. Magnusson* u. *J. Ottosson* (Hg.), The Evolution of Path Dependence, Cheltenham 2009.

24 Vgl. *Howland, D. R.*, Translating the West. Language and Political Reason in Nineteenth-Century Japan, Honolulu 2002 und *Wierzbicka, A.*, Understanding Cultures through Their Key Words. English, Russian, Polish, German, and Japanese, Oxford 1997.

25 Für eine Projektbeschreibung, s. www.helsinki.fi/strath/

26 Vgl. *Chakrabarty*, 2000 op. cit.; *ders.*, In Defence of Provincializing Europe: a Response to Carola Dietze, in: History and Theory 47 (Februar 2008), S. 85–96.

27 Es gibt eine Reihe von EU-finanzierten Forschungsprojekten, bei denen eine vergleichende Methode angewendet wurde. Der Schwerpunkt in den häufig interdisziplinär angelegten Projekten liegt auf den Gesellschaftswissenschaften eher als auf Geschichte im engen Sinne, auch wenn Historiker regelmäßig daran teilgenommen haben. Durch die Vergleiche hat man zweifelsohne eine Menge von neuen empirischen Daten und Perspektiven zum Thema Europa entwickelt. Aber ob hier ein Königsweg zur europäischen Geschichte liegt, kann bezweifelt werden. Ich habe zwei grundlegende Kritikpunkte: 1. Die Projektausschreibungen liegen zu nahe an der politischen Agenda in Brüssel: europäische Identität, europäische Öffentlichkeit, europäische Bürgerschaft, europäische Demokratie, Religionen und Migrationen in Europa usw. Die Ergebnisse neigen dazu, eine selbstreferentielle politisch-akademische Ordnung zu bestätigen; 2. Die vergleichenden Ansätze verfestigen eher nationale Entwicklungswege und Unterschiede als diese zu problematisieren. Verflechtungen werden dabei methodologisch viel weniger thematisiert als Vergleiche. Um diesen beiden Kritikpunkten zu begegnen, wäre wahrscheinlich eine neue Forschungsorganisation notwendig, unabhängig von der Kommission und mit viel größerer Flexibilität in der Forschungsarbeit. Wie realistisch eine solche Veränderung ist, ist allerdings eine andere Frage. Inwieweit der neue Europäische Forschungsrat diese unabhängige Rolle spielen kann, darf und wird, ist eine Frage für die Zukunft. Mehr zu diesem Thema in *Forberg, H.-S.* u. *B. Stråth*, The Political History of European Integration. The Hypocrisy of Democracy-through-Market, London 2010.

Vom Osten zum Westen
und vom Westen zum Osten:
Wege zu einer Beziehungsgeschichte

Agnes Arndt

Der Bedeutungsverlust des Marxismus in transnationaler Perspektive

»Histoire Croisée« als Ansatz und Anspruch an eine Beziehungsgeschichte West- und Ostmitteleuropas

Von Michael Werner und Bénédicte Zimmermann vorgestellt, reiht sich der Ansatz der »Histoire Croisée«[1] in einen Diskussionsstrang ein, der in den vergangen Jahren unter anderem in der Zeitschrift »Geschichte und Gesellschaft« eine Reihe von Beiträgen zur Frage einer transnationalen Erweiterung der Geschichtswissenschaft hervorgebracht hat.[2] Die Debatte als solche, die mit ihrer zunehmenden Popularität auch ein Stück weit an polemischer Schärfe verloren hat, mag in der Zwischenzeit wenn nicht abgeklungen, so doch um einiges leiser geworden sein. Denn die möglichen Vorzüge einer um das Transnationale erweiterten Sozial-, Kultur- oder Politikgeschichte werden mittlerweile ebenso wenig bezweifelt wie eine daraus abgeleitete Verdrängung des nationalen durch das transnationale Paradigma oder aber eine darauf aufbauende Überlegenheit des verflechtungsgeschichtlichen gegenüber dem vergleichenden Ansatz heute noch behauptet würden. Von »Stolpersteinen auf dem Königsweg«[3] zu sprechen, lohnt lediglich noch in einer Hinsicht: der forschungspraktischen Umsetzung der theoretisch diskutierten Ansätze im Rahmen empirischer Falluntersuchungen.

So erfreut sich zwar insbesondere die Komparatistik einer zunehmenden Anwendung in der meist westeuropäisch, sehr viel seltener ost- und westeuropäisch oder aber europäisch und außereuropäisch vergleichenden Geschichtswissenschaft. Eine Studie jedoch, die sich auf das Konzept der Histoire Croisée stützen und deren Anwendbarkeit in methodischer und empirischer Hinsicht überprüfen würde, hat für den deutschen Sprachraum bislang noch nicht vorgelegen.[4] An ein quantitatives Ungleichgewicht zwischen der Anzahl und dem Stellenwert vergleichender und verflechtungsgeschichtlicher Arbeiten zu Fragen der west- gegenüber der ostmitteleuropäischen Vor- und Nachkriegsgeschichte reiht sich somit auch ein methodisch-theoretisches. Denn die bislang allenfalls als Tendenz zu diagnostizierende Bemühung um eine gesamteuropäisch ausgerichtete Geschichtsschreibung, die – wie Michael G. Müller kürzlich forderte – versuchen würde, »die Konstruktionen einer essentiellen West-Ost-Untergliederung der europäischen Geschichte«[5] kritisch in Frage zu stellen, steht erst in ihren Anfängen und insbesondere methodisch-theoretisch noch vor zahlreichen Herausforderungen.

Der vorliegende Aufsatz möchte in diese Forschungslücke hineinstoßen, indem er die von Zimmermann und Werner diskutierte »Herausforderung des Transnationalen« auf zweifache Weise zu problematisieren sucht. Zum einen soll der Ansatz der Histoire Croisée hinsichtlich seiner faktischen Operationalisierbarkeit am konkreten Fall überprüft und zum anderen hinsichtlich der im Idealfall daraus resultierenden Integrationsmöglichkeit der osteuropäischen in die gesamteuropäische Zeitgeschichte hinterfragt werden. Dabei geht der Text in drei Schritten vor: Im ersten Teil wird das Konzept der Histoire Croisée in Grundzügen vorgestellt. Im zweiten Teil wird es am Beispiel einer in den 1970er Jahren zwischen dem britischen Historiker Edward P. Thompson und dem polnischen Philosophen Leszek Kołakowski geführten Kontroverse auf die Frage nach dem Bedeutungsverlust des Marxismus in Europa bezogen und empirisch angewandt. Der Text endet mit einem dritten Teil, innerhalb dessen die tatsächliche Möglichkeit einer solchen Anwendung in forschungspraktischer und -theoretischer Hinsicht reflektiert und anhand von einigen Thesen bezüglich weiterführender Forschungen zur Nachkriegsgeschichte Ostmitteleuropas in transnationaler Perspektive resümiert wird.

Die »Histoire Croisée« und die Herausforderung des Transnationalen

Der Begriff der »Histoire Croisée« werde, so Werner und Zimmermann, »bislang in verschiedenen Zusammenhängen gebraucht«, er sei jedoch »noch nicht stabilisiert«.[6] »Croiser« meine dabei »kreuzen, überkreuzen, sich gegenseitig verschränken, verflechten und verweben«[7], die Frage, was in einer solchen Geschichte überkreuzt oder verschränkt werde, lasse der Begriff allerdings offen. Vielmehr versuche er, in Abhebung von ähnlichen Konzepten wie der Connected und der Shared History[8] »eine spezifische Verbindung von Beobachterposition, Blickwinkel und Objekt zu konstruieren«. Dabei gehe es, so die Autoren, nicht mehr »um die Verflechtungen als neues Objekt von Forschung, sondern um die Produktion neuer Erkenntnis aus einer Konstellation heraus, die selbst schon in sich verflochten ist«.[9] Ziel des Konzepts sei es somit, die Begrenzungen und Zirkelschlüsse jener Geschichtsschreibung zu überwinden, die noch immer vordringlich mit nationalzentrierten Sichtweisen, Terminologien und Kategorien operiere.

Solcherart Begrenzungen bescheinigen die Autoren sowohl dem Vergleich als auch der Transferanalyse und damit den bislang am meisten gebräuchlichen Ansätzen der transnationalen Geschichtsschreibung. »Verkürzt gesprochen« – so Werner und Zimmermann – kranke der Vergleich »an dem doppelten Dilemma, dass er zugleich von innen und außen operiert und den historischen Prozeßcharakter seiner Kategorien nur ungenügend berücksichtigt.« Umgekehrt stecke die Transfergeschichte jedoch »insofern in einer Zwickmühle, als sie ihre Analysekategorien zwar in historischen Prozeßverläufen zu verorten sucht, zugleich aber die nationalen Fixierungen, deren sie zur Beschreibung der fraglichen Prozesse bedarf, nicht aufgeben [könne].«[10] Das Konzept der Histoire Croisée ziele daher auch darauf ab, zu zeigen, dass »zum einen die Gegenüberstellung von Vergleich und Transfergeschichte, wie sie in den letzten Jahren mehrfach in polarisierter Form vorgenommen wurde, nur schwer aufrecht zu erhalten ist und dass zum anderen beide Verfahren, sowohl der Vergleich wie die Transferanalyse, an bestimmte Grenzen stoßen, wenn man ihnen allein die Aufgabe einer Überwindung des methodischen Nationalismus«[11] zuwiese.

Ob diese Grenzen – die bei Werner und Zimmermann auf die von ihnen kritisierte mangelnde »Neutralität« herangezogener Vergleichs- und Verflechtungskriterien und eine daraus resultierende Tautologie entsprechender Arbeiten hinauslaufen – von den beiden Autoren zu Recht diagnostiziert werden, kann an dieser Stelle nicht abschließend geklärt werden. Gegen diese Sichtweise spricht vor allem der Einwand, dass eine reflektierte Vergleichs- ebenso wie Transfergeschichte sich dieser Beschränkung stets bewusst war und eine Überwindung nationalbedingter Kategorienbildung im Grunde auch nicht intendierte, wie ein Blick auf die entsprechende Literatur zeigt.[12] Gleichwohl ist insbesondere das von den beiden Wissenschaftlern formulierte Argument, die beiden Ansätze würden die Kategorie des Nationalen – entgegen ihres erklärten Zieles, die Gesellschafts- und Sozialgeschichte um den Aspekt des Transnationalen zu erweitern – im Grunde eher festschreiben als sie zu entkräftigen, nicht von der Hand zu weisen.

Worauf es der Histoire Croisée indessen ankomme, sei, so die Autoren, die Art und Weise, wie Kategorien innerhalb einer transnational verstandenen Geschichtswissenschaft gebildet werden. Ausgehend davon, dass sowohl »Sprache und Begrifflichkeit, Fachtraditionen, disziplinierte Erfahrungsräume, aber auch politische Entscheidungsprozesse« den »Blick auf den Gegenstand und die Art seiner Bearbeitung prägen«, ziele der von ihnen vertretene Ansatz darauf ab, »national determinierte Parameter«[13] grundsätzlich in Frage zu stellen. Daher solle die von der Histoire Croisée angeregte Geschichtsschreibung auf drei Grundsätzen beruhen: Erstens solle sie »nicht von apriorisch festgelegten Einheiten und Kategorien ausgehen, sondern von Problemen und Fragestellungen, die sich erst im Laufe der Analyse näher eingrenzen lassen und dementsprechenden Entwicklungen unterworfen sind. [...] Zweitens [sei] von den konkreten Objekten auszugehen und nicht von den vorgegebenen Modellen oder wie auch immer definierten globalen Konstruktionen von Nation, Gesellschaft, Kultur, Religion und dergleichen mehr. [...] Und drittens [sei] eine Geschichtsschreibung gefordert, die von der Ebene der Handelnden ausgeht, von den Konflikten, in denen sie standen und den Strategien, die sie zu ihrer Lösung entwickelten.« Die Histoire Croisée stünde damit für eine »Problemgeschichte, die auch die eigene Arbeit des Historikers einbezieht« und »den

Prozess der Beobachtung«[14] zum Bestandteil des Erkenntnisdispositivs macht. Doch ist eine solche Problematisierung des historischen Erkenntnisprozesses überhaupt möglich? Und will soll sie konkret vonstatten gehen?

Werner und Zimmermann machen dies an einem empirischen Beispiel deutlich: Anstatt beispielsweise »eine spezifische ›deutsche‹ Sichtweise der Wirtschaftsstatistik einer spezifischen ›französischen‹ Sichtweise der *statistiques économiques*« gegenüber zu stellen, sollen »vielmehr [...] zugleich ›deutsche‹ und ›französische‹ Sichtweisen [...] auf die Voraussetzungen, die Bedingungen und Erhebungskategorien der jeweiligen statistischen Verfahren entwickelt« werden. Gleichzeitig sei »zu beachten, dass die ›deutschen‹ und die ›französischen‹ Sichtweisen keine festen Größen sind und nicht per se existieren, sondern als Konstruktionen aufzufassen sind, die ihrerseits Entwicklungen durchlaufen und zudem noch [...] miteinander interagieren.«[15]

Im Idealfall würden durch ein solches Verfahren eine gewisse Relativierung der jeweiligen Standpunkte und eine Rücknahme ihres uneingeschränkten Gültigkeitsanspruchs erfolgen. Parallel dazu entstünde ein eigener Erkenntniszusammenhang, innerhalb dessen sich »die Benennungen, die Systematisierungen, die Erklärungen gegenseitig beleuchten«[16] würden. Aus der Sicht der Autoren käme es auf diese Weise zu einer »Pluralisierung der Sichtweisen« und einer »selbstreflexiven Methodenkontrolle«, die durch einen Rückkopplungseffekt auch auf die Beobachterposition zurückwirken müsste. Zusammengefasst stünde diese Art der transnationalen Geschichte »nicht im radikalen Gegensatz zu einer Geschichte, die auf Vergleich und Transferanalyse aufbaut«. Sie ginge »lediglich einen [...] wichtigen Schritt weiter, indem sie die Selbstreflexivität systematisch in ihr Verfahren« einbauen und eine Versuchsanordnung wählen würde, deren »Bauteile – Vergleich, Transfer, Verflechtung – in verschiedenen Proportionen, je nach Gegenstand und Inhalt variabel konfiguriert und im Forschungsprozess permanent justiert werden«[17] würden. Ob eine solche Justierung möglich und wünschenswert ist, soll im Folgenden zunächst an einem empirischen Beispiel getestet und anschließend mit Bezug auf die Perspektiven der Geschichte Ostmitteleuropas diskutiert werden.

Der Bedeutungsverlust des Marxismus in transnationaler Perspektive

Nicht nur die Tatsache, dass Leszek Kołakowskis Aussagen über die Zukunft von Marxismus und Sozialismus in Europa für Edward P. Thompson den Anlass zur Formulierung eines »Offenen Briefes« lieferten, sondern auch der Umstand, dass dieser Briefwechsel erst kürzlich in einem Beitrag von Tony Judt für den »New York Review of Books« seine neuerliche Erwähnung fand, machen den im folgenden dargestellten Disput zu einem besonders anschaulichen Beispiel europäischer Beziehungsgeschichte.[18] Dies unterstreicht auch Judts harsche, eine Reihe von Protesten nach sich ziehende Bewertung der Auseinandersetzung: »No one who reads it will ever take E. P. Thompson seriously again«[19], so der Autor.

Den konkreten Anlass zur Formulierung eines »Offenen Briefs an Leszek Kołakowski«[20] liefern für den Historiker Edward P. Thompson mehrere kritische Aussagen des aus Polen stammenden Philosophen über die Zukunft von Marxismus und Sozialismus, die dieser zu Beginn der 1970er Jahre unter anderem im Rahmen eines Interviews für den »Encounter«, eines Artikels für die Zeitschrift »Daedalus« und einer unter dem aussagekräftigen Titel »Is there anything wrong about socialism?« an der University of Reading organisierten Tagung geäußert hatte.[21] Daneben konzentriert sich Thompson, der 1963 mit »The Making of the English Working Class«[22] eine der einflussreichsten Studien zur Sozialgeschichte Großbritanniens vorgelegt hatte, auf eine Reihe von teilweise noch aus den 1950er Jahren stammenden englischsprachigen Arbeiten von Kołakowski. Thompsons insgesamt einhundert Seiten umfassender Brief wird 1973 im »Socialist Register« veröffentlicht. In der nächsten Jahresausgabe der 1964 von Ralph Miliband and John Saville als »an annual survey of movements and ideas' from the standpoint of the independent new left«[23] gegründeten Zeitschrift folgt Kołakowskis – mit »My Correct Views on Everything« polemisch überschriebene – Entgegnung.

Neben zahlreichen, unter anderem die Rolle der Religion und der Studentenbewegung betreffenden Diskussionssträngen lässt sich die Kontroverse zwischen den beiden Intellektuellen auf einen zentralen Aspekt fokussieren: den Vorwurf des britischen Historikers, Kołakowski habe, seitdem er 1968 aus Warschau in den Westen emigriert sei, nur wenige Versuche unternommen, »to enter [into (A. A.)] a dialogue with those who thought themselves to be your friends«[24]. Vielmehr spreche allein die Tatsache, dass er massive Kritik am »real existierenden Sozialismus« im Rahmen von Zeitschriften wie des »Encounters« übe, für einen Verrat an früheren Weggefährten, die – so Thompson – als »dissident British communists« in Blättern wie dem »New Reasoner« »did something to make public your work«.[25] Während Kołakowski auf die eher autobiographisch gefärbten Einwände Thompsons, dieser würde aus politischen Gründen weder nach Spanien reisen, noch Veranstaltungen der Ford-Stiftung besuchen, mit einem knappen »to reply with a virtue-list of my own […] would probably be less impressive«[26] antwortet, reagiert er auf die gegen ihn gerichteten Angriffe zunächst ironisch:

In a review of the last issue of *Socialist Register* by Raymond Williams, I read that your letter is one of the best pieces of Left writings in the last decade, which implies directly that all or nearly all the rest was worse. [..] I should be proud to having occasioned, to a certain degree, this text, even if I happen to be its target.[27]

Die darauffolgenden Argumente Kołakowskis stützen sich vor allem auf drei Aussagen Thompsons: erstens auf seine Behauptung, der Stalinismus sei in Teilen von westeuropäischen Mächten mit verursacht worden, zweitens auf seinen Glauben an das »humanistische Potential« des Kommunismus – der für den Briten insbesondere zwischen 1917 und 1920 und dann noch einmal seit des Kampfes um Stalingrad bis 1946 sein »menschliches Gesicht« gezeigt habe – und drittens auf seine Aussage, dass fünfzig Jahre für einen Historiker ein zu kurzer Zeitraum seien, um ein soziales System zu beurteilen, das gerade erst im Entstehen begriffen sei.[28] Kołakowski antwortet mit einer Gegenfrage:

What do you mean by »human face« in the first case? The attempt to rule the entire economy by police and army, resulting in mass hunger with uncountable victims, in several hundred peasants' revolts, all drowned in blood […]? Or do you mean the armed invasion of seven non-Russian countries which had formed their independent governments, some socialist, some not (Georgia, Armenia, Azerbaijan, Ukraine, Lithuania, Latvia, Estonia; O God, where are all these curious tribes living?)? […] I have three possible explanations [for (A. A.)] your statement. First, that you are simply ignorant of these facts; this I find incredible, considering your profession of historian. Second, that you use the word »human face« in a very Thompsonian sense which I do not grasp. Third, that you, not unlike most of both orthodox and critical communists, believe that everything is all right in the Communist system as long as the leaders of the party are not murdered.[29]

Er weigere sich schlicht, so Kołakowski, Gruppen anzugehören, die bei jeder in den USA verübten Ungerechtigkeit lautstark ihre Entrüstung bekunden würden, die aber in Bezug auf die Bewertung der Verbrechen der »new alternative society« einem »kühlen Rationalismus« zu verfallen schienen:

This is one, but not the only one, reason [for (A. A.)] the spontaneous and almost universal mistrust people from Eastern Europe nourish towards the Western New Left. By a strange coincidence the majority of these ungrateful people, once they come to or settle in Western Europe or in the US, pass for reactionaries. These narrow empiricists and egoists extrapolate a poor few decades of their petty personal experience (logically inadmissible, as you rightly notice) and find in it pretexts to cast doubts on the radiant socialist future elaborated on the best Marxist-Leninist grounds by ideologists of the New Left for the Western countries.[30]

Es ist vor allem dieser Punkt eines massiven Miss- und Unverständnisses zwischen ost- und westeuropäischen Intellektuellen, der das auffälligste Merkmal des dargestellten Briefwechsels bildet. Während Thompson seinem Gesprächspartner immer wieder Engstirnigkeit aufgrund zu stark einfließender polnischer Erfahrungen und ein daraus resultierendes Unvermögen der Beurteilung sowohl des Kommunismus als auch des Kapitalismus – in Thompsons Worten »the old bitch […] consumer capitalism« – vorwirft, weist Kołakowski jeglichen Glauben an die Superiorität des sozialistischen gegenüber des kapitalistischen Systems entschieden zurück und konstatiert:

You are right, Edward, that we, people from Eastern Europe, have a tendency to underestimate the gravity of the social issues democratic societies face and we may be blamed for that. But we cannot be blamed for not taking seriously people who, unable though they are to remember correctly any single fact from our history or to say which barbaric dialect we speak, are perfectly able instead to teach us how liberated we are in the East and who have a rigorously scientific solution for humanity's illness and this solution consists in repeating a few phrases we could hear for thirty years on each celebration of the 1 May and read in any party propaganda brochure.[31]

Wenn die existierenden sozialistischen Systeme im Vorteil seien, dann nur »except for the notorious advantages all despotic systems have over democratic ones (less trouble with people)«,[32] so Leszek Kołakowski. Und genauso wenig, wie er an die Zukunft des Kommunismus glaube, halte er von der Idee einer allseits gültigen, alles erklärenden und alles zum Guten wendenden Theorie wie der des Marxismus.[33] Ganz anders hingegen Edward P. Thompson, dessen persönliche Utopie eine Welt im Sinne von D. H. Lawrence wäre, innerhalb derer das »humanistische Potential« des Kommunismus endgültig verwirklicht werden würde:

[…] a world […] where the ›money values‹ give way before the ›life values‹, or (as Blake would have it) ›corporeal‹ will give way to ›mental‹ war. With sources of power easily available, some men and women might choose to live in unified communities, sited, like Cistercian monasteries, in centres of great natural beauty, where agricultural, industrial and intellectual pursuits might be combined. Others might prefer the variety and pace of an urban life which rediscovers some of the qualities of the city-state. Others will prefer a life of seclusion, and many will pass between all three. Scholars would follow the disputes of different schools, in Paris, Jakarta or Bogota.[34]

Eine solche Welt zu erschaffen, sei – ob mit Marx, Shakespeare oder anderen begründet – absolut wünschenswert, so Kołakowski. Und natürlich wäre Thompson klar im Vorteil, wenn er wüsste, wie seine Vision zu verwirklichen sei, während er, Kołakowski, lediglich folgendes bemerke:

True, I was almost omniscient (yet not entirely) when I was 20 years old but, as you know, people grow stupid when they grow older, and so I was much less omniscient when I was 28 and still less now. Nor am I capable of satisfying those who look for perfect certainty and for immediate global solutions to all the world's calamities and misery.[35]

So endet die briefliche Auseinandersetzung trotz der von Thompson im letzten Satz geäußerten Einladung zu einem »drink to the fulfilment of 1956«[36] denn auch nicht mit einer Aussöhnung: »Alas, poor idea. I knew it, Edward. This skull will never smile again«[37], entgegnet Kołakowski.

Will man den Disput zwischen den beiden Wissenschaftlern unter Zuhilfenahme des Ansatzes der Histoire Croisée analysieren, so steht man vor drei Herausforderungen, die jeweils auf drei unterschiedlichen Ebenen liegen: Empirisch gilt es, die Fragestellung und das Material nicht anhand vorab definierter Modelle oder Kategorien, sondern anhand der Untersuchungsobjekte und insbesondere aus der Handlungslogik der Akteure heraus zu entwickeln und zu systematisieren. Methodisch müsste man transfer-, verflechtungs- und vergleichsgeschichtliche Aspekte kombinieren. Und theoretisch sollte man die spezifische Verbindung von Beobachterposition, Blickwinkel und Objekt und damit das eigene Erkenntnisdispositiv reflektieren. In unterschiedlicher Gewichtung und umgekehrter Reihenfolge geht es im Folgenden um den Einbezug dieser drei Dimensionen. Dies bedeutet auch, dass sie – dem Rahmen dieses kurzen Aufsatzes geschuldet – bevorzugt behandelt, während insbesondere Fragen der analytischen Verwendung von Sprache und Definitionen hier nicht gesondert berücksichtigt werden.[38]

Die eigene Herangehensweise an die zitierten Quellen in theoretischer Hinsicht reflektierend, wird ein Historiker oder in diesem Fall eine Historikerin neben der notwendigen Beherrschung der deutschen, englischen und polnischen Sprache sowohl Kenntnisse der damit verbundenen Kulturräume als auch eigene soziokulturelle Prägungen an die Untersuchung heranbringen. Dabei wird notwendigerweise die Frage von Geschlecht, Bildung, Sozialisierung, Politisierung und fachspezifischer Orientierung innerhalb eines oder möglicherweise auch mehrerer lokaler, nationaler und gegebenenfalls auch transnationaler Kontexte eine Rolle spielen. Ohne die Biographie der hier beteiligten Verfasserin allzu sehr auszustellen, sind ihre subjektiven Erfahrungen daher immer auch einer der Gründe für die Art und Weise des Herangehens an die dargestellten Quellen. In dem hier untersuchten Fall bringt somit die Tatsache, dass es sich um eine aus einem ehemals sozialistischen Land emigrierte, in zwei Sprachen und Kulturen aufgewachsene und für den persönlichen und politischen Werdegang Kołakowskis potentiell eher ein gewisses Maß an Einfühlungsvermögen besitzende Historikerin handelt, sowohl bestimmte Chancen als auch Risiken hinsichtlich einer von vornherein diskursiv verflochtenen Untersuchungsebene mit sich. Dies mitzubedenken und es – wenn notwendig – an spezifischen Stellen kenntlich zu machen, ist ein Aspekt der Untersuchung. Ein anderer und wichtigerer ist die Frage, ob die eigenen Erfahrungen mögliche Kategorisierungen vorprägen, etwaige Interpretationen vorwegnehmen und bestimmte Argumente vorziehen – ein Punkt, der in Bezug auf Judts Bewertung der Kontroverse noch einmal stärker einzubeziehen wäre.

Den Ausgang aus diesem Dilemma bietet im Grunde schon die methodische Vielfalt des hier verwendeten Ansatzes. Denn Histoire Croisée, verstanden nicht als eigene »Methode«, sondern als Möglichkeit, mehrere methodische Zugänge zur transnationalen Geschichte zu kombinieren und auf das Problem nationalbedingter Kategorienbildung hin zu fokussieren, impliziert im Grunde eine Pluralität der Zugänge, innerhalb derer die »eigene« Herangehensweise an die Quellen durch das Prisma von Vergleich, Transfer und Verflechtung bereits in hohem Maße relativiert werden müsste. Umgekehrt erscheint aber gerade dies – die Verknüpfung unterschiedlicher Logiken der geschichtswissenschaftlichen Forschung und ihre pragmatische Anwendung – in methodischer und arbeitsökonomischer Hinsicht als die eigentliche Herausforderung oder – in den Augen seiner Kritiker – als das eigentliche Handicap des Ansatzes.

Während beziehungsgeschichtliche Arbeiten nach Transfers, Verflechtungen und Wechselwirkungen fragen, sind geschichtswissenschaftliche Vergleiche – so die Definition von Heinz-Gerhard Haupt und Jürgen Kocka – »dadurch gekennzeichnet, dass sie zwei oder mehrere historische Phänomene systematisch nach Ähnlichkeiten und Unterschieden untersuchen, um auf dieser Grundlage zu ihrer möglichst zuverlässigen Beschreibung und Erklärung wie zu weitreichenden Aussagen über geschichtliche Handlungen, Erfahrungen, Prozesse und Strukturen zu gelangen.«[39] Dabei kann der Vergleich unterschiedliche Funktionen erfüllen: er kann der Kontrastierung oder der Generalisierung, der Profilierung oder auch der Verfremdung spezifischer Entwicklungen dienen und damit zu neuen Fragen, Thesen und Erklärungsansätzen beitragen. Umgekehrt verlangt der Vergleich jedoch immer auch nach einem gewissen Grad an Abstraktion, weil er »Phänomene nicht in ihrer vielschichtigen Totalität, sondern immer nur in gewissen Hinsichten«[40] miteinander vergleichen könne. Dabei wird ihre Vergleichbarkeit – so Haupt und Kocka – »primär durch die Fragestellung begründet. In Bezug auf diese müssen die Vergleichsobjekte ein Minimum an Gemeinsamkeiten aufweisen, um vergleichbar und das heisst immer auch: im Hinblick auf ihre Unterschiede untersuchbar zu sein.«[41]

Für die Analyse des hier dargestellten Falles bietet sich in komparativer ebenso wie in transfer- und verflechtungsgeschichtlicher Hinsicht vor allem ein Aspekt des intellektuellen Disputs an: der Bedeutungswandel und Bedeutungsverlust des Marxismus aus der Sicht der mit diesem Wandel befassten und ihn auf unterschiedliche Weise verarbeitenden Akteure. Aus der für beide Intellektuelle in einer bestimmten Lebensphase geltenden Affinität zum Marxismus ergibt sich damit die wichtigste Ähnlichkeit, aus ihrer in dem hier vorgestellten Briefwechsel ausgetragen Differenz hinsichtlich der Bewertung des Marxismus in den 1970er Jahren der zentrale Unterschied zwischen ihnen. Warum, so ließe sich im Folgenden fragen, erfolgte die Auseinandersetzung und Abkehr vom Marxismus bei Kołakowski und Thompson auf derart unterschiedliche Art und Weise? Und welche Rolle spielten in dieser Auseinandersetzung die miteinander zu vergleichenden sozialen, wirtschaftlichen und politischen Situationen der Akteure, aber auch die zwischen ihnen stattfindenden Transfers und Verflechtungen auf diskursiver und ideologischer Ebene?

Beide Männer gehörten derjenigen Generation an, die zwischen den Weltkriegen sozialisiert und aus der Erfahrung und Ablehnung des Faschismus heraus politisiert wurde. Leszek Kołakowski kam am 23. Oktober 1927 im polnischen Radom, Edward Palmer Thompson am 3. Februar 1923 im englischen Oxford zur Welt. Kołakowski, der im katholischen Polen nicht getauft worden war, verbrachte den Krieg als Waise – er hatte im Alter von drei Jahren seine Mutter und 1943 nach dessen Ermordung durch die Gestapo auch seinen Vater verloren – auf dem Land und später in Warschau. Dort ließ er sich – nach einem Zwischenstopp in Łódz, wo er 1945 sein Studium der Philosophie aufgenommen hatte – 1949 zusammen mit seiner Frau Tamara fest nieder. Thompson hingegen wuchs als Sohn methodistischer Missionare in Großbritannien auf. Er diente während des zweiten Weltkriegs in einer Panzereinheit in Italien, bevor er am Corpus Christi College in Cambridge sein Studium der Geschichtswissenschaft aufnahm. Unmittelbar nach Kriegsende traten beide Intellektuelle aus einer antifaschistisch motivierten Überzeugung heraus in die kommunistische Partei ein – Thompson 1952 in die Communist Party of

Great Britain (CPGB), Kołakowski 1945 in die Polska Partia Robotnicza (PPR), seit 1948 Polska Zjednoczona Partia Robotnicza (PZPR). Beide Wissenschaftler waren jenseits ihrer faktischen Mitgliedschaft innerhalb der betreffenden Parteistrukturen auch politisch und wissenschaftlich engagiert – Kołakowski als Mitarbeiter der 1950 gegründeten und 1954 in das Institut für Gesellschaftsstudien überführten marxistischen Forschungs- und Ausbildungsstelle des Zentralkomitees der PZPR[42] und Thompson als Verfechter einer marxistisch orientierten Geschichtswissenschaft im Rahmen der Communist Historians Group, die 1952 die Zeitschrift »Past & Present« gründete und neben ihm auch Dona Torr, Christopher Hill und Eric Hobsbawm umfasste.

Sowohl Kołakowski als auch Thompson erfuhren während der so genannten Destalinisierung die stärkste Motivation für ihre beginnende Abkehr vom orthodoxen Marxismus. Im Umgang mit dieser Abwendung zeigt sich jedoch nicht nur der transfer- und verflechtungsgeschichtliche Aspekt ihres Disputs, sondern auch die in den folgenden Jahren immer stärker werdende Differenz zwischen den beiden Akteuren. Während Thompson 1956 aus Protest gegen den sowjetischen Einmarsch und die blutige Niederschlagung des Aufstandes in Ungarn die CPGB verließ, wurde Kołakowski zu einem der wichtigsten Protagonisten eines mit der Rehabilitierung Władysław Gomułkas auf dem Posten des I. Sekretärs der PZPR verknüpften Reformprozesses. Er publizierte entscheidende Artikel in zahlreichen aus der Reformbewegung hervorgegangenen Zeitschriften, unter anderem den Text »Sens ideowy lewicy«[43] (Der Sinn des Begriffs Linke) in der Zeitschrift »Po Prostu«. Nachdem er am 21. Oktober 1966 im Rahmen einer in Erinnerung an die Unruhen des Jahres 1956 organisierten Veranstaltung einen kritischen Vortrag über die tatsächlichen Errungenschaften des Reformjahres auf dem Gebiet der kulturellen Entwicklung gehalten hatte, wurde er noch im selben Monat, am 27. Oktober 1966, aus der Partei ausgeschlossen und zwei Jahre später auch seiner Universitätsämter enthoben. Die Aufgabe seiner Professur und der Leitung der Fakultät für die Geschichte der Philosophie an der Universität Warschau sowie das Verbot, in Polen zu publizieren, zwangen ihn 1968 in die Emigration. Nach einem kurzen Aufenthalt in Paris, an der McGill University in Montreal und an der University of California in Berkeley siedelte er 1969 nach Großbritannien über und wurde Research

Fellow, später Honorary Member of Staff im All Souls College an der Universität Oxford. Seine Situation dort beschrieb er später treffend als »a quadruple island«: »Britain is an island; Oxford is an island in Britain; All Souls (a college without students) is an island in Oxford; and Dr. Leszek Kołakowski is an island within All Souls.«[44]

Liest man den zwischen 1973 und 1974 ausgetragenen Disput zwischen Kołakowski und Thompson, dann fällt auf, dass die insulare Situation des ersteren von seinem britischen Kollegen so nicht wahrgenommen wurde. Im Gegenteil bezieht sich Thompson, der noch vor seinem Austritt aus der CPGB zusammen mit John Saville die im Dissens zur offiziellen Parteilinie stehende Zeitschrift »The Reasoner« – seit 1957 »The New Reasoner« – gegründet hatte, in seinem Brief wiederholt auf eine »marxistische Tradition«, der beide Intellektuelle angehören würden. Es handelt sich um ein Zusammengehörigkeitsgefühl, das Kołakowski auf mehreren Ebenen zurückweist: Er sehe jenseits der für ihn eher als trivial einzustufenden Tatsache, dass der Marxismus in einer bestimmten Weise das Denken über die Geschichte der Menschheit beeinflusst habe, keinerlei Grund sich in irgendeiner Hinsicht einer marxistischen Weltsicht verpflichtet zu fühlen. Zumal er bestimmte Theorien von Marx, wie zum Beispiel seine Idee des Klassenbewusstseins, schlicht für falsch und die des historischen Materialismus für »valid only in a strongly qualified sense« halte. Daher sei er »not interested at all in being ›a Marxist‹ or in being called so.«[45] Vielmehr stoße er sich daran, dass Thompson überhaupt von einer gemeinsamen Tradition oder gar »marxistischen Familie« ausginge:

You seem to imply the existence of a ›Marxist family‹ defined by the spiritual descendance from Marx and to invite me to join it. Do you mean that all people who in one way or another call themselves Marxists form a family (never mind that they have been killing each other for half a century and still do) opposed as such to the rest of the world? And that this family is for you (and ought to be for me) a place of identification? If this is what you mean, I cannot even say that I refuse to join this family; it simply does not exist in a world where the great Apocalypse can most likely be triggered off by the war between two empires both claiming to be perfect embodiments of Marxism.[46]

Thompson jedoch sieht das grundsätzlich anders:

Agreed: a time could come when for political reasons, one could no longer choose to affirm oneself a Marxist. If institutional Marxisms, endorsed with power, proliferated and justified new crimes against the intellect and worse crimes against men; if all Marxists except a last grey company were either priests of established power or self-deluded chiliastic sectaries; then we would be bound by a duty beyond intellectual consistency to say, ›I dissent!‹ And we would be compelled to accept the evidence: that there is some cause in Marxist nature that breeds these hard hearts. But that moment has not come. It has not yet come by any means.[47]

Folgerichtig und abweichend von Kołakowski, der diesbezügliche Illusionen bereits in den frühen 1960er Jahren verloren hatte, vertritt Thompson damit die Idee einer demokratisch orientierten sozialistischen Alternative zum offiziellen Marxismus der kommunistischen und trotzkistischen Parteien. Er wird Teil einer dissidenten, aus der kommunistischen Partei hervorgegangenen Gruppierung, die später mit dem Begriff einer »First New Left« umschrieben wurde.[48] Diese »Erste Neue Linke« sei – so Stuart Hall als damals Beteiligter – 1956 aus der Erfahrung der sowjetischen Unterdrückung des Aufstands in Ungarn und der britischen und französischen Invasion des Suez Kanals entstanden. Sie habe vor allem darauf abgezielt, »to define a third political space somewhere between these two metaphors.«[49] Anders als Kołakowski, der seiner Abkehr von der Idee eines reformierten Sozialismus 1971 unter dem Titel »Thesen über die Hoffnung und die Hoffnungslosigkeit«[50] bereits deutlich Ausdruck verliehen hatte, glaubt Thompson also auch zum Zeitpunkt seines »Offenen Briefes« 1973 noch immer an die Zukunft einer humanistischen »sozialistischen Alternative«:

Expressly and repeatedly, between 1956 and the early 1960s, I and several of my comrades affirmed our general allegiance, not to the Communist Party as institution or as ideology, but to the Communist movement in its humanist potential. […] But none of us, I think, are classical renegades. And I claim this as a debt upon you, as a solidarity we paid to you, although you may not see it in the same way at all.

Kołakowski hingegen antwortet auch auf diesen Versuch der Herstellung einer gemeinsamen, auf das Jahr 1956 zurückgehenden politischen und ideologischen Tradition ablehnend:

> […] what was labelled ›revisionism‹ in the people's democracies is virtually dead (possibly with the exception of Yugoslavia) which means that both young and old people in these countries stopped thinking about their situation in terms of ›genuine socialism‹, ›genuine Marxism‹ etc. They want (more often than not in a passive way) more national independence, more political and social freedom, better life conditions – but not because there is anything specifically socialist in these claims.[51]

Und am Schluss seines Textes geht er sogar noch weiter und bescheinigt dem britischen Historiker an der Stelle, an der dieser einen gemeinsamen Werte- und Zielhorizont sehe, lediglich einen »Graben«, der kaum mehr zu überwinden wäre:

> You still seem to consider yourself as a dissident communist or as a sort of revisionist. I do not, and this for a very long time. You seem to define your position in terms of discussions of 1956 and I do not. This was an important year and its illusions were important, too. But they were crushed just after they had appeared.[52]

Jenseits der vor allem mit seiner biographischen Erfahrung mit dem kommunistischen System in Polen zu beantwortenden Frage, warum der Philosoph sich der Einvernahme in einen gemeinsam zu führenden Deutungskampf um die Zukunft des Marxismus bewusst entzog, bildet der Umstand, dass Thompson einen solchen Deutungshorizont auf europäischer Ebene zu skizzieren versuchte, die eigentliche Besonderheit der hier dargestellten Quellen. In vergleichender Hinsicht lässt sie sich unter anderem als das Ergebnis einer zunächst auffällig ähnlich motivierten Affinität zweier durch vergleichbare persönliche und berufliche Erfahrungen geprägter Männer zur Idee des Marxismus erklären. Doch während im Falle von Kołakowski sein Eintritt in die PZPR früher und sein erzwungener Austritt genau zehn Jahre später als bei Thompson erfolgte, ist dieser nur vier Jahre lang Mitglied in der CPGB gewesen. Trotz ihrer 1953 vorgenommenen Wendung in Richtung eines »britischen Wegs zum Sozialismus« konnte die Kommunistische Partei Großbritanniens nie den – durch die Mitgliederzahl oder den politischen Einfluss zu bemessenden – Stellenwert der polnischen oder auch nur der französischen oder italienischen kommunistischen Parteien erreichen. Thompsons und Kołakowskis Gemeinsamkeiten in Bezug auf die Verarbeitung des

Bedeutungsrückgangs des Marxismus sind also – dies macht auch der Einbezug weiterer Texte des Philosophen aus früheren Jahren deutlich – vor allem für die beginnenden 1950er Jahre und damit während der für beide Parteien geltenden Suche nach »nationalen Wegen« zum Kommunismus zu diagnostizieren. Nach 1956 und der Niederschlagung des Ungarnaufstands beginnen diese Gemeinsamkeiten jedoch zunehmenden Differenzen zu weichen, die in komparativer Perspektive vor allem mit endogenen Faktoren der jeweils unterschiedlich konturierten privaten und politischen Situation der beiden Intellektuellen erklärt werden können.[53] Während Kołakowski mangels Alternativen innerhalb eines autoritären Regimes parteiinterne Kritik an der Reformunfähigkeit des politischen Systems in Polen übt und zunehmenden Repressionen – über die Zensur seiner Texte, die Einbestellung zu disziplinarischen Gesprächen und schließlich den Ausschluss aus der Partei – ausgesetzt wird, weicht Thompsons Kritik mit seinem Austritt aus der Partei 1956 in einen Bereich legaler, öffentlicher Debattenkultur im Rahmen unabhängiger wissenschaftlicher und politischer Zeitschriften in einer etablierten parlamentarischen Demokratie aus. Seine Haltung zum Marxismus wird damit zunehmend intellektualisiert und idealisiert, die von Kołakowski aber politisiert und desillusioniert. Ihren entscheidenden Unterschied erfahren ihre jeweiligen Einstellungen vor der Folie des Stalinismus und des »real existierenden Sozialismus«. Während der Historiker in dieser Hinsicht zwar Fehler einräumt, diese aber letztlich mit dem Argument, fünfzig Jahre seien ein zu kurzer Zeitraum zur Bewertung sozialer und politischer Systeme relativiert, ist der Philosoph auch aufgrund der eigenen, persönlichen Erfahrung von der grundsätzlichen, verbrecherischen Natur kommunistischer Regime überzeugt. Gleichwohl werden ihre Verstrickungen in diese Regime und ihr Eintritt in die jeweiligen kommunistischen Parteien während der Hochphase des Stalinismus von beiden Intellektuellen in dem genannten Briefwechsel nur unzureichend reflektiert. Aus unterschiedlichen persönlichen Erfahrungen gespeist, ist ihr – im Falle Thompsons virulenter, weil politisch unerprobter und im Falle Kołakowskis abgelehnter, weil im kommunistischen Polen gescheiterter – Versuch, den Sozialismus zu reformieren, der zentrale Ausgangspunkt für die Beschreibung der Differenz, aber auch der diskursiven Verflechtung zwischen den beiden Akteuren.

So wird auf der transfer- und verflechtungsgeschichtlichen Ebene die unterschiedliche Verarbeitung des Bedeutungsrückgangs des Marxismus bei beiden Wissenschaftlern von einer weiteren diskursiven Dimension überlagert. Neben die endogenen, systemisch zu erklärenden Gründe für den divergierenden Umgang mit diesem Bedeutungsverlust rücken exogene, aus einer transnational verflochtenen Ausgangsituation heraus zu bestimmende Faktoren. Die phasenweise Zugehörigkeit zu einer mit einem starken Internationalisierungsanspruch auftretenden kommunistischen Partei und den Bezug auf marxistisches Gedankengut in ihrem wissenschaftlichen Schrifttum wertet Thompson als gemeinsame »marxistische Tradition«, der beide Intellektuelle in seinen Augen angehören. Vor allem in der international artikulierten Kritik am Einmarsch der sowjetischen Streitkräfte in Ungarn und der dadurch sowie durch das Bekanntwerden des so genannten Geheimreferats Chruschtschows ausgelösten Bemühungen um eine Liberalisierung des ostmitteleuropäischen Kommunismus sieht der Brite die Herausbildung einer identitätsstiftenden, transnational ausgerichteten Werte- und Diskursgemeinschaft. In transfergeschichtlicher Ebene begründet wird sie bei ihm zusätzlich durch seine Kenntnis einer Reihe von englischsprachigen Aufsätzen Kołakowskis, den er an anderer Stelle mit »old comrade of another time«[54] anspricht. »A member of our editorial board, Alfred Dressler« – erfährt man weiter – »followed closely the discussions in Nowa Kultura and Po Prostu, and visited Poland more than once for exchanges with our friends.«[55] Den tatsächlichen Stellenwert dieser dissidenten Diskursgemeinschaft scheint Thompson allerdings nicht ohne einen gewissen Grad an Ambivalenz zu bewerten: »But to be a Communist dissident or revisionist, or a relict of that tradition, in 1973, is to be a null quantity like a foreign postage-stamp twice cancelled, unusable and not worth a collector's attention«[56], schreibt der Autor. Ist diese von einer großen persönlichen Enttäuschung Zeugnis gebende Bemerkung mit ein Grund für Thompsons scharfe Abrechnung mit Kołakowski? Dieser schließlich bekundet, jene in seinen Augen aussichtlose Diskursgemeinschaft schon lange verlassen zu haben, was ihm den indirekten Vorwurf des Renegatentums seitens seines Briefpartners einbringt.[57] Dennoch bezweifelt auch Kołakowski nicht, ihr um 1956 in intellektueller, ideeller und politischer Hinsicht angehört zu haben. In der ihm eigenen Ironie tut er diese Erfahrung – wie bereits weiter oben zitiert – ab: Er sei eben mit zunehmendem Alter nicht klüger, sondern dümmer geworden, was in seinem Fall vor allem auch mit der Unfähigkeit, die Welt vermittels einer einzigen – marxistischen – Sichtweise zu verstehen und zu verändern, einhergehe.

»Histoire Croisée« als Ansatz und Anspruch an eine Beziehungsgeschichte West- und Ostmitteleuropas

Die Untersuchung hat gezeigt, dass der Ansatz der »Histoire Croisée« und die von ihm favorisierte Pluralität der methodischen Zugänge einen vielschichtigen Versuch der Analyse historischer Wandlungsprozesse zu versprechen scheinen – jedenfalls wenn man sie, so wie in diesem Fall geschehen, stets auf einen handhabbaren Teilaspekt und das heisst hier auf die Verarbeitung des Bedeutungswandels des Marxismus auf Seiten zweier ehemals kommunistischer Intellektueller fokussieren würde. Doch sind der damit verbundene Ansatz und sein Anspruch auch auf größere Forschungskontexte zu beziehen? Und könnten die von Werner und Zimmermann entwickelten Anregungen gar den methodisch-theoretischen Ausgangspunkt einer empirisch ausgerichteten Beziehungsgeschichte Ostmittel- und Westeuropas abgeben? Ausgehend von den zu Beginn dargestellten drei Herausforderungen des Ansatzes sollen im Folgenden seine Chancen in Bezug auf eine gesamteuropäische Geschichtsschreibung reflektiert und anhand eines zusammenfassenden Fazits seine Perspektiven, aber auch Probleme resümiert werden.

Die spezifische Verbindung von Beobachterposition, Blickwinkel und Objekt lässt sich, wie gezeigt wurde, zwar durchaus reflektieren, aber kaum in Gänze in die Untersuchung inkorporieren. Weder erscheint es wünschenswert, die eigene biographische Situation narrativ in die Untersuchung einzubauen, noch wird es möglich sein, die Herausbildung eigener, muttersprachlich geprägter Begriffe und Kategorien gänzlich zu umgehen. Trotz dieser Einschränkung scheint aber vor allem die Möglichkeit eines mehrere methodische Zugriffe verbindenden Untersuchungsschwerpunkts interessante und innovative Perspektiven in Bezug auf die Erforschung insbesondere der ostmitteleuropäischen Geschichte zu eröffnen und das Ausmaß national determinierter Parameter zumindest zu verringern. Anstatt den Bedeutungsrückgang des Marxismus als einen ausschließlich für die Geschichte der ostmitteleuropäischen Dissidenz relevanten Untersuchungsfall zu betrachten, lenkt die multiperspektivische Herangehensweise der Histoire Croisée den Blick auf Prozesse und Strukturen, die den genannten Bedeutungsverlust und -wandel über den nationalen Fall hinausheben und auf einer transnationalen Ebene situieren. Dies wiederum beeinflusst sowohl die Fragestellung als auch die Auswahl der Quellen, die – wie in diesem Fall – mit dem Schriftwechsel zwischen Thompson und Kołakowski über das normalerweise in der ostmitteleuropäischen Geschichtsschreibung einbezogene Material hinausgehen.

Gleichwohl würde der Versuch, den hier besprochenen Einzelfall stärker zu kontextualisieren oder zu generalisieren und damit auf größere Diskursräume zwischen polnischen und britischen, ehemals kommunistischen Intellektuellen zu beziehen, das Konzept der Histoire Croisée vermutlich rasch an seine Grenzen bringen. Insofern bergen der Ansatz und der mit ihm verbundene Anspruch auch eine ganze Reihe forschungspraktischer Probleme. Zwar lassen sich sicherlich für eine so begrenzte Untersuchung wie die hier vorgenommene und auf einem spezifischen intellektuellen Disput basierende, vergleichs-, transfer- und verflechtungsgeschichtliche Zugänge an das Quellenmaterial kombinieren. Doch würde man die Logiken dieser Ansätze jenseits der hier nur knapp angerissenen, auf einen Teilaspekt fokussierten Darstellung und Untersuchung ernst nehmen, dann stünde man bei jeder größeren historischen Arbeit vor einer kaum zu bewältigenden Arbeitsmenge. Allein die Durchführung eines systematischen Vergleichs zwischen zwei oder womöglich drei, vier Untersuchungsfällen ist ein schwieriges, komplexes und gut zu begründendes Verfahren. Würde man darüber hinaus auch auf Transfers und Verflechtungen schauen, so wäre die geplante Studie sowohl räumlich als auch zeitlich vermutlich stark einzugrenzen und zu fokussieren. Und dies wiederum würde voraussichtlich in einer verstärkten Hinwendung zu Mikro- anstelle von Makroanalysen und einer potentiellen Favorisierung kleinschrittiger, auf kurze Zeiträume konzentrierter Studien zu Ost-West-Diskursen oder Ost-West-Handlungsräumen wie etwa transnational ausgerichteten Zeitschriften oder wissenschaftlichen Milieus resultieren. Trotz der Notwendigkeit solcher Analysen werden viele andere Fragen an die Sozial-, Politik- und Kulturgeschichte Europas – zu denken wäre etwa an den derzeit diskutierten strukturellen Wandel der 1970er Jahre – auch weiterhin entweder im Vergleich oder in ihren Transfers und Verflechtungen, nicht aber in einer Verzahnung beider Faktoren analysiert werden können. Dies zu leisten bliebe allenfalls größeren und in der Geschichtswissenschaft nach wie vor eher unüblichen Forschungsnetzwerken vorbehalten, die ausgestattet mit genügend Zeit, Personal und Finanzierung durchaus beispielsweise den Umbruch der genannten 1970er Jahre vergleichend- und verflechtungsgeschichtlich für die markt- versus planwirtschaftlich orientierten Gesellschaften Ost- und Westeuropas untersuchen könnten.

Die eigentliche Stärke des Konzepts der Histoire Croisée liegt aber – so das hier entfaltete Argument und Fazit – nicht auf einer empirischen oder methodologischen, sondern vor allem auf einer theoretischen Ebene. Zum einen fordert das Konzept zu Recht eine stärkere Reflektion über die nationale Präfigurierung von Fragestellungen, Untersuchungseinheiten und Kategorien und zwar in deutlicherer Hinsicht als dies beispielsweise im Rahmen der Komparatistik bislang diskutiert wurde. Es lädt dazu ein, Begriffe und Definitionen zu finden, die sich jenseits nationaler Erfahrungen für die Analyse historischer Diskurse, Phänomene und Prozesse eignen, ohne spezifische – meist ost- oder aber außereuropäische – Entwicklungspfade als »rückständig« oder »nicht anschlussfähig« auszuklammern. Dies in praktische Forschung umzusetzen ist schwierig, aber nicht unmöglich, wie jüngste Versuche aus dem Bereich der Zivilgesellschafts- und Bürgertumsforschung zeigen, die, ohne das eigene Erkenntnisdispositiv ausführlich zu diskutieren, mit flexiblen Definitionen oder semantischen Äquivalenten arbeiten.[58] Zum anderen aber eröffnet die Histoire Croisée vielfältige Möglichkeiten, historische Untersuchungs- und Erklärungsansätze insofern vom Nationalen ins Transnationale zu wenden, als dass sie neuen Interpretations- und Deutungsmustern unterstellt werden. Auf einer frühen, noch nicht verschriftlichten und noch nicht methodologisch festgelegten Stufe des historischen Forschens scheinen die Anregungen der Histoire Croisée Wege zu eröffnen, mittels derer nicht die Geschichte Westeuropas im Kontrast zur Geschichte Ostmitteleuropas betrachtet, sondern vielmehr durch eine reflektierte Auswahl der Zugänge und

Quellen ihre gemeinsame »Beziehungsgeschichte« in den Mittelpunkt gerückt werden könnte.

Wie Pavel Kolář kürzlich betonte, erscheint gerade das Spannungsverhältnis zwischen verschiedenen »nationalen Wegen« zum Kommunismus und dem »universalistischen Anspruch der internationalen kommunistischen Bewegung«[59] als die eigentlich interessante und inspirierende Dimension zukünftiger Forschung. Diese Dimension einzubeziehen, muss nicht heißen, ihr eine übermächtige Erklärungskraft zuzuschreiben oder anstelle von endogen Gründen ausschließlich nach exogenen Faktoren für den Zusammenbruch des Kommunismus zu suchen. Aber es könnte – um auf den hier dargestellten Fall zurückzukommen – bedeuten, dass beispielsweise die Entwicklung von Dissidenz und Opposition in Polen aus mindestens drei Perspektiven betrachtet würde: ihrer systeminhärenten Abhängigkeit vom kommunistischen Regime in Polen, ihrer Gemeinsamkeit und Unterschiedlichkeit mit vergleichbaren Oppositionsgruppen innerhalb Ostmitteleuropas und ihrer Verflechtung und Wechselwirkung mit ausgewählten Gruppen oder Diskursen in West- und Ostmitteleuropa.

Auch wenn das tatsächliche Ausmaß der jenseits des Eisernen Vorhangs stattfindenden Transfers vermutlich eher gering einzuschätzen wäre: ein Seitenblick auf Leszek Kołakowskis Rezeption im »Socialist Register« verrät etwas über mögliche – in der gegenseitigen Abstoßung von der Projektionsfläche des »real existierenden Sozialismus« zu verortende – Querverbindungen zwischen dem Bedeutungsverlust des Marxismus in Polen und dem Bedeutungswandel des Marxismus in Großbritannien. Etwas anderes verrät Tony Judts Haltung gegenüber Thompson, dessen Kontroverse mit Kołakowski er vor allem deshalb noch vor Kurzem in Erinnerung rief, um den in seinen Augen heute wieder neu aufkeimenden Glauben an den Marxismus mit ehemals dissidenten, polnischen Argumenten zurückzuweisen: »On this, as we have seen« – so Judt – »Leszek Kołakowski can be read with much profit.«[60] Studien, die die Affinität europäischer Intellektueller zum Marxismus aus einer beziehungsgeschichtlichen Perspektive heraus untersuchen würden, könnten diesen Profit voraussichtlich noch erhöhen.

Anmerkungen

1 Vgl. *Werner, M.* u. *B. Zimmermann*, Vergleich, Transfer, Verflechtung. Der Ansatz der Histoire croisée und die Herausforderung des Transnationalen, in: Geschichte und Gesellschaft 28 (2002), S. 607–636. Der Aufsatz erschien einige Zeit später auch in englischer Sprache, vgl. *Werner, M.* u. *B. Zimmermann*, Beyond Comparison. Histoire Croisée and the Challenge of Reflexivity, in: History and Theory 45 (Februar 2006), S. 30–50.

2 Vgl. unter anderem *Conrad*, S., Doppelte Marginalisierung. Plädoyer für eine transnationale Perspektive auf die deutsche Geschichte, in: Geschichte und Gesellschaft 28 (2002), S. 145–169; *Osterhammel, J.*, Transnationale Gesellschaftsgeschichte: Erweiterung oder Alternative?, in: Geschichte und Gesellschaft 27 (2001), S. 464–479; *Spilotis, S.-S.*, Das Konzept der Transterritorialität oder Wo findet Gesellschaft statt?, in: Geschichte und Gesellschaft 27 (2001), S. 480–488; *Wirz, A.*, Für eine transnationale Gesellschaftsgeschichte, in: Geschichte und Gesellschaft 27 (2001), S. 489–498; *van der Linden, M.*, Vorläufiges zur transkontinentalen Arbeitergeschichte, in: Geschichte und Gesellschaft 28 (2002) 2, S. 291–304.

3 So aber *Welskopp, T.*, Stolpersteine auf dem Königsweg. Methodenkritische Anmerkungen zum internationalen Vergleich in der Gesellschaftsgeschichte, in: Archiv für Sozialgeschichte 35 (1995), S. 339–367.

4 Die beiden Autoren des zitierten Aufsatzes haben allerdings in französischer Sprache weiterführende Arbeiten zum Konzept der Histoire croisée publiziert, vgl. *Werner, M.*, u. *B. Zimmermann* (Hg.), De la comparaison à l'histoire croisée, Paris 2004 und *Werner, M.* u. *M. Espagne* (Hg.), Transferts. Relations interculturelles dans l'espace franco-allemand (xviiie-xixe siècle), Paris 1988.

5 Vgl. *Müller, M. G.*, Europäische Geschichte – Nur eine Sprachkonvention?, Beitrag zum Forum »Europäische Geschichte« auf H-Soz-u-Kult vom 31.5.2006, zuletzt eingesehen am 31.5.2010 auf http://hsozkult.geschichte.hu-berlin.de/forum/2006-05-005.

6 So *Werner* u. *Zimmermann*, Vergleich, Transfer, Verflechtung, S. 607, Fn. 4.

7 Ebd., S. 618.

8 Vgl. u.a. *Conrad, S.* u. *S. Randeria* (Hg.), Jenseits des Eurozentrismus. Postkoloniale Perspektiven in den Geschichts- und Kulturwissenschaften, Frankfurt/Main 2002; *Randeria, S.*, Geteilte Geschichte und verwobene Moderne, in: *J. Rüsen* u.a. (Hg.), Zukunftsentwürfe. Ideen für eine Kultur der Veränderung, Frankfurt/Main 1999, S. 87–95; *Subrahmanyam, S.*, Connected Histories. Notes towards a Reconfiguration of Early Modern Eurasia, in: Modern Asian Studies 31 (1997) 3, S. 735–762;

9 Vgl. *Werner* u. *Zimmermann*, Vergleich, Transfer, Verflechtung, S. 607–609.

10 Ebd., S. 616.

11 Ebd., S. 608.

12 Aus der Vielzahl von Arbeiten zur Methode des historischen Vergleichs seien an dieser Stelle vor allem die folgenden hervorgehoben: *Haupt, H.-G.*

u. *J. Kocka* (Hg.), Geschichte und Vergleich. Ansätze und Ergebnisse international vergleichender Geschichtsschreibung, Frankfurt/M 1996; *Kaelble, H.*, Der historische Vergleich. Eine Einführung zum 19. und 20. Jahrhundert, Frankfurt/M 1999; *Cohen, D.* u. *M. O'Connor* (Hg.), Comparison and History: Europe in Cross-National Perspective, New York 2004; *Lorenz, C.*, Comparative Historiography. Problems and Perspectives, in: History and Theory 38 (1999), S. 25–39; *Paulmann, J.*, Internationaler Vergleich und interkultureller Transfer: Zwei Forschungsansätze zur europäischen Geschichte des 18. und 20. Jahrhunderts, in: Historische Zeitschrift 267 (1998), S. 649–685.

13 Vgl. *Werner* u. *Zimmermann*, Vergleich, Transfer, Verflechtung, S. 632.

14 Ebd., S. 617 und S. 632.

15 Ebd., S. 632–633.

16 Ebd., S. 632–633.

17 Ebd., S. 636.

18 Der Begriff der Beziehungsgeschichte wird hier als ein offener, sowohl transfer- als auch verflechtungs- und vergleichsgeschichtliche Aspekte umfassender Ausdruck genutzt und damit in Analogie zu Hartmut Kaelbles Begriffsprägung verwendet, vgl. *Kaelble, H.*, Die Debatte über Vergleich und Transfer und was jetzt?, in: H-Soz-u-Kult, 8.2.2005, zuletzt eingesehen unter http://hsozkult.geschichte.hu-berlin.de/forum/id=574&type=artikel am 31.5.2010.

19 Vgl. *Judt, T.*, Goodbye to all that?, in: New York Review of Books, 21.9.2006, S. 88–92, hier S. 90. Der Aufsatz wurde später auch in der katholischen Zeitschrift »Tygodnik Powszechny« in polnischer Sprache veröffentlicht, vgl. *Judt, T.*, Żegnaj marksizmie?, in: Tygodnik Powszechny«, 21.7.2009, zuletzt eingesehen unter http://tygodnik.onet.pl/1,30453,druk.html am 20.06.2010. Aus den Protesten sei an dieser Stelle vor allem folgender hervorgehoben: *Countryman, E.*, The case of E. P. Thompson, in: New York Review of Books, 15.2.2007, eingesehen am 20.6.2010 unter http://www.nybooks.com/articles/archives/2007/feb/15/the-case-of-ep-thompson.

20 Vgl. *Thompson, E. P.*, An Open Letter to Leszek Kolakowski, in: The Socialist Register 1973, S. 1–100 und die Antwort von Kołakowski, L., My correct Views on Everything. A Rejoinder to Edward Thompson's »Open Letter to Leszek Kołakowski«, in: The Socialist Register (1974), S. 1–20.

21 Vgl. *Kołakowski, L.*, Intellectuals, Hope and Heresy, in: Encounter (Oktober 1971) und *Kołakowski, L.*, Intellectuals agains Intellect, in: Daedalus (Sommer 1972) sowie die entsprechenden Ausführungen bei *Thompson*, An Open Letter, S. 33–35 und S. 88 ff.

22 Vgl. *Thompson, E. P.*, The Making of the English Working Class, New York 1963 (dt.: Die Entstehung der englischen Arbeiterklasse, Frankfurt/Main 1987).

23 So die Selbstauskunft der Zeitschrift, die über eine Internetpräsenz und ein digitales Archiv verfügt, zuletzt eingesehen am 23.6.2010 unter http://socialistregister.com/index.php/srv.

24 Vgl. *Thompson*, An Open Letter, S. 80 ff und insbesondere S. 87–88.

25 Ebd., S. 2.
26 Vgl. *Kołakowski*, My correct Views, S. 2.
27 Ebd., S. 1.
28 Vgl. *Thompson*, An Open Letter, S. 2 (humanistisches Potential) und S. 70.
29 Vgl. *Kołakowski*, My correct Views, S. 4–5.
30 Ebd., S. 6.
31 Ebd., S. 11–12.
32 Ebd., S. 8.
33 Ebd., S. 9 und S. 17–18.
34 Vgl. *Thompson*, An Open Letter, S. 78.
35 Vgl. *Kołakowski*, My correct Views, S. 14 und – in direkter Entgegnung auf Thompsons Vision – S. 8.
36 Vgl. *Thompson*, An Open Letter, S. 95.
37 Vgl. *Kołakowski*, My correct Views, S. 19–20.
38 Dies aber ist Teil meiner Dissertationsschrift, die sich unter dem Arbeitstitel »Von Marx zu Mutter Maria? Eine Beziehungsgeschichte linker Dissidenz in Polen zwischen 1956 und 1976« mit dem Begriff des Linken in transnationaler Perspektive beschäftigt.
39 Vgl. *Haupt, H.-G.* u. *J. Kocka*, Historischer Vergleich: Methoden, Aufgaben, Probleme. Eine Einleitung, in: *H.-G. Haupt* u. *J. Kocka* (Hg.), Geschichte und Vergleich. Ansätze und Ergebnisse international vergleichender Geschichtsschreibung, Frankfurt/Main 1996, S. 9–45, hier S. 9.
40 Ebd., S. 23.
41 Ebd., S. 24–25.
42 Es handelt sich um das Instytut Kształcenia Kadr Naukowych (IKKN), das 1950 von Adam Schaff gegründet und 1954 in das Instytut Nauk Społecznych przy KC PZPR überführt wurde.
43 Vgl. *Kołakowski, L.*, Der Sinn des Begriffes Linke, in: *ders.* (Hg.), Der Mensch ohne Alternative. Von der Möglichkeit und Unmöglichkeit, Marxist zu sein, München 1961, S. 142–162, vorab abgedruckt in: Po Prostu (Februar 1957).
44 On Exile, Philosophy and Tottering Insecurely on the Edge of an Unknown Abyss. Dialogue between Leszek Kołakowski und Danny Postel, in: Daedalus (Sommer 2005), S. 82, hier zitiert nach *Judt*, Goodbye, S. 88.
45 Vgl. *Kołakowski*, My correct Views, S. 14–15.
46 Ebd. S. 14–15.
47 Vgl. *Thompson*, An Open Letter, S. 32.
48 Vgl. *Kenny, M.*, The First New Left: British Intellectuals After Stalin, London 1995.
49 So *Hall, S.*, Life and Times of the First New Left, in: New Left Review 61 (Januar-Februar 2010), eingesehen am 30.6.2010 unter http://www. new leftreview.org/?view=2826.
50 Vgl. *Kołakowski, L.*, Tezy o nadziei i beznadziejnośći, in: Kultura 258 (1971) 6, S. 3–12.
51 Vgl. *Kołakowski*, My correct Views, S. 18.

52 Ebd., S. 18.

53 Thompsons Briefwechsel mit Kołakowski lässt sich in diesem Zusammenhang vor allem auch als pointierter Versuch der Selbstbestimmung im Rahmen einer kontrovers geführten Debatte innerhalb der britischen Neuen Linken verstehen und damit jenseits seines transfergeschichtlichen Aspekts auch aus einer innerbritischen Perspektive deuten. Ohne dies hier weiter ausführen zu können, sei im Zusammenhang mit dieser, auch weitere Arbeiten von Thompson maßgeblich beeinflussenden Dimension vor allem auf Thomas Lindenberger verwiesen, vgl. *ders.*, Empirisches Idiom und deutsches Unverständnis: Anmerkungen zur bundesdeutschen Rezeption von Edward Palmer Thompsons »The Making of the English Working Class«, in: *S. K. Berger*, u. a. (Hg.), Historikerdialoge. Geschichte, Mythos und Gedächtnis im deutsch-britischen kulturellen Austausch 1750–2000, Göttingen 2003, S. 439–456, insb. S. 452–453.

54 Vgl. *Thompson*, An Open Letter, S. 38.

55 Ebd., S. 2.

56 Ebd., S. 11.

57 Ebd., S. 1–3.

58 Vgl. *Arndt, A.*, Intellektuelle in der Opposition. Diskurse zur Zivilgesellschaft in der Volksrepublik Polen, Frankfurt/Main 2007 und *Pernau, M.*, Bürger mit Turban. Muslime in Delhi im 19. Jahrhundert, Göttingen 2008.

59 Vgl. *Kolář, P.*, The Spectre is Back: New Perspectives on the Rise and Decline of European Communism, in: Journal of Contemporary History 45 (2010), S. 197–209, hier S. 208.

60 Vgl. *Judt*, Goodbye, S. 92.

Tetyana Pavlush

Die Auseinandersetzung der evangelischen Kirchen mit dem Eichmann-Prozess in der Bundesrepublik und in der DDR

Vergleich und Verflechtung in der deutsch-deutschen Nachkriegsgeschichte

Seit nunmehr zwei Jahrzehnten dauert die zeithistorische Debatte über die Möglichkeiten und Schwierigkeiten einer integrierten deutschen Nachkriegsgeschichte an, in der sowohl die Entwicklungen in den beiden deutschen Staaten und Gesellschaften als auch ihre gegenseitigen Beziehungen und Wechselwirkungen erörtert werden.[1] Dem Umgang mit dem Nationalsozialismus und speziell mit dem Holocaust kommt dabei eine besondere Relevanz zu, weil gerade die Analyse der »Vergangenheitsbewältigung« in der Bundesrepublik und in der DDR nach 1945 die Bezogenheit beider deutscher Staaten aufeinander, zugleich aber auch ihre Abgrenzung voneinander und ihr Auseinanderdriften deutlich zur Geltung bringt.[2] Der historische Vergleich und die verflechtungsgeschichtliche Analyse finden zwar zunehmend Anwendung in der diesbezüglichen Forschung,[3] generell aber verlaufen die beiden methodischen Debatten – die zur deutsch-deutschen Nachkriegsgeschichte und die Vergleich-Transfer-Verflechtungs-Debatte – weitgehend isoliert voneinander.

Die kirchliche Zeitgeschichtsschreibung wurde von dieser Entwicklung nur am Rande berührt, obwohl die Notwendigkeit der »Revitalisierung der kirchlichen Zeitgeschichte«[4] und der »historischen Einbettung der Kirchengeschichte der DDR in die Geschichte des neueren deutschen Protestantismus«[5] durchaus problematisiert wurden. So rief der Rat der Evangelischen Kirche in Deutschland (EKD) 1996 den Forschungsschwerpunkt »Die Rolle der evangelischen Kirche im geteilten Deutschland« ins Leben. Dennoch bleibt eine symmetrische, den unterschiedlich ausgeprägten Selbstverständnissen, divergierenden Handlungsräumen und Strukturelementen der evangelischen Kirchen in Ost und West Rechnung tragende deutsche kirchliche Nachkriegsgeschichte immer noch ein Desiderat der Forschung. Eine methodische Debatte, in der unterschiedliche theoretische Ansätze und Konzepte vorgestellt und diskutiert würden, steht ebenfalls noch bevor.[6] Der Umgang der Kirchen mit der NS-Zeit und mit dem Holocaust sowie das christlich-jüdische Gespräch finden zwar in der kirchenhistorischen Forschung erhebliche Beachtung, doch gilt das wissenschaftliche Interesse entweder explizit den Kirchen in der Bundesrepublik und der EKD oder aber es wird zwischen ost- und westdeutschen Kirchen im Rahmen dieser Themen nicht unterschieden;[7] die Entwicklung in den ostdeutschen Kirchen findet infolgedessen nur flüchtige oder gar keine Erwähnung.[8]

Zwei miteinander verbundene Probleme lassen sich in diesem Zusammenhang hervorheben. Erstens ist für die deutsch-deutsche kirchliche Geschichtsschreibung ein Dilemma charakteristisch, das zwei diametral gegenüber stehende Narrative zur Folge hat: Einerseits wird die andauernde grenzüberschreitende Zusammengehörigkeit der evangelischen Kirchen in Ost und West, andererseits ihre sukzessive Entfremdung und institutionelle Trennung betont. Begriffe und Bezeichnungen wie »besondere Gemeinschaft«, »gesamtdeutsche Klammer«, »Brücke zwischen Ost und West«, aber auch »der Weg in die Anpassung«, »Kirche im Sozialismus« und »zwischen Anpassung und Selbstbewahrung« bezeichnen diese entgegen gesetzten Interpretationen. Zweitens ist für die deutsch-deutsche Kirchengeschichte eine quantitative und qualitative Asymmetrie charakteristisch.[9] Während die westdeutschen Kirchen und die Evangelische Kirche in Deutschland für die ostdeutschen Kirchen und für den Bund der Evangelischen Kirchen in der DDR immer einen entscheidenden Referenzpunkt darstellten, konnten die ostdeutschen Kirchen für die westdeutschen niemals eine identitätsstiftende Dimension erlangen.[10]

Daraus folgt zum einen die methodische Schwierigkeit der »sauberen« analytischen Trennung und der symmetrischen, äquivalenten Gegenüberstellung der west- und ostdeutschen evangelischen Kirchen als Vergleichseinheiten. Zum anderen stellt sich die Frage, ob der vergleichende Ansatz überhaupt angebracht ist für die Untersuchung und Darstellung der deutsch-deutschen Kirchengeschichte.

Für die allgemeine deutsche Nachkriegsgeschichte ist die Suche nach einem gemeinsamen Nenner und integrierenden narrativen Prinzip für die Darstellung der deutschen Zweistaatlichkeit vorrangig. Mit Blick auf die kirchliche Zeitgeschichte muss hingegen zunächst die Frage beantwortet werden, ob es sich in der Kirchengeschichte zwischen 1949 und 1989 vor dem Hintergrund der deutschen Zweistaatlichkeit um »eine« oder um »zwei« Kirchen handelt. Aus dieser Fragestellung resultieren folgende Forschungsaufgaben: die Klärung der Gemeinsamkeiten und Differenzen der Kirchen in Ost und West sowie die Entwicklung der Maßstäbe und Beurteilungskriterien, die eine angemessene vergleichende Bewertung der Rolle und Funktion der Kirchen in einem demokratischen Rechtsstaat sowie in einer kommunistischen Diktatur ermöglichen. Dabei gewinnt die Frage nach den Auswirkungen zweier konträrer sozialer und politischer Systeme auf die Kirchen zentrale Bedeutung.

Am Beispiel der Auseinandersetzung mit dem Eichmann-Prozess in den Kirchen beider deutscher Staaten wird im Folgenden ein Thema behandelt, das einerseits die Zusammengehörigkeit der evangelischen Kirchen in der Bundesrepublik und der DDR auf die Probe stellt, andererseits nach den Wechselwirkungen zwischen den politischen, öffentlichen und kirchlichen Ebenen auf dem Gebiet der »Vergangenheitsbewältigung« fragt. Dabei soll herausgefunden werden, welchen Platz der Eichmann-Prozess in der kirchlichen Reflexion über die Judenvernichtung im »Dritten Reich« einnahm und welche Auswirkungen die politische Instrumentalisierung dieses Ereignisses im Kalten Krieg auf die evangelischen Kirchen hatte. Methodisch soll vergleichend vorgegangen werden. Insofern versteht sich der vorliegende Text als Versuch, den in der geschichtswissenschaftlichen Theoriedebatte behandelten vergleichenden Ansatz auf die kirchliche Zeitgeschichte anzuwenden und das Potential der kirchlichen Zeitgeschichte für eine integrative Konzeption der deutschen Nachkriegsgeschichte zu verdeutlichen. In dieser Hinsicht werden zum Schluss einige Thesen formuliert.

Der »Fall Eichmann« und die Kirchen in Ost und West

Als Propst Heinrich Grüber, der in der NS-Zeit die Hilfsstelle für Rasseverfolgte in Berlin, das so genannte »Büro Grüber«, leitete, beim Jerusalemer Prozess gegen Adolf Eichmann 1961 als erster deutscher, nichtjüdischer Zeuge auftrat, wertete Bischof Otto Dibelius sein Zeugnis mit folgenden Worten: »Das ist ein Dienst gewesen, der für ganz Deutschland, vor allem für die Kirche, geschah«.[11]

Unklar bleibt, was der Berliner Bischof mit »ganz Deutschland« meinte. Diese Frage stellt sich nicht nur in Bezug auf den deutsch-deutschen »Kampf um die Erinnerung« und die unterschiedlichen Erwartungen beider deutschen Staaten an den Prozess in Jerusalem, sondern auch auf die divergenten Positionen der beiden Kirchenmänner im Kalten Krieg und in der Schuldfrage.

Heinrich Grüber – Propst an der St. Marienkirche in Ostberlin und bis 1958 Bevollmächtigter der EKD bei der DDR-Regierung – und Otto Dibelius – Ratsvorsitzender der EKD und Mitglied der CDU (West) – waren kirchenpolitische Opponenten in der 1961 noch nicht getrennten Berlin-Brandenburgischen Landeskirche. Otto Dibelius galt als Kritiker der DDR und ihrer Regierung, die er als totalitär einstufte und deren Legitimität er in seiner innerkirchlich umstrittenen Schrift »Obrigkeit?«[12] ablehnte. Er rief zur Illoyalität gegenüber dem Staat auf und beschleunigte somit die Abspaltung der ostdeutschen Landeskirchen von der EKD. Die DDR-Führung reagierte mit einer jahrelangen Verleumdungskampagne gegen den »NATO-Politiker im geistlichen Gewand«, in deren Zuge verschiedene Publikationen das Material über seine »erzantisemitische und faschistische Vergangenheit« »dramatisch« zusammenstellen sollten.[13] Die Person Grübers galt durch ihre Position zwischen den Fronten des Kalten Krieges in der Kirche und in den beiden deutschen Staaten als kontrovers. Seine Versuche, Spannungen zwischen Staat und Kirche zu lösen und den gesellschaftlichen Verkehr zwischen Christen und Marxisten zu fördern, wurden in der EKD und in der Bundesrepublik scharf kritisiert. In zahlreichen Artikeln beklagte Grüber die »unbewältigte« Vergangenheit in der bundesdeutschen Politik und in der Kirche. In der DDR schätzte man zunächst seine Vermittlerrolle, und die SED-Regierung hatte sogar vor, anlässlich des sechsjährigen Bestehens der DDR Grüber den Vaterländischen Verdienstorden zu verleihen, der etwa dem Bundesverdienstkreuz entsprach, das Bischof Dibelius entgegennahm. Doch lehnte der Propst diese Auszeichnung in einem Brief an Grotewohl vorsichtig ab. Die Haltung der ostdeutschen Machthaber zu Grüber änderte sich nach seinem Auftritt im Jerusalemer Prozess. Im September 1961 wurde dem in Westberlin wohnenden Propst ein Passierschein zum Betreten Ostberlins verweigert. Somit konnte er sein Amt in der St. Marienkirche nicht mehr wahrnehmen. Diese Hintergrundinformationen deuten bereits die Schwierigkeit der Trennung zwischen den ost- und westdeutschen evangelischen Kirchen an und lenken den Blick auf die Verflechtung kirchlicher, politischer und öffentlicher Ebenen der Vergangenheitsbewältigung, die auch in der Auseinandersetzung mit dem Eichmann-Prozess deutlich zum Ausdruck kam.

Am 23. Mai 1960 teilte der israelische Ministerpräsident David Ben Gurion der Weltöffentlichkeit mit, dass einer der größten Verbrecher aus der NS-Zeit, Karl Adolf Eichmann,[14] sich in israelischem Gewahrsam befand und in Jerusalem vor Gericht gestellt werden würde. Der Prozess begann am 11. April und endete am 15. Dezember 1961 mit der Todesstrafe.[15]

Obwohl der Eichmann-Prozess zum Medienereignis in der ganzen Welt wurde, waren seine Folgen in Deutschland am deutlichsten erkennbar. Der »Fall Eichmann« traf fünfzehn Jahre nach dem Zusammenbruch des »Dritten Reiches« und elf Jahre nach der doppelten Staatsgründung auf zwei konträre realpolitische deutsche Kontexte, die jedoch als Referenzsysteme füreinander dienten. Zugleich avancierte das juristische Strafverfahren gegen Adolf Eichmann zum historischen Prozess und wurde zum Anlass für einen spektakulären Kampf zweier politischer Gegner, die auf dem Feld des Kalten Krieges mit der gemeinsamen »braunen« Vergangenheit spielten.

In beiden Teilen Deutschlands rief die Nachricht von der Festnahme Eichmanns und dem bevorstehenden Prozess große Aufregung hervor. Auf der Ebene der offiziellen Politik waren die Reaktionen auf den Eichmann-Prozess sowohl in der Bundesrepublik als auch in der DDR strategisch durchdacht, außenpolitisch bedingt und mit Blick auf das andere Deutschland erwogen; die Selbstdarstellung vor der Weltöffentlichkeit stellte dabei die erstrangige Aufgabe dar. Während die SED-Führung versuchte,

»den Fall Eichmann maximal gegen das Bonner Regime zuzuspitzen« und zu diesem Zweck eine riesige propagandistische Kampagne gegen die »Nazis im Amt« einsetzte, vermied die bundesdeutsche Regierung eine offene Konfrontation mit der DDR. Zum Eichmann-Prozess ging die Bundesrepublik auf Distanz, dagegen entwickelte sie »fieberhafte Aktivitäten zur eigenen Schadensbegrenzung« und versuchte das Bild abzuwehren, dass neben Eichmann auch die Bundesrepublik auf der Anklagebank säße.[16]

Im Gegensatz zur plakativen, zentral gesteuerten und kontrollierten Berichterstattung in der DDR, die im Einklang mit der offiziellen politischen Linie stand, war die mediale Auseinandersetzung mit dem Eichmann-Prozess in der Bundesrepublik vielschichtig und inhaltlich differenziert.[17] Allerdings stellte der »Fall Eichmann« für beide deutsche Gesellschaften einen tiefen Einschnitt dar. Die intensive, kritische Beschäftigung mit dem Eichmann-Prozess in den bundesdeutschen Medien trug zur Beendigung der Schweigephase der Fünfziger Jahre bei und evozierte schließlich die »bis dato stärkste Welle der ›Vergangenheitsbewältigung‹«.[18] Im Laufe des Prozesses wurde der gesamte Komplex der »Endlösung« exemplarisch aufgerollt und die Auseinandersetzung mit dem Holocaust durch die Medien auf eine breitere Basis gestellt.[19] Bei der ostdeutschen Auseinandersetzung mit dem Eichmann-Prozess ging es hingegen weniger um die kritische Bearbeitung des historischen Ereignisses Holocaust, sondern vielmehr um die politische Funktionalisierung einer speziellen Holocaustinterpretation sowie um die Instrumentalisierung der antisemitischen Vorfälle und der »unbewältigten« Vergangenheit in der Bundesrepublik. Dennoch bedeutete diese offensive propagandistische Taktik zugleich einen Bruch mit der Tabuisierung des Themas Holocaust. Die wissenschaftliche, literarische und journalistische Auseinandersetzung mit dem Holocaust befand sich auch in der DDR seit 1960/61 in einem stetigen Aufwärtstrend.[20]

Nach dem zehnjährigen Schweigen der kirchlichen Gremien zur »Judenfrage«[21] war es zunächst die Welle antisemitischer Ausschreitungen 1959/1960,[22] die nicht nur die deutsche Öffentlichkeit und Politik, sondern auch die Kirchen an die »in Ruhe gelassene« Vergangenheit erinnerte und zur Stellungnahme zwang.[23] Nur wenig später folgte die Nachricht von der Festnahme Adolf Eichmanns. Der Umgang der Kirchen in Ost und West mit dem »Fall Eichmann« lässt sich zeitlich in drei Phasen einteilen. Die erste umfasst die Zeit von Ende Mai 1960, als Ben Gurion Eichmanns Festnahme bekannt gab, bis Mitte Februar 1961, als die Synode der EKD (12.–17. Februar 1961) eine Entschließung zum bevorstehenden Eichmann-Prozess veröffentlichte, die eine zweite Phase des kirchlichen Umgangs mit dem Prozess einleitete. Schließlich kennzeichnet das Auftreten von Propst Grüber als Zeuge im Jerusalemer Prozess am 16. Mai 1961 den Anfang der dritten Phase und damit einen markanten Wandel in der kirchlichen Auseinandersetzung mit diesem Ereignis.

In den Amtsblättern und kirchlichen Zeitungen der zweiten Hälfte des Jahres 1960 sucht man vergebens nach Reaktionen auf die Festnahme Eichmanns. Weder die breite öffentliche Debatte zu diesem Sachverhalt in der Bundesrepublik noch die propagandistische Lawine in der ostdeutschen Presse konnten im Laufe der ersten, stummen Phase die Kirchen zur Erwähnung dieser Nachricht bewegen. Erst die Entschließung der EKD-Synode zum Eichmann-Prozess brach dieses Schweigen. Der Text der Entschließung wurde von dem magdeburgischen Präses Lothar Kreyssig entworfen und »als geistliche Mahnung verstanden, ohne zu einem Beschluss erhoben zu werden«. Gleich zu Beginn des Textes wurde das bevorstehende Gerichtsverfahren in den politischen Kontext der Teilung Deutschlands gestellt: »Wären wir imstande, uns als ganzes Volk unserer Vergangenheit zu stellen, so müsste ein Urteil über Eichmann vor einem gesamtdeutschen Gericht im Namen des ganzen deutschen Volkes ergehen. Dass wir das nicht vermögen, offenbart unsere wahre Lage«. Weiter verwies die Entschließung auf die »geschichtlichen Ursachen« der »Katastrophe von 1945«: »die Ermordung von Millionen Juden«. Schließlich wurden »alle überlebenden Deutschen« zur Buße gerufen. Der Adressat dieser Mahnung und Aufforderung war das ganze deutsche Volk. Weder die Schuld der Christen noch die Mitschuld der Kirchen an der Judenvernichtung und am Antisemitismus fanden hier explizite Erwähnung.[24]

Die von der Synode »mit Dank« entgegen- und »einmütig« angenommene Erklärung wurde in den meisten ost- und westdeutschen kirchlichen Zeitungen sowie in der bundesdeutschen weltlichen Presse veröffentlicht oder zitiert, ohne jedoch kommentiert zu werden.[25] Von den landeskirchlichen Synoden war es allein die Leitung der Evangelischen Kirche im Rheinland, die die Entschließung der EKD-Synode in ihren Gemeinden nachdrücklich bekannt machte. Die meisten Kirchenleitungen teilten die Position von Bischof Gerhard Jacobi, der bei einer Tagung der Synode der Evangelisch-lutherischen Kirche in Oldenburg erklärte, es sei nicht Sache der Kirche, sich zum Eichmann-Prozess zu äußern: »Wir können dem Eichmann-Prozess nur in Stille und in Scham zusehen«.[26]

In Anbetracht der Haltung der Kirchen zur Judenvernichtung im »Dritten Reich« sowie des Fortlebens der traditionellen antijudaistischen[27] Tendenzen in der Kirche, die in den Verlautbarungen der Nachkriegszeit deutlich zum Ausdruck kamen, hatten die Kirchen in der Tat genug Gründe, dem Eichmann-Prozess »in Scham« zuzusehen. Allerdings lässt sich die »Stille« des kirchlichen Zusehens weniger mit der Erkenntnis der eigenen Mitverantwortung, sondern vielmehr mit dem Mangel an Problem- und Schuldbewusstsein in Hinsicht auf den Holocaust erklären, der zu diesem Zeitpunkt die ost- und westdeutschen evangelischen Kirchen in gleichem Maße betraf. Unter den wenigen Kirchenmännern, die sich zum Eichmann-Prozess überhaupt äußerten, hatten nur einzelne den Mut, im Vorfeld des Gerichtsverfahrens die Schuldfrage anzurühren.

So warf zum Beispiel Präses Ernst Wilm, Mitglied des Rates der EKD, mit Blick auf den bevorstehenden Prozess die Frage auf, wohin »wir Glieder des deutschen Volkes, wir Christen in Deutschland« gehören: »Gehören wir nur auf die Zuschauertribüne? Oder auf die Zeugenbank? Oder auf die Anklagebank? Oder auf die Stühle der Richter und Geschworenen?«[28] Der Präses beklagte das Verschweigen und Verharmlosen der Vergangenheit, die »elende Selbstrechtfertigung« und die Abwälzung der Schuld für die begangenen Verbrechen auf »die anderen« als Versäumnisse der Nachkriegszeit. Doch auch in diesen entschlossenen Sätzen fand sich kein Wort zur eventuellen Schuld der Kirchen. Lediglich Heinrich Grüber richtete die Schuldfrage an die Evangelische Kirche und warf ihr vor, »mehr deklariert als praktiziert« zu haben.[29] Der Propst forderte die führenden Männer in der Kirche auf, sich für ihre antisemitischen Äußerungen in der NS-Zeit öffentlich zu entschuldigen. Doch diese selbstkritischen Stimmen aus den Kirchen stellten Ausnahmen dar, vor allem in der Zeit bevor Grüber als Zeuge vor Gericht auftrat.

Die »stille« Haltung der Kirchen gegenüber dem Prozess in Jerusalem muss auch im Kontext des Kalten Krieges und der distanzierten, auf Abwehr abzielenden Haltung der Bonner Regierung verstanden werden. Die Instrumentalisierung des »Falles Eichmann« im deutsch-deutschen Legitimitätskonflikt und die Sorge um das Ansehen Deutschlands in der Welt beschäftigten nicht nur die Politiker, sondern auch die Kirchenmänner und zwar vor Beginn ebenso wie während des Eichmann-Prozesses. So äußerte sich Bischof Dibelius im Sender Freies Berlin zur Frage, wie das Ausland auf den Prozess gegen Eichmann reagieren werde und wie man sich als Deutscher dazu stellen solle: »Wenn das Fürchterliche, das dieser Mann getan hat, zur Sprache kommt, wird die ganze Welt sagen: So sind die Deutschen. Noch nach hundert Jahren wird man das sagen«.[30]

In einem Kommentar zur EKD-Synode, auf der die Entschließung zum Eichmann-Prozess diskutiert wurde, kritisierte Wilhelm Halfmann auf den Seiten des westdeutschen »Informationsblattes für die Gemeinden in den niederdeutschen Lutherischen Landeskirchen« die These von der Kollektivschuld aller Deutschen und sprach von der »Überforderung der Gewissen«. Dabei wäre doch die Frage zu bedenken, so der Autor, »welche Mächte politisches (und materielles?) Kapital daraus schlagen werden. Oder muss der Glaube seinen für recht erkannten Weg gehen, ohne nach rechts oder links zu schauen? «[31]

Heinrich Grüber hatte mehrmals vor einem Missbrauch des Prozesses »für den Deutschenhass oder für den kalten Krieg« gewarnt.[32] Die SED schickte den Anwalt Friedrich Karl Kaul nach Jerusalem, der als Nebenkläger »den Fall Globke in den Prozess einbeziehen und die Rolle des Bonner Regimes aufdecken« sollte. Obwohl Kaul auf Grund israelischer Rechtsbestimmungen nicht als Nebenkläger fungieren konnte, blieb er dennoch als »offizieller Prozessbeobachter« in Jerusalem und nutzte die große internationale Medienpräsenz, um die Verstrickung der bundesdeutschen Politiker in den »Fall Eichmann« offen zu legen.[33] Das Auftreten Kauls in Jerusalem kommentierte der Propst folgendermaßen: »Wenn wir als Deutsche schon nicht die Kraft haben, unser Nest selbst zu reinigen, dann sollten wir der Welt nicht auch noch das Schauspiel des kalten Krieges zwischen Deutschen liefern«.[34] Doch trotz seiner Warnung vor der Politisierung und Instrumentalisierung des Eichmann-Prozesses für den Kalten Krieg wurde auch Heinrich Grüber schließlich in den Kalten Krieg einbezogen, vor allem nachdem er am 16. Mai 1961 als Zeuge im Jerusalemer Gericht aufgetreten war.

In seiner Zeugenaussage berichtete der Propst von seinen Verhandlungen mit dem Angeklagten Eichmann während des Krieges, von dem ambivalenten Verhalten der Kirchen in der NS-Zeit, der Tätigkeit des »Büro Grübers« und seinen persönlichen Erfahrungen in den KZs. Grüber gab zu, dass viele Christen in den evangelischen Kirchen »zuerst verblendet waren« vom Nationalsozialismus, doch sah er zugleich den prinzipiellen Unterschied zwischen den ersten begeisterten Ausrufen »Hurra« oder »Heil Hitler« und dem Beschreiten des »Weges der Dämonie«. Dabei problematisierte Grüber den »Obrigkeitsgedanken« in der evangelischen Kirche und die Neigung der Protestanten zum »ungünstigen Bündnis« zwischen Staat und Kirche. Auch auf die Schuldfrage ging er mehrmals ein: »Es muss der Politiker sagen: ›Ich habe das Ermächtigungsgesetz gebilligt und bin schuldig geworden‹. Es muss der Theologe sagen: ›Ich habe hier die Dämonie nicht erkannt und bin schuldig geworden‹. Es müssen nicht anonyme und allgemeine Schuldbekenntnisse in Deutschland abgelegt werden, sondern konkrete«. Schließlich hob Grüber die geringe Bereitwilligkeit aller europäischen Länder, die Juden einwandern zu lassen, explizit hervor.[35]

Nach Grübers Auftritt in Jerusalem wurde er in den israelischen Zeitungen als »Gerechter in Sodom«, »ein Heiliger unter den Nationen der Welt«, und »der menschlichste der Menschen« bezeichnet.[36] In Israel wurde ein Wald in seinem Namen gepflanzt.

Die Reaktion der bundesdeutschen Öffentlichkeit auf Grübers Auftritt in Jerusalem wird aus dem Bericht eines Korrespondenten der »Neuen Ruhr-Zeitung« deutlich: »Der Tag, an dem Propst Heinrich Grüber aus Berlin als Zeuge im Gerichtssaal zu Jerusalem auftrat, war der bisher einzige Tag in den sechs Wochen des Eichmann-Prozesses, an dem wir Deutschen stolz sein konnten. Hier stand ein Mann, der so gehandelt hatte, wie wir alle hätten handeln müssen, um das Unheil zu verhüten«.[37]

Im Gegensatz zur öffentlichen Meinung, die Grüber feierte, verhielt sich die Bundesregierung reserviert, fast kann man sagen ignorant, was angesichts Grübers wiederholt geäußerter Kritik bezüglich der »Überfremdung der bundesdeutschen Justiz- und Finanzverwaltung mit ›Ehemaligen‹« wenig überraschend ist.[38] »Bundesregierung und Bundespräsident, die bei allen möglichen Sportereignissen ihre Telegramme verschicken, hatten für ein Telegramm an mich wahrscheinlich keine Mittel im Etat«,[39] kommentierte Heinrich Grüber die Haltung der westdeutschen Regierung.

Die ostdeutschen Machthaber hingegen versuchten, die Zeugenaussage Grübers im Zuge der propagandistischen Offensive gegen Hans Globke, Adenauers Staatssekretär und ehemaliger juristischer (Mit-)Kommentator der Nürnberger Rassegesetze, zu instrumentalisieren. Obwohl der Name Globke nur einmal während Grübers Verhör fiel, drehte sich die Berichterstattung der ostdeutschen Medien fast ausschließlich um Globke. Die Zeitungen überschlugen sich mit Überschriften wie »Globke widerlegt«, »Grüber überführte Globke der Lüge«, »Ring um Globke verengt sich«.[40] Von dem Auftritt Grübers im Jerusalemer Gericht wurde ausschließlich im Zusammenhang mit Globke berichtet. Während Grüber in den bundesdeutschen Medien als großer Held gefeiert wurde, der »das andere Deutschland« repräsentiere, stilisierte man ihn in der DDR zum Ankläger der »Nazis in Bonn«. Die Aussage Grübers »die offizielle Kirche war damals ganz im Fahrwasser des Herrn Hitlers« wurde beispielsweise in der »Berliner Zeitung« folgendermaßen kommentiert: »Grüber hatte damit faktisch zum Ausdruck gebracht, dass heute wieder amtierende Kirchenführer wie Dibelius mit den Nazis paktieren«.[41]

Hatten sich die Kirchenmänner im Vorfeld des Eichmann-Prozesses noch selten und bedächtig zu Wort gemeldet, so wurde die Aussage Grübers in den ost- und westdeutschen Kirchen mit großer Freude, Erleichterung und Dankbarkeit wahrgenommen. Die unentwegten kirchenpolitischen Spannungen zwischen Grüber und seinen Kollegen, die einige Jahre davor sogar zu seinem Austritt aus der brandenburgischen Kirchenleitung geführt hatten, traten jetzt in den Hintergrund.

Die Evangelische Kirchenleitung Berlin-Brandenburg brachte beispielsweise in ihrer Sitzung am 1. Juni 1961 ihre Dankbarkeit für Grübers Zeugenaussage zum Ausdruck: »Sie haben mit Ihrem Zeugnis der Christenheit in Deutschland einen Dienst getan, der Ihnen nicht vergessen sein wird«.[42] In seiner Festpredigt auf der Tagung der Männerarbeit der EKD erinnerte der Ratsvorsitzende der EKD, Präses Kurt Scharf, an das Weltecho auf die Aussage von Propst Grüber im Eichmann-Prozess und hob in diesem Zusammenhang die Schuld von Volk und Kirche hervor: »Nun müssen die Christen bereit sein, die Schuld zu prüfen, sich dem Gericht Gottes zu stellen und am Mitbedenken des göttlichen Urteils zu beteiligen«.[43] Und Bischof Dibelius würdigte in seiner Predigt in der Marienkirche zu Berlin das, was »unser lieber Bruder Propst Grüber« »hier während der nationalsozialistischen Zeit für die so genannten Nichtarier« getan hatte.[44]

Die zunächst marginale Beschäftigung der kirchlichen Presse mit dem »Fall Eichmann« und dem gesamten Themenkomplex der NS-Vergangenheit wurde durch den Auftritt Grübers in Jerusalem allein dadurch intensiviert, dass die kirchlichen Zeitungen in Ost und West die Worte der Dankbarkeit, die Kirchenleitungen und einzelne Kirchenmänner gegenüber Propst Grüber äußerten, ebenso wie die Reaktionen des Auslandes bekannt gaben. Schließlich erschien zu Grübers 70. Geburtstag am 24. Juni 1961 eine Reihe von Artikeln zu seiner Person und Biographie, die auch auf die Zeugenaussage in Jerusalem eingingen. Zugleich gewannen vor dem Hintergrund des Jerusalemer Prozesses sowohl in west- als auch in ostdeutschen Zeitungen Fragen der Schuld und Vergebung im »politisch-gesellschaftlichen Bereich« und »unter dem Gericht Gottes« an Gewicht.[45] Der Kirchenkampf in der NS-Zeit wurde zum ersten Mal kritisch hinterfragt.[46] Ferner setzte man sich mit den Wurzeln der Judenfeindlichkeit[47] auseinander, wobei auch die Mitschuld der Christenheit am Antisemitismus und das Verhältnis zwischen Juden und Christen thematisiert wurden.[48]

Grundsätzlich war die Auseinandersetzung mit diesen Fragen in der bundesdeutschen kirchlichen Presse eher vorsichtig und nicht frei von Apologetik. So wurde etwa bei der Behandlung der Gründe für den Antisemitismus vor »allgemeinen Reden von einer christlichen Schuld den Juden gegenüber« gewarnt, die »missverständlich« wären und dem Antisemitismus »neue Nahrung« gäben.[49] In theologischer Hinsicht schließlich stand die Notwendigkeit der Judenmission stets außer Zweifel. Weder der Verlauf des Verfahrens in Jerusalem noch die möglichen Auswirkungen des Prozesses wurden ausführlich diskutiert. Dagegen fand die in der Zeugenaussage Grübers thematisierte »Mitschuld des Auslandes« besondere Hervorhebung.[50] Im Zusammenhang mit dem Eichmann-Prozess wurden auch die antisemitischen Vorfälle in der Bundesrepublik zur Jahreswende 1959/60 erneut aufgerollt. Allerdings wurde dabei der Antisemitismus in Deutschland universalisiert und relativiert, indem auf ähnliche Probleme in anderen europäischen Ländern verwiesen wurde.[51] Auch der Ostblock wurde in diesem Sinne kritisiert, etwa in der westdeutschen »Evangelischen Welt«, die von der Diskriminierung der Juden in der Sowjetunion, vom Antisemitismus und Antizionismus ihrer Führer berichtete.[52] Dabei wurde eine Parallele zwischen der Judenpolitik in der Sowjetunion und der Kirchenpolitik in der DDR gezogen. In einem Bericht über die Juden in der Bundesrepublik standen dagegen die Errungenschaften des Zentralrates der Juden im Zentrum, wobei auch der Wiedergutmachungsvertrag der Bundesrepublik mit dem Staat Israel hervorgehoben wurde.[53]

Die ostdeutschen kirchlichen Zeitungen hingegen sprachen von Israel ausschließlich in seiner biblischen Bedeutung und verwendeten nie den Ausdruck »Staat Israel«. Abgesehen davon, dass der allgemeine Ton der Berichterstattung zur Sache »Eichmann« in der ostdeutschen kirchlichen Presse emotionaler war und die Zeugenaussage Grübers hier größere Resonanz fand, war auch die Palette der im Zusammenhang mit dem Prozess behandelten Themen breiter. So wurde etwa gefragt, wer die letzte Verantwortung für das Verbrechen der Judenvernichtung im »Dritten Reich« trüge. Ebenso wurden die Versäumnisse in der Erziehung der Jugend und die »unbewältigte« Vergangenheit problematisiert. Der Eichmann-Prozess könne in dieser Hinsicht »von großem Segen« sein und zur »Reinigung der Atmosphäre« beitragen.[54] In der Verurteilung Eichmanns sah man aber zugleich die Gefahr, »ihn als Sündenbock zu nehmen« und alle Schuld auf ihn abzuschieben.[55] In Hinblick auf die Kirchen stellte man fest, dass sie zwar in der Nachkriegszeit viel von Buße und Umkehr gesprochen hatten, jedoch schnell der »Versuchung der Selbstrechtfertigung« erlegen waren. Ebenso wurde die »Glorifizierung der Bekennenden Kirche« in der Nachkriegszeit kritisiert.[56]

Zwar war die Beschäftigung mit dem Eichmann-Prozess in den ostdeutschen Zeitungen kritischer und intensiver, die behandelten Probleme wurden jedoch oft auf die Bundesrepublik projiziert. Die ostdeutschen Zeitungen thematisierten etwa die antisemitischen Vorfälle in der Bundesrepublik und fragten nach deren Ursachen. Den Grund für die Schwierigkeit der »Bewältigung schuldvoller Vergangenheit« sah man in den bundesdeutschen Verhältnissen, in denen die »Unverbesserlichen«, die »führenden Nationalsozialisten«, eine große Rolle im öffentlichen Leben spielten.[57] Die »Potsdamer Zeitung« interpretierte die Tendenz zur Selbstrechtfertigung in den westdeutschen Kirchen als Begleiterscheinung des Beschreitens des »Weges der Restauration« in der Bundesrepublik. Gegen die EKD wurde der Vorwurf erhoben, dass sie »den christlichen Glauben zu einer Anti-Ideologie umprägen lässt«, den »Fluchtweg in die innere oder äußere Emigration wählt« und »im Streben nach öffentlichem Einfluss einen Kompromiss mit der Macht eingeht«.[58]

Besondere Aufmerksamkeit verdient in diesem Zusammenhang die ostdeutsche evangelische Zeitschrift »Glaube und Gewissen«, veröffentlicht von den »fortschrittlichen Kräften«.[59] Die Zeitschrift informierte ihre Leser gleichzeitig über den Eichmann-Prozess in Jerusalem und über den Flug des sowjetischen Majors Juri Gagarin ins Weltall, wobei Eichmann als Repräsentant des »barbarischen Systems des Faschismus« Gagarin gegenüber gestellt wurde, der zu einem Symbol des »Anbruchs eines neuen wissenschaftlichen Zeitalters, in dem der Traum des Menschen vom Flug zu anderen Planeten Wirklichkeit«[60] werden würde, stilisiert wurde. Die Konkurrenz zweier Systeme im Kalten Krieg sowie der Legitimitätskonflikt beider deutschen Staaten kamen allein in dieser Gegenüberstellung deutlich zum Ausdruck. Anschließend folgte eine propagandistische Lawine gegen Globke, Foertsch, Massfeller, Strauß[61] und andere »Kriegsverbrecher«, »Judenmörder«, »Nazi-Blutrichter und -Diplomaten«. Zugleich soll aber bemerkt werden, dass hier trotz des propagandistischen Tons doch auch die Mitschuld der Kirchen und der Christenheit an der Judenvernichtung im »Dritten Reich« erörtert wurde und der Kritik des christlichen Antijudaismus sogar mehr Zeilen gewidmet waren als in vielen westdeutschen Schriften jener Zeit.[62]

Trotz der skizzierten Gegebenheiten lässt sich die Behandlung des Eichmann-Prozesses und der damit zusammenhängenden Themen in der kirchlichen Presse nicht ohne Weiteres entlang der politischen Grenze trennen. Gegen eine solche Interpretation spricht beispielsweise die westdeutsche Schrift des »entschiedenen« Flügels der Bekennenden Kirche »Stimme der Gemeinde«,[63] deren Berichterstattung zum »Fall Eichmann« sich von der westdeutschen evangelischen Presse deutlich abhob und viele Gemeinsamkeiten mit den ostdeutschen kirchlichen Zeitungen aufwies. Die Berichterstattung zum Eichmann-Prozess der anderen ostdeutschen Zeitung »Die Kirche« würde man dagegen eher als politisch unbeteiligt bezeichnen, frei von einer »Kreuzzugsstimmung«. Von einer ausdrücklichen Polarisierung der kirchlichen

Positionen oder gar von der Selbstidentifizierung der ostdeutschen Kirchen mit den propagandistischen Inhalten der SED-Politik kann auf keinen Fall die Rede sein. Außerdem kam die Zusammengehörigkeit der ost- und westdeutschen Kirchen in ihrer Selbstwahrnehmung als Ganzes und in der Wahrnehmung der behandelten Probleme als gemeinsame deutlich zum Vorschein. Das Erbe des »Dritten Reiches« wurde in den deutschen Kirchen als gemeinsames wahrgenommen, doch variierten die Vorstellungen vom Umgang mit den Schuldigen. Die Teilung Deutschlands und die daraus resultierenden Spannungen wurden in den Kirchen beider deutscher Staaten gleich schmerzvoll empfunden, zugleich aber wurden die Verantwortlichen dafür oft im »anderen Deutschland« gesucht. Der Antisemitismus wurde von den Kirchen beider deutscher Staaten gleich eifrig beklagt, im gleichen Zuge aber entweder universalisiert oder auf den »anderen« projiziert.

Zusammenfassend lässt sich feststellen, dass eine ganze Reihe von Faktoren, endogenen und exogenen, die kirchliche Auseinandersetzung mit dem Eichmann-Prozess beeinflusst hat. Der Mangel an Problem- und Schuldbewusstsein in den Kirchen und in der christlichen Theologie mit Blick auf den Holocaust sowie das auf den Kirchenkampf und auf die Bekennende Kirche reduzierte Geschichtsbild der NS-Zeit, das in den evangelischen Kirchen jener Zeit vorherrschte – diese Gegebenheiten liefern wohl die wichtigste plausible Erklärung dafür, dass die meisten deutschen Kirchenmänner der Konfrontation mit dem Eichmann-Prozess ursprünglich auswichen.

Gewiss wirkten sich auch der Kalte Krieg und die politische Instrumentalisierung des Prozesses gegen Adolf Eichmann auf den kirchlichen Umgang mit diesem Ereignis aus. Die meisten Kirchenmänner in Ost und West teilten die Sorge der bundesdeutschen Politiker um das Ansehen Deutschlands in der Welt und die Befürchtungen des politischen »Missbrauchs« des Falles. Diese Rücksichtsnahme auf die außenpolitischen Interessen der Bundesrepublik hatte eine spezifische Selbstzensur in den Kirchen zur Folge, die in der taktischen Distanzierung und später sehr vorsichtigen Auseinandersetzung mit dem Eichmann-Prozess zum Ausdruck kam. Erst die Zeugenaussage Heinrich Grübers in Jerusalem und die darauf folgenden Reaktionen der Weltöffentlichkeit intensivierten die Beschäftigung der kirchlichen Presse mit dem Prozess. Ab diesem Zeitpunkt lassen sich die ersten Unterschiede in der ost- und westdeutschen Berichterstattung zum »Fall Eichmann« und den anderen in diesem Zusammenhang behandelten Themen diagnostizieren.

Die festgestellten Diskrepanzen und Besonderheiten in der Berichterstattung zum Eichmann-Prozess lassen sich vor allem durch die kirchenpolitischen Spannungen innerhalb der EKD erklären,[64] die im Zuge der Differenzierungspolitik der SED und im Lichte der im Zusammenhang mit dem Eichmann-Prozess eingesetzten propagandistischen Kampagne gegen die Bundesrepublik neue Dimensionen gewannen. Zugleich aber deuten diese Unterschiede auf den Beginn der sukzessiven »mentalen Spaltung der beiden deutschen Protestantismen«[65] trotz ihrer fortwährenden institutionellen und geistigen Zusammengehörigkeit hin. Die ursprüngliche Orientierung der ostdeutschen Kirchen an der westlichen Gesellschaft und ihre Verbundenheit mit der Bundesrepublik ließen allmählich nach, dagegen setzte der Prozess ihrer Annäherung an die DDR ein.

Allerdings betraf dieser Prozess nicht nur das Staat-Kirche-Verhältnis, sondern auch die Rolle und Funktion der Kirchen in den beiden deutschen Gesellschaften. Die Tatsache, dass die Berichterstattung der ostdeutschen Zeitungen zum »Fall Eichmann« etwas kritischer war, zeugt davon, dass die »entprivilegierte« Kirche in der sozialistischen Umgebung, die immer mehr in ihre »Nischenrolle« gedrängt wurde, nicht etwa ein kleineres, sondern wahrscheinlich sogar ein größeres selbstkritisches Potenzial besaß als die westdeutsche Volkskirche mit erheblich höherem Öffentlichkeitsanspruch und gesellschaftlichem Einfluss. Die aus der heutigen Perspektive feststellbare Asymmetrie der Holocaust-Rezeption zugunsten der westdeutschen evangelischen Kirchen ist 1961 noch nicht existent. Doch betrifft diese Diagnose nur den untersuchten Zeitraum um 1960. Die Situation änderte sich dann in den Sechziger und Siebziger Jahren gravierend, als die neuen Faktoren – das christlich-jüdische Gespräch und die öffentliche Holocaust-Diskussion – ins Spiel kamen. Die unterschiedlichen Konstellationen dieser Faktoren im Osten und Westen Deutschlands hatten eine zunehmende Disproportionalität der Holocaust-Rezeption in den ost- und westdeutschen evangelischen Kirchen zur Folge.

Methodische Reflexionen

Blickt man auf die am Anfang des Aufsatzes vorgebrachten methodischen Überlegungen zurück und fragt man nach dem Erkenntniswert des vergleichenden Ansatzes für die deutsch-deutsche kirchliche Zeitgeschichte, lässt sich Folgendes feststellen.

Der hier behandelte Fall ist bestimmt kein typischer geschichtswissenschaftlicher Vergleich im strikten Sinne. Die Lösung des Problems der Vergleichbarkeit zweier Einheiten bedurfte hier des Aufweisens nicht eines Minimums an Gemeinsamkeiten, sondern eines Minimums an Verschiedenheiten der gewählten Vergleichseinheiten. Eine ganze Reihe von Unterschieden konnten dagegen die Kontexte aufweisen, die in die Untersuchung impliziert wurden, was wiederum dem strikten historischen Vergleich widersprach, der das Abstrahieren und Isolieren der Vergleichsgegenstände aus dem Kontext voraussetzt. Dennoch erwies sich das vergleichende Vorgehen als produktiv.

Das für den historischen Vergleich nötige Instrument, die Schere der analytischen Trennung, richtete sich zunächst nicht auf das zentrale Untersuchungsobjekt, die Kirchen, sondern auf die Kontexte – staatliche Politik und Öffentlichkeit – die sich in diesem Fall viel einfacher trennen und gegenüberstellen ließen. Vor diesem Hintergrund wurden dann die kirchlichen Positionen erörtert und auf Unterschiede und Gemeinsamkeiten hin untersucht. Eine solche Herangehensweise erlaubte es zunächst, verschiedene diskursive Ebenen in den beiden deutschen Staaten hervorzuheben: einerseits die politische, öffentliche und kirchliche Ebene und andererseits im Bereich der Kirchen die Ebene der Kirchenleitungen, der einzelnen Kirchenmänner und der kirchlichen Öffentlichkeit. Ferner kamen die Wechselwirkungen sowohl zwischen den einzelnen Vergleichseinheiten als auch zwischen den Untersuchungsebenen zum Vorschein, die in die Analyse einbezogen wurden. Dabei wurde deutlich, dass die Auseinandersetzung der evangelischen Kirchen mit dem Eichmann-Prozess durch eine Reihe von exogenen – staatspolitischen und öffentlichen – sowie endogenen – theologischen und kirchenpolitischen – Faktoren bedingt wurde. Dementsprechend wurde hier mit dem vergleichenden Ansatz nicht die strikte, statische Gegenüberstellung zweier isolierter Vergleichsobjekte, sondern die Eruierung der unterschiedlichen Konstellationen dieser interagierenden Faktoren beabsichtigt.

Diese Herangehensweise ermöglichte die Herausarbeitung eines komplexen, vielschichtigen, dynamischen Bildes. Außerdem wurden hier mögliche Umgangsweisen mit den Asymmetrien zwischen den Vergleichseinheiten dargelegt, die für die deutsch-deutsche kirchliche Nachkriegsgeschichte charakteristisch sind. Beim asymmetrischen Vergleichen wären das Vorherrschen der westdeutschen und das Ausblenden der ostdeutschen Perspektive unabwendbar. Dagegen kann der Einbezug der Kontexte in die Untersuchung die Disproportionalität der Vergleichseinheiten nicht nur kompensieren, sondern auch erklären oder sogar relativieren. Der eine Vergleichsfall wird somit nicht zugunsten des anderen aufgrund der bestehenden Asymmetrie disqualifiziert, vielmehr wird diese Asymmetrie kontextuell erklärt. Gerade die Analyse der Interaktionen zwischen den Untersuchungsobjekten und ihren Kontexten sowie zwischen den unterschiedlichen Untersuchungsebenen verhilft zur Aufklärung der bestehenden Asymmetrien. Zugespitzt – und in der Sprache eines für komparative Fragestellungen oft bemühten Vergleichs formuliert – könnte man sagen, dass hier die Frage der Vergleichbarkeit eines »kleinen grünen Apfels« mit einem »großen reifen Apfel« dadurch gelöst wurde, dass nicht nur die eigentlichen »Früchte«, sondern auch die ganzen »Bäume«, also die Kontexte, miteinander verglichen wurden. Nur sie können, um in der Metapher zu bleiben, die unterschiedliche Größe der beiden »Äpfel« erklären.

Schließlich darf die analytische Trennung zwischen den Untersuchungseinheiten im Rahmen des Vergleiches nicht auf Kosten ihrer Zusammengehörigkeit erfolgen. Für die deutsch-deutsche Kirchengeschichte wäre nur ein Vorgehen ausführbar und ergiebig, das die Zusammengehörigkeit der ost- und westdeutschen Kirchen sowie ihre sukzessive Entfremdung als zwei parallel und zeitgleich verlaufende Prozesse auffasst und darstellt. Außerdem sollten die Besonderheiten und Verschiedenheiten dieser Prozesse auf unterschiedlichen Untersuchungsebenen mitberücksichtigt werden. Die für die deutsche kirchliche Nachkriegsgeschichte prinzipielle Frage, ob es sich um »eine« oder um »zwei« Kirchen handelt, kann nicht definitiv beantwortet werden, sondern soll als ein der kirchlichen Zeitgeschichte inhärentes historisches Dilemma internalisiert werden.

Insofern ist der vergleichende Ansatz nicht als starres methodisches Raster wahrzunehmen, an das die historische Realität anzupassen wäre, sondern als plastischer Experimentierraum, der eine differenzierte, flexible und mit anderen Ansätzen kombinierbare Herangehensweise ermöglicht und die Untersuchung von sich wandelnden Zuständen sowie die Beschreibung und Erklärung des Untrennbaren impliziert.

Anmerkungen

1 Vgl. *Jarausch, K. H.*, »Die Teile als Ganzes erkennen«. Zur Integration der beiden deutschen Nachkriegsgeschichten, in: Zeithistorische Forschungen, Online-Ausgabe, 1 (2004); *Kleßmann, C.* u. a. (Hg.), Deutsche Vergangenheit – eine gemeinsame Herausforderung. Der schwierige Umgang mit der doppelten Nachkriegsgeschichte, Berlin 1999; *Bauerkämper, A.* u. a. (Hg.), Doppelte Zeitgeschichte. Deutsch-deutsche Beziehungen 1945–1990, Bonn 1998; *Kielmansegg, P. G.*, Konzeptionelle Überlegungen zur Geschichte des geteilten Deutschlands, in: Potsdamer Bulletin für Zeithistorische Studien, 23/24 (Oktober 2001); *Kleßmann, C.*, Verflechtung und Abgrenzung. Aspekte der geteilten und zusammengehörigen deutschen Nachkriegsgeschichte, in: Aus Politik und Zeitgeschichte 43 (1993), H. 29–30, S. 30–41.

2 Vgl. *Danyel, J.* (Hg.), Die geteilte Vergangenheit. Zum Umgang mit Nationalsozialismus und Widerstand in beiden deutschen Staaten, Berlin 1995; *Herf, J.*, Zweierlei Erinnerung. Die NS-Vergangenheit im geteilten Deutschland, Hamburg 1997; *Moltmann, B.* u. a. (Hg.), Erinnerung. Zur Gegenwart des Holocaust in Deutschland-West und Deutschland-Ost, Frankfurt/Main 1993; *Reichel, P.*, Vergangenheitsbewältigung in Deutschland. Die Auseinandersetzung mit der NS-Diktatur von 1945 bis heute, München 2001.

3 Vgl. *Rüter, C. F.*, Das Gleiche. Aber anders. Die Strafverfolgung von NS-Verbrechen im deutsch-deutschen Vergleich, in: Deutschland Archiv 43 (2010), S. 213–222; *Bauerkämper, A.*, Nationalsozialismus ohne Täter? Die Verlagerung der Diskussion um Schuld und Verantwortung für den Nationalsozialismus im deutsch-deutschen Vergleich und Verflechtungsverhältnis von 1945 bis zu den Siebzigerjahren, in: Deutschland Archiv 40 (2007), S. 231–240; *Frei, N.*, NS-Vergangenheit unter Ulbricht und Adenauer: Geschichtspunkte einer »vergleichenden Bewältigungsforschung«, in: *J. Danyel* (Hg.), Die geteilte Vergangenheit, S. 125–132.

4 Vgl. *Greschat, M.*, in: *J. Mehlhausen* u. *L. Siegele-Wenschkewitz* (Hg.), Zwei Staaten – zwei Kirchen? Evangelische Kirche im geteilten Deutschland. Ergebnisse und Tendenzen der Forschung, Leipzig 2000, S. 31.

5 Vgl. *Nowak, K.*, Zum historischen Ort der Kirchen in der DDR, in: *C. Vollnhalls* (Hg.), Die Kirchenpolitik von SED und Staatssicherheit: eine Zwischenbilanz, 1996, S. 9–28.

6 Zu den ersten richtungweisenden Anstößen gehören die Sammelbände: *Mehlhausen, J.* u.a. (Hg.), Zwei Staaten – Zwei Kirchen?; *Nowak, K.* u. *L. Siegele-Wenschkewitz* (Hg.), Zehn Jahre danach. Die Verantwortung von Theologie und Kirche in der Gesellschaft (1989–1999), Leipzig 2000; *Lepp, C.* u. *K. Nowak* (Hg.), Evangelische Kirche im geteilten Deutschland (1945–1989/90), Göttingen 2001.

7 Vgl. *Klappert, B.* u. *H. Sarck* (Hg.), Umkehr und Erneuerung. Erläuterungen zum Synodalbeschluss der Rheinischen Landeskirche 1980 »Zur Erneuerung des Verhältnisses von Juden und Christen«, Neukirchen-Vluyn 1980; *Rendtorff, R.*, Hat denn Gott sein Volk verstoßen? Die evangelische Kirche und das Judentum seit 1945, München 1989; *Brocke, E.* u. *J. Seim* (Hg.), Gottes Augapfel. Beiträge zur Erneuerung des Verhältnisses von Christen und Juden, Neukirchen-Vluyn 1986; *Hermle, S.*, Evangelische Kirche und Judentum – Stationen nach 1945, Göttingen 1990; *Rendtorff, R.*, Christen und Juden heute. Neue Einsichten und neue Aufgaben, Neukirchen-Vluyn 1998; *Schwermer, U.* (Hg.), Christen und Juden, Dokumente der Annäherung, Gütersloh 1991; *Erler, H.* u. *A. Koschel* (Hg.), Der Dialog zwischen Juden und Christen. Versuche des Gesprächs nach Auschwitz, Frankfurt/Main 1999.

8 Die Holocaust-Rezeption und das christlich-jüdische Gespräch in den ostdeutschen Kirchen wurden in den wenigen gelegentlichen Artikeln behandelt, deren Verfasser hauptsächlich die Zeitzeugen waren. Vgl. *Theodor, A. S.*, Das christlich-jüdische Gespräch in der Deutschen Demokratischen Republik, in: Juden in der DDR. Geschichte – Probleme – Perspektiven. Arbeitsmaterialien zur Geistesgeschichte, Bd. 4, Kommission bei E. J. Brill 1988, S. 11–62; *ders.*, Nach der Shoah. DDR-Kirchen und ihre Verantwortung angesichts des Antijudaismus, in: Zeichen der Zeit, 49. Jg. (1995), S. 58–64; *Helbig, G.*, Zur Geschichte der jüdisch-christlichen Beziehungen nach 1945 in der DDR, in: *C. Staffa* (Hg.), Vom Protestantischen Antijudaismus und seinen Lügen. Versuche einer Standort- und Gehwegsbestimmung des christlich-jüdischen Gesprächs, Magdeburg 1994, S. 93–108. 2002 erschien wohl die erste Monographie zu diesem Themenbereich: *Ostmeyer, I.*, Zwischen Schuld und Sühne. Evangelische Kirche und Juden in SBZ und DDR 1945–1990, Berlin 2002.

9 Solche Disproportionalität wird zum Beispiel an den Themen die kirchliche Reflexion im Blick auf den Holocaust und das christlich-jüdische Gespräch deutlich. Tatsächlich stand die große Fülle von Initiativen im Rahmen des christlich-jüdischen Gesprächs in der Bundesrepublik den wenigen Aktivitäten in der DDR gegenüber. Auch die Rezeption und Auswirkung der »Theologie nach Auschwitz« wurde faktisch auf die Kirchen und Theologen in der Bundesrepublik begrenzt, obwohl gerade der christlich-marxistische Dialog einen wichtigen Faktor für die Entstehung zunächst der neuen Politischen Theologie und später auch der »Theologie nach Auschwitz« bildete. Unter anderem erklärt Kurt Nowak diese Gegebenheit mit der Tatsache, dass »die kritische Masse in Theologie und Kirche« in der DDR nicht groß genug wäre, um »einen historisch und

theologisch signifikanten Beitrag zur relecture« im Blick auf den Holocaust zu leisten. (*Nowak, K.*, Vergangenheit und Schuld. Kommentar zum Beitrag von Dan Diner, in: *C. Lepp* u. *K. Nowak* (Hg.), Evangelische Kirche im geteilten Deutschland (1945–1989/90), Göttingen 2001, S. 117–134.

10 Vgl. *Graf, F. W.*, Die evangelischen Kirchen als kritische Institution und Brücke zwischen Ost und West, in: *C. Kleßmann* (Hg.), Deutsche Vergangenheit, Berlin 1999, S. 221–237, hier S. 221.

11 Vgl. Bischof D. Dr. Dibelius, Propst Grüber zum 70. Geburtstag, in: Tagesspiegel vom 24. Juni 1961.

12 Vgl. *Dibelius, O.*, Obrigkeit? Berlin 1959.

13 Vgl. *Lemke, M.*, Kampagnen gegen Bonn. Die Systemkrise der DDR und die West-Propaganda der SED 1960–1963, in: Vierteljahrshefte für Zeitgeschichte, 41 (1993), H. 2, S. 153–174, hier: S. 165.

14 Karl Adolf Eichmann, der ehemalige SS-Obersturmbannführer und Leiter des Judenreferats im Reichssicherheitshauptamt, organisierte im Rahmen der Endlösung der Judenfrage die Deportation von Millionen von Juden in die Konzentrations- und Vernichtungslager. Bis 1950 war er unter dem Namen Otto Henning in der Lüneburger Heide als Holzarbeiter beschäftigt. Danach konnte er durch Italien, wo er mit der Hilfe eines Dominikanerpaters einen neuen Namen Ricardo Klemens erhielt, nach Argentinien flüchten. In Buenos Aires wurde er am 11. Mai 1960 vom israelischen Geheimdienst Mossad aufgespürt und acht Tage später nach Israel entführt.

15 Zur Rolle Eichmanns in der nationalsozialistischen Judenpolitik siehe *Kempner, R. M. W.*, Eichmann und Komplizen, Zürich 1961; *Hilberg, R.*, Die Vernichtung der europäischen Juden, B.1, Frankfurt/Main 1990 und *Götz, A.* u. *S. Heim*, Vordenker der Vernichtung. Auschwitz und die deutschen Pläne für eine neue europäische Ordnung, Frankfurt/Main 1993. Zur Festnahme Eichmanns siehe *Pearlman, S. M.*, Die Festnahme des Adolf Eichmann. Hamburg 1961. Dokumentationen des Prozesses finden sich bei *Servatius, R.*, Verteidigung Adolf Eichmann. Plädoyer. Band Kreuznach 1961; *Schmorak, Dov. B.* (Hg.), Sieben sagen aus. Zeugen im Eichmann-Prozess. Mit einer Einleitung von Peter Schier-Gribowsky, Berlin 1962; *Nellessen, B.*, Der Prozess von Jerusalem. Ein Dokument, Düsseldorf 1964; *Hausner, G.*, Gerechtigkeit in Jerusalem, München 1967.

16 Vgl. *Brochhagen, U.*, Nach Nürnberg. Vergangenheitsbewältigung und Westintegration in der Ära Adenauer, Hamburg 1994, S. 338; *Große, C.*, Der Eichmann Prozess zwischen Recht und Politik, Frankfurt/Main 1995, bes. S. 135–146; *Lemke*, 1993.

17 Siehe *Krause, P.*, Der Eichmann-Prozess in der deutschen Presse, Frankfurt/Main 2002.

18 Vgl. *Kittel, M.*, Die Legende von der »Zweiten Schuld«. Vergangenheitsbewältigung in der Ära Adenauer, Berlin 1993, S. 371.

19 Vgl. *Bergmann W.*, Die Reaktionen auf den Holocaust in Westdeutschland, in: Geschichte in Wissenschaft und Unterricht, 43 (1992), S. 327–350; *Steinbach, P.*, Nationalsozialistische Gewaltverbrechen in der deutschen

Öffentlichkeit, in: *J. Weber* u. *P. Steinbach* (Hg.), Vergangenheitsbewältigung durch Strafverfahren? NS-Prozesse in der Bundesrepublik Deutschland, München 1984; *Gerber, J.*, Die Holocaust-Rezeption in der DDR, in: *H.-J. Rupieper* (Hg.), Der Holocaust in der deutschen und der israelischen Erinnerungskultur, Halle 2000, S. 19–37.

20 Vgl. *Timm, A.*, Der 9. November in der politischen Kultur der DDR, in: *R. Steininger* (Hg.), Der Umgang mit dem Holocaust: Europa – USA – Israel, Wien 1994, S. 246–262, hier: S. 254; *Gerber, J.*, Die Holocaust-Rezeption in der DDR, S. 19–37; *Groeler, O.*, Der Umgang mit dem Holocaust in der DDR, in: *R. Steiniger* (Hg.), Der Umgang mit dem Holocaust, Wien 1994, S. 233–245.

21 Im April 1950 beschloss die Synode der EKD in Berlin-Weißensee das letzte »Wort zur Judenfrage« in der unmittelbaren Nachkriegszeit. Diesem Wort gingen die »Erklärung zur Schuld am jüdischen Volk« der Synode der Evangelisch-Lutherischen Kirche Sachsens und das »Wort zur Judenfrage« des Bruderrates der EKD von 1948 voraus. Danach brachen die kirchlichen Äußerungen zur »Judenfrage« abrupt ab.

22 In der Weihnachtsnacht des Jahres 1959 wurde eine Reihe von jüdischen Gotteshäusern, darunter auch die im September 1959 eingeweihte Kölner Synagoge, mit Hakenkreuzen beschmiert. Dieser Nacht folgte eine Welle antisemitischer Manifestationen in der ganzen Bundesrepublik, die sich auch international ausbreitete. In der Zeit bis zum 28. Januar 1960 wurden bundesweit 470 Vorfälle registriert (Weißbuch der Bundesregierung. Die antisemitischen und nazistischen Vorfälle, Bonn 1960, S. 36, zitiert nach *Brochhagen, U.*, Nach Nürnberg, Hamburg 1994, S. 279).

23 Siehe dazu vor allem die »Erklärung gegen den Antisemitismus« der Provinzialsynode der Evangelischen Kirche in Berlin-Brandenburg vom Januar 1960 und den Beschluss »Zur Frage des Antisemitismus« der Synode der EKD vom Februar 1960. Die Texte der beiden Worte finden sich in: Kundgebungen. Worte, Erklärungen und Dokumente der Evangelischen Kirche in Deutschland, B. 2: 1959–1969, hg. von *J. E. Christoph*, Hannover 1994, S. 55 f.; und *Rendtorff, R.* u. *H. H. Henrix* (Hg.), Die Kirchen und das Judentum. Dokumente von 1945–1985, München 1989, S. 551 f.

24 Vgl. Informationsblatt für die Gemeinden in den niederdeutschen Lutherischen Landeskirchen (Hamburg), Nr. 5, v. 8. März 1961, S. 65–68.

25 Vgl. Evangelische Welt (Bielefeld), Nr. 5, v. 1. März 1961, S. 125; Evangelisch-lutherische Zeitung (Berlin), Nr. 6, v. 15. März 1961, S. 92; Kirche in der Zeit (Düsseldorf), 1961, Heft 3, S. 103; Informationsblatt, 1961, Nr. 5, v. 8. März 1961; Stimme der Gemeinde (Darmstadt), v. 1. März 1961, Nr. 5, S. 146; Mecklenburgische Kirchenzeitung, Nr. 10, v. 5. März 1961; Evangelischer Nachrichtendienst Ost (eno), XIV/8, v. 22. Februar 1961, S. 5; Die Kirche (Berlin), Nr. 9, v. 26. Februar 1961, S. 2. Vgl. auch FAZ, v. 18.1.1961, Das Parlament, Nr. 16, v. 19.4.1961.

26 Vgl. EW Nr. 10, v. 16. Mai 1961, S. 286 f. und S. 290; Allgemeine Wochenzeitung der Juden in Deutschland, Nr. 5, v. 28. April 1961.

27 Im Gegensatz zum »Antisemitismus«, der ein politisches und soziokulturelles Phänomen darstellt, bezeichnet »Antijudaismus« religiöse, vom Christentum geprägte Judenfeindlichkeit.

28 Vgl. Kirche und Mann, April 1961, zitiert nach: Der Eichmann-Prozess in der deutschen öffentlichen Meinung. Eine Dokumentensammlung von Hans Lamm, Frankfurt/Main 1961, S. 16–18.

29 Vgl. Stimme, Nr. 5, v. 1. März 1961, S. 135 f.; Mecklenburgische, Nr. 29, v. 14. Mai 1961.

30 Vgl. EW, Nr. 9, v. 1. Mai 1961, S. 258.

31 Vgl. Informationsblatt, Nr. 5, v. 8. März 1961, S. 65–68.

32 Vgl. *Grüber, H.*, in: Stimme, Nr. 5, v. 1. März 1961, S. 135 f.

33 Vgl. *Lemke*, S. 162; *Brochhagen*, Nach Nürnberg, S. 345 ff.; *Rosskopf, A.*, Friedrich Karl Kaul. Anwalt im geteilten Deutschland (1906–1981), Berlin 2002, S. 190–210.

34 Vgl. Der Tagesspiegel, v. 27. Mai 1961, S. 6. Zur öffentlichen Auseinandersetzung Kauls mit Grüber siehe *Rosskopf*, Friedrich Karl Kaul, S. 208 f.

35 Das Protokoll der Zeugenaussage Grübers (Hauptverhör und Kreuzverhör) findet sich in: *Schmorak*, Sieben sagen aus, Berlin 1962, S. 92–134.

36 Vgl. *Tira, J.*, in: Haaretz, v. 17. Mai 1961; *Schmorak*, in: Heinrich Grüber. Zeuge pro Israel, Berlin 1963, S. 66–71 und S. 60.

37 Vgl. *Besser, J.*, in: Neue Ruhr-Zeitung, Essen, v. 25. Mai 1961, in: ebd., S. 71–74.

38 Vgl. Zeichen der Zeit, 1961, S. 223–336; Stimme der Gemeinde, v. 1. März 1961, S. 135 f.

39 Vgl. *Grüber, P. H.*, Erinnerungen, S. 104.

40 Vgl. Berliner Zeitung v. 17. Mai 1961, S. 1 und v. 18. Mai 1961, S. 1 f.; ND, v. 17. Mai 1961, S. 7.

41 Vgl. Berliner Zeitung v. 18. Mai 1961, S. 1–2.

42 Vgl.Eno, XIV/23, v. 7.5.61; EW, Nr. 12, v. 16. Juni 1961, S. 378.

43 Vgl. EW, Nr. 12, v. 16. Juni 1961, S. 363; Mecklenburgische, Nr. 25, v. 18. Juni 1961.

44 Vgl. *Grüber*, Zeuge pro Israel, Berlin 1963, S. 57.

45 Vgl. Die Kirche, Nr. 29, 16. Juli 1961, S. 11; EW, Nr. 21, v. 1. November 1961, S. 649.

46 Vgl. Informationsblatt, Nr. 15, v. 15. August 1961, S. 234–237; Potsdamer Kirche, Nr. 27, v. 2. Juli 1961.

47 Vgl. PK, Nr. 30, v. 7. Mai 1961; Nr. 31, v. 30. Juli 1961; Die Kirche, Nr. 26, v. 25. Juni 1961; Kirche in der Zeit, Heft 2, 1961, S. 54–58.

48 Vgl. Ev.-luth., Nr. 16, v. 15. August 1961, S. 270–274; Mecklenburgische, v. 6. August 1961.

49 Vgl. Ev.-luth., ebd.

50 Vgl. EW, Nr. 21, v. 1. November 1961.

51 Vgl. EW, Nr. 18, v. 16. September 1961, S. 555 f.

52 Vgl. EW, Nr. 5, v. 1. März 1961, S. 135 f. Unter anderem wurde hier auf ein Gespräch zwischen Stalin und Ribbentrop hingewiesen, in dessen Verlauf sich Stalin dahingehend geäußert habe, er wartete auf »eine genügend

zahlreiche eigene russische Intelligenz«, um »mit dem zurzeit noch von ihm benötigten Judentum als Führerschicht Schluss zu machen«. Im Blick auf den anderen »Judenfeind«, Chruschtschow, vermutete der Autor, er sei »antisemitischer eingestellt als Stalin«.

53 Vgl. EW, Nr. 18, v. 16. September 1961, S. 555 f.

54 Vgl. Mecklenburgische, Nr. 37, v. 6. August 1961.

55 Vgl. Die Kirche, Nr. 30. v. 29. Juli 1962.

56 Vgl. PK, Nr. 27., v. 2. Juli 1961.

57 Vgl. PK, Nr. 27, v. 2. Juli 1961.

58 Ebd.

59 Die protestantische Monatszeitschrift »GuG« erschien im Zuge der Differenzierungspolitik der SED, die zwischen den »fortschrittlichen Kräften« und denen unterschied, die »mit Dibelius, Lilje, Frings u. a. an der Spitze offen auf dem Boden der Adenauer-Politik, der Militarisierung, des Revanchismus und Chauvinismus« ständen. Dieses Organ wurde direkt vom ZK redaktionell gesteuert und sollte sich zum Ziel setzen, »die christliche Bevölkerung, die Mehrheit der Geistlichen und Theologen noch stärker für den Kampf um die Erhaltung des Friedens, um die Wiederherstellung der Einheit Deutschlands, für die Unterstützung der Politik der Regierung der DDR zu mobilisieren«. (*Wilke, M.*, SED-Kirchenpolitik 1953–1958, Berlin 1992, S. 43; *Bulisch, J.*, Evangelische Presse in der DDR: »die Zeichen der Zeit« (1947–1990), S. 181; *Neubert, E.*, Geschichte der Opposition in der DDR (1949–1989), S. 118).

60 Vgl. GuG, Mai 1961, S. 103.

61 Friedrich Foertsch (1900–1976) – Generalleutnant und Generalstabschef in der Wehrmacht sowie Generalinspektor der Bundeswehr seit 1961. Franz Massfeller (1902–1966) – Mitautor des ersten Kommentars zum Blutschutz- und Ehegesundheitsgesetz und Mitarbeiter des Reichsjustizministeriums, später Ministerialrat im bundesdeutschen Justizministerium. Franz Josef Strauß (1915–1988) – Oberleutnant in der Wehrmacht, später Bundesminister der Verteidigung.

62 Vgl. GuG, Juli 1961, S. 139.

63 Martin Niemöller, Herbert Mochalski, Heinrich Vogel, Ernst Wolf unter den Herausgebern.

64 Gemeint sind die internen Spannungen in der EKD, sowohl theologischen als auch kirchenpolitischen Charakters, die in erheblichem Maße auf die NS-Zeit zurückgingen. Die Spaltung der Bekennenden Kirche auf der 4. Bekenntnissynode der DEK im Februar 1936 in den »dahlemitischen« Flügel der BK und die »intakten« Landeskirchen kam im erbitterten Kampf zwischen Bruderrat und Lutheranern in der Nachkriegszeit erneut zum Vorschein und wurde auch mit der Gründung der EKD 1948 nicht überwunden. Der Dissens betraf nicht nur den Umgang mit der NS-Zeit, mit der Schuldfrage und dem kirchlichen Wiederaufbau, sondern auch den politischen Weg der beiden deutschen Staaten und das Staat-Kirche-Verhältnis. Die sich in der oppositionellen Minderheit befindenden Vertreter des linken Flügels des westdeutschen Protestantismus (der »entschiedene«

Flügel der BK) – Martin Niemöller, Ernst Wolf, Heinrich Vogel – wandten sich gegen den »restaurativen« Kurs der Adenauer-Ära, gegen die entschlossene Westintegration der Bundesrepublik und Wiederbewaffnung. Sie setzten auf ein neutralisiertes, wiedervereinigtes Gesamtdeutschland unter demokratisch-sozialistischen Vorzeichen, warnten vor dem »Kreuzzug gegen den Bolschewismus« und vor der Einbeziehung der Kirchen in den Kalten Krieg. Ihnen gegenüber stand die Mehrheit der EKD mit Theophil Wurm und seit 1949 mit Otto Dibelius an ihrer Spitze, die im Kalten Krieg entschlossen auf der Seite des Westens war, sich mit der Politik der Bundesrepublik identifizierte und antikommunistisch optierte. Es ist bemerkenswert, dass der 1969 gegründete Bund der Ev. Kirchen in der DDR sich als eigentliches Erbe der im Westen verschmähten Tradition des »entschiedenen« Flügels der BK verstand und sich als entprivilegierte Kirche in einer »sozialistischen« Umgebung von der privilegierten Quasi-Staatskirche EKD in »kapitalistischer« Umwelt abhob.

65 Vgl. *Graf, F. W.,* Die evangelischen Kirchen als kritische Institution und Brücke zwischen Ost und West, in: *C. Kleßmann* (Hg.), Deutsche Vergangenheit, Berlin 1999, S. 221–237.

Zdeněk Nebřenský

Die »Weltoffenheit« der tschechoslowakischen und polnischen Jugend 1956–1968

Kulturtransfer aus Ostmitteleuropa als Herausforderung für die Zeitgeschichte Europas

»Sucht man nach wirklich transnationalen Zugriffen, kann man auch mit Bezug auf Ostmitteleuropa zweierlei klar unterscheiden: vergleichende Geschichte einerseits und Verflechtungs- oder Beziehungsgeschichte andererseits« – so Jürgen Kocka in seinem einflussreichen Festvortrag anlässlich des fünfzigjährigen Bestehens des Herder-Instituts Marburg im Jahr 2000.[1] »Vergleichende Geschichte«, so fährt er fort, »fragt nach Ähnlichkeiten und Unterschieden, Konvergenzen und Divergenzen und benutzt diese für weiterreichende Erklärungen und Interpretationen.« Zwar sei die Historische Komparatistik, so Kocka »aufwendig und schwer, sie bleibt bisher die Ausnahme, doch ist sie im Aufwind.« Seine Argumentation schließt er mit der vielfach wiederholten Formulierung, dass »der Vergleich auch für die ostmitteleuropäische Geschichte ein noch viel zu selten beschrittener Königsweg bleibt.«[2]

In Anlehnung an Kockas Programmatik hat sich dieser Aufsatz zum Ziel gesetzt, sich den »transnationalen Zugriffen« in der ostmitteleuropäischen Geschichte zuzuwenden und die Trennung der Geschichte in Ost und West zu widerlegen. Wie im Folgenden dargelegt wird, lässt sich die Trennung zwischen Ost- und Westeuropa mit den Konzepten der Transfergeschichte effektiver hinterfragen als durch den historischen Vergleich. Dabei sollten Komparatistik und Verflechtungsgeschichte nicht in einem Spannungsverhältnis zueinander gedacht werden, sondern vielmehr miteinander verknüpft werden. Damit rückt nicht nur »die innere Verflechtung der Vergleichseinheiten« in den Blick, sondern auch der bestehende Kulturtransfer zwischen Ostmitteleuropa und Westeuropa.

Dieser Ansatz – die Frage nach Verflechtung und Transfer – bietet sich vor allem für die Nachkriegsgeschichte an, die trotz des Endes des Kalten Krieges weiterhin in die Geschichte von West- und Osteuropa geteilt ist.[3] Das Verständnis der Nachkriegsgeschichte Europas ist allzu oft noch von einseitigen normativen Interpretationen geprägt, einerseits dem Leitbild von »erwünschter« Westernisierung und Amerikanisierung, andererseits dem Schema von Verostung und »orientalischer« Sowjetisierung.[4] Das Konzept der »Westernisierung« bezeichnet die seit dem 19. Jahrhundert zu beobachtende, allmähliche Herausbildung einer gemeinsamen Werteordnung in den nordatlantischen Gesellschaften, die die Traditionen der europäischen Aufklärung, des angel-sächsischen Pragmatismus und Liberalismus teilten und sich selbst als die Gemeinschaft des Westens verstanden.[5] Der Wettbewerb des Kalten Krieges und die (west)europäische Integration schirmten bis zum Ende der 1960er Jahre »den Westen« gegen Einflüsse aus dem »Osten« ab, so diese Geschichtsinterpretation. Demnach hatte sich der »Westen« vom »Osten« abgelöst; die westliche Kultur und Politik waren ideologisch isoliert vom Kommunismus. Die »Ost-West« Teilung und die Bedrohung durch die Sowjetunion verliehen diesem Geschichtsbild seine grundlegende Legitimierung.[6] Dem gegenüber ist die Geschichte Ostmitteleuropas nach 1945 wiederholt mit Hilfe des komplementären Deutungsmusters der Sowjetisierung beschrieben worden, wonach sämtliche Gesellschaftsbereiche entsprechend des sowjetischen Modells umstrukturiert und vereinheitlicht wurden.[7]

Die transnationale Geschichte westeuropäischer Nationalstaaten und Deutschlands stellen ein sehr gut etabliertes Untersuchungsfeld dar, das allerdings das Selbstverständnis der westeuropäischen als westernisierten und europäisierten Gesellschaften in ihrer Abgrenzung zum Osten bestätigt.[8] Um sich diesem Selbstbild sowie dem gängigen Verständnis vom »isolierten Osten« kritisch zu nähern, erscheint es sinnvoll, auf den Transferbegriff zurück zu greifen. Als Transfer bezeichnet Matthias Middell die Bewegung von Menschen, materiellen Objekten sowie kulturellen Deutungen im Raum, die die Hybridität soziokultureller Situationen produzieren.[9] Beispielsweise veränderten Menschen ihre Umgebung, indem sie in den Westen reisten und dorthin Bücher, Güter, Produktions- und Konsumtechniken exportierten oder umgekehrt von dort importierten. Im Osten wurden sie dann in völlig unterschiedlichen und neuen Zusammenhängen wahrgenommen, angeeignet und angepasst. Dabei handelte es sich jedoch nicht nur um einen Transfer in »östlicher« Richtung, sondern um eine wechselseitige Beeinflussung mehrerer Orte, nationaler Einheiten und gegensätzlicher Elemente in allen Richtungen, in Ost und West zugleich. Indem sie den Blick auf diese wechselseitigen Austauschprozesse lenkt, hilft die Kulturtransferforschung, die statische Gegenüberstellung separater Blöcke in Ost und West aufzuweichen. Daher sollte die transnationale Geschichtsschreibung sich vermehrt dem Transfer zwischen West und Ost zuwenden, um die intellektuelle Spaltung der Geschichte West- und Osteuropas zu überbrücken.

In diesem Artikel sollen die Chancen des oben geschilderten methodischen Zugangs diskutiert werden, indem ein konkretes, empirisches Beispiel, nämlich Reisen von tschechoslowakischen und polnischen Jugendlichen in den Westen von 1956 bis 1968, untersucht wird. Im Zentrum steht dabei die allgemeine Frage, ob der Kulturtransfer aus Westeuropa zur Westernisierung, Europäisierung oder zur Entwicklung nationaler Besonderheiten polnischer und tschechoslowakischer Jugendlicher beitrug. Im ersten Abschnitt beschäftigt sich der Aufsatz mit den breiteren historischen Zusammenhängen, im Rahmen derer sich die ostmitteleuropäischen Beziehungen zum Westen nach der kommunistischen Machtergreifung 1948 entwickelten. Mit dem Wandel der politischen und kulturellen Orientierung in Ostmitteleuropa nach 1948 sind zwei grundsätzliche Fragen verbunden. Zum einen ist nach den Akteuren zu fragen, die in den 1950er und 1960er Jahren in den Westen reisen konnten. Zum anderen ist die Rolle der polnischen und tschechoslowakischen Jugendorganisationen, die die Interessen junger Menschen vertreten sollten, zu untersuchen. Regulierten und kontrollierten sie die Reisen in den Westen und halfen damit, die kommunistische Herrschaft durchzusetzen? Oder konnten sich junge Menschen, die nach 1956 in den Westen reisen wollten, auf die Jugendorganisationen als Verteidiger ihrer Bedürfnisse und Forderungen verlassen?

Im zweiten Abschnitt untersucht der Aufsatz ein konkretes Beispiel der Teilnahme von Warschauer und Prager Studierenden an der Akademischen Woche in Amsterdam 1963, respektive die Wahrnehmung dieses Ereignisses im polnisch- und tschechischsprachigen Diskurs. Dieser Abschnitt analysiert, wie die Diskurse über »reizvolle« Reisen in den Westen nach 1956 etabliert und durch welche Medien sie verbreitet wurden. Unterschieden sich Vorstellungen polnischer und tschechoslowakischer Jugendlicher vom Westen voneinander? Handelte es sich bei diesen Vorstellungen um die Persistenz der stalinistischen Kapitalismuskritik im tschechoslowakischen Fall beziehungsweise die revidierte Strategie der friedlichen Koexistenz mit Westeuropa auf polnischer Seite? Abschließend ist zu fragen, inwieweit die offiziellen Medien den Westreisen ihre Anziehungskraft verliehen und welche Gemeinsamkeiten zwischen den Vorstellungen polnischer und tschechoslowakischer Jugendlicher vom Westen bestanden.

Schleichwege durch den Eisernen Vorhang

Auch wenn die Sowjetunion angeblich an der westlichen Grenze ihres Imperiums einen Eisernen Vorhang niederließ, so verhinderte sie die Interaktionen zwischen Ost und West doch nicht ganz.[10] Die These Gordon H. Skillings, dass es im Zuge der kommunistischen Machtergreifung in Ostmitteleuropa nach sowjetischem Vorbild zu einem Ausschluss aller westlichen Elemente aus den meisten Bereichen von Bildung und Wissenschaft kam, was eine Unterbindung der akademischen Mobilität nach Westen einschloss, ist in vielem ergänzungsbedürftig.[11] Westliche Ideen in Bildung und Wissenschaft wurden zwar durch die stalinistische Herrschaft in den 1950er Jahren geschwächt, aber sie verschwanden nicht ganz. Vor allem an Universitäten, unter einzelnen Dozenten und ihren Studierenden, hielt das Interesse am Westen lange Jahre ohne Rücksicht auf die momentane kommunistische Außenpolitik an. Was sich allerdings grundsätzlich wandelte, waren die Menschen, die in den Westen ausreisen konnten: In der bürgerlich-kapitalistischen Gesellschaftsordnung besonders mobile Personengruppen konnten nicht mehr reisen, während die Repräsentanten der entstehenden sozialistischen Diktatur ihren Platz einnahmen.[12]

Die verschiedenen Ereignisse des Kalten Krieges – beispielweise die Parlamentswahl in Israel 1949, der Bruch zwischen Sowjetunion und Jugoslawien, die Geschehnisse in Polen und Ungarn 1956 sowie der Bau der Berliner Mauer – beeinflussten den

Umfang der Auslandsreisen polnischer und tschechoslowakischer Jugendlicher sowie die Räume, in denen diese verhandelt wurden.[13] Die Wahlniederlage der israelischen kommunistischen Linken verursachte eine außenpolitische Umorientierung der tschechoslowakischen, polnischen und ungarischen Parteiführungen, die nun begannen, enger mit den arabischen Staaten im Nahen Osten zusammenzuarbeiten und sich den westeuropäischen Israel-Kritikern annäherten.[14] Stalins Auseinandersetzung mit den jugoslawischen Kommunisten bestimmte die Möglichkeiten des gegenseitigen Reiseverkehrs zwischen Jugoslawien und der Tschechoslowakei, Polen und Ungarn auf lange Zeit. Ein Teil der polnischen Führung wie auch das gesamte tschechoslowakische Politbüro sahen in der jugoslawischen Grenzöffnung nach Westeuropa eine permanente Gefahr der ideologischen Häresie, zumal der Urlaub in Jugoslawien für viele Reisende als Umsteigebahnhof ins westeuropäische Exil genutzt wurde.[15] Als die Kontakte Ungarns und Polens mit Westeuropa im Gefolge der Ereignisse im Jahre 1956 zunahmen, sah sich die Führung der tschechoslowakischen Jugendorganisation zu Diskussionen über die Rolle der Reisen für die Erziehung und Ausbildung junger Menschen gezwungen, da die Jugendlichen nun immer mehr auf die Reisemobilität ihrer polnischen Altersgenossen hinwiesen. Bis zum Berliner Mauerbau 1961 war Berlin wegen der Verbindung mit dem Westen ein beliebtes Reiseziel vieler junger Menschen. Trotz der sorgfältigen Auswahl der Reisenden gemäß ihrem aktiven politischen Engagement und ihrer marxistischen Ausbildung konnten die Jugendfunktionäre wiederholte Fluchten einzelner Reiseteilnehmer nach Westberlin nicht verhindern. In einem Fall zählte ein Jugendfunktionär am Treffpunkt für die Rückfahrt nur noch die Hälfte der Teilnehmer, während der Rest im Westen geblieben war.[16]

Massencharakter gewannen die Auslandsreisen in Polen und in der Tschechoslowakei erst am Ende der 1960er Jahre.[17] Ihre Demokratisierung, die breiten Gesellschaftsschichten das Reisen ermöglichte, setzte sich in Ostmitteleuropa später durch als in Westeuropa und Fernasien.[18] Die weltanschauliche Orientierung, soziale Netzwerke und die ökonomische Lage scheinen dabei wichtiger gewesen zu sein als die politische Zugehörigkeit zum sowjetischen Imperium. Trotz der kommunistischen Herrschaft standen privilegierte Vertreter, tschechoslowakische und polnische Schriftsteller, Wissenschaftler, Sportler oder Geschäftsführer in Verbindung zu ihren »progressiven« Partnern auf der ganzen Welt.[19] Die vielschichtigen Beziehungen und wechselseitigen Begegnungen umfassten Parteieliten, Regierungsmitglieder, ökonomische Planer oder Diplomaten.[20] Die transnationalen Netzwerke der Gewerkschaftsführer, der Botschafterinnen der kommunistischen Frauenbewegung oder der Mitglieder der kulturellen und künstlerischen Ensembles schufen einen breiten Handlungsraum über Grenzen hinweg, um weltanschauliche Sympathisanten in ganz Europa zu finden.[21]

Mit der Reisemobilität verband sich der vielseitige Austausch politischer Meinungen und marxistischer sowie nicht-marxistischer Zeitschriften; darüber hinaus kam es zu Treffen, Versammlungen und Verhandlungen innerhalb internationaler Organisationen.[22] Informationsmaterialien über die tschechische, slowakische oder polnische Gesellschaft wurden in viele Sprachen übersetzt und weltweit verbreitet.[23] Dabei ist zu betonen, dass die westeuropäische Wahrnehmung der Tschechoslowakei, Polens und Ungarns im Vergleich mit derjenigen der Sowjetunion nicht in demselben Maße antikommunistisch und damit negativ konnotiert war. Dies erleichterte es massiv, Beziehungen zu knüpfen, die den Eisernen Vorhang überwanden.[24] Den Austausch im deutschsprachigen Raum entwickelten die Prager und Bratislaver Jugendlichen vor allem mit Mitgliedern des Zentralkomitees der Freien Österreichischen Jugend, des Verbandes der westdeutschen Jugend, der Internationale der Wehrdienstverweigerer, des nationalen Studentenverbandes und der sozialdemokratischen Falken. Zu den französischen Partnern gehörten Mitglieder des Zentralkomitees des Verbandes der kommunistischen Jugend Frankreichs, des Zentralkomitees des Verbandes der französischen Mädchen, des Zentralkomitees des Verbandes der kommunistischen Studenten Frankreichs, der sozialistischen Jugendbewegung, der französischen Pfadfinder oder der bretonischen volkskundlichen Gruppen. Es ist kennzeichnend für die enge Kooperation mit diesen Verbänden, dass beispielsweise 1957 mehr als zweihundert tschechoslowakische Jugendliche Frankreich besuchten. Die italienischen Kommilitonen aus dem Zentralkomitee des kommunistischen und sozialistischen Jugendverbandes hatten dagegen wenige Kontakte zu den tschechoslowakischen Altersgenossen.[25]

Anders als im tschechoslowakischen Fall verhandelten die polnischen Mitarbeiter der Kommission für Wissenschaft im Obersten

Rat des Verbandes der polnischer Jugend (Rada Naczelna Zrzeszenia Studentów Polskich – RN ZSP) seit 1956 einen intensiven kulturellen Austausch mit Studierenden aus ganz Europa. Für fast zweihundert Warschauer Studenten sicherten sie Arbeitspraktika in jugoslawischen, schwedischen, norwegischen, dänischen und westdeutschen Betrieben.[26] Die Leitung des ZSP empfand die Zahl der Reisenden als zu gering und entschied sich 1957, den Austausch mit Westeuropa und Skandinavien zu systematisieren. Zu diesem Zweck schuf sie die polnischen Komitees der Internationalen Organisation für Studentenaustausch (The International Association for the Exchange of Students for Technical Experience – IAESTE).[27] Für Studenten der Warschauer Technischen Hochschule hatte die IAESTE besondere Bedeutung, weil Studenten in dem polnischen nationalen Komitee der IAESTE gemeinsam mit Professoren ausgewählter Technischer Hochschulen sowie Vertretern zahlreicher Ministerien arbeiteten. Die direkten Kontakte und persönlichen Bekanntschaften mit den zuständigen Beamten der Zentralbehörden erleichterten den Jugendfunktionären die komplizierten Verhandlungen über Reisegenehmigungen oder die Zusammensetzung der Reisedelegationen nach Westeuropa. Der bürokratische Prozess erhöhte die Bereitschaft von Studierenden, die Kosten für Reise und Ausfertigung des Passes selbst zu tragen.[28]

Die unter den polnischen Jugendlichen verbreitete Vorstellung vom Westen wurde durch die Konferenz der IAESTE in Istanbul 1959 mitgeprägt, bei der das polnische Komitee in die Organisation aufgenommen wurde.[29] Die Aufnahme des polnischen Komitees schlugen die britischen Vertreter mit jugoslawischer Unterstützung vor. Polnische Vertreter verhandelten den kulturellen Austausch mit zwölf westeuropäischen Partnern, einschließlich israelischer Repräsentanten. Die 138 polnischen Studierenden sollten auch in Westeuropa an Austauschprogrammen teilnehmen. Umgekehrt erwarteten polnische Industriebetriebe unter anderem österreichische und schwedische Studenten.[30]

Die »Weltoffenheit« der polnischen Herrschaftseliten brachte eine starke Ungleichheit in der Genehmigung der Auslandsreisen mit sich. Während Partei- und Jugendfunktionäre auf den Auslandsreisen nach Westeuropa für den Sozialismus warben, wurde die Reisemobilität »gewöhnlicher« Studierender weitgehend eingeschränkt. Seit 1956 berichteten polnische studentische Zeitschriften über die ungleiche Behandlung der Studierenden in Fragen der Reisegenehmigungen. Erst in der zweiten Hälfte der 1950er Jahre öffneten sich für einige polnische Studierende die Grenzen nach Westeuropa. Die Vorbereitung der Reisen oblag den Mitarbeitern des Büros für Reisen und Erholung im RN ZSP in Zusammenarbeit mit den örtlichen Kommissionen für Reise und Touristik an den einzelnen Hochschulen, die Reisemöglichkeiten für mehr und mehr Studenten schufen.[31]

Die Mitglieder der Kommissionen für Reisen und Touristik beziehungsweise der Auslandskommissionen erhielten von Seiten westeuropäischer Studentenorganisationen Angebote zum wechselseitigen kulturellen Austausch. Der Austausch betraf eine bestimmte Zahl von Personen, denen die Verbände kommunistischer und sozialistischer Studenten in Westeuropa den Auslandsaufenthalt vergüteten. Welche Personen auf die Teilnehmerlisten für Auslandsreisen gesetzt wurden, entschieden die Mitglieder der Kommissionen. Sie standen auch in Verbindung mit Mitarbeitern des Reisebüros im RN ZSP und verhandelten mit diesem die Genehmigung zu Auslandsreisen, einschließlich der Passausfertigung. Daher wurden die Anmeldeformulare zur Genehmigung von Reisen nur innerhalb eines engen Kreises studentischer Funktionäre verteilt. Über ihre Tätigkeit berichteten diese dann auf Versammlungen der Hochschulkomitees des ZSP; sie veröffentlichten ebenfalls Reiseberichte in landesweit erscheinenden studentischen Zeitschriften.

Gerade in der Veröffentlichung studentischer Beschwerden über den Ausschluss von transnationaler Mobilität bestand ein Unterschied zwischen dem polnischen und tschechoslowakischen Fall.[32] Der Zerfall der Überwachung von Massenmedien und Jugendpresse nach dem Tod Stalins führte zur Entstehung vieler neuer studentischer Zeitschriften an polnischen Hochschulen und Hochschulinstituten, in denen kritische Aufsätze zum Stand der Auslandsreisen erschienen.[33] Die »gewöhnlichen« Studierenden interessierten sich auf den Sitzungen der Hochschulkomitees des ZSP häufig für die Kriterien der Platzverteilung für Auslandsreisen und kritisierten diese. Man muss sich fragen, welche Absicht die Kritiker der Platzverteilung für Auslandsreisen verfolgten. Sie veröffentlichten in ihren Texten zum Beispiel die Teilnehmerliste einer Reise nach Paris mit Namen, Beruf und Arbeitsort. Bemerkenswerterweise enthält die Liste Angaben wie beispielsweise »Model«, »Ehefrau des Vorsitzenden [des ZSP]« oder »Goldschmied«. Es fällt schwer zu glauben, dass die Angaben ernst gemeint und in dieser Form von den Teilnehmenden selbst in die Anmeldeliste eingetragen worden waren – offensichtlich versuchten die Autoren des Artikels, den privilegierten Status der Reisenden zu kritisieren, indem sie ihn ins Unglaubwürdige zogen. Der Hinweis, dass an einer Reise nach Paris der Bruder eines Mitarbeiters des Reisebüros teilnahm, scheint allerdings korrekt zu sein.

Die kritischen Artikel der Zeitgenossen legen nahe, dass die Teilnehmer der Reisen nach Westeuropa weder Studierende noch Angestellte an Hochschulen waren, auch wenn die Autoren, die ihre Artikel anonym schrieben, dies nicht direkt sagten. Es waren daher die von Auslandsreisen Ausgeschlossenen, die eine Auseinandersetzung um die Auswahlverfahren anstrengten. Die Artikel in studentischen Zeitschriften behandelten also nicht nur konkrete, wirklich unternommene, sondern auch die nicht stattgefundenen Auslandsreisen. Sie spiegelten somit die gesellschaftliche Auswirkung dieses Themas wider und brachten in vielem die Bedeutung der Auslandsreisen zum Vorschein, weil die Redaktionen studentischer Zeitschriften aus ihren ursprünglich privaten Angelegenheiten eine Verteidigung studentischer Interessen entwickelten und den Vorfall als Benachteiligung der gewöhnlichen Studierenden deuteten.

Der polnische Fall zeigt weniger sichtbare Konflikte bei der Überprüfung der Kandidaten für die Auslandsreisen, obwohl das komplizierte Genehmigungsverfahren darauf hindeutet, dass die Zentralbehörden in Warschau die Auslandsreisen ihrer Bürger und Bürgerinnen fürchteten.[34] Die Vorgehensweise beruhte auf einigen Kriterien, wobei das politische Engagement und die Mitgliedschaft in der Herrschaftspartei dominierten. Dass lediglich Bürger, die eine wichtige Leistung für die sozialistische Gesellschaft erbracht hatten, ins Ausland reisen durften, sollte die beschränkte Reise- und Passpolitik der Behörden legitimieren helfen. Das galt auch für Auslandsreisen im Rahmen des kulturellen Austausches zwischen den polnischen und tschechoslowakischen Jugendverbänden.[35]

Die Genehmigung der Auslandsreisen in den Westen wurde zu einer Herrschaftspraxis, mit der die Privatangelegenheiten vieler junger Menschen aufs Genauste überwacht wurden. In einem

Fragebogen des Büros für auswärtige Pässe mussten beispielsweise ledige Bewerber für eine Auslandsreise begründen, warum sie nicht verheiratet waren.[36] Man befürchtete hier eher die Flucht in den Westen – ledige Reisende hatten, so die Annahme, schwächere emotionale Bindungen als verheiratete Reisende mit Kindern, die außer an ihre Familie und Freunde noch an die Familie und Freunde ihres Ehepartners gebunden waren. Das Finanzamt bestätigte den Bewerbern, dass sie regelmäßig Steuern zahlten. Von den polnischen Botschaften im Ausland mussten sie die Visazusage einholen und sich bestätigen lassen, kein Familieneigentum im Ausland zu besitzen.[37]

In den 1960er Jahren reisten alljährlich fast zweihundert polnische Studierende für mehrere Monate dauernde Aufenthalte nach Westeuropa.[38] Die meisten von ihnen verbrachten dort ihre Freizeit, studierten oder arbeiteten. Obwohl die Zahl der Reisenden gering erscheinen mag, stellten die Auslandsreisen eine breite Bewegung dar, die die Jugendfunktionäre auf regionaler wie zentraler Ebene beschäftigte.[39] Die Führung des ZSP bemühte sich, enge Kontakte mit westeuropäischen Jugendorganisationen ohne Rücksicht auf ihre weltanschauliche Orientierung zu knüpfen.[40] Im letztgenannten Punkt unterschied sich die Führung des ZSP grundsätzlich von den entsprechenden tschechoslowakischen Stellen, die sich in dieser Zeit gegenüber einigen britischen und westdeutschen Kollegen zurückhielten und viele von ihnen aus ihrem Wahrnehmungshorizont ausschlossen. Während die polnischen Funktionäre vor allem eine hohe Zahl von Reisenden in den Westen anstrebten, berücksichtigte die in das Zentralkomitee der kommunistischen Partei eingegliederte Führung des tschechoslowakischen Jugendverbandes (Československého svazu mládeže – ÚV ČSM) die ideologischen Ziele und fand daher nur schwer entsprechende Partner in Ländern mit einer schwachen kommunistischen Partei und einer starken liberal-konservativen Ordnung, zu denen Großbritannien und Westdeutschland bis Mitte der 1960er Jahre gehörten.

Auslandsreisen wurden im tschechoslowakischen Fall rasch zu einer Frage des sozialen Prestiges und wurden von mehreren Zentralbehörden gleichzeitig geplant. In vielen Fällen beschäftigen sich das Ministerium für Schulwesen, das Ministerium für Kultur sowie die internationale Abteilung des Jugendverbandes mit einer Auslandsreise. Manche Auslandreisen wurden nicht genehmigt, weil die entsprechende Behörde keine ausreichende Entscheidungsgewalt hatte. Die Genehmigung wurde durch Eingriffe des Außenministeriums verkompliziert, das die ausschließliche Kompetenz auf diesem Feld innehatte und seine Entscheidungen willkürlich fällte. Die Unordnung in der Genehmigung der Auslandsreisen wurde auch durch das Agieren weiterer Organisationen wie etwa des Internationalen Studentenverbandes (Mezinárodní svaz studentstva), der Gewerkschaften (Revoluční odborové hnutí – ROH), der tschechoslowakischen Akademie der Wissenschaften (Československá akademie věd) oder einzelner Hochschulen gesteigert, die ihre Ansprüche an Auslandsreisen durchzusetzen versuchten.[41] Während das Politbüro der Kommunistischen Partei der Tschechoslowakei (Komunistická strana Československa – KSČ) die Reisen nach Westeuropa im Zusammenhang mit der aktuellen Außenpolitik betrachtete und sich für eine pragmatische Politik ohne ideologische Vorurteile sowie die Zusammenarbeit mit Westeuropa einsetzte, sollten die Mitarbeiter der internationalen Abteilung des Zentralkomitees des ČSM (Ústřední výbor Československého svazu mládeže – ÚV ČSM) dafür sorgen, dass sich die einzelnen Reisenden die »richtige«, das heißt antikapitalistische Vorstellung von Westeuropa aneigneten.[42] Etwa zehn Mitarbeiter der Abteilung, unterstützt durch die freiwillige Mitarbeit von etwa 100 Studierenden, beschäftigten sich täglich mit Auslandsreisen. Der Vorstand des ÚV ČSM fällte die grundsätzlichen Entscheidungen aufgrund der Unterlagen und Berichte, die die internationale Abteilung erarbeitete. Die Mitarbeiter anderer Abteilungen im ÚV ČSM lösten die organisatorischen Probleme der Reisen und bestimmten die Zusammensetzung der Reisegruppen gemäß der Vorschläge der regionalen und lokalen Komitees.[43] Sie bereiteten das Programm der Reisen vor, verteilten Geldmittel und fassten Reiseberichte für die Veröffentlichung zusammen. Die Mitglieder des slowakischen ÚV ČSM waren aus dem Entscheidungsverfahren über Auslandsreisen ausgeschlossen. Jedoch berücksichtigten slowakische Jugendfunktionäre diese »Prager« Anordnung nur wenig.[44]

Im tschechoslowakischen Fall kam es im Zuge des poststalinistischen Herrschaftswandels Anfang der 1960er Jahre zu einem Wandel der Herangehensweise der Führung des ÚV ČSM an die Fragen der Reisemobilität und des Auslandsaustauschs. Junge Menschen beanspruchten in zunehmendem Maße Sommerreisen und Auslandsreisen als Bestandteil der »sozialistischen« Lebensweise. Innerhalb des Zentralkomitees des ČSM wurde eine Sektion für Reisen eingerichtet, die sich der Freizeit und den Auslandsreisen widmete.[45] Die Sektion bildete die Leiter studentischer Exkursionen aus und schulte anhand von Empfehlungen der Hochschul- und Fakultätskomitees des Jugendverbandes »politisch-bewusste« Studierende für die Arbeit in den internationalen Ferienlagern.[46] Die Vertreter der Sektion saßen in den Kommissionen, die die politischen, allgemeinen und sprachlichen Kenntnisse der Reisenden überprüften. Die Sektion wies auch auf die Konflikte hin, die Auslandsreisen zunehmend hervorriefen: Unter den Leitern studentischer Exkursionen sowie den Reiseführern waren politisch engagierte junge Kommunisten und für das Kollektiv opferbereite Jugendfunktionäre, deren politischer und allgemeiner Horizont gelegentlich beschränkt war. Ihnen fehlten zudem ausreichende Fremdsprachenkenntnisse. Manche Fakultätskomitees des ČSM empfahlen für die Zusammenarbeit mit der Sektion und der internationalen Abteilung auch solche Mitglieder, die selbst als Reiseführer arbeiten wollten, ohne die fachlichen Voraussetzungen für sie festzulegen.[47] Dazu kam es vor allem, wenn die Fakultätskomitees ihre eigenen Funktionäre nominierten. Viele von ihnen versuchten durch ihr Engagement in internationalen Sommerlagern der manuellen Arbeit bei den sozialistischen Sommerbrigaden zu entfliehen. Die Ungleichheit im Zugang zu Auslandsreisen und das Misstrauen vieler gewöhnlicher Studierender gegenüber den Jugendfunktionären verstärkten sich gegenseitig.

Die Führung des slowakischen ÚV ČSM beschäftigte sich auch intensiv mit den Schwierigkeiten der Auswahl politisch vertrauenswürdiger Reisender für die Beziehungsaufnahme mit westeuropäischen Altersgenossen. Die Leiter der Fakultätskomitees beurteilten die politische Vertrauenswürdigkeit der Reisenden sehr »großzügig« und wählten auch Studierende aus, die den Jugendverband und die Universität auf Auslandsaufenthalten, Exkursionen und Reisen sowie bei der Begleitung von Auslandsgästen und ihren Dolmetschern unzureichend repräsentierten.[48] Das Hochschulkomitee des ČSM, das die Tätigkeit aller slowakischen Hochschulen formell überwachte, hatte den Anspruch, alle Reisenden mindestens eine Woche vor Reiseantritt zu überprüfen. Die Reisenden sollten sich mit Lebenslauf, Gutachten der lokalen Behörden und Begründung ihrer Reise ausweisen.[49] Die Besonderheit des slowakischen Falls lag darin, dass der Prager Vorstand des ÚV ČSM die Reisemobilität slowakischer Jugendlicher streng zu kontrollieren versuchte, während er tschechischen Jugendlichen, insbesondere aus Prag, einen breiteren Raum für Auslandsreisen zugestand. Hierin ähnelte sich die Situation in Prag und Warschau. Den Jugendlichen aus anderen tschechoslowakischen und polnischen Regionen hingegen fehlten die notwendigen Kontakte und der gute Zugang zu Beamten in den entsprechenden Behörden, die für einen Auslandsaufenthalt notwendig gewesen wären.

Über jede Auslandsreise tschechoslowakischer Bürger und Bürgerinnen entschied bis 1956 eine außerordentliche Kommission im ÚV KSČ. Danach veranlasste der rapide Zuwachs der Anträge für Auslandsreisen das Innenministerium, die diesbezüglichen Befugnisse an die Regional- und Kreisverwaltung der öffentlichen Sicherheit zu übergeben.[50] Ihre Mitarbeiter untersuchten die Unbescholtenheit und das einwandfreie Verhalten der Bewerber durch Nachfragen und Meldungen bei Haus- oder Straßenvertrauensmännern. Bei einer Gruppenreise stellte der Reiseveranstalter den Antrag für alle Reisenden. In den späten 1950er und noch deutlicher in den frühen 1960er Jahren wuchs das Interesse lokaler Mitglieder des Jugendverbandes an grenzüberschreitenden Beziehungen. Das Interesse ging von der regionalen Zusammenarbeit aus, die Partnergruppen aus Bayern und Oberösterreich unabhängig voneinander anregten. Die Mitarbeiter der internationalen Abteilung im ÚV ČSM beanspruchten, jede Studienreise ins Ausland formell zu genehmigen und beobachteten mit großem Misstrauen, wie die regionalen und lokalen Komitees des ČSM unter Berufung auf die Autorität der kommunistischen Partei ihre Regelungen umgingen.[51] Die tschechoslowakischen Medien stellten Reisen als Bestandteil der »sozialistischen« Lebensweise dar und prägten daher die Vorstellungen junger Menschen vom Ausland, wenngleich sich ihre diesbezüglichen Erwartungen nur selten erfüllten. Eine solche Beschränkung hinsichtlich der persönlichen Mobilität, zu der die Auslandsreisen in den Westen gehörten, brachte viele junge Menschen in Widerspruch mit der kommunistischen Politik.

Die Genehmigung einer Auslandsreise konnte bei verschiedenen Behörden erwirkt werden. Junge Menschen, die sich um eine solche bemühten, nutzten die unklare Kompetenzverteilung zwischen der Kommunistischen Partei, dem Jugendverband und den

Regierungsministerien, um ihr Ziel zu erreichen. Die Jugendgruppen an Hochschulen wurden zur Basis der aktiven Bewegung für Studienreisen ins Ausland. Bei der Genehmigung der Reisen machten sich die Studierenden das Vertrauen der zuständigen Beamten im Ministerium für Schulwesen sowie im Ministerium für Kultur zunutze, ohne dies mit den entsprechenden Abteilungen des ÚV ČSM abzustimmen.[52] Diese Auslandsreisen wurden offiziell als studentische Exkursionen erfasst, obwohl es sich häufig um Erholungsaufenthalte der Studierenden handelte. In einzelnen Behörden kam es wiederholt zu Koordinationsproblemen bei der Organisation von Auslandsreisen, die dann nur eilig und oberflächlich vorbereitet wurden. Da sich der Vorstand des ÚV ČSM zentrale Entscheidungskompetenzen vorbehielt, wurde er mit vielen unterschiedlichen Forderungen nach einer Entscheidung konfrontiert und entschied über einige Auslandsreisen erst im letzten Augenblick. Das Resultat war, dass nicht nur politisch verdienstvolle Komsomolzen ins Ausland reisten, sondern auch tatkräftige Pragmatiker.[53]

Der Anstieg der Reisemobilität zwischen Ost und West

Wie soeben erwähnt wandelten sich im polnischen und tschechoslowakischen Diskurs in den späten 1950er und frühen 1960er Jahren die Vorstellungen vom Westen unter dem Einfluss der »neuen« politischen Strategie Moskaus.[54] Diese »Strategie der friedlichen Koexistenz« zielte darauf ab, in der westlichen Nachkriegsgeneration für den Sozialismus zu werben. Daher versuchten die Mitarbeiter der internationalen Abteilung des ÚV ČSM, den Raum für die Auslandsreisen zu erweitern. Sie bemühten sich besonders um die Unterzeichnung eines Abkommens über den Kulturaustausch mit ihren westeuropäischen Kollegen und die Mitwirkung der tschechoslowakischen Jugend an Reisen nach Westeuropa. Tschechoslowakische Studierende sollten während der Reisebegegnungen unter westeuropäischen Kommilitonen für pazifistische Einstellungen und antikapitalistische Haltungen werben.

Gleichwohl ist dies nicht als einseitiger Transfer in Richtung »Westen« aufzufassen. Vielmehr handelte es sich um eine wechselseitige Beeinflussung, bei der auch die westeuropäische Jugendkultur von tschechoslowakischen »Werbern« aufgenommen wurde, wie das folgende Beispiel zeigt. Im November 1963 wurde auf Veranlassung der kommunistischen Führung nach zehnjähriger Unterbrechung das Hochschulkomitee des tschechoslowakischen Jugendverbandes (Vysokoškolský výbor Československého svazu mládeže – VV ČSM) erneuert. Auf der anlässlich der Wiedergründung veranstalteten Konferenz im Kulturhaus der Maschinenbauarbeiter in Prag sagte eine Studentin der Allgemeinmedizin:

> Ich möchte über die Art und Weise sprechen, wie man zu anderen Universitäten, besonders im Westen, vordringen konnte. Dieses Jahr im Oktober fand die Europäische Akademische Woche in Amsterdam statt. An der Woche beteiligten sich Delegierte aus den westlichen Ländern sowie Tschechoslowaken und Polen aus den sozialistischen [Ländern]. Ich muss sagen, dass wir, die in Amsterdam waren, sehr überrascht waren, welch großes Interesse an uns im Westen herrscht und dass die Ansichten, wie das Leben bei uns aussieht, sehr verzerrt sind … [auch] unsere Ansichten [über den Westen] sind durch die Presse usw. sehr verzerrt. […][55]

Die »Verzerrung der Ansichten« über die westliche Lebensweise bezog sich auf die Vorstellungen vom Westen, die den sozialistischen Diskurs beherrschten. Seit Stalins Tod 1953 begannen sich diese dynamisch zu wandeln. Die Herrschaftseliten in der sozialistischen Diktatur suchten neue Wege, um Beziehungen zur westlichen Gegenseite zu knüpfen.[56] Der »Drang« an die westeuropäischen Universitäten gehörte zu einer dieser neuen politischen Strategien der Mitarbeiter der internationalen Abteilung des ÚV ČSM.[57] Während die internationale Zusammenarbeit mit Westeuropa bis zu den späten 1950er Jahren ausschließlich in der Kompetenz der Mitarbeiter des Politbüros der ÚV KSČ lag, wurden ab Anfang der 1960er Jahre Vertreter weiterer Herrschaftsorganisationen, wie etwa des ÚV ČSM, mit Kontakten zu westeuropäischen Genossen betraut.

In Westeuropa bildeten sie Kooperationspartner aus, beispielsweise Studierende mit Interesse an der Tschechoslowakei und Polen, mit deren Hilfe sie für den Sozialismus warben.[58] In diesem Kontext reisten zahlreiche Jugendfunktionäre nach Westeuropa und erlebten dort persönlich die westliche Lebensweise. Nach der Rückkehr beschrieben sie anderen Kollegen ihre Vorstellungen von Westeuropa, ähnlich wie die oben zitierte Studentin auf der

Hochschulkonferenz. Die Beschreibung ihrer Vorstellung wurde im stenographischen Protokoll der Hochschulkonferenz notiert. Da sowohl die Sprecherin als auch der Stenograph Mitglieder des tschechoslowakischen Jugendverbands waren, wurde das Protokoll in die offiziellen Akten des ČSM eingegliedert. Die von den Universitätskomitees des KSČ, ROH und ČSM herausgegebene Zeitschrift *Universita Karlova* veröffentlichte nach sechs Monaten im April 1964 zwar eine einseitige Reportage über die Hochschulkonferenz, aber sie erwähnte nicht die Teilnahme Prager Studenten in Amsterdam und die auf der Konferenz von Studenten kritisierten Beschränkung der Reisemobilität.[59] Das stenographische Protokoll blieb nur der Führung des ÚV ČSM und den Mitarbeitern der Abteilung für Jugend des ÚV KSČ zugänglich. Somit kann man das Protokoll als gutes Beispiel dafür deuten, wie studentische Vorstellungen vom Westen in den Herrschaftsdiskurs eingingen.[60]

Allerdings sprach die Studentin nicht nur von der »Verzerrung« in der kommunistischen Presse, sondern auch davon, dass die westlichen Ansichten über das Alltagsleben in der sozialistischen Diktatur stark »verzerrt« waren. Tatsächlich benutzten konservative Eliten in Westeuropa die Vorstellung vom »kommunistischen« Osten als negative Projektionsfläche, um die gewünschte Entwicklung westeuropäischer Gesellschaften zu betonen und die politische Ordnung Westeuropas sowie ihre Machtposition zu legitimieren. Daher versuchten französische, britische oder westdeutsche Konservative, den wechselseitigen Austausch zwischen der west- und osteuropäischen Jugend zu behindern.[61]

Im Rahmen der Europäischen Akademischen Woche, veranstaltet von der liberalen Europäischen Akademie (EURAC) in Amsterdam 1963, trafen sich dagegen Studierende und junge Promovierende aus Polen und der Tschechoslowakei, die sich von ihrer Anwesenheit vor Ort weitere Austauschreisen, Praktika und Studienaufenthalte versprachen. Sie hatten die Möglichkeit, einzelnen Vertretern europäischer Universitäten, Fakultäten und Fachbereiche zu begegnen. Über die Teilnahme der tschechoslowakischen und polnischen Delegation erschien im Dezember 1963 ein Artikel in einer polnischsprachigen studentischen Zeitschrift, dessen Autoren – Mitglieder der polnischen Delegation in Amsterdam und zugleich Mitglieder des Obersten Rats des polnischen Studentenverbandes (RN ZSP) – ausführlich über den Aufenthalt in Amsterdam berichteten:

Die offizielle Zielsetzung der EURAC war die Schaffung einer Plattform für ein besseres Kennenlernen und gegenseitiges Verstehen von Studenten aus ganz Europa, die Aufnahme enger offizieller und persönlicher Kontakte unter den Vertretern der europäischen Studentenverbände [...]. All dies diente zur Förderung sowie Vertiefung der Idee der friedlichen Integration Europas.[62]

Ungeachtet dessen zeigt der Bericht auch, dass die aus der Vergangenheit reproduzierte Doktrin der Klasseninteressen, der zufolge die westeuropäische Integration als kapitalistisches Projekt zu deuten war, weiterhin das Denken polnischer Studierender bestimmte. Die Mitglieder der polnischen Delegation in Amsterdam fuhren in ihrem Artikel für polnische Studierende fort:

Inoffizielles Ziel war auch die Popularisierung und Propagandierung der Europäischen Gemeinschaft. [...] Geld gaben auch die größten holländischen und internationalen Banken sowie Konzerne und Betriebe wie zum Beispiel Philips und Shell. [...] Die einzigen Vertreter der sozialistischen Welt [in Amsterdam], das heißt die Tschechen und wir, hatten die Gelegenheit, viele angenehme, nichtssagende Worte mit holländischen und internationalen Persönlichkeiten auszutauschen. [...] Sie hatten die Aufgabe, uns zu erjagen und wir waren Objekt lebendigen Interesses und Aufsehens.[63]

Dieses Zitat aus der polnischen Zeitschrift ähnelt dem Bericht der tschechoslowakischen Medizinstudentin bei der Konferenz des Prager VV ČSM über die Veranstaltung in Amsterdam nicht nur inhaltlich, sondern zeigt auch eine analoge Beschreibung des »Wettbewerbs zwischen Ost und West«. Die im Text formulierte Rolle der westlichen Altersgenossen als »Jäger«, die die kommunistischen Studierenden »erjagen« sollten, spiegelte eher die in der polnischen Presse präsenten Vorstellungen vom Westen als die »Wirklichkeit« der Akademischen Woche in Amsterdam wider. Die Rede vom Austausch »vieler angenehmer nichtssagender Worte« verwies auf die stalinistische Deutung der westlichen Lebensweise, die angeblich nicht von »aufrichtigen« emotionalen Bindungen, sondern von pragmatischem Kalkül geprägt war.[64] Den kapitalistischen Charakter der Akademischen Woche in Amsterdam unterstrich aus Sicht der polnischen Delegierten die Tatsache, dass internationale Finanz- und Industriekonzerne die Veranstaltung finanziell unterstützten.

Die Amsterdamer Veranstaltung trug einerseits zur Vernetzung der westeuropäischen und ostmitteleuropäischen Studenten bei, führte aber andererseits – wie sowohl im Artikel der Warschauer Autoren als auch in der Ansprache der Prager Medizinstudentin deutlich wird – zu einer starken Betonung nationaler Besonderheiten. Während die tschechoslowakische Studentin über die Möglichkeit berichtete, die übernächste Akademische Woche 1965 in Prag zu veranstalten, schrieben die polnischen Autoren als Mitglieder der Leitung des ZSP, dass in der holländischen Presse nur ein einziges Interview mit polnischen EURAC-Delegierten veröffentlicht wurde und den polnischen Verhältnissen allgemein nur geringere Aufmerksamkeit geschenkt wurde.

Das westliche Leben vermittelten den polnischen Teilnehmern die holländischen Partner, die ihre ausländischen Gäste betreuten. Jeder Teilnehmer hatte einen Partner, der ihm Kneipen in Amsterdam zeigte, ihn in studentische Klubs einlud und mit ihm das Zimmer in der Unterkunft teilte. Einerseits konnten die Teilnehmer so sehr gut den Alltag holländischer Studenten kennenlernen, andererseits beschränkte jedoch die permanente Anwesenheit des Partners die Beziehungen seines Gastes zu anderen Teilnehmern, einschließlich der Mitglieder der eigenen nationalen Delegation. Während die Prager Medizinstudentin den breiten Handlungsraum für die Vernetzung und Begegnung mit anderen Studierenden hervorhob, empfanden die Warschauer Reisenden den Mangel eines solchen Raums als großen Nachteil der Amsterdamer Veranstaltung. Was anfänglich als Chance zur transnationalen Kooperation erschien, wurde letztlich wenig genutzt. Die partikularen Interessen setzten sich auch im Rahmen des sowjetischen Blocks durch, wie ihn die Warschauer Autoren beschworen. Von einer »universalen Brüderschaft« war wenig zu spüren:

> Es ist nicht ausgeschlossen, dass im Jahr 1965 die Europäische Akademische Woche in Prag stattfinden wird, weil die Tschechen diese Veranstaltung als erstes der volksdemokratischen Länder organisieren wollen.[65]

Die Worte der Warschauer Autoren bestätigten die Aussage der Prager Studentin, die auf der Prager Hochschulkonferenz im November 1963 erstmals über die Akademische Woche in Amsterdam gesprochen hatte. Im Rahmen der EURAC wurde diskutiert, ob möglicherweise Prag künftig die Akademische Woche ausrichten würde. Der Warschauer Bericht notierte jedoch auch, dass die »Franzosen« mit den tschechoslowakischen Aspirationen nicht einverstanden waren und selbst die Bereitschaft äußerten, die akademische Woche 1965 vorzubereiten. Auffällig ist zudem das Gewicht, dass die Warschauer Autoren auf die Herkunft der Teilnehmenden legten: Sie nahmen die »Tschechen« als Repräsentanten der Tschechoslowakei wahr, während die Medizinstudentin auf der Prager Hochschulkonferenz von »Tschechoslowaken« sprach. Schließlich verzichteten sie darauf, Klassenzugehörigkeit, Geschlecht oder regionale Herkunft zu nennen und beschrieben französischsprachige Teilnehmer unterschiedslos als »Franzosen«, was im Gegensatz zum stalinistischen Diskurs stand, der soziale Verhältnisse auf Kosten von nationaler Zugehörigkeit betonte. Die in den 1950er Jahren »vergessenen« Denkfiguren kehrten Anfang der 1960er Jahre schnell in die sozialistischen Massenmedien zurück.

Das Thema der Auslandsreisen nach Westeuropa tauchte in tschechoslowakischen Jugendzeitschriften erst 1965 auf, neun Jahre später als in den polnischen Medien.[66] Die »Weltoffenheit« der polnischen Führung des ZSP war mit der ihrer tschechoslowakischen Kollegen nicht vergleichbar. Die Funktionärselite in Warschau ließ deutlich früher als die Genossen in Prag zu, dass in der studentischen Presse über die Reisen nach Westeuropa berichtet wurde. Ein gutes Beispiel hierfür ist die Veröffentlichung des Reiseberichts über die Akademische Woche in Amsterdam in der polnischen studentischen Zeitschrift *ITD*, auch wenn er sich marxistischer und zugleich ethnisierter Sprachmuster bediente. Die Studenten auf der Prager Hochschulkonferenz drückten sich weniger ideologisch aus. Das Bild vom »kapitalistischen« Westeuropa verlor im tschechischsprachigen Diskurs nach dem Kurswechsel Chruschtschows 1961 seinen emotionalen und klassendeterministischen Aspekt. Auf der Prager Hochschulkonferenz wurde über die Akademische Woche in Amsterdam zwar ausführlich geredet, aber der Pressebericht über die Hochschulkonferenz ließ die tschechoslowakische Teilnahme an der Akademischen Woche in Amsterdam unerwähnt. Im Unterschied zu den tschechoslowakischen Medien berichtete die polnische Zeitschrift offen über die Akademische Woche in Amsterdam.[67]

Obwohl die tschechoslowakische Presse die Anwesenheit von Prager Studenten in Amsterdam verschwieg, erfuhren die Auslandsreisen und Ost-West-Begegnungen eine starke mediale Aufmerksamkeit. Die tschechoslowakischen und polnischen Medien stellten die französische oder schwedische Jugend wegen der linken Orientierung der Studentenbewegung weniger negativ dar, als es im angelsächsischen Raum der Fall war.[68] Studenten in Prag und Warschau kritisierten, dass die Hochschulausbildung Auslandsreisen nach Westeuropa umfasste, die tatsächliche Möglichkeit zu reisen jedoch auf Funktionäre beschränkt war und nicht in den sozialistischen Studentenalltag einging. Die polnische Presse verglich regelmäßig die »sozialistische« Universität mit den westeuropäischen Hochschulen.[69] Zugleich wurden die westeuropäische Politik ebenso wie die Gesellschaft und Kultur in den tschechischen Medien ausführlich kommentiert. In der vom ÚV ČSM herausgegebenen Zeitschrift *Mladý svět* wurden regelmäßig Reiseberichte aus Westeuropa veröffentlicht.[70] Einerseits machte dies die Zeitschrift für die Leserschaft sehr attraktiv, andererseits »provozierten« diese Artikel aber auch bei »gewöhnlichen« Studierenden die »Reiselust« in Richtung Westen.[71]

Schlusswort

Beim Vergleich ostmitteleuropäischer Gesellschaften ist festzustellen, dass die Legitimität der politischen Ordnung und ihre Sinnstiftung für geraume Zeit relativ intakt blieben.[72] Auch für den polnischen und tschechoslowakischen Fall gilt die Verallgemeinerung, dass die sozialistische Diktatur durch ein Netzwerk von Überwachungsinstitutionen gesichert, mittels Gewaltandrohung durchgesetzt und durch eine Ideologie legitimiert wurde.[73] Dagegen lässt die Untersuchung des Kulturtransfers zwischen West und Ost anhand der Reisen nach Westeuropa erkennen, dass Reisen und Auslandsaufenthalte sich auf den sozialistischen Alltag auswirkten, die Herrschaftsausübung veränderten, die Fügsamkeit vieler junger Menschen gegenüber den Zentralbehörden abschwächten und schließlich die Attraktivität der politischen Ordnung des Ostens unterminimierten. Die »Sinnwelt« der tschechoslowakischen und polnischen Jugend in den 1960er Jahren entfernte sich dank der Reisemobilität und der Austauschaufenthalte in Westeuropa von den Vorstellungen der kommunistischen

Herrschaftseliten. Häufiger orientierten sich die jungen Menschen nun an Werten, Meinungen und Ansichten, die im Gegensatz zur kommunistischen Herrschaft standen. Viele Jugendliche akzeptierten die gängigen Herrschaftspraxen, zumindest in Bezug auf die restriktive Erteilung von Reisegenehmigungen nach Westeuropa, nicht länger.[74] Durch die alternativen Ordnungsvorstellungen, die die Auslandsreisenden in den Osten mitbrachten, verloren die sozialistischen Regime zusätzlich an Akzeptanz und »Legitimität«. Daher traf die Herrschaftsordnung zunehmend auf Missbilligung, Abneigung oder auch Widerstand der jungen Generation.

Die teilweise Öffnung der Grenzen und somit die Gelegenheit zur Reise nach Westeuropa kam für polnische Bürger nach 1956, für tschechoslowakische Bürger nach 1963. Diese Auflockerung betraf auch die polnische und tschechoslowakische Jugend, obwohl die Jugendorganisationen die Erteilung von Reisegenehmigungen grundsätzlich weiter beeinflussten. Einerseits übernahmen Organisationen wie ZSP und ČSM die scharfe Regulation und Kontrolle der jungen Bewerber, die in den Westen reisen wollten, andererseits knüpften gerade die Funktionäre von ZSP und ČSM Kontakte mit westeuropäischen Jugendorganisationen, vermittelten vielseitige Kulturaustausche und Studienaufenthalte an westeuropäischen Universitäten oder Arbeitspraktika in kapitalistischen Betrieben. Eines der entscheidenden Kriterien für die Erteilung von Reisegenehmigungen war für die polnischen Funktionäre die angestrebte hohe Zahl der Reisenden, während die weltanschauliche Orientierung der westlichen Partner in den Hintergrund rückte und nicht ausführlich untersucht wurde. Die vom ÚV KSČ gelenkte Führung des ČSM dagegen musste die ideologischen Ziele stärker berücksichtigen.

Die Diskussionen über Reisen in den Westen erschienen im Tauwetter 1956 im Zusammenhang mit studentischen Forderungen nach einem größeren Raum für ihre persönliche Mobilität. Im tschechoslowakischen Fall diskutierten die Studierenden spontan auf vielen Sitzungen der Hochschulkomitees des ČSM über Reisen nach Westeuropa als integrativem Bestandteil der sozialistischen Ausbildung. Nach der sowjetischen Intervention in Ungarn wurden Diskussionen über Westreisen jedoch schnell verboten. Im polnischen Fall dagegen wurden sie an Hochschulen und Hochschulinstituten fortgeführt, an denen seit dem Tod Stalins und der

Schwächung der Zensur viele neue studentische Zeitschriften entstanden waren. Diese Zeitschriften veröffentlichten auch kritische Aufsätze zur unbefriedigenden Situation der Auslandsreisen. Der Höhepunkt der Diskussion wurde zu Beginn der 1960er Jahre erreicht, als die Zahl polnischer und teilweise auch tschechoslowakischer Reisender in den Westen anstieg. Das Thema der Westreisen tauchte zudem auf den Seiten der »offiziellen« Presse auf, die von den Jugendorganisationen herausgegeben wurde. Dabei genehmigten die Funktionäre des ZSP deutlich früher als die Führung des ČSM die Berichterstattung dieser Medien über Reisen nach Westeuropa. Im tschechischsprachigen Diskurs setzte sich dieses Thema erst nach der Wiedergründung der Hochschulkomitees des ČSM 1963 durch, die zur erneuerten Kommunikationsplattform für die Studierenden wurden. Die Erfahrungen mit Reisen in den Westen teilten zuerst Mitglieder des ČSM anderen Jugendlichen im Rahmen offizieller Veranstaltungen mit. Der grundsätzliche Unterschied zwischen dem polnischen und dem tschechoslowakischen Fall bestand darin, dass die Prager Studierenden, die zugleich Mitglieder des ČSM waren, das Interesse der westeuropäischen Partner an der Tschechoslowakei positiv einschätzten und die tschechoslowakischen Medien für die »Verzerrung« der Berichte über den Westen kritisierten. Obwohl studentische Mitglieder des ČSM im Rahmen dieser Herrschaftsorganisationen über die gewünschte Zusammenarbeit mit Westeuropa diskutierten, äußerten sich die offiziellen Medien des ČSM zu diesem Thema bis 1965 nicht. Im polnischen Fall beherrschten in dieser Zeit die polnischen Studentenzeitschriften die Kommentare zum Thema des westlichen Hochschulwesens, die den westeuropäischen akademischen Austausch mit stalinistischen Untertönen als kapitalistisches Projekt der Bank- und Industriekonzerne beschrieben und das mangelnde Interesse Westeuropas an Polen betonten.

Wie oben argumentiert wurde, führten die Erfahrungen und Eindrücke, die tschechische, slowakische und polnische Jugendliche auf ihren Auslandsreisen machten und die in den tschechoslowakischen und polnischen Medien diskutiert und wiedergegeben wurden, in den 1960er Jahren zu einem grundsätzlichen Wandel der Herrschaftspraxen in Ostmitteleuropa. Dabei wurde die Frage, welche Auswirkungen die Präsenz von Reisenden aus Ostmitteleuropa in Westeuropa hatte, bislang offen gelassen. Grundsätzlich wäre es übertrieben, Ost- und Westeuropa als vollkommen unterschiedliche Gesellschaftssysteme zu verstehen. Versuche zur Kollektivierung der Agrarwirtschaft, zur Verstaatlichung des Berg- und Hüttenwesens, zum Aufbau kommunaler Wohnungsgenossenschaften oder zur Vereinheitlichung von Erziehung und ideologisierter Ausbildung waren nicht auf Ostmitteleuropa beschränkt, sondern fanden sich in unterschiedlicher Intensität auch in verschieden Gesellschaften Westeuropas. Ähnliches lässt sich für den Bereich der Jugendkultur sagen: In Ostberlin, Prag, Warschau, Bratislava oder Budapest eigneten sich Jugendliche westliche Vorstellungen an und rezipierten amerikanische Popkultur. Umgekehrt wurden aber auch westliche Jugendliche nicht nur von den Ideen der Neuen Linken beeinflusst,[75] sondern ebenso durch Begegnungen mit Altersgenossen aus Ostmitteleuropa. Historische Untersuchungen zur Wandlung der Jugendkultur in Westeuropa in den 1960er Jahren sollten gerade auch den Kulturtransfer aus Ostmitteleuropa in den Blick nehmen, um die Mobilisierung westeuropäischer Jugendlicher weiter zu differenzieren und die gedankliche Einbahnstraße in Richtung Westen zu vermeiden.[76]

Zu Beginn der 1960er Jahren entwickelten die kommunistischen Herrschaftseliten intensive Werbekampagnen für die Idee des Sozialismus durch Austauschreisen zwischen Ost und West. Anhänger des Sozialismus in Westeuropa sowie außenstehende Beobachter wurden in großer Zahl zu Austauschaufenthalten in die Sowjetunion, nach Polen, Ungarn und in die Tschechoslowakei eingeladen und auch zu eigenen Wander- und Erfahrungsreisen ermutigt. Daher lässt sich davon ausgehen, dass die Mobilisierung der westlichen Jugend in den 1960er Jahren auch durch Begegnungen mit und Bindungen zu ostmitteleuropäischen Altersgenossen angeregt wurde. Die westeuropäische Jugend sollte mit ihrer osteuropäischen Reiseerfahrung zur Mobilisierung der pazifistischen Bewegung im Westen beitragen.[77] Hier ist insbesondere an die Teilnahme der Westberliner Studenten an Vorlesungen des Marxismus-Leninismus an der Humboldt-Universität zum Ende der 1950er Jahre, das Treffen zwischen dem amerikanischen SDS und einer nordvietnamesischen Delegation in Bratislava oder die Reise von Rudi Dutschke durch Ostmitteleuropa 1968 und seinen heftigen Meinungsaustausch mit Prager Studenten zu erinnern.[78] Im Versuch der Einbeziehung der Eliten westlicher Studentenbewegungen bildeten diese Ereignisse jedoch nur die Spitze des Eisbergs. Die Fragen, was der Transfer aus Ostmitteleuropa den meisten westeuropäischen Studierenden brachte, und was sie über ihre ostmitteleuropäischen Altersgenossen dachten, sind weiterhin eine Herausforderung für die Zeitgeschichte Europas. Gerade die Analyse des Kulturtransfers zwischen Ost und West kann dazu beitragen, die Geschichte Westeuropas stärker als bisher zu »provinzialisieren«, indem sie diese nicht nur zu globalen Entwicklungen in Beziehung setzt, sondern auch in ihrer Verflochtenheit mit Ostmitteleuropa versteht.[79]

Anmerkungen

1 Vgl. *Kocka, J.*, Das östliche Mitteleuropa als Herausforderung für eine vergleichende Geschichte Europas, in: Zeitschrift für Ostmitteleuropa-Forschung 49 (2000), S. 159–174, hier: S. 170.

2 Ebd. S. 171.

3 Vgl. *Wolff, L.*, Inventing Eastern Europe: The Map of Civilization on the Mind of the Enlightenment, Stanford 1994, S. 1.

4 Die Westernisierung wurde stark mit der »Amerikanisierung« verbunden und war von dieser begleitet. Amerikanisierung im Kontext des Generationskonflikts bezeichnete die kulturelle Anschlussfähigkeit von US-Importen, etwa wirtschaftspolitischen Doktrinen und Management-Techniken, Gebrauchsgütern und PR-Strategien, die in den Alltag und die Berufspraxis der Nachwachsenden einbezogen wurden. Die Prozesse ihrer Aneignung stießen die Umorientierung von einheimischen Denkmustern und Werten sowie die Auseinandersetzung mit sprachlichen und symbolischen Ausdrucksmitteln an, die als amerikanisch galten. Daher veränderten sie grundsätzlich wirtschaftliche Interessen und politische Machtbeziehungen. Vgl. *Maase, K.*, »Amerikanisierung der Gesellschaft«. Nationalisierende Deutung von Globalisierungsprozessen?, in: *K. Jarausch* u. *H. Siegrist* (Hg.), Amerikanisierung und Sowjetisierung in Deutschland 1945–1970, Frankfurt/Main, 1997, S. 219–241, hier: S. 222.

5 Vgl. *Doering-Manteuffel, A.*, Westernisierung: Politisch-ideeller und gesellschaftlicher Wandel in der Bundesrepublik bis zum Ende der 60er Jahre, in: *A. Schildt* (Hg.), Dynamische Zeiten – die 60er Jahre in den beiden deutschen Gesellschaften, Hamburg, 2000, S. 311–341, hier: S. 314.

6 Ebd., S. 340.

7 Vgl. *Connelly, J.*, The Captive University – Sovietization of East German, Czech, and Polish Higher Education, 1945–1956, Chapel Hill 2000, S. 1; *Reiman, M.*, »Sowjetisierung« und nationale Eigenart in Ostmittel- und Südosteuropa. Zu Problem und Forschungsstand, in: *H. Lemberg* (Hg.), Sowjetisches Modell und nationale Prägung: Kontinuität und Wandel

in Ostmitteleuropa nach dem Zweiten Weltkrieg, Marburg 1991, S. 3–9, hier: S. 5.

8 Vgl. *Ther, P.*, Deutsche Geschichte als Transnationale Geschichte: Überlegungen zur Histoire Croisée Deutschlands und Ostmitteleuropa, in: Comparativ: Leipziger Beiträge zur Universalgeschichte und vergleichende Gesellschaftsforschung 13 (2003), S. 156–181, hier: S. 159.

9 Vgl. *Middell, M.*, Kulturtransfer und Historische Komparatistik: Thesen zu ihrem Verhältnis, in: Comparativ: Leipziger Beiträge zur Universalgeschichte und vergleichende Gesellschaftsforschung 10 (2000), S. 7–41, hier: S. 17.

10 Vgl. *Havighurst, A. F.*, Britain in Transition: the Twentieth Century, Chicago 1985, S. 392.

11 Vgl. *Skilling, G. H.*, Czechoslovakia's Interrupted Revolution, Princeton 1976, S. 3.

12 Vgl. Hodnotenie výberu na zahraničnú rekreáciu ČSM r. 1951, in: NA (Národní archiv), f. ÚV ČSM – Praha, ka. 200/79.

13 Vgl. Návrh mezinárodní činnosti ÚV ČSM na rok 1956, in: NA, f. ÚV ČSM – Praha, ka.140/21.

14 Vgl. *Golan, G.*, The Soviet Union and National Liberation Movements in the Third World, Boston 1988; *dies.*, Soviet Policies in the Middle East – From World War II to Gorbachev, Cambridge 1990.

15 Vgl. Zpráva o zájezdu delegace ÚV ČSM do Federativní lidové republiky Jugoslávie, in: NA, ka.142/17. Vgl. Zpráva o zájazde delegácie ÚV ČSM do Federatívnej ľudovej republiky Juhoslávie, in: SNA, f. SÚV ČSM – Bratislava, ka. 31/218.

16 Vgl. Zpráva o zájazde súboru Lúčnica do Škandinávskych zemí (Norsko, Švédsko a Dánsko) a do NDR, in: SNA (Slovenský Národný, Archív) f. SÚV ČSM – Bratislava, ka. 32/227.

17 Vgl. *Sowiński, P.*, Wakacje w Polsce Ludowej – Polityka władz i ruch turystyczny, 1945–1989, Warschau 2005, S. 287. Vgl. *Rychlík, J.*, Cestování do ciziny v habsburské monarchii a v Československu – Pasová, vízová a vystěhovalecká politika 1848–1989, Prag 2007, S. 83.

18 Vgl. *Mergel, T.*, Europe as Leisure Time Communication: Tourism and Transnational Interaction since 1945, in: *K. Jarausch* (Hg.), Conflicted Memories. Europeanizing Contemporary Histories, New York 2007, S. 133–153, hier: S. 133; *ders.*, Transnationale Kommunikation von unten: Tourismus in Europa nach 1945, in: Potsdamer Almanach des Zentrums für Zeithistorische Forschung 2008, S. 115–125, hier: S. 116.

19 Vgl. Rekreačné oddelenie podáva zprávu o priebehu detskej rekreácii v roku 1950, in: SNA, f. SÚV ČSM – Bratislava, ka. 5/Materiál pre predsedníctvo SÚV – ČSM 24. novembra 1950.

20 Vgl. *Margolius-Kovály, H.*, Under a Cruel Star: a Life in Prague 1941–1968, New York 1997.

21 Vgl. Rekreačné oddelenie podáva zprávu o priebehu detskej rekreácii v roku 1950, in: SNA, f. SÚV ČSM – Bratislava, ka. 5/Materiál pre predsedníctvo SÚV – ČSM 24. novembra 1950.

22 Vgl. Činnost MSS v roce 1956 (schváleno na radě MSS), in: NA, ÚV ČSM – Praha, ka. 140/21.
23 Vgl. Návrh mezinárodní činnosti ÚV ČSM na rok 1956, in: NA, f. ÚV ČSM – Praha, ka.140/21.
24 Vgl. Informativní zpráva ze zájezdu do Francie, in: NA, ÚV ČSM – Praha, ka. 142/22. Perspektivní plán práce Československého svazu mládeže na úseku zahraničních styků a propagace Československa do zahraničí, in: NA, ÚV ČSM – Praha, ka. 153/28.
25 Vgl. Zpráva o mezinárodních stycích ÚV ČSM v roce 1957 a návrh styků v roce 1958, in: NA, ÚV ČSM – Praha, ka.147/12, S. 9 ff.
26 Vgl. RN ZSP proponuje usprawnić praktyki zagraniczne, Politechnik – czasopismo studentów i pracowników Politechniki Warszawskiej, 4/IX, 15 – 30 XI 1957.
27 Ebd.
28 Ebd.
29 Vgl. Studenckie praktyki zagraniczne, *Politechnik* 8/X, 15 – 28 II 1959.
30 Ebd.
31 Vgl. Stracone nadzieje, *Politechnik* 7/VIII, 1 – 30 VI 1957.
32 Ebd.
33 Vgl. *Leszczyński, A.*, Sprawy do załatwienia – Listy do »Po Prostu« 1955–1957, Warschau 2000, S. 19.
34 Vgl. *Sowiński*, Wakacje, S. 52.
35 Vgl. List ministerialny do Kuratoriów Oświaty w sprawie organizacji wycieczki młodzieży do Czechosłowacji (1950), Mośw., 4117, ka. 32–33. Zitiert nach *Sowiński, P.*, Wakacje, S. 54.
36 Ebd.
37 Ebd.
38 Vgl. W sprawie wykonania uchwały Kolegium Ministerstwa Szkolnictwa Wyższego z dnia 16 maja 1963 r. dot. Oceny V Kongresu ZSP, in: AUW (Archiwum Uniwersytetu Warszawskiego), 1960.03.27 – 1963.12.10, sign. Ac 757/015.
39 Vgl. Sprawozdanie z działalności ogólnopolskiego Zjazdu kół Naukowych, Rada Naczelna ZSP, 1964.04.11–1965.11.01., in: AUW sign. Ac 886/015.
40 Vgl. Lato Studenckie 63 – program lata studenckiego 63, organizowanego przez poszczególne Komisje ZSP, in: AUW, sign. Ac 757/015.
41 Vgl. Informační zpráva o zahraničí turistice mládeže, in: NA, f. ÚV ČSM – Praha, ka.153/11.
42 Vgl. Hodnocení činnosti cestovního odboru UV CSM a zahraniční turistiky mládeže v roce 1960, in: NA, ka.156/7.
43 Ebd.
44 Ebd.
45 Vgl. Hodnocení činnosti cestovního odboru ÚV ČSM a zahraniční turistiky mládeže v roce 1960, in: NA, f. ÚV ČSM – Praha, ka.156/7.
46 Vgl. Zpráva o účasti ČSM v akci SFDM »Léto přátelství« v r. 1956 a návrhy na mezinárodní turistickou činnost v roce 1957, in: NA, f. ÚV ČSM – Praha, ka. 144/14.

47 Vgl. Hodnocení činnosti cestovního odboru ÚV ČSM a zahraniční turistiky mládeže v roce 1960, in: NA, f. ÚV ČSM - Praha, ka.156/7.
48 Vgl. Zápisnica zo schôdzke VV ČSM na UK, konanej dňa 10. februára 1961, in: AKU (Archiv Univerzity Karlovy), f. RUK II, ka. 307.
49 Ebd.
50 Vgl. *Rychlík, J.*, Cestování, S. 53.
51 Vgl. Hodnocení činnosti cestovního odboru ÚV ČSM a zahraniční turistiky mládeže v roce 1960, in: NA, ka.156/7.
52 Ebd.
53 Ebd.
54 Vgl. *Durman, K.*, Popely ještě žhavé - Světová válka a nukleární mír, Prag 2004, S. 421.
55 Vgl. Stenografický záznam ustavující obvodní konference ČSM vysokých škol, konané dne 30. listopadu 1963 v Praze v Kulturním domě pracujících ve strojírenství, in: AUK, f. Studentské hnutí šedesátých let 20.století, 72-39-1, S. 17/1.
56 Vgl. Návrh mezinárodní činnosti ÚV ČSM na rok 1956, in: NA, f. ÚV ČSM - Praha, ka. 140/21.
57 Činnost ÚV ČSM na mezinárodním úseku, NA, f. ÚV ČSM - Praha, ka. 141/18.
58 Současné problémy mezinárodního studentského hnutí, NA, f. ÚV ČSM - Praha, ka. 142/16.
59 Svazácké veřejnosti o ustavující konferenci vysokoškolského výboru ČSM, *Universita Karlova* 13/X, 3.dubna 1964.
60 Zum Herrschaftsdiskurs vgl. *Sabrow, M.*, DDR-Geschichtswissenschaft als Herrschaftsdiskurs: Zur Entstehungsgeschichte eines Interpretationsmodells, in: *C. Brenner* u. *E.K. Franzen* (Hg.), Geschichtsschreibung zu den böhmischen Ländern im 20. Jahrhundert: Wissenschaftstraditionen - Institutionen - Diskurse, München 2006, S. 25-43, hier: S. 32; *ders.*, Geschichte als Herrschaftsdiskurs: Der Umgang mit der Vergangenheit in der DDR, Köln 2000.
61 Vgl. Informativní zpráva ze zájezdu do Francie, in: NA, ÚV ČSM - Praha, ka. 142/22. Perspektivní plán práce Československého svazu mládeže na úseku zahraničních styků a propagace Československa do zahraničí, in: NA, ÚV ČSM - Praha, ka. 153/28.
62 Vgl. Eurac 63, *ITD* 48/IV, 1 Grudnia 1963.
63 Vgl. Eurac 63, *ITD* 48/IV, 1 Grudnia 1963.
64 Dazu *Kosiński, K.*, O nową mentalność: Życie codzienne w szkołach 1945-1956, Warschau 2000, S. 146. Vgl. Návrh na referát pro zasedání ÚV ČSM o výchovných otázkách, in: NA, f. ÚV ČSM - Praha, ka. 100/4.
65 Vgl. Eurac 63, *ITD* 48/IV, 1 Grudnia 1963.
66 *Mladý svět* 7/VII, 19. února 1965. *Mladý svět* 40/VII, 8. října 1965.
67 Svazácké veřejnosti o ustavující konferenci vysokoškolského výboru ČSM, *Universita Karlova* 13/X, 3.dubna 1964.
68 »Maskotki«, Marlon Brando i seks, *ITD 27/VI*, 4 lipca 1965. Młodzi Francuzi »Bez przesądów« - L'Amour physique, *ITD 28/VI*, 11 lipca 1965.

69 Architektura nie dla dorosłych, *ITD* 2/I, 9 Października 1960; »Londyn z lotu jamnika«, *ITD 10/I,* 4 grudnia 1960; »Bulwar Andersena«, *ITD 37/ III,*16 września 1962; Wikingowie chcą pokoju, *ITD* 30–31/VII, 24–31 Sierpnia 1966.

70 *Mladý svět* 7/VII, 19. února 1965. *Mladý svět* 40/VII, 8. října 1965.

71 Vgl. Stenografický záznam ustavující obvodní konference ČSM vysokých škol, konané dne 30. listopadu 1963 v Praze v Kulturním domě pracujících ve strojírenství, in: AUK, f. Studentské hnutí šedesátých let 20.století, 72–39–1, S. 7/1 ff.

72 Vgl. *Kopeček, M.*, Hledání ztraceného smyslu revoluce: Zrod a počátky marxistického revizionismu ve střední Evropě 1953–1960, Prag 2008, S. 106.

73 Vgl. *Lindenberger, T.* (Hg.), Herrschaft und Eigen-Sinn in der Diktatur: Studien zur Gesellschaftsgeschichte der DDR, Köln 1999, S. 13–44, hier: S. 20. Vgl. auch *ders.*, Volkspolizei: Herrschaftspraxis und öffentliche Ordnung im SED-Staat 1952–1968, Köln 2003, S. 15.

74 Vgl. *Kolář, P.*, Sozialistische Diktatur als Sinnwelt: Repräsentationen gesellschaftlicher Ordnung und Herrschaftswandel in Ostmitteleuropa in der zweiten Hälfte des 20. Jahrhunderts, Potsdamer Bulletin für Zeithistorische Studien 40/41 (Dezember 2007), S. 24–29, hier: S. 24.

75 Vgl. *Schmidtke, M. A.*, Der Aufbruch der jungen Intelligenz. Die 68er Jahre in der Bundesrepublik und den USA, Frankfurt/Main 2003, S. 11; *Etzemüller, T.*, 1968 – Ein Riss in der Geschichte? Gesellschaftlicher Umbruch und 68er Bewegungen in Westdeutschland und Schweden, Konstanz 2005, S. 34; *Juchler, I.*, Die Studentenbewegungen in den Vereinigten Staaten und der Bundesrepublik Deutschland der sechziger Jahre. Eine Untersuchung hinsichtlich ihrer Beeinflussung durch Befreiungsbewegungen und -theorien aus der Dritten Welt, Berlin 1996; *Allerbeck, K. R.*, Soziologie radikaler Studentenbewegungen: Eine vergleichende Untersuchung in der Bundesrepublik Deutschland und den Vereinigten Staaten, München 1973, S. 166.

76 Vgl. *Doering-Manteuffel, A.*, Wie westlich sind die Deutschen: Amerikanisierung und Westernisierung im 20. Jahrhundert, Göttingen 1999, S. 15.

77 Vgl. Činnost ÚV ČSM na mezinárodním úseku, in: NA, f. ÚV ČSM – Praha, ka.141/18. Vgl. »Anders Reisen«: Alternativer Jugendtourismus der 1960er bis 1980er Jahre in der Bundesrepublik Deutschland (Anja Bertschs Dissertationsprojekt betreut von Sven Reichardt an der Universität Konstanz); *Slobodian, Q.*, What does Democracy Look Like (and Why Would Anyone Want to Buy It)? Third World Demands and West German Responses at the 1960s World Youth Festival, Konferenzbeitrag vorgestellt auf der Konferenz European Cold War Cultures im Zentrum für Zeithistorische Forschung Potsdam am 27. April 2007, wird veröffentlicht in: *T. Lindenberger* u. *A. Vowinckel* (Hg.), European Cold War Cultures, New York 2010.

78 Vgl. *Mitter, A.* u. *S. Wolle*, Untergang auf Raten: Unbekannte Kapitel der DDR-Geschichte, München, 1993; *Schmidtke, M. A.*, Reform, Revolte oder

Revolution? Der Sozialistische Deutsche Studentenbund (SDS) und die Students for a Democratic Society (SDS) 1960–1970, in: *I. Gilcher-Holtey*, 1968 – vom Ereignis zum Gegenstand der Geschichtswissenschaft, Göttingen 1998, S. 188–206, hier: S. 201; *Bren, P.*, 1968 East and West: Visions of Political Change and Student Protest from across the Iron Curtain, in: *G. R. Horn* u. *P. Kenney* (Hg.), Transnational movements of change: Europe 1945, 1968, 1989, Lanham 2004, S. 119–135, hier: S. 120.

79 Vgl. *Fietze, B.*, 1968 als Symbol der ersten global Generation, in: Berliner Journal für Soziologie 7/1997, S. 365–386, hier: S. 373. Vgl. *Suri, J.*, Power and Protest: Global Revolution and the Rise of Detente, Cambridge 2003, S. 164; *Frei, N.*, 1968 – Jugendrevolte und globaler Protest, München 2008, S. 184.

Mateusz J. Hartwich

Wie schreibt man eine transnational orientierte Geschichte einer polnischen Provinz um 1956?

In memoriam Tony Judt

Eine der eindruckvollsten Überblickdarstellungen zur europäischen Nachkriegsgeschichte beginnt mit einem Bild von großem Symbolcharakter. Der Historiker Tony Judt sitzt in einem Wiener Taxi, als er die Nachricht über den blutigen Umsturz in Rumänien im Dezember 1989 hört – den Schlussakkord des »europäischen Herbstes der Völker«. Er sinniert: »In diesem kalten mitteleuropäischen Dezember wurde mir klar, dass die europäische Nachkriegsgeschichte neu geschrieben werden musste. […] Nach 1989 sollte nichts mehr so sein wie früher – weder Zukunft noch Gegenwart und erst recht nicht die Vergangenheit«.[1]

Die europäische Integration veranlasst viele Beobachter dazu, jenseits der Analyse gegenwärtiger Prozesse nach ihren historischen Vorläufern und etwaigen »Lehren aus der Geschichte« zu suchen. In (populären) Darstellungen der europäischen Geschichte wird daher auf Parallelen, Verbindungen und Wechselwirkungen zwischen den einzelnen Ländern verwiesen, um dem heutigen Integrationsprozess eine historische Berechtigung zu verleihen, ja, um überhaupt eine »europäische Geschichte« erzählen zu können.[2] Phänomene wie Migration, Reisen, Ideentransfer, Kulturaustausch, Nationen übergreifende Ereignisse etc. haben das Bewusstsein für Zusammenhänge über die Grenzen einzelner Staaten hinaus wachsen lassen.[3] Von diesem Phänomen nicht unberührt bleiben auch die nationalen Historiographien. Es wird über die koloniale Vergangenheit Frankreichs diskutiert oder über Deutschland als Einwanderungsland. Nicht zuletzt nehmen solche Debatten die Form (nationaler) Museumsprojekte an. Und nicht zufällig stellt das Brüsseler »Europa-Museum« den Versuch dar, dieser historischen Sinnsuche eine visuelle Form zu geben.[4]

Auch Polen versucht seine Vergangenheit neu zu bestimmen.[5] Seit Beginn des 21. Jahrhunderts werden große Museumsprojekte breit diskutiert und zum Teil schon umgesetzt. Dazu zählen das 2004 eröffnete Museum des Warschauer Aufstands sowie die im Bau befindlichen Museen der Geschichte der polnischen Juden und der Geschichte Polens. Diese Debatten haben ein weiteres Projekt in den Hintergrund rücken lassen, das seit Längerem postuliert wird und bisher nur partiell oder virtuell existiert: das Museum der Volksrepublik Polen (poln. Polska Rzeczpospolita Ludowa, PRL).[6] Dabei könnte der Versuch einer historischen Bestimmung jener Epoche (1944–1989) durchaus zu einem der wichtigsten Aspekte der Museumsdebatte beitragen, nämlich zur Frage nach dem Wesen einer nationalen Geschichtsnarration, nach dem Anteil des »Fremden« an der polnischen Geschichte, nach dem Verhältnis einer nationalen Selbstvergewisserung zu der als notwendig betrachteten Öffnung für nicht-polnische Elemente.[7] Der vorliegende Beitrag versteht sich daher als Versuch, eine transnational orientierte Geschichte der Volksrepublik Polen als Teil der europäischen Nachkriegsgeschichte, wie sie seit 1989 neu gedacht wird, zu schreiben.

Dazu sei einleitend die Zielstellung eines solchen Vorgehens erläutert. Grundsätzlich ist Philipp Ther zuzustimmen, dass die Geschichtswissenschaft – auch eine »europäisierte« – weiterhin auf Nationen und Nationalstaaten fixiert ist, was durch methodische Neuerungen im Bereich von Vergleich und Transfer an sich nicht tangiert wurde.[8] Ther plädierte in dem erwähnten Aufsatz für eine stärkere Berücksichtigung »relationaler Ansätze« bei der Betrachtung der deutschen Geschichte und deutet explizit auf ihre Verflechtung mit Ostmitteleuropa hin. »Die gegenseitige Beeinflussung«, lautet dabei ein Schlüsselsatz, »war in der europäischen Moderne so intensiv, dass die Entwicklung Deutschlands und einer deutschen Gesellschaft im 19. und 20. Jahrhundert nicht aus sich selbst heraus erklärt werden kann«.[9] Wie obige Ausführungen nahe legen, wächst in Polen die Zahl derer, die die Geschichte des Landes aus politischen und methodischen Gründen nicht mehr nur »internalistisch« schreiben wollen. Während jedoch die Betonung des »multikulturellen« Charakters der alten polnischen Adelsrepublik (bis 1795) beinahe schon zum Mainstream der Geschichtsschreibung gehört, wird die Entwicklung Polens und der polnischen Gesellschaft im 19. und 20. Jahrhundert noch immer größtenteils »aus sich selbst heraus« erzählt – etwa als Geschichte eines nationalen Freiheitskampfs. In dem vorliegenden Text wird die Geschichte des kommunistischen Polen als auf vielen Ebenen transnational verflochten dargestellt. Um eine möglichst dichte Darstellung der problematisierten Aspekte zu gewährleisten, wird dabei eine konkrete Fallstudie präsentiert: Der Tourismus als transnationaler Faktor in einer Region des kommunistischen Polen.

Der geographische und zeitliche Rahmen

Gegenstand dieser Studie sind transnationale Bezüge in der neueren Geschichte der Riesengebirgsregion.[10] Gelegen im südlichen Niederschlesien, das bis 1945 Teil des Deutschen Reiches war und nach dem Zweiten Weltkrieg an Polen fiel, stellt dieser Raum in vielerlei Hinsicht eine Herausforderung für eine transnational orientierte Geschichtsschreibung dar. Als Grenzregion mit wechselnden staatlichen Zugehörigkeiten, kulturellen und materiellen Schichten unterschiedlicher Herkunft, dem Transfer von Menschen und Ideen kann das Gebiet um das Riesengebirge *per se* als »europäisch« im Sinne der in der Einleitung beschriebenen Geschichtsschreibung gelten.[11] Hinzu kommt der größte Bruch in der Zeitgeschichte dieses Teils des Kontinents, der gewaltsame Bevölkerungsaustausch in Folge des Zweiten Weltkriegs, der als dramatisches »transnationales« Ereignis betrachtet werden kann.[12]

Die Region blickt aber nicht nur auf eine wechselvolle Besiedlungsgeschichte zurück, deren bisher letzter Höhepunkt die Vertreibung der Deutschen und die Neubesiedlung durch Polen war. Zu einem Schlüsselfaktor in der neuzeitlichen Entwicklung dieses Gebiets wurde auch der Tourismus. Seit dem späten 18. Jahrhundert veränderten sich mit dem aufkommenden Fremdenverkehr die Wirtschaft, die Verkehrsinfrastruktur, die Bebauung, das Ökosystem und nicht zuletzt die Identität der Riesengebirgsregion. Mit der Erschließung des Riesengebirges für den wilhelminischen Massentourismus in der zweiten Hälfte des 19. Jahrhunderts kann von einer Anpassung an die Erwartungen des überregionalen Publikums gesprochen werden, was Veränderungen im Baustil, in der Darstellung lokaler Bräuche und selbst in Fauna und Flora einschloss. Nicht zuletzt sorgte der Fremdenverkehr für die Einbindung dieser preußischen Peripherie in einen internationalen Wettbewerb der Tourismuszentren und den Kreislauf touristischer Trends. Selbst im Zeitalter des Nationalismus war der Tourismus somit ein Faktor, der das Leben in der Region über nationale Grenzen hinaus prägte.

Vor diesem Hintergrund muss für das erste Jahrzehnt der Volksrepublik Polen eine »Nationalisierung« der Gesellschaft konstatiert werden. Man entledigte sich ethnisch fremder Elemente durch Ausweisung oder im Falle der ruthenischen Minderheit durch Zwangsumsiedlung und somit Zerstreuung und Unterdrückung ihrer kulturellen Eigenheit. Die mehr oder weniger freiwillige Ausreise nahezu aller Holocaustüberlebenden, beschleunigt durch gewaltsame antisemitische Ausschreitungen, vollendete das Bestreben der neuen Machthaber, einen ethnisch homogenen Staat zu errichten.[13] Paradoxerweise war diese Bevölkerungspolitik ein Instrument zur Etablierung der Herrschaft der Polnischen Arbeiterpartei (poln. Polska Partia Robotnicza, PPR), einer nicht nur von Moskau aus installierten Gruppe, sondern auch einer, die ihrem Wesen nach den kommunistischen »Internationalismus« vertreten und implementieren sollte.[14] Mit der Entfaltung des so genannten Kalten Krieges seit 1947 wurden die Grenzen der sozialistischen Staaten geschlossen und alle internationalen Kontakte, auch innerhalb des Ostblocks, radikal beschränkt.[15]

Hinzu kam die Zentralisierung, Ideologisierung und Verstaatlichung aller Lebensbereiche im kommunistischen Polen, darunter der Tourismusorganisation. Der Reiseverkehr war zu einem der vielen Instrumente eines totalitären Staates geworden, mit dem man das Warum, das Wie und das Wohin der Gesellschaft bestimmte. Die Mobilität, beziehungsweise ihre Einschränkung, wurde zu einem Schlüsselfaktor des kommunistischen Systems.[16] Nach einer kurzen Übergangszeit, innerhalb derer private Initiativen und unabhängige Aktivitäten sozialer Organisationen noch zugelassen waren, wurde die Tourismusorganisation Ende der 1940er Jahre in der Hand des gewerkschaftlichen »Fonds für Arbeitererholung« (poln. Fundusz Wczasów Pracowniczych, FWP) nach sowjetischem Muster zentralisiert.[17] Im Gegensatz zur Vorkriegszeit sollte der sozialistische Fremdenverkehr nicht mehr »inhaltsleer« sein, sondern eine pädagogische, politische Funktion erfüllen und die Erfahrung der heimatlichen Landschaft – des »neuen Polen« – anstelle des Konsums in den Vordergrund rücken.[18] Für die neuen Bewohner des Riesengebirges bedeuteten diese Entwicklungen, dass eine Mitgestaltung der Tourismuspolitik und -organisation, etwa in Form unternehmerischer Tätigkeit, radikal beschränkt wurde. Andererseits wurden alle transnationalen Bezüge durch die Abschottung nach außen in dieser Zeit (circa 1948–1955) faktisch gekappt.

Transnationale Bezüge durch Tourismus

Die oben beschriebene Konstellation bildet den Ausgangspunkt für die nachfolgende Analyse transnationaler Bezüge durch den Tourismus im Polen der späten 1950er Jahre. Es werden dabei drei Aspekte angesprochen, die sich auf mein Postulat einer neu zu schreibenden Geschichte der Volksrepublik Polen zwischen 1954 und 1958 beziehen: die Reformdiskussion im touristischen Milieu Mitte der 1950er Jahre, insbesondere Fragen des Auslandstourismus; die Wiederkehr der »deutschen Frage« im Zuge einer zeitweiligen Liberalisierung der Nationalitätenpolitik und des Reiseverkehrs; und die Auswirkungen beider Erscheinungen auf die beschriebene Region. Argumentativ folgt der Aufsatz dabei drei – für eine integrierte europäische Geschichtsschreibung aus meiner Sicht zentralen – Forderungen: Erstens wird dafür plädiert, die weiterhin dominierende politikhistorische Fixierung mit einer Konzentration auf die Ereignisse des Jahres 1956 durch sozial- und alltagshistorische Dimensionen zu ergänzen. Dazu dient ein Blick auf milieuspezifische Diskussionsprozesse vor und nach 1956. Zweitens wird die transnationale Ebene der Geschichte Polens in diesen Jahren durch den Verweis auf die Lage einer nationalen Minderheit und der mit dieser Frage zusammenhängenden migrations-, kultur- und beziehungsgeschichtlichen Phänomene in den Blickpunkt genommen. Und drittens dient die Untersuchung regionaler Entwicklungen dazu, die Potenziale einer dezentralen Perspektive auf die Dynamik der Entstalinisierung aufzuzeigen.

A. Reformbestrebungen im Tourismus

Anknüpfend an frühere Traditionen haben Aktivisten direkt nach dem Ende des Zweiten Weltkriegs den Versuch unternommen, in der neuen gesellschaftspolitischen Situation ihren Traum vom »demokratischen Tourismus« umzusetzen.[19] Ein starkes Engagement des Staates bei der Organisation und Finanzierung des Erholungswesens sollte dem Durchschnittsbürger ermöglichen, bezahlten Urlaub in ansprechender Umgebung zu verbringen. Der Erwerb neuer Territorien im Westen und Norden, darunter solch entwickelter Tourismuszentren wie der des Riesengebirges, schien diesen Traum in greifbare Nähe zu rücken. Umso größer war der Missmut unter den Aktivisten, als sich Anfang der 1950er Jahre immer deutlicher abzeichnete, dass die Realität weit hinter den Vorstellungen zurück blieb. Die Verstaatlichung der Infrastruktur bei gleichzeitiger Ausschaltung privater Anbieter, die Zentralisierung der Verwaltung, der Investitionsrückstau, der selbst gut erhaltene Objekte verfallen ließ, und das eklatante Missmanagement vor Ort sorgten dafür, dass den Aktivisten der Ist-Zustand nicht mehr hinnehmbar erschien.[20] Ende 1954 brachte ein Diskussionsteilnehmer die Atmosphäre auf den Punkt: »Es ist ja so, dass in allen Bereichen momentan eine gewisse Revision der bisherigen Vorgehensweise stattfindet. Das geschieht in der Architektur, in der Kunst, und es wundert mich nicht, dass auch hier diese Frage aufkommt. Es scheint, als ob es an der Zeit wäre, auch diese Fragen zu revidieren.«[21] Dieses Zitat belegt, dass selbst im politisch kontrollierten Bereich der Sozialtouristik die Kritik immer offener geäußert wurde. Es verweist auch auf die zeitgenössische Wahrnehmung des so genannten »Tauwetters«, also der Jahre nach Stalins Tod 1953, als erste Anzeichen der Liberalisierung etwa in der Kultur zu vernehmen waren. Bevor die Entstalinisierung im politischen Bereich mit Nikita S. Chruschtschows »Geheimreferat« im Februar 1956 faktisch eingeläutet wurde, war die Diskussion in verschiedenen gesellschaftlichen Bereichen bereits voran geschritten.[22]

Dabei muss man keinesfalls so weit gehen, dem touristischen Aspekt eine Vorreiterrolle in den Reformdebatten der »Tauwetter«-Periode zuzuschreiben.[23] Punktuell lässt sich jedoch belegen, dass milieuspezifische Entwicklungen in dieser Zeit eine eigene Dynamik angenommen haben. Für die Periodisierung der Entstalinisierung im nationalen und internationalen Rahmen könnten genauere Untersuchungen zu weiteren Bereichen des gesellschaftlichen Alltagslebens gewiss noch Auswirkungen haben. Tatsache ist, dass die Reformdiskussion im touristischen Milieu, kaum dass sie um 1955/56 an Tempo gewann, bald keine Tabus mehr kannte. Das Monopol des Staates im organisatorischen Bereich wurde in Frage gestellt, genau so wie die Funktionsweise des FWP-Erholungswesens – des Rückgrats der Sozialtouristik der Volksrepublik. Die Reformer forderten erfolgreich die begrenzte Zulassung privater Anbieter und setzten durch, dass in Tourismuszentren, wo das staatliche Angebot die Nachfrage nicht befriedigen konnte, steuerliche Anreize für Vermieter von Privatquartieren eingeführt und durchgesetzt wurden. Davon war das Riesengebirge in besonderem Maße betroffen, und schon 1959 konnten lokale Aktivisten vermelden, dass in der Region 800 Unterkünfte dieser Art zur Verfügung stünden.[24] Bis 1965 wuchs diese Zahl auf 5.500 an.

Zu einem der zentralen Themen der Reformdebatte im Tourismus wurde die Frage des Auslandstourismus. Einen begrenzten Urlauberaustausch, vor allem mit den anderen sozialistischen Staaten, hatte es auch in den frühen 1950er Jahren, zu Zeiten der internationalen Abschottung, gegeben. So konnten über die Feriendienste der Gewerkschaftsorganisationen seit 1951 jährlich etwa 100 Urlauber aus der DDR in Zakopane verweilen, während die gleiche Anzahl polnischer Bürger die Erholungsheime in Friedrichsroda nutzte.[25] Erst 1956, als sich ein fundamentaler Umbruch im politischen und gesellschaftlichen Bereich bereits abzeichnete, nahm der Reiseverkehr zwischen beiden Staaten größere Ausmaße an, was weiter unten noch erläutert werden wird. Im Zuge der Reformdiskussion wurde auch die Erneuerung der so genannten touristischen Konvention mit der Tschechoslowakei, eines Abkommens über grenzüberschreitende Wandergebiete in der Tatra, gefordert und im Sommer 1956 umgesetzt. Doch nicht nur in den sozialistischen »Bruderstaaten« und einigen neutralen Ländern sah man eine Chance auf Belebung des Fremdenverkehrs in Polen. Immer offener forderte man die Öffnung der Grenzen für westliche Touristen, zuerst für französische oder US-amerikanische Bürger polnischer Abstammung, dann für alle Besucher, inklusive westdeutscher. Auch wenn man sich der politischen Problematik bewusst war – aus der BRD erwartete man vor allem »Heimatreisende« und witterte darin eine »revisionistische Bedrohung« –, wollte man umfangreiche Visa-Erleichterungen durchsetzen.[26] Der Hintergrund dessen waren wirtschaftliche Probleme der Volksrepublik, die 1956 immer deutlicher zu Tage traten. Von der Öffnung für westliche Touristen erhoffte man sich Deviseneinnahmen von mehreren hunderttausend US-Dollar, und so kamen im Sommer 1956 der Wunsch nach Reformen, der aus Aktivistenkreisen an die zentralen Entscheidungsträger herangetragen wurde, und wirtschaftspolitische Überlegungen der Partei und der Regierung zusammen. Noch im Oktober dieses Jahres wurden erste Vereinbarungen mit westdeutschen Reiseunternehmen geschlossen.

Nur am Rande sei hier noch erwähnt, dass die Belebung des internationalen Reiseverkehrs Mitte der 1950er Jahre ein allgemeiner Trend war, der die Ostblockländer ebenfalls einschloss.[27] Im Rahmen internationaler Organisationen wurden entsprechende Regulierungen propagiert und auch der Rat für Gegenseitige Wirtschaftshilfe (RGW) beschloss schon 1955 eine Koordination der Tourismuspolitik unter den sozialistischen Staaten. Nicht zuletzt kann dies als Reaktion auf den intensiveren grenzüberschreitenden Reiseverkehr in Westeuropa in Folge des steigenden Wohlstands (Stichwort »Wirtschaftswunder«) in jener Zeit gesehen werden.[28] Zusätzlich suchten einige osteuropäische Staaten, unter anderem Polen, den Anschluss an die allgemeinen Entwicklungen im touristischen Bereich, etwa durch Beitritt zu einschlägigen Organisationen wie der Internationalen Union der Offiziellen Tourismusorganisationen (IUOTO). Dies förderte zumindest den Abgleich der nationalen Normen und Methoden mit internationalen Standards. Einen ähnlichen Einfluss hatte die Beteiligung an der Weltausstellung 1958 in Brüssel, die von der Volksrepublik zu touristischen Werbezwecken genutzt wurde. Interessanterweise wurde eben jene Brüsseler Expo in der anfangs erwähnten Ausstellung des Europa-Museums zu einem »Ort der Begegnung« von Ost und West stilisiert.

Zusammenfassend lassen sich im Hinblick auf die im Titel gestellte Frage folgende Befunde identifizieren: Zum einen kann die Chronologie der Veränderungen in Polen um 1956 nicht mit den politischen Entwicklungen gleichgesetzt werden. Vielmehr scheint die Reformdiskussion im Tourismusmilieu schon 1954 eingesetzt zu haben und beeinflusste die Politik in diesem Bereich bis mindestens 1958. Zum anderen war der Wunsch nach einer Öffnung für ausländische Besucher ein wichtiges Merkmal der Debatten und belegt punktuell die Relevanz transnationaler Faktoren für die Dynamik der Entstalinisierung. Und schließlich war die Entwicklung in Polen eingebettet in einen internationalen Kontext. Die Entwicklungen im Fremdenverkehr waren ein übergeordneter Prozess, der durch den wachsenden Wohlstand in den 1950er Jahren gefördert wurde und an nationalstaatlichen Grenzen nicht haltmachte. Vielmehr versuchten die Regierenden der Ostblockländer auf ihre Art, sich diesen Entwicklungen anzuschließen.

B. Deutsche in Polen 1954–1958

Dass der »deutsche Faktor« in der hier beschriebenen Geschichte eine wichtige Rolle spielte, liegt gewissermaßen auf der Hand. Mit der Vertreibung der Vorkriegsbewohner und der faktischen Schließung der Grenzen konnte, trotz anders lautender Stimmen, die Auseinandersetzung mit dem deutschen Kulturerbe keinen Abschluss finden. Nicht nur die Omnipräsenz deutscher Spuren, etwa in Form von zahlreichen Inschriften, prägte das Leben der neuen Bewohner; auch der Verbleib einer zahlenmäßig kleinen, aber in der lokalen Perspektive gut wahrnehmbaren Gruppe restdeutscher Bevölkerung zeugte vom »fremden« Wesen der Region.[29] Der Kampf gegen alles Deutsche – bis etwa 1948 die wichtigste Legitimationsgrundlage der kommunistischen Machthaber – musste im Zuge des Kalten Krieges einer klassenkämpferischen Rhetorik weichen, wonach der »erste Arbeiter und Bauernstaat auf deutschem Boden«, das heißt die neu gegründete DDR, die »fortschrittlichen Elemente« der deutschen Nation verkörpere. Die im Jahre 1950 erfolgte Anerkennung der Oder-Neiße-Grenze durch die SED-Führung und die aus Moskau verordnete »Freundschaftspolitik« stellten für das beiderseitige Verhältnis einerseits wichtige Wegmarken, andererseits auch eine große Herausforderung dar.

Aufgrund dieser weltpolitischen Lage wie auch innenpolitischer Erwägungen änderte sich zu Beginn der 1950er Jahre das Vorgehen gegenüber der deutschen Bevölkerung in Polen. Für die so genannten anerkannten Deutschen, das heisst für die zurückgehaltenen Facharbeiter und deren Familien, wurden in Niederschlesien und Pommern kulturelle und soziale Einrichtungen geschaffen, die deutsche Sprache durfte in speziellen Schulen unterrichtet werden, und bei den landesweiten Lokalwahlen 1954 wurden sogar Kandidaten aus der Minderheit zugelassen.[30] Gleichzeitig wuchs der Druck auf die Behörden, die Deutschen ausreisen zu lassen. Nach Abschluss der umfangreichen Umsiedlungsaktionen Ende der 1940er Jahre wurde dies nahezu unmöglich, während sich in den nachfolgenden Jahren die DDR wenig interessiert zeigte, größere Gruppen, jenseits punktueller Familienzusammenführungen, ins Land zu holen.[31] Vielmehr begrüßte die SED insgeheim die Liberalisierung gegenüber den in Polen verbliebenen Deutschen.

Erst Ende 1955 fand in der Volksrepublik ein Umdenken statt. In Verhandlungen mit dem Deutschen Roten Kreuz wurde eine Familienzusammenführungsaktion beschlossen, die etwa 60.000 »anerkannte Deutsche« umfassen sollte (letztendlich waren es über 270.000). Neu dabei war, dass die Ausreise nicht mehr ausschließlich in die DDR, sondern – zunächst mit strengen Auflagen verknüpft, die später gelockert wurden – auch nach Westdeutschland ermöglicht wurde.[32] Auch im Hinblick auf den Ruf des Landes im Ausland, und somit mögliche westliche Kredite, wurde die Lage der Deutschen im Lande dabei spürbar verbessert. Die Organisationen der Minderheit bekamen etwas mehr Freiraum und die deutschsprachigen Medien, allen voran die Breslauer »Arbeiterstimme«, wurden ab 1956 einerseits zu einem authentischen Sprachrohr ihrer Anliegen und andererseits zu einem Medium der polnischen Reformbewegung, das auch in der DDR wahrgenommen wurde.[33] In der polnischen Öffentlichkeit wurde nun freier über das Schicksal der deutschen Bevölkerung gesprochen und kritisch über die Entwicklung der neu erworbenen Gebiete berichtet.

Einer der Gründe für das verstärkte Interesse an den so genannten »wiedergewonnenen Gebieten« in Polen waren westdeutsche Reiseberichte. Wie bereits erwähnt, wurden im Herbst 1956 Visa-Erleichterungen für ausländische Touristen eingeführt, um Devisen für die klammen Staatsfinanzen zu beschaffen.[34] Bereits im November besuchten erste Busreisegruppen aus der Bundesrepublik das Land, wobei abseits des offiziellen Reiseprogramms fast ausschließlich die früheren deutschen Ostgebiete angesteuert wurden. In daraufhin veröffentlichten Reiseberichten, ob privaten oder journalistischen, wurde viel über den Zustand der Gebiete geschrieben, aber auch Fragen kultureller und politischer Freiheiten in Polen, der Versorgung der Bevölkerung und natürlich der Lage der deutschen Minderheit wurden angesprochen.[35] Offizielle Stellen in der Volksrepublik Polen reagierten langsam, aber entschieden auf diese »feindliche Propaganda«. Zuerst versuchte man, den Veröffentlichungen in der westdeutschen Presse eine eigene, auch deutschsprachige, Berichterstattung entgegen zu setzen, später entschloss man sich, dem Spuk ein Ende zu bereiten, und beschränkte ab 1960 die Einreisemöglichkeiten für Touristen aus Westdeutschland radikal. Trotzdem die Reisen von Bürgern der Bundesrepublik in die Volksrepublik der späten 1950er Jahre ein relativ kurzzeitiges Phänomen waren, beeinflussten sie die gegenseitige Wahrnehmung und führten zu einer gewissen Relativierung der Feindbilder im Kalten Krieg. Vor allem aber lenkten sie die Aufmerksamkeit der Regierenden und der breiteren Öffentlichkeit in Polen auf den Westteil des Landes, darunter auch auf die Riesengebirgsregion.

Auf das Phänomen aufmerksam wurden auch ostdeutsche Stellen. »Wie bereits betont, liegt die poln[ische] Politik auf dem Gebiet des Touristenverkehrs völlig im Interesse der Politik Westdeutschlands«[36], schrieb der DDR-Botschafter in Warschau im Herbst 1957. Und weiter:

> Wir haben bereits darüber berichtet, dass sich dieser Touristenverkehr aus Westdeutschland besonders auf die Gebiete konzentriert, wo der größte Teil der deutschsprachigen Bevölkerung ansässig ist. Bei den Touristen handelt es sich nach unseren Feststellungen nur zu einem Teil um Verwandtenbesuche. […] Bemerkenswert in diesem Zusammenhang ist, dass die poln[ischen] Organe diesen Verkehr fördern, keine politische Arbeit in diesen Gebieten leisten und keine Maßnahmen treffen, die den schädlichen politischen Einfluss eindämmen konnten. […] Es ist erforderlich, die poln[ischen] Organe über die Gefährlichkeit dieses Verkehrs auf Grund unserer Erfahrungen aufklärend anzustreben [sic!], geeignete Maßnahmen zur Einschränkung dieses Verkehrs zu treffen. […] Wir bitten ferner zu prüfen, ob eine Erweiterung des Touristenverkehrs aus der DDR in die VRP möglich ist, um den für Westdeutschland zur Verfügung stehenden Platz einzuschränken. […] Wir sollten auch überprüfen, ob sich besonders unsere Jugendtouristik besonders auf die Westgebiete konzentrieren könnte. Bei einer guten politischen Vorbereitungsarbeit könnten die Jugendlichen gute Agitatoren für die Stärke der DDR sein.[37]

Hatte man in Ostberlin hinnehmen müssen, dass die Vereinbarung vom Dezember 1955 auch Ausreisemöglichkeiten nach Westdeutschland vorsah, und sah man zunächst von einer Agitation unter den in Polen verbliebenen Deutschen ab, so war man durch die Entwicklung seit Herbst 1956 stark beunruhigt. Nicht nur empörte sich die DDR-Führung über die Anwesenheit westdeutscher Touristen und ihrem zur Schau gestellten Wohlstand. Viel schwerwiegender schien die Nachlässigkeit polnischer Stellen (»keine politische Arbeit«), deren liberaler Kurs der SED ohnehin ein Dorn im Auge war. Besonders interessant erscheint in unserem Kontext aber die zitierte Erwägung von DDR-Stellen, dass ein intensiverer Urlauberaustausch zwischen beiden Staaten ein Mittel gegen die westdeutsche Präsenz in Polen sein könnte.

Ähnliche Überlegungen sind von offiziellen Stellen in der DDR bereits im Sommer 1956 geäußert worden, bevor also das reale Ausmaß der »westdeutschen Bedrohung« erkannt wurde. In einem Bericht über die Sommersaison 1956 schrieb der Vorsitzende des Komitees für Touristik und Wandern der DDR, Heinz Wenzel, von einem »großen politischen Erfolg« des bisherigen Austauschs und plädierte für seine Ausweitung.[38] Er schlug zusätzlich vor, »unserer Bevölkerung, besonders den Touristen, die Möglichkeit zu geben, ohne große Formalitäten über das Wochenende die Volksrepublik Polen, besonders das Riesengebirge, zu besuchen«. Wobei auch er zugeben musste: »Bei einer derartigen Vereinbarung muss jedoch berücksichtigt werden, dass gerade im Gebiet des Zittauer Gebirges viele Menschen wohnen, die früher im Riesengebirge beheimatet waren und sich aus diesem Umstand gewisse politische Schwierigkeiten ergeben könnten«.[39] Aufgrund der politischen Turbulenzen in Polen konnte dieser Plan vorerst nicht umgesetzt werden, und so dauerte es noch einige Jahre, bis eine Öffnung der Region für den ostdeutschen Tourismus möglich war.[40]

Der Vorschlag selbst sagt aber Einiges über die Wirklichkeit jener Zeit aus. Die Atmosphäre des »Tauwetters« führte besonders in den Beziehungen zwischen Polen und der DDR zu einer gegenseitigen Öffnung, die an anderer Stelle überspitzt als »Sommer der Liebe« bezeichnet wurde.[41] Der so genannte dezentrale Austausch, das heisst die Besuche von Vertretern einzelner Betriebe oder Bildungseinrichtungen, die auf der Basis von Gegenseitigkeit (»devisenlos«) organisiert wurden, nahm eine solche Dynamik an, dass die DDR-Botschaft in Warschau nicht mit der Ausstellung von Visa nachkam.[42] SED-Chef Walter Ulbricht empörte sich über unangemeldete Besuche polnischer Journalisten in ostdeutschen Redaktionen, die auch noch kritische Fragen stellten. Andererseits schlug der Sekretär der Vereinigung der gegenseitigen Bauernhilfe, einer zentral gesteuerten Organisation der Landwirte in der DDR, vor, einige Ideen aus Polen zu kopieren, obwohl dort just zu jener Zeit die Kollektivierung zu kollabieren begann.[43] Noch im Herbst 1956, unter dem Eindruck der später als »Polnischer Oktober« bezeichneten Ereignisse in Warschau, vollzog die SED-Führung eine Vollbremsung und schränkte alle Kontakte radikal ein. Nicht nur der organisierte Touristenaustausch, sondern auch die Besuche von Studentengruppen, Künstlern und Intellektuellen wurden unterbrochen, um die Ausbreitung revisionistischer Ideen zu vermeiden.

Der Tourismus hat als Faktor der Transnationalisierung in Polen in der beschriebenen Periode nur teilweise seine Wirkung entfaltet. Dass eine moderne Fremdenverkehrspolitik immer auch eine Öffnung nach außen bedeutet, nicht zuletzt, um mit den Entwicklungen international mithalten zu können, ist in den polnischen Reformdebatten klar geworden. Ebenso deutlich wurde, dass die Existenz einer nationalen Minderheit, selbst in Zeiten des so genannten Kalten Krieges, zu grenzüberschreitenden Interaktionen führen musste. Dies trifft insbesondere auf die Deutschen in Polen zu, und belegt meines Erachtens die These, wonach die deutsch-polnische Nachkriegsgeschichte immer nur als »Dreiecksbeziehung« untersucht werden kann.[44] Die Reaktionen der DDR-Führung auf die Reisen Westdeutscher in die früheren Ostprovinzen des Deutschen Reiches zeigen auch, dass ein Teil der deutsch-deutschen Rivalität sich buchstäblich auf allen Gebieten abgespielt hat. Dazu zählt die Auseinandersetzung um die deutsche Restbevölkerung in Westpolen oder um das Kulturerbe jenseits der Oder-Neiße-Grenze.[45] Beide Faktoren, der grenzüberschreitende Reiseverkehr und die Frage der deutschen Minderheit, wurden in der bisherigen Geschichtsschreibung stets als getrennte Sonderthemen behandelt, belegen aber eine internationale Verflechtung der Volksrepublik Polen, die für die zukünftige Historiographie von Relevanz sein könnte. Abschließend soll dargestellt werden, welche Auswirkungen die oben beschriebenen Phänomene auf die untersuchte Region hatten.

C. Auswirkungen in der Region

Es ist einleitend erwähnt worden, welchen fundamentalen Bruch der Bevölkerungsaustausch und die Einführung des kommunistischen Systems bedeuteten. Die Unmöglichkeit, der vorgefundenen Realität eine eigene kulturelle Prägung zu geben und die strukturellen Eigenarten zu nutzen, führte zur Entmündigung und Entfremdung der neuen Bewohner. Im Zuge der landesweiten Liberalisierungstendenzen um die Mitte der 1950er Jahre entwickelten sich dafür Ansätze eines *social empowerment* (einer gesellschaftlichen Selbst-Bemächtigung) mit regionalen Eigenarten. Dazu gehörte vor allem die verstärkte Aufmerksamkeit für Fragen des Tourismus als wirtschaftlichem Standortfaktor und Identitätsressource.

Im Rückblick lässt sich schwerlich ein konkretes Datum oder Ereignis benennen, das den Wandel in der Region symbolisieren würde. Die Verkündung der so genannten »Hirschberger Thesen« (Tezy Jeleniogórskie) durch den Kreisnationalrat im Mai 1958 kann jedenfalls als Höhe- und Endpunkt eines Prozesses bezeichnet werden, der im Grunde mit der Herausbildung eines neuen Selbstbewusstseins und der versuchten Neuausrichtung der strategischen Entwicklung der Region gleichbedeutend war.[46] Dabei betrafen die meisten »Thesen« in teils utopischer, teils bürokratischer Manier Fragen von Verwaltungsgliederung und Strukturpolitik. Insgesamt drückt das Dokument aber die Zuversicht aus, in einer gewandelten Situation die Zukunft der Region selbst in die Hand nehmen und zum Wohle der Allgemeinheit gestalten zu wollen.

Interessanterweise deuten einige zeitgenössische Veröffentlichungen darauf hin, dass dieser Aufbruch eng mit den Reformansätzen im Tourismus verbunden war. So wurde im Zuge der kritischen Auseinandersetzung mit der bisherigen Tourismusorganisation im Frühjahr 1956 der Zustand der Infrastruktur im Riesengebirge untersucht und die Notwendigkeit umgehender Maßnahmen zur Erhaltung der Objekte publik gemacht. Bereits im Sommer des Jahres wurden die rigiden Grenzvorschriften im Gebirge gelockert, was im Zusammenhang mit der geplanten Einführung einer so genannten touristischen Konvention mit der Tschechoslowakei zu sehen ist.[47] Die Schaffung eines grenzüberschreitenden Wandergebiets, die an Vorbilder aus der Zwischenkriegszeit anknüpfte und auf entsprechende Vereinbarungen im Tatragebiet verwies, kam in den Sudeten erst 1961 zustande. Der Diskussionsprozess begann aber 1956 und führte zu einer Belebung des Fremdenverkehrs im Riesengebirge. Im Verlauf des Jahres 1957 kam es wiederholt zu Debatten über den Zustand der Infrastruktur, die zunehmend von lokalen Instanzen und Aktivisten initiiert wurden. Im Frühjahr 1957 flossen zum ersten Mal bedeutendere Investitionssummen in die Region, um die Vernachlässigungen der Vorjahre zu beseitigen.

Dass der Tourismus in den seit 1956 einsetzenden Standortdebatten eine besondere Rolle spielte, verdeutlichen Protokolle der Sitzungen des Kreisnationalrats (poln. Powiatowa Rada Narodowa, PRN), die der Verkündung der »Thesen« voraus gingen. »Nach 12 Jahren polnischer Herrschaft müssen wir mit Bedauern feststellen, dass in vielen Bereichen der Touristik, des Ferien- und Kurwesens nicht nur kein Fortschritt getan wurde, sondern ein gravierender Rückschritt zu beobachten ist«, führte der stellvertretende Vorsitzende Dominik Ciereszko aus. Und weiter:

> Leider will kaum jemand verstehen, dass eine richtig begriffene wirtschaftliche Belebung unserer Region der Entwicklung des Fremdenverkehrs, des Ferien- und Kurwesens gleichkommt. Unser Landkreis ist von Natur aus dazu prädestiniert, solche Dienstleistungen anzubieten, und muss sich in diese Richtung entwickeln, und in keine andere.[48]

Um Aufmerksamkeit bei übergeordneten Stellen zu wecken und den Rückschritt zu verdeutlichen, wurde der Zustand von 1956/57 mit der Vorkriegszeit verglichen. Man schreckte auch nicht davor zurück, der bisherigen Wirtschaftspolitik mit ihrer Konzentration auf Schwerindustriebetriebe eine Absage zu erteilen und auf die katastrophalen Folgen für die Region hinzuweisen. Ferner wurden, nicht zuletzt in der Kreisverwaltung, weitergehende Postulate formuliert, die die Tourismusorganisation generell und im Riesengebirge speziell betrafen. Eine umfassende Reform, die seit Mitte der 1950er Jahre auch an zentraler Stelle immer wieder erwogen wurde, scheiterte jedoch am Widerstand bestehender Institutionen und der »Philosophie des Systems«. So konstatierte der Erste Sekretär des Wojewodschaftskomitees der PZPR Ende 1964 während einer Diskussion zur Tourismusentwicklung in Niederschlesien: »Der nächste Fünfjahresplan wird ein Plan der Industrie werden, nicht der Hotels.«[49] Dennoch gelang es seit 1958 regionalen Aktivisten, einen Teil der Kompetenzen im Fremdenverkehrssektor auf Kreisebene zu verlagern und nicht unbedeutende Investitionsmittel anzuwerben. Insbesondere gelang es aber, der lokalen Bevölkerung den Tourismus als Standortfaktor nahe zu bringen. Wurden die Besucher bis dahin als Belästigung und Konkurrenten um die knappen und zentral verteilten Konsumgüter empfunden, wurde seit Ende der 1950er Jahre der Fremdenverkehr zur willkommenen Einkommensquelle, etwa durch die Vermietung von Privatquartieren oder Dienstleistungen rund um den Tourismus.

Transnationale Faktoren spielten bei dieser Identitätssuche rund um die Fremdenverkehrsentwicklung eine wichtige Rolle. Wie oben bereits geschildert wurde, wurden etwa explizite Bezüge zur Vorkriegszeit hergestellt und die deutsche Tourismuswirtschaft in der Riesengebirgsregion als Maßstab definiert. Ebenfalls mit historischem Bezug wurde für die Reaktivierung der grenzüberschreitenden Touristik mit der Tschechoslowakei geworben. Und mit Verweis auf die – frühere und perspektivische – Popularität der Region bei ausländischen Reisenden wurden Investitionen und größere Mitsprache in organisatorischen Fragen gefordert. Es bleibt offen, inwiefern die politischen Entscheidungsträger der historischen Argumentation folgten, jedoch wurde in den Diskussionen über die touristische Attraktivität Polens ein besonderes Augenmerk auf die Sudeten mit ihrer entwickelten touristischen Infrastruktur gelegt. Letztlich akzeptierte man die Tatsache, dass das Riesengebirge sich seit den 1960er Jahren zunehmend als ein Zentrum des ostdeutschen Besucherverkehrs etablierte, während die lokale Bevölkerung von den wirtschaftlichen Begleiterscheinungen, wie der gesteigerten Nachfrage nach Privatquartieren, Andenken oder Devisen, profitierte.[50] Die in diesem Punkt präsentierte dezentrale Perspektive auf die Veränderungsprozesse in Polen erlaubt einen neuen Blick auf die Entwicklungen Mitte der 1950er Jahre. Der Beginn der Entstalinisierung in der Provinz lässt sich somit auf die nationale und internationale Reformdiskussion von 1956 beziehen. Die Veränderungen entwickelten jedoch eine regionale Eigendynamik, die sich Anfang der 1960er Jahre noch entfaltete und mit der neuerlichen Erstarrung des politischen Systems der Volksrepublik wieder zum Erliegen kam.

Fazit

Wollte man die im Titel gestellte Frage eindeutig beantworten, ließen sich anhand des vorgestellten Materials folgende Schlussfolgerungen formulieren: Zum einen sollte die Geschichtsschreibung zum kommunistischen Polen künftig stärker auf sozialhistorische Aspekte Rücksicht nehmen. Die weiterhin zu konstatierende Konzentration auf politische Ereignisse müsste durch eine Analyse gesellschaftlicher Phänomene, wie im vorgestellten Falle der Tourismusorganisation, ergänzt werden, was gleichzeitig dazu beitragen würde, das Denken in Zäsuren zu relativieren. Zum anderen sollte die Historiographie transnationale Bezüge ernst nehmen. Dazu gehört der Einfluss auswärtiger Faktoren auf die politische Lage in Polen und das Eingebundensein in übergeordnete Prozesse, etwa internationale Entwicklungen im Fremdenverkehr. Ferner gehören dazu Fragen der Minderheiten und ihrer transnationalen Verflechtung, und sei es nur in Form von Briefen von Verwandten aus dem Ausland oder deren Besuchsreisen. Das Beispiel der Deutschen in Polen verweist zudem auf eine spezifische Dreieckssituation, die direkt drei Länder aus zwei unterschiedlichen Lagern involvierte. Letztlich sollte diese zukünftige Geschichtsschreibung zum kommunistischen Polen verstärkt die dezentrale Perspektive einnehmen. Vorliegende Untersuchungen zu regionalen Ausprägungen der Umbruchsjahre der polnischen Zeitgeschichte weisen bereits in diese Richtung.[51] Ein weiterer Schritt bestünde darin, mikrohistorische Studien mit einem verflechtungsgeschichtlichen Ansatz zu kombinieren. Die Verzahnung dieser Ebenen – der sozialhistorischen, der transnationalen und der dezentralen – könnte für die zukünftige Forschung einen wichtigen Mehrwert darstellen. Nebenbei gesagt, würde eine solche Herangehensweise faktisch auch eine Öffnung für andere disziplinäre Zugänge (vor allem die der Kulturanthropologie) voraussetzen, wovon die Geschichtswissenschaft nur profitieren würde.

Letztlich ließe sich fragen, welchen Platz das kommunistische Polen in der eingangs skizzierten Europageschichtsschreibung einnehmen könnte. Die beschriebenen Museumsprojekte legen nahe, dass der Freiheitskampf der polnischen Gesellschaft nach wie vor als wichtigster Beitrag zur europäischen Meistererzählung angesehen wird, was jedoch einer Fortschreibung traditioneller, nationaler Geschichtsdeutungen in neuen Rahmen gleich käme. Der vorliegende Beitrag hingegen versuchte zu zeigen, dass eine *Histoire Croisée* Nachkriegspolens nicht nur denkbar, sondern in Bezug auf den hier untersuchten Gegenstand durchaus angebracht und notwendig wäre. Nur eine so verstandene »europäisch gewendete« und »transnational orientierte« Geschichte einer polnischen Provinz um 1956 würde einen angemessenen Platz im politisch-wissenschaftlichen Projekt einer europäischen Geschichtsschreibung einnehmen.

Anmerkungen

1 Vgl. *Judt, T.*, Die Geschichte Europas seit dem Zweiten Weltkrieg, Bonn 2006, S. 16–17.
2 Vgl. *Davies, N.*, Europe. A History, Oxford 1996; *Stourzh, G.* (Hg.), Annäherungen an eine europäische Geschichtsschreibung, Wien 2002.
3 Eine aktuellere Bestandsaufnahme findet sich in *Pók, A.* u. a. (Hg.), European History. Challenges for a Common Future, Hamburg 2002.
4 Siehe *Hartwich, M. J.*, Ausstellungs-Rezension zu: Europe – It's Our History 1.5.2009–5.8.2009, Wrocław (Breslau), Polen, in: H-Soz-u-Kult, 25.7. 2009, http://hsozkult.geschichte.hu-berlin.de/rezensionen/id=123&type=rezausstellungen.
5 Verwiesen sei etwa auf den I. Kongress Ausländischer Forscher der polnischen Geschichte, der im Juni 2007 in Krakau stattfand.
6 Siehe den Internetauftritt des PRL-Museums als Abteilung des Museums der Geschichte Polens unter http://www.muzprl.pl/ sowie des virtuellen Museums http://www.polskaludowa.com.
7 Als Anzeichen für ein aufkommendes Interesse an diesem Aspekt der PRL-Geschichte kann die Konferenz »Internacjonalizm czy… Działania organów bezpieczeństwa państw bloku wschodniego wobec mniejszości narodowych« (»Internationalismus, oder…? Die Tätigkeit der Staatssicherheitsdienste der Ostblockländer gegenüber nationalen Minderheiten«), die im April 2010 in Breslau (Wrocław) stattfand, gesehen werden.
8 Vgl. *Ther, P.*, Deutsche Geschichte als Transnationale Geschichte: Überlegungen zur Histoire Croisée Deutschlands und Ostmitteleuropa, in: Comparativ 13 (2003), S. 155–180.
9 Ebd., S. 156.
10 Zur Einführung: *Staffa, M.*, Karkonosze, Wrocław 2006.
11 Zu Grenzregionen siehe auch den Beitrag von Stephanie Schlesier in diesem Band.
12 Vgl. *Ahonen, P.* u. a., People on the Move. Forced Population Movements in Europe in the Second World War and its Aftermath, Oxford 2008;

Bingen, D. u. a. (Hg.), Vertreibung europäisch erinnern? Historische Erfahrungen – Vergangenheitspolitik – Zukunftskonzeptionen, Wiesbaden 2003.

13 Zur Tätigkeit der Staatssicherheitsapparats gegenüber den Minderheiten und Ausländern siehe *Syrnyk, J.* (Hg.), Aparat bezpieczeństwa Polski Ludowej wobec mniejszości narodowych i etnicznych oraz cudzoziemców, Warszawa 2009.

14 Vgl. zuletzt *Fleming, M.*, Communism, nationalism and ethnicity in Poland. 1944–50, London 2010.

15 Vgl. *Stola, D.*, Zamknięcie Polski. Zniesienie swobody wyjazdu i uszczelnienie granic w latach 40. i 50., in: *D. Stola* u. a. (Hg.), PRL – trwanie i zmiana, Warszawa 2003, S. 159–186. Vgl. auch den Beitrag von Zdeněk Nebřenský in diesem Band.

16 Ebd., S. 160.

17 Vgl. *Sowiński, P.*, Wakacje w Polsce Ludowej. Polityka władz i ruch turystyczny (1945–1989), Warszawa 2005, S. 31–35 und *Jarosz, D.*, »Masy pracujące przede wszystkim«. Organizacja wypoczynku w Polsce 1945–1956, Warszawa-Kielce 2003.

18 Vgl. *Gorsuch, A. E.* u. *D. P. Koenker* (Hg.), Turizm. The Russian and East European Tourist under Capitalism and Socialism, Ithaca 2006, S. 2–6.

19 Zur Diskussion um den »demokratischen Tourismus« in der Zwischenkriegszeit siehe *Cross, G.*, Vacations for all. The leisure question in the era of the Popular Front, in: Journal of Contemporary History, 24 (1989), S. 599–621.

20 Vgl. *Jarosz*, Organizacja wypoczynku, S. 235 ff.

21 AAN, KdsT 253/15 Präsidialausschuss, »Stenogramm einer Versammlung des Tourismusaktivs vom 25. April 1954«. Zu den Diskussionen der »Tauwetter«-Periode siehe *Jarosz*, S. 267–283.

22 Zuletzt *Kochanowski, J.* u. *K. Ziemer* (Hg.), Polska-Niemcy Wschodnie 1945–1990. Wybór dokumentów, Bd. 3: »Polska-NRD 1956–1957«, Einleitung, Auswahl und Bearbeitung der Quellen *Górny, M.* u. *Hartwich, M. J.*, Warszawa 2008 sowie *Engelmann, R.* u. a. (Hg.), Kommunismus in der Krise. Die Entstalinisierung 1956 und die Folgen, Berlin 2008.

23 Vgl. *Sroka, P.*, Masowe rajdy turystyczne w Sudetach w systemie stalinowskiej propagandy pierwszej połowy lat 50. XX w., in: Rocznik Jeleniogórski, Bd. XL (2008), S. 204.

24 Vgl. *Wagner, K.*, Niektóre sprawy turystyki jeleniogórskiej, in: *Rocznik Wrocławski*, Bd. III/IV (1959/1960), S. 403.

25 BA SAPMO, DY 34/21808 FDGB Feriendienst, Erholungswesen, Internationaler Urlauberaustausch – Verschiedene Berichte 1954–57, »Beschlussvorlage zum internationalen Urlauberaustausch mit der Sowjetunion, den volksdemokratischen Ländern und Holland Winter 1955/56 und Sommer 1956« vom 29.9.1955.

26 Vgl. *Hartwich, M. J.*, Reisen von DDR-Bürgern ins Riesengebirge in den 50er und 60er Jahren, in: *M. Parak* (Hg.), Schlesier in der DDR. Berichte von Flüchtlingen, Vertriebenen und Umsiedlern, Görlitz 2009, S. 123.

27 Vgl. *Ropers, N.*, Tourismus zwischen West und Ost. Ein Beitrag zum Frieden?, Frankfurt/Main 1986, S. 31.
28 Vgl. *Kopper, C. M.*, The breakthrough of package tours in Germany after 1945, in: Journal of Tourism History, 1 (2009), S. 67–92.
29 Zum Umgang mit dem Kulturerbe siehe *Zybura, M.*, Der Umgang mit dem deutschen Kulturerbe in Schlesien nach 1945, Görlitz 2005. Zum Schicksal der Deutschen in Nachkriegspolen siehe *Madajczyk, P.*, Niemcy polscy 1944–1989, Warszawa 2001 und *Ociepka, B.*, Niemcy na Dolnym Śląsku w latach 1945–1970, Wrocław 1992.
30 Vgl. *Ociepka, B.*, S. 70 ff; *Kochanowski* u. *Ziemer*, Polska-Niemcy Wschodnie, S. 39–42.
31 Siehe *Ihme-Tuchel, B.*, Die DDR und die Deutschen in Polen. Handlungsspielräume und Grenzen ostdeutscher Außenpolitik 1948 bis 1961, Berlin 1997, S. 29 f.
32 Vgl. *Kochanowski* u. *Ziemer*, Polska-Niemcy Wschodnie, S. 40 f.
33 Ebd., S. 42. und *Ociepka*, Niemcy, S. 124–134.
34 Vgl. *Sowiński*, Wakacje, S. 83.
35 Vgl. *Ruchniewicz, K.*, Kształtowanie niemieckiej opinii publicznej na podstawie sprawozdań z pobytu w Polsce w latach pięćdziesiątych, in: Rocznik Centrum Studiów Niemieckich i Europejskich im. Willy Brandta Uniwersytetu Wrocławskiego, 1 (2003), S. 103.
36 Abgedruckt in *Kochanowski* u. *Ziemer*, Polska-Niemcy Wschodnie, S. 468–471.
37 Ebd.
38 Abgedruckt in *Kochanowski* u. *Ziemer*, Polska-Niemcy Wschodnie, S. 173 ff.
39 Ebd.
40 Siehe *Hartwich, M. J.*, Tourismus, Traditionen und Transfers. Rahmenbedingungen und Wahrnehmung von Reisen der DDR-Bürger ins Riesengebirge in den 1960er-Jahren, in: *W. Borodziej* u. a. (Hg.), Schleichwege. Inoffizielle Begegnungen und Kontakte sozialistischer Staatsbürger 1956–1989, Köln 2010, S. 174 ff.
41 Vgl. *Kochanowski* u. *Ziemer*, Polska-Niemcy Wschodnie, S. 22.
42 PAAA MfAA A 1827, »Brief des DDR-Botschafters in Warschau, Stefan Heymann, an den Leiter der HA I im MfAA, Änne Kundermann« vom 11.12.1956, pag. 68–69.
43 Vgl. *Kochanowski* u. *Ziemer*, Polska-Niemcy Wschodnie, S. 46.
44 Vgl. *Weber, P.-F.*, Le triangle RFA-RDA-Pologne (1961–1975). Guerre froide et normalisation des rapports germano-polonais, Paris 2007.
45 Diese Gemengelage habe ich untersucht am Beispiel des Ringens um das Erbe von Gerhart Hauptmann, vgl. *Hartwich, M. J.*, Czyj jest Gerhart Hauptmann? Przyczynek do dziejów niemiecko-polsko-niemieckich zmagań z dziedzictwem karkonoskiego noblisty, in: *Rocznik Jeleniogórski*, XL (2008), S. 163–186.
46 Vgl. *Hartwich*, Rahmenbedingungen, S. 171 ff.
47 Vgl. *Jarosz*, Organizacja wypoczynku, S. 278 ff.

48 AP JG, 22, Protokolle der PRN-Sitzungen Bd. I-III, 1958, »Protokoll der ordentlichen Sitzung am 15.4.1958«, pag. 87 f.

49 AP Wr 74/IV/113, KW PZPR Protokolle der Exekutivsitzungen, »Protokoll der Sitzung des Exekutivs des Wojewodschaftskomitees der PZPR Nr. 24 vom 24.11.1964«, pag. 65.

50 Vgl. *Hartwich*, Rahmenbedingungen, S. 177 f.

51 Vgl. *Suleja, W.*, Dolnośląski Marzec '68. Anatomia protestu, Warszawa 2006; *Reczek, R.*, Życie społeczno-polityczne w Wielkopolsce w latach 1956–1970, Poznań 2008.

Márkus Keller

Übersetzen, Vergleichen, Verstehen und wieder Vergleichen

Begriffliche Probleme des Vergleichs am Beispiel der deutschen und ungarischen Bürgertumsforschung

Die Kommunikation zwischen den einzelnen nationalen Geschichtsschreibungen ist auch in Europa noch recht schwerfällig. Es geht nicht nur darum, dass die verschiedenen Geschichtsschreibungen aufgrund ihrer aus dem 19. Jahrhundert stammenden Traditionen die zu erforschenden Probleme zu einem großen Teil noch immer nach nationalen Gesichtspunkten auswählen und thematisieren, sondern auch darum, dass die von ihnen verwendeten Begriffe in vielen Fällen nur scheinbar eine identische Bedeutung haben. Diejenigen (vergleichenden) historiographischen Arbeiten, die den nationalen Rahmen überwinden wollen, müssen also nicht nur darauf achten, dass die von ihnen behandelten Probleme in jeder der von ihnen untersuchten Gesellschaften interpretierbar (und interessant) sind,[1] sondern auch darauf, dass die verwendeten Begriffe in den verschiedenen nationalen Geschichtsschreibungen *tatsächlich* dieselbe Bedeutung haben. Begriffe, die hierzu geeignet sind, sind allerdings nicht leicht zu finden, insbesondere bei außer-europäischen Vergleichen, aber auch dann, wenn historische Phänomene in West-, Mittel- und Osteuropa miteinander verglichen werden.[2]

So war – um ein Beispiel aus der jüngeren Vergangenheit zu wählen – der Begriff des »Bildungsbürgertums« eine wichtige Kategorie in der deutschen Sozialgeschichtsschreibung und ist es natürlich auch heute noch, selbst wenn er vielleicht weniger in Mode ist. Forschende, die sich im Ost-West-Vergleich mit der deutschen Geschichte des 19. Jahrhunderts befassen, können diesen Ausdruck nur schwer umgehen. Seine Übersetzung und das Auffinden einer fremdsprachigen Entsprechung in ostmitteleuropäischen Forschungskontexten stoßen allerdings auf besondere

Schwierigkeiten. Es ist nicht nur schwer, einen entsprechenden Begriff zu finden, sondern es ist auch ein Problem, diejenige soziale Gruppe zu bestimmen, deren Rolle – oder zumindest deren charakteristische Kennzeichen – mit der Rolle beziehungsweise den Charakteristika des Bildungsbürgertums verglichen werden können. Die ungarische Historiographie spricht im Allgemeinen von »értelmiség«, wenn die deutsche Geschichtsschreibung den Begriff »Bildungsbürgertum« verwendet. Doch wie verhalten sich beide Begriffe zueinander und inwiefern können sie jeweils auf die andere Gesellschaft übertragen werden? Um dem nachzugehen wird im Folgenden die Begriffsverwendung der ungarischen und der deutschen Geschichtswissenschaft vergleichend untersucht. Anhand der Schriften zur Geschichte der »értelmiség« in der zweiten Hälfte des 19. Jahrhunderts gehen wir der Frage nach, mit welchem *Begriff* diese Untersuchungen arbeiten, welche *Theorien* sie in Verbindung mit den »értelmiség« verwenden beziehungsweise *wo* sie »értelmiség« und Bildungsbürgertum in der deutschen respektive ungarischen Sozialstruktur des 19. Jahrhunderts *verorten*. Abschließend werden Überlegungen dazu angestellt, wie man die oben geschilderten Kommunikationsprobleme der verschiedenen nationalen Geschichtswissenschaften untereinander beheben könnte.

Übersetzen: zur Übertragbarkeit von »értelmiség« und »Bildungsbürgertum«

György Ránki war einer der wenigen an der Sozialgeschichte interessierten ungarischen Historiker, dessen Arbeiten zur Problematik der ungarischen Verbürgerlichung auch im Ausland publiziert wurden. Er bekleidete nicht nur wichtige Positionen in der ungarischen Geschichtswissenschaft, sondern war zudem einer der Erneuerer der ungarischen Sozialgeschichte.[3] Seine Studie über den Wandel der ungarischen Gesellschaft im 19. Jahrhundert, die er 1988 auf Deutsch für einen Studienband der Bielefelder Bürgertumsforschung verfasste, ermöglicht es, die Begriffsverwendung und die Auseinandersetzung mit dem Problem der *Übersetzung* in diesem Zusammenhang zu untersuchen.[4] Ránkis Text ist ideal für eine solche Analyse, weil er nicht nur sprachliche Übertragungsprobleme auf einer ganz praktischen Ebene zu lösen versucht, sondern auch vor der Aufgabe steht, einen in Deutschland ausgearbeiteten Fragenkomplex auf die ungarische Geschichte anzuwenden.[5]

Ránki behandelt in seiner Untersuchung den Prozess der Entwicklung des ungarischen Bürgertums im Allgemeinen und spricht in diesem Zusammenhang auch über »értelmiség«. Er geht davon aus, dass Fragen, die sich auf die ungarische Verbürgerlichung und Charakteristika des Bürgertums erstrecken, aufgrund der fehlenden Grundlagenforschung nicht beantwortet werden können. Anstelle der Aufstellung von Hypothesen hält er nur die Erarbeitung eines detaillierten Forschungsplans für möglich.[6] Den in Deutschland verbreiteten Ausdruck »Bildungsbürgertum« verwendet er hierbei nicht. Das liegt allerdings nicht daran, dass Ránki etwa die Meinung vertritt, der Begriff sei auf die Verhältnisse in Ungarn nicht anwendbar. Er benützt ihn vielmehr deshalb nicht, weil er in der ungarischen Geschichtsschreibung nicht verbreitet ist. Im Übrigen hält er auch bei der Unterscheidung von Wirtschafts- und Bildungsbürgertum die Frage für wichtiger, ob das Beamtentum überhaupt Teil des Bürgertums gewesen sei.[7] In der Gesellschaftsskizze von György Ránki bilden die »értelmiség« eine Schicht mit unklaren Konturen. Sie werden irgendwo in der Mitte der Sozialstruktur angesiedelt, sind aber nicht vollständig Bestandteil des Bürgertums, weil ihren Angehörigen in Teilen das bürgerliche Ethos fehle.[8] Die Schicht ist wegen der Verschmelzung von Experten- und Angestelltenstatus auch vom Beamtentum nicht eindeutig abzugrenzen, außerdem gibt es noch die Privatangestellten als gesonderten Block. Wenn wir versuchen, die »értelmiség« anhand von Berufen festzumachen, dann werden im Artikel von Ránki Anwälte, Ärzte, Ingenieure, Lehrer und – zum Teil, mit dem Erstarken des Staates – Beamte sowie die Privatangestellten als »értelmiség« des Wirtschaftslebens hier eingereiht. Es scheint, als wenn neben der geistigen Arbeit – so Ránki – auch der Expertenstatus, der sich auch auf die Beamten beziehungsweise Angestellten (hivatalnok) erstreckt, die Schicht der »értelmiség« zusammenhält.

Da der Artikel in deutscher Sprache publiziert wurde, können wir untersuchen, welche *deutschen* Begriffe der Autor verwendet, wenn er von »értelmiség« spricht. Wie bereits erwähnt, benützt Ránki den Begriff »Bildungsbürgertum« nicht. Anstelle dessen spricht er synonym von »Intelligenz«, »beamteter Intelligenz«, »Intellektuellen«, »gebildetem Bürgertum«, »akademischen Berufen« und »akademischen Professionen«. Diese Begriffe scheinen zwar alle auf ein und dieselbe Schicht zu verweisen, in Wirklichkeit beinhalten sie aber – zumindest in der deutschen Geschichtsschreibung – verschiedene Bedeutungen und werden unterschiedlich definiert. Es ließe sich spekulieren, dass die Unzufriedenheit Rankis mit diesen Begriffen einer der Gründe für ihre vielfältige Verwendung war. In jedem Fall zeigt seine Studie, dass es nicht nur schwer ist, die unterschiedlichen nationalen Forschungsstände in Einklang zu bringen, sondern dass die Fragestellungen und die Problematik der Bielefelder Bürgertumsforschung kaum in Ungarn adaptierbar sind. Vor diesem Hintergrund erscheint es sinnvoll, sich zunächst vergleichend mit den jeweiligen Begrifflichkeiten und Annahmen der ungarischen und deutschen historischen Forschung zu diesen Themen zu befassen.

Vergleichen: zum Begriff »értelmiség« in der ungarischen Geschichtswissenschaft

Als Gegenstand der Untersuchung dienen im Folgenden im deutschen wie im ungarischen Fall Texte der zeitgenössischen Geschichtsschreibung. Hinsichtlich der ungarischen Fachwissenschaft werden Schriften aus der Zeit seit den 1970er Jahren herangezogen. Die Grenze zwischen Gegenwart und Vergangenheit ist immer schwer zu ziehen. In diesem Falle ergibt sie sich aus der verdichteten Auseinandersetzung mit dem Thema, insbesondere durch Béla G. Németh, Tibor Huszár und Károly Vörös. Ihre Beschäftigung mit der Thematik fällt dabei mit der historiographischen Tatsache zusammen, dass sich die ungarische Geschichtswissenschaft seit den 1970er Jahren zunehmend von einer marxistisch inspirierten beziehungsweise politisch oktroyierten Sichtweise emanzipierte.[9] Weil die Untersuchungen einander oft gegenseitig beeinflussten, folgen wir bei unserer Analyse teils der Chronologie, teils dem Wirken der einzelnen Verfasser. Da die Geschichte der Verwendung des Begriffs »Bildungsbürgertum« bekannter ist als die des ungarischen Begriffs »értelmiség«, wird letzere hier ausführlicher behandelt.

Untersucht man die Geschichte des 19. und 20. Jahrhunderts, dann ist unbestreitbar, dass die Existenz der »értelmiség« sowie ihr Engagement für alle osteuropäischen Nationen wichtig war. Die Gestalter der Diskurse, oftmals die »értelmiség« selbst, hielten die Eigenschaften der Schicht für eine Schlüsselfrage bei der gesellschaftlichen Modernisierung. Das war auch in den 1970er und 1980er Jahren des Kádár-Regimes nicht anders, als ein Großteil der hier analysierten Studien zu Ungarn entstand.[10]

Dabei zeigt sich, dass schon in der frühen Forschung keine theoretische und begriffliche Einheit herrschte. So stellen die »értelmiség« bei Béla G. Németh eine Schicht dar, die über einen modernen bürgerlichen, westeuropäischen Bildungsstand sowie über Ambitionen, das Land zu führen, verfügt, die aber von Anfang an nicht genügend Einfluss besitzt, um ihre Interessen oder Ziele zu verwirklichen, und zwar auch dann nicht, als sie sich mit der Bewusstwerdung ihrer selbst zu einer Klasse zu entwickeln begann. Gerade deshalb sind ihre Angehörigen immer gezwungen, sich dem Staat und – vermittelt durch den Staat – der »herrschenden Klasse«, ihren Zielen und zum Teil auch ihren Werten anzupassen. Gemäß der Interpretation von Németh führte gerade diese erfolgreiche Identifizierung zum Scheitern der »értelmiség«. Denn sie hätten – so Németh – auf diese Weise ihre westeuropäische und moderne bürgerliche Orientierung verloren und seien nicht in der Lage gewesen, eine richtige Antwort auf das Hauptproblem der Epoche nach 1867, die Nationalitätenfrage, zu finden. Die zahlenmäßige Größe und das gesellschaftliche Gewicht derjenigen »értelmiség«-Angehörigen, die »wirkliche« Werte, wie etwa den bürgerlichen Liberalismus, und »wirkliche« Lösungen verkörperten, sei in der Ära der Monarchie außerordentlich gering gewesen.[11]

Die erste Studie von Tibor Huszár zur Geschichte der »értelmiség« erschien im Jahre 1972 in der Zeitschrift »*Valóság*« (Realität) und stellte den Beginn einer jahrzehntelangen Auseinandersetzung mit der Thematik dar. Das von ihm geleitete Forschungsprojekt ist aus zwei Gründen wichtig: Erstens ist es das einzige Forschungsprojekt über die »értelmiség«, das systematisch und mehr als ein Jahrzehnt lang durchgeführt wurde. Zweitens mussten sich schon wegen dieser Systematik die wenigen späteren Studien, wenn auch teilweise unausgesprochen, an Huszár abarbeiten.

In seiner Untersuchung aus dem Jahr 1972 wirft Huszár in Verbindung mit der Geschichte der »értelmiség« zwei Hauptfragen auf: Ihn interessiert zum einen das Problem der historischen Kontinuität und zum anderen die Frage, ob die »értelmiség« überhaupt als eigenständige Schicht behandelt werden können oder ob sie nicht vielmehr an andere gesellschaftliche Klassen gebunden waren.[12] In diesem Zusammenhang greift er auf die theoretischen Konzepte von Antonio Gramsci zurück.[13] Denn nach Meinung Huszárs hätten andere entweder eine geistesgeschichtliche »Geschichte der ›értelmiség‹« geschrieben oder nur anhand ihrer Charakterologie und Lebensweise versucht, sie zu erfassen. Gramsci hingegen vereine den historischen und den strukturellen Denkansatz.[14] Ihm folgend unterscheidet Huszár eine traditionelle und eine organische Schicht der »értelmiség«. Die organische werde demnach bei Gramsci immer von der einen oder anderen sich neu bildenden Klasse für ihre Zwecke gebildet. Ihre Angehörigen machten sich die wichtigsten Interessen der jeweiligen Klasse bewusst und unterstützten sie in ihren Absichten.[15] Die organische Schicht der »értelmiség« repräsentiere damit für Gramsci die Hauptlinie der historischen Entwicklung. Daraus ergäben sich zwei Dinge: zum einen der Sachverhalt, dass sich mit jeder gesellschaftlichen Umgestaltung eine neue Schicht der »értelmiség« herausbilde, zum andern der Umstand, dass sie niemals selbständig sei, sondern immer an eine andere gesellschaftliche Klasse gebunden. Allerdings sei die Situation Gramsci zufolge nicht eindeutig, weil gewisse Gruppen und Funktionen der »értelmiség« die sie zustande bringenden gesellschaftlichen Formationen überlebten und in die veränderte gesellschaftliche Ordnung integriert würden. In der Terminologie Gramscis bildeten sie die traditionelle Schicht der »értelmiség«.[16] Neben Umbruch und »Neubildung« gebe es also auch Kontinuität,[17] wenngleich Gramsci Unabhängigkeit und Selbständigkeit in diesem Zusammenhang letztlich eher als eine Utopie betrachte.[18] Huszár, der diese Thesen akzeptiert und sie auf Ungarn anwendet, stellt fest, dass die ungarischen »értelmiség« weder vor dem Ersten Weltkrieg, noch in der Ära Horthy eine einheitliche Gruppe bildeten. Er postuliert für diese Zeit die Existenz von adeligen, bürgerlichen, kleinbürgerlichen beziehungsweise proletarischen »értelmiség«. Diese Gliederung bleibe auch in der sozialistischen Gesellschaft erhalten, wenn auch in anderer Form. In jedem Fall könne die »értelmiség« auch hier nicht als geschlossene, homogene Einheit behandelt werden.[19]

In seiner Dissertation aus dem Jahre 1977 hält Huszár an seiner theoretischen Grundposition fest. Er unternimmt dort den Versuch, die spezifischen gesellschaftlichen Verhältnisse zu erkennen und darzustellen, in denen intellektuelle Tätigkeiten verortet waren, wenn er – angefangen von der Zeit der Sumerer bis zum 18. Jahrhundert – die Funktion der »értelmiség« in den wichtigsten Kulturen analysiert. Am Ende dieser umfangreichen Unternehmung erfahren wir allerdings leider nicht, was genau diejenigen Merkmale sind, die die Gesamtheit der »értelmiség« charakterisieren. Zwar zeichnen sich eine Reihe von Eigenschaften – wie die Autonomie des Denkens und Handelns – ab, die unterscheidenden Kennzeichen kann Huszár aber nicht zufriedenstellend definieren.[20]

1978 wendet er sich wieder konkret der ungarischen Gesellschaft vor 1945 zu und probiert, den Ort der »értelmiség« zu bestimmen. Unter Berufung auf Hajnal postuliert er, dass sich in Ungarn die Grundlagen der Sachgemäßheit (szakszerűség) nicht entwickelt hätten, da die Gesellschaftsstruktur keine sachgerechte Arbeit (Expertentum) erfordert habe, sondern eher allgemeine rhetorische und juristische Fähigkeiten. Deshalb sei das Prestige derartiger geistiger Tätigkeiten größer.[21] Zustimmend stellt er die Theorie der doppelten Gesellschaft von Erdei vor, wobei er aber zulässt, dass die Unterschiede zwischen den »értelmiség« der bürgerlichen und der historischen Mittelklasse infolge ihres städtischen Daseins seit der Jahrhundertwende verfließen.[22] Trotzdem sieht er in den »értelmiség« zur Jahrhundertwende keine einheitliche gesellschaftliche Gruppe. Er ist vielmehr der Ansicht, dass die Hauptbruchlinien innerhalb der »értelmiség« zwischen den Gegensatzpaaren »Stadt-Provinz«, »Stadt-Dorf« und »bürgerliche ›értelmiség‹-Beamte« verlaufen.[23]

In seinem bislang letzten, 1981 publizierten Band zur Geschichte der »értelmiség« bricht Tibor Huszár im Wesentlichen mit seinen bisherigen Denkansätzen.[24] Der Klassen- oder einheitliche Schichtencharakter der »értelmiség« ist für ihn nicht mehr die entscheidende Frage, sondern er rückt nun vielmehr die Ideologie der »értelmiség«, ihre Werthaltung und Mentalität, in den Mittelpunkt seiner Analyse. Er stellt die »értelmiség« als eine nach der führenden Rolle strebende Schicht dar, die zwar liberal eingestellt gewesen sei, die wegen der Zurückgebliebenheit der ungarischen Gesellschaft aber ein gewisses Maß an staatlicher Intervention und

Zentralisierung für notwendig gehalten und versucht habe, eine Lebensweise und einen Wertekodex zu entwickeln, die sich sowohl von denjenigen der Gentry, als auch von denen der »fremden Pester« Bourgeoisie unterschieden habe.[25] Das konnte laut Huszár nicht gelingen. Ihm zufolge wurde ab Mitte der 1870er Jahre überdies klar, dass auch das zweite »Projekt« der »értelmiség«, die Intellektualisierung der Gentry- Schicht, nicht gelingen konnte. Aufgrund dieses Umstandes und der von Erdei beschriebenen spezifischen Gesellschaftsentwicklung hätten sich – so schreibt Huszár – seit den 1880er Jahren innerhalb der »értelmiség« die »herrschaftliche Mittelklasse« (úri középosztály) und die mit neuen Funktionen versehene bürgerliche »értelmiség«« herausgebildet, die dann in sich jeweils unterschiedlich untergliedert gewesen seien.[26]

Nach Huszárs eindeutig vom Marxismus inspirierten Schriften wenden wir uns Károly Vörös zu, der – induktiv und stark von den Quellen ausgehend – die Herausbildung der »értelmiség« zu beschreiben und den Begriff zu definieren sucht. Die vielzitierte Schrift von Károly Vörös über die Geschichte der »értelmiség« erschien erstmals 1975 in der Zeitschrift »Valóság«, die in der Zeit des Kádárismus wohl am wenigsten staatlich indoktriniert war, und behandelt die Epoche vor 1867, wobei sie die Entstehung der modernen »értelmiség« in Ungarn auf die Mitte des 18. Jahrhunderts datiert.[27] Seine These lautet, dass dieser Prozess die Ergebnisse von zweierlei Entwicklungen vereine: Zum einen seien aus den veränderten Ansprüchen der Wirtschaft neue und zahlenmäßig immer umfangreichere berufliche Karrierechancen für die »értelmiség« erwachsen, zum anderen hätten – infolge der Verbürgerlichung nichtadeliger Schichten – immer mehr Personen nichtadeliger Herkunft eine »értelmiség«-Laufbahn angestrebt.[28]

Laut Vörös standen die modernen »értelmiség« bereits bei ihrer Entstehung außerhalb der Struktur der feudalen Gesellschaft, ähnlich wie das – durch die bereits erwähnten wirtschaftlichen Prozesse hervorgebrachte – Bürgertum, das Proletariat und das mobile unternehmerische Kapital.[29] Die schnelle, wenn auch nur teilweise Emanzipation der »értelmiség« werde durch das Wahlrechtsgesetz des Jahres 1848 verdeutlicht: Denn das Gesetz habe ihnen zwar das Wahlrecht gebracht, die Voraussetzungen für die Teilhabe seien aber strenger gewesen als im Falle der auf dem Vermögen basierenden Bestimmungen.[30] Vörös, der auf theoretische

Darlegungen verzichtet, betrachtet einfach diejenigen Personen als »értelmiség«, die einer geistigen Beschäftigung nachgingen. Und er führt hier nicht nur die klassischen freiberuflichen Tätigkeiten auf, sondern auch den Beruf des Geistlichen, des Beamten beziehungsweise Angestellten im öffentlichen Dienst (közhivatalnokok) und des Lehrers.

Wenn wir die zeitlich nah beieinanderliegenden Werke der drei Verfasser vergleichen, entsteht ein widersprüchliches Bild. Es ließe sich gegebenenfalls noch darüber hinwegsehen, dass bei Károly Vörös die Entstehung der modernen »értelmiség« im Wesentlichen eine Erfolgsgeschichte ist, in den Augen von Béla G. Németh und Tibor Huszár hingegen eher die Geschichte eines Scheiterns, denn aufgrund der zeitlichen Differenz der analysierten Epochen ließen sich beide Schemata miteinander verknüpfen. Allerdings scheinen sich hinter den unterschiedlichen Analysen grundlegende Unterschiede in den Anschauungen zu verbergen. Vörös ist am wenigsten an die marxistische Ideologie gebunden. Viel wichtiger ist aber, welche Art von gesellschaftlichem Gebilde die Verfasser in der »értelmiség« sehen. Die von ihnen verwendeten Begriffe (Schicht, Klasse und Gruppe) eröffnen eine gewisse Möglichkeit, individuelle Varianten herauszuarbeiten. So fasst Németh die »értelmiség« – ein wenig widersprüchlich – als eine Schicht auf, die über ein »Zusammengehörigkeitsgefühl« verfügt, und es ist vielleicht kein Zufall, dass er sie zuerst anhand der Tätigkeit und des kulturellen Anspruchs definiert und die Klassenkategorien erst später verwendet. Huszár, der die mit der einfachen Übernahme der Marx'schen Kategorien einhergehenden Probleme erkennt, greift auf Gramsci zurück. So viel die theoretische Unterscheidung zwischen organischer und traditioneller »értelmiség« auch verspricht, bei der konkreten Analyse stützt sich Huszár entweder auf Hajnal und Erdei, oder er kehrt bei der Untersuchung der zeitgenössischen Diskurse zu der von ihm zuvor kritisierten Geistesgeschichte zurück. Deshalb bildet die »értelmiség« zuerst (1978) eine gesellschaftliche Gruppe, die aber in einen historischen und einen bürgerlichen Teil unterteilt werden kann, dann (1981) stellt sie eine einheitliche Schicht dar, die sich erst in den 1880er Jahren in die herrschaftliche Mittelklasse und in die bürgerliche »értelmiség« aufspaltet. Es ist hier offensichtlich, dass ein deduktiver, von dem einen oder anderen Begriff ausgehender Denkansatz ebenso wie das Festhalten am jeweiligen

Begriff – egal, mit was für einer großen *eruditio* dies geschieht – die historische Erkenntnis behindert.

Die Studie von Károly Vörös hingegen offenbart die Fruchtbarkeit des induktiven Denkansatzes. Denn Vörös skizziert den Prozess der Entstehung der modernen »értelmiség« ohne eine regelrechte Definition des Begriffes selbst und stützt sich im Wesentlichen auf die Geschichte der Kategorie »Beschäftigung«. Im Zuge seiner gesellschaftsgeschichtlichen Analyse einzelner Berufe zeichnet sich das dynamische Bild eines hinsichtlich Abstammung, Tätigkeitsfeld und gesellschaftlichem Ansehen gemischten, mit Blick auf die *Werteordnung* aber doch kohärent erscheinenden gesellschaftlichen Gebildes ab. Alle drei Verfasser stimmen allerdings in einem Punkt überein: Sie schreiben der »értelmiség« eine grundlegende und wichtige Rolle bei der Entstehung der bürgerlichen Gesellschaft beziehungsweise bei der Lösung – und gescheiterten Lösung – der im Zusammenhang mit dem gesellschaftlichem Wandel aufgeworfenen Fragen zu.

Darüber hinaus ist mit Blick auf die Definition des »értelmiség«-Begriffs in der ungarischen Geschichtswissenschaft noch das von Peter Hanak verfasste Kapitel »Tisztviselő és értelmiségi réteg« von Bedeutung, das 1978 in der ursprünglich auf zehn Bände angelegten »Geschichte Ungarns« (Magyarország története) erschien.[31] Es ist sinnvoll, diesen Text trotz seiner Kürze zu behandeln, da er organischer Bestandteil einer umfassenden Publikation ist und der Konzeption des Verfassers zur Gesellschaft Ungarns um die Jahrhundertwende eine längere Diskussion vorausgegangen war.[32] Hanáks Analyse der Sozialstruktur akzeptiert im Wesentlichen die Theorie Erdeis von der doppelten Gesellschaft.[33] Dennoch positioniert der Verfasser die Beamtenschicht und die »értelmiség« irgendwo zwischen der mittleren Bourgeoisie und der Klasse der mittleren Grundbesitzer, im Grunde als Verbindungsschicht zwischen der historischen und der bürgerlichen Entwicklungslinie: Demnach entstammten die Beamten und »értelmiség« zwar mehrheitlich dem mittleren Grundbesitzertum, waren aber aufgrund ihres Einkommens und ihrer Lebensweise eher der mittleren Bourgeoise zuzurechnen.[34] In dieser Lage und Zusammensetzung stellten sie eine Übergangserscheinung dar, und zwar dermaßen, dass Hanák – der die Auffassung vertritt, dass eine (theoretisch sonst richtige) Unterscheidung zwischen dem Beamtentum und der »értelmiség« im engeren

Sinne aufgrund des Verfließens der Schichten unmöglich ist – die beiden als eine Gruppe behandelt.[35] Intern unterteilt er die Gruppe in drei Einheiten: Beamten (tisztviselők), Privatangestellte (magántisztviselők) und »értelmiség«. Die Privatangestellten und die »értelmiség« werden durch Sachverstand und damit Bildung (szakszerűség) gekennzeichnet, bei den Beamten werden beide Eigenschafen den Erfordernissen der machtpolitischen Eignung untergeordnet. Bis dahin folgt Hanák, sehen wir einmal von dem provisorischen Charakter der Beamten- und »értelmiség«-Schicht ab, im Wesentlichen dem Gesellschaftsbild von Erdei. Da er aber erkennt, dass bei den Mittelschichten der objektive gesellschaftliche Status und die relative Position – er verwendet hier den Begriff von Bourdieu – nicht übereinstimmen, ist er gezwungen, einen bereits von den Zeitgenossen sowie von Erdei verwendeten Begriff einzuführen, nämlich den Begriff »herrschaftliche Mittelklasse«. Dazu zählt im Wesentlichen jeder – angefangen von der mittleren Bourgeoisie bis zur Klasse der mittleren Grundbesitzer – der die acht Gymnasialklassen abgeschlossen hat. Es handelt sich um ein gesellschaftliches Gebilde, in dem alle zur Mittelschicht gehörenden Personen verortet werden können und das – so schreibt Hanák – von der von der Gentry dominierten Werteordnung zusammengehalten werde.[36]

János Mazsu schließlich ist der erste (und auch letzte), der nach der Wende das Thema der »értelmiség« ausführlich in einer Monographie behandelt hat. Seine Herangehensweise zeigt die starken Kontinuitäten, aber auch die Brüche in der ungarischen Geschichtswissenschaft nach 1989. Für eine Diskussion der Ansichten von János Mazsu beziehen wir uns auf seine Dissertation sowie auf eine Studie aus dem Jahre 1988, denn die beiden Arbeiten fassen die Gedanken seiner früheren und späteren Publikationen zusammen.[37] Das grundlegende Problem besteht laut Mazsu darin, dass diejenigen, die einen »értelmiség«-Beruf ausübten, zu Beginn der bürgerlichen Umgestaltung keine homogene Schicht bildeten; damit sei es nicht möglich, über »die értelmiség« zu sprechen. Die ersten Anzeichen eines Schichtenbewusstseins hätten sich erst in den 1870er Jahren gezeigt. Die entscheidenden Komponenten dieses Bewusstseins waren nach Mazsu die Existenz als Angestellte (der Großteil der geistig Tätigen waren Staatsbedienstete oder Privatangestellte) sowie der kulturelle Graben zwischen den geistig Tätigen und den übrigen Teilen der Gesellschaft beziehungsweise die damalige liberale Rhetorik, die den Angehörigen der »értelmiség« im öffentlichen Leben eine entscheidende Rolle bei der Wahrung der Hegemonie der ungarischen Kultur zuschrieb. Deshalb vertritt Mazsu die Auffassung, dass sich die »értelmiség« erst im Zuge der wirtschaftlichen Entwicklung während des Dualismus zu einer Schicht entwickelte, zu einer Zeit also, als bei der Rekrutierung eine Veränderung zugunsten von Personen bürgerlicher Herkunft eintrat.[38] Um den Begriff »értelmiség« zu definieren, wählt Mazsu letztlich zwei Gesichtspunkte aus: die in der gesellschaftlichen Arbeitsorganisation eingenommene berufliche Position sowie den hierzu notwendigen schulischen Abschluss. Er geht aber davon aus, dass zwischen der in der Arbeitsorganisation eingenommenen Position, der tatsächlichen sozialen Stellung und der realen gesellschaftlichen Gruppenbildung Unterschiede bestanden. Die Voraussetzung der Zugehörigkeit zur »értelmiség« sei letztlich die beruflich ausgeübte geistige Tätigkeit und die »fachliche« Ausbildung, das heißt der Abschluss von mindestens vier Gymnasial- oder Realschulklassen. Die derart definierte außerordentlich heterogene Schicht habe sehr viele Spannungen überwinden müssen: Sie habe sich mit der Aufspaltung von Human-»értelmiség« und Real-»értelmiség«, mit der Ungleichartigkeit von bürgerlicher und adeliger Herkunft und mit den Gegensätzen zwischen der eine Machtposition besetzenden »értelmiség« und der »értelmiség« dienenden Typus' beziehungsweise mit den unterschiedlichen Verhältnissen zur Nation auseinandersetzen müssen. Die Überwindung dieser Gegensätze sei schließlich nur durch die Stärkung des ungarischen und des herrschaftlichen (úri) Charakters möglich gewesen und in letzter Konsequenz mit der Entwicklung einer herrschaftlichen Mittelklasse einhergegangen. Diese stelle, so Mazsu, »ein großes Passivum der ungarischen Gesellschaftsentwicklung in der Zeit des Dualismus« dar.[39]

Auch an den jüngsten Analysen werden die Schwachpunkte der bisherigen Annäherungen an die Geschichte der »értelmiség« deutlich. Eines der Hauptprobleme liegt in den angewandten Kategorien. Das dem sozialistischen Gesellschaftsbild entsprechende Verlangen oder Gebot, die Gesellschaft in Klassen mit einheitlichem Bewusstsein einzuteilen, schafft zwangsläufig Kategorien, die – worauf wir bereits hingewiesen haben – nur schwer mit einem präzisen Inhalt gefüllt werden können. Unserer Auffassung nach sind die in den analysierten Werken verwendeten

Begriffe, auch wenn diese Arbeiten zeitlich relativ nahe beieinanderliegen, nicht kompatibel. Tibor Huszár, Péter Hanák und János Mazsu verwenden beispielsweise den Begriff der »herrschaftlichen Mittelklasse«. Während dieses gesellschaftliche Gebilde bei Huszár das Ergebnis einer Spaltung ist, kommt es bei Hanák und Mazsu hingegen gerade durch eine Vereinigung zustande. Aber auch Mazsu und Hanák unterscheiden sich voneinander. Mazsu schreibt der »értelmiség« eine aktive, »kämpfende« Rolle bei der Entstehung der herrschaftlichen Mittelklasse zu, während Hanák den Prozess als ein passives Verschmelzen darstellt. Es ist schwer vorstellbar, dass die herrschaftliche Mittelklasse, über deren Entstehung so unterschiedliche Meinungen bestehen, bei allen drei Verfassern das Gleiche bedeuten könnte.[40]

Zu einem ähnlichen Ergebnis gelangen wir, wenn wir die Kategorie »értelmiség« in den Arbeiten der verschiedenen Autoren vergleichen. Während Béla G. Németh die »értelmiség« für eine Schicht hält, die durch die geistige Tätigkeit und das kulturelle Anspruchsniveau definiert werden kann und die über ein homogenes Bewusstsein verfügt, berührt die theoretische, soziologisch inspirierte Definition von Huszár die der Historiker praktisch nicht, obwohl sie sich letztlich in der Kategorie der »geistigen Arbeit« entsprechen. Károly Vörös, der übermäßige Verallgemeinerungen vermeidet, beginnt sofort mit der Definition: Zur »értelmiség« gehört, wer keiner physischen Tätigkeit nachgeht. Nach Hanák ist derjenige ein Mitglied der »értelmiség«, der über ein Hochschul- oder Universitätsdiplom verfügt, aber kein Beamter oder Angestellter ist. Bei Mazsu bestimmt die professionell ausgeübte geistige Tätigkeit und die Absolvierung von mindestens vier Gymnasial- oder Realschulklassen die Zugehörigkeit zur »értelmiség«, das heißt die Beamten und Angestellten gehören auch dazu. Ránki rechnete die Staatsangestellten anfänglich nicht einmal zum Bürgertum, später machte er sie hingegen zu einem Teil der »értelmiség«. Gemeinsame Grundelemente gibt es also, wie zum Beispiel die geistige Arbeit, die einzelnen Definitionen decken sich aber nicht. Für diese begriffliche Vielfalt spielt möglicherweise – neben dem bereits erwähnten Denken in Klassenkategorien – die pragmatische Wirkung der Theorie von der doppelten Gesellschaft von Ferenc Erdei eine Rolle. Die Theorie, die die Mehrheit der Sozialhistoriker mittlerweile verwirft, konnte wegen ihres starren Schemas viele Prozesse nicht adäquat erfassen und veranlasste so die Forschenden, die an ihr festhalten wollten, dazu, verschiedene, flexible – und folglich unpräzise – Begriffe zu benutzen.

Das »Bildungsbürgertum« in der deutschen Geschichtswissenschaft

Die Forschung zum Bürgertum in Deutschland hat eine längere Tradition, erfuhr aber mit der Gründung zweier Forschungsinstitutionen in den späten 1980er Jahren einen massiven Schub: 1986 nahm der Bielefelder Sonderforschungsbereich für Sozialgeschichte des neuzeitlichen Bürgertums seine Arbeit auf, zwei Jahre später wurde unter der Führung von Lothar Gall das Zentrum für Bürgertumsforschung in Frankfurt am Main eingerichtet. Die Arbeit konzentriert sich im Folgenden auf den Begriff des »Bildungsbürgertums« und schenkt der Geschichte der beiden Forschungsrichtungen keine weitere Beachtung. Es wird hier nur kurz auf den Unterschied ihrer Anschauung und ihres Verhältnisses zum Bildungsbürgertum hingewiesen. Die von Lothar Gall geleiteten Forschungen, die sich auf die Modernisierung der traditionellen Gesellschaft konzentrierten, verglichen das Bürgertum in sechzehn Städten. Für Gall war der Gegensatz zwischen Staat und Gesellschaft ein sozialgeschichtlich greifbares und wichtiges Phänomen und die Stadt der Raum, in dem sich das moderne Bürgertum des 19. Jahrhunderts aus dem alten Bürgertum heraus – frei von staatlichem Einfluss – entwickelte. Eines der Hauptziele von Gall war es, das positive Bild der bürgerlichen Gesellschaft sowohl dem Bild des *ancien régime* des 18. Jahrhunderts als auch dem Bild der vom Staat durchdrungenen deutschen Gesellschaft des 19. Jahrhunderts gegenüberzustellen.

Natürlich hatten auch die Bielefelder Forscherinnen und Forscher ihre eigene geschichtspolitische Ausrichtung: Ihre Forschung zielte unter anderem darauf ab, den sozialgeschichtlichen Hintergrund der These vom »deutschen Sonderweg« herauszuarbeiten. Doch obwohl die Ergebnisse beider Forschungszentren die späteren Debatten stark prägten, spielte das Bildungsbürgertum nur in der Bielefelder Theorie eine ernsthafte Rolle. Gall hielt den Begriff anfänglich lediglich für ein theoretisches Konstrukt, da der »gebildete Bürger« in der städtischen Gesellschaft neben den Bankiers und Händlern nur eine marginale Rolle habe spielen können. Später differenzierte sich seine Auffassung, doch drückte diese Ausgangshaltung auch den späteren Frankfurter Forschungen ihren Stempel auf. Um sich im Folgenden mit dem Begriff des Bildungsbürgertums und seiner Verwendung in der (international) vergleichenden historischen Forschung zu befassen, geht die Analyse deswegen von den Ergebnissen des Bielefelder Forschungsbereichs aus.[41]

Der Historiker, aber auch der interessierte Laie, stößt oft auf den Begriff Bildungsbürgertum, wenn er sich der deutschen Gesellschaftsgeschichte zuwendet. Ein Grund hierfür ist, dass im Zuge der Diskussion um den deutschen Sonderweg die Mentalität des deutschen Bürgertums, insbesondere aber des Bildungsbürgertums, eine bedeutende Rolle als erklärender Faktor in der historischen Argumentation spielte.[42] Dass es einen Sonderweg gab, wurde auch in den späten 1980er Jahren wiederholt in Zweifel gezogen, doch eröffnete die Auseinandersetzung damit der Forschung zum Bürgertum neue komparative Perspektiven.

Das Ende des 18. Jahrhunderts und der Beginn des 19. Jahrhunderts bildeten das Zeitalter der Entstehung des neuzeitlichen deutschen Staates. Die damals beginnenden Reformen in Preußen – ähnliche fanden auch in den übrigen deutschen Staaten statt – schufen das Deutschland, dessen Spuren in der Mentalität bestimmter gesellschaftlichen Gruppen bis zum Ende des Zweiten, zumindest aber bis zur Beendigung des Ersten Weltkrieges auffindbar waren.

In dieser gesellschaftlich-politischen Atmosphäre gewann das Bildungsbürgertum den Bielefelder Forschungen zufolge zunehmend an Einfluss. Diese gesellschaftliche Gruppierung, die im Wesentlichen als eine Art funktioneller Elite entstand, wurde im Laufe des 19. Jahrhunderts immer einheitlicher und erhielt selbst ständischen Charakter.[43] Anfänglich waren die Bildungsbürger nur durch die universitäre Ausbildung und durch den Staatsdienst in weiterem Sinne miteinander verbunden.[44] Da bis zum Ende des 18. Jahrhunderts die Erlangung eines Universitätsdiploms – zumindest theoretisch – für jedermann, jedoch nicht für Frauen, offenstand, trat das sich anhand der Fachausbildung konstituierende Bildungsbürgertum als bunte gesellschaftliche Gruppe mit zahlreichen Wurzeln hervor. Spätere staatliche Regelungen (Erhöhung der Studiengebühren und Verringerung der Stipendienzahl) erschwerten es den ärmeren Schichten, auf die Universität zu gehen, und im Laufe des 19. Jahrhunderts verstärkte sich die Selbstrekrutierung der Schicht in zunehmendem Maße. Trotz alldem blieb es – so das von der Forschung entworfene Bild – ein Charakteristikum des Bildungsbürgertums, gegenüber den unteren Schichten der Gesellschaft relativ offen zu sein. Dies traf natürlich in unterschiedlichem Maße zu: Die Fakultät für Rechtswissenschaft galt als geschlossen, das heißt der Anteil der Selbstrekrutierung war hoch, während ein beträchtlicher Teil der Studenten der neugegründeten Philosophischen Fakultät – also der späteren Lehrer – Mitte des 19. Jahrhunderts aus Familien von Kleinbauern und Gewerbetreibenden stammte.[45]

Auch hinsichtlich der politischen Präferenzen und der Weltanschauung kann das Bildungsbürgertum den Bielefelder Forschungen zufolge nicht als einheitlicher Block behandelt werden.[46] Obwohl die Mehrheit verständlicherweise – gerade als Vorkämpfer und Nutznießer der erwähnten Reformen – dem Liberalismus anhing, waren seine Vertreter in der zweiten Hälfte des 19. Jahrhunderts bereits in allen parlamentarischen Parteien zu finden.[47] Zudem gab es hinsichtlich der Vermögenssituation große Unterschiede im Bildungsbürgertum: Während Universitätsprofessoren über ein beträchtliches Einkommen verfügten, lebten beispielsweise Notare oftmals von einem sehr bescheidenen Gehalt. Worin bestand also die Gemeinsamkeit, die es erlaubte, diese mit Blick auf Abstammung, Beruf, Einkommen und politische Anschauung außerordentlich heterogene Gruppe unter eine gesellschaftliche Kategorie zu fassen? Die Publizistik und dann die Geschichtsschreibung späterer Zeiten fand die Antwort in der Ideologie und dem Bildungsideal dieser Schicht, die – so die allgemein vertretene Meinung – in ihrer reifen Form die Rolle der Religion übernommen hat.[48] Es geht also um die *Bildung*, die das Bildungsbürgertum von den übrigen Gruppen des Bürgertums unterscheidet.

Der Ursprung der Bedeutungsvielfalt des Begriffs »Bildung« kann mit der Luther'schen Reformation in Verbindung gebracht werden.[49] Der erste Schritt, um die Bildung zu einer persönlichen Angelegenheit zu machen, war, dass Luther die Gläubigen zum individuellen Studium der Bibel anregte. Er machte also die Selbstbildung für alle verpflichtend, und sie wurde dann mit der Entwicklung des Individuums, mit seiner Selbstverbesserung in

Verbindung gebracht.[50] Ende des 18. Jahrhunderts entwickelte ein Teil der deutschen Denker in Auseinandersetzung mit der Aufklärung einen eigenen Bildungsbegriff.[51] So verstanden sie unter Bildung nicht nur das zu erwerbende Wissen, sondern auch den Prozess der Wissensaneignung. Im deutschen Wort »Bildung« vereint sich somit die Bedeutung der ungarischen Worte »Ausbildung« (képzés) oder »Selbstbildung« (önképzés) beziehungsweise »Gebildetheit« (műveltség). Ziel ist hier nicht mehr allein die Weitergabe verschiedener Wissensgüter (und damit die Schaffung einer besseren Welt), sondern durch sie und mit ihnen auch die Vervollkommnung des Individuums. Der Akzent verschiebt sich von den äußeren Normen auf die inneren Ansprüche: Die Aktivität des Individuums wird von entscheidender Bedeutung und die kontinuierliche innere Reflexion und der Prozess der Wissensaneignung werden zu einem organischen Bestandteil der Bildung.[52] Die Besonderheiten des deutschen Begriffs »Bildung« sind also das Verlangen nach Autonomie sowie die durch Selbstbildung geschaffene Gemeinschaft (im Gegensatz zur bisherigen politischen Determiniertheit der Gesellschaft) beziehungsweise der Sachverhalt, dass die kulturellen Leistungen der Gemeinschaft – als Voraussetzung des Erfahrens der Gemeinschaftskultur – immer mit geistiger Selbstreflexion verbunden werden.[53] Bildung ist demnach keine a priori gegebene Form, die ausgefüllt werden muss, sondern ein Prozess, der sich infolge von Reflexion ständig verändert.[54] Eine derartige Auslegung der Bildung tritt in den Schriften von Humboldt und Fichte, aber auch schon bei Goethe hervor. Laut Meinung der Historiker schuf diese später als Neohumanismus bezeichnete Richtung die geistig-ideologischen Grundlagen für das Zustandekommen des Bildungsbürgertums und seiner Selbstdefinition.[55]

Auf der Grundlage der bisherigen Ausführungen zeichnet sich scheinbar klar eine gesellschaftliche Gruppe – die deutsche Fachliteratur bezeichnet sie zumeist als »Stand« im Weber'schen Sinne – ab, die unter Berufung auf ihr Wissen Privilegien für sich fordert und erkämpft.[56] Wissen bestimmt ihre Lebensweise und ihr Prestige grundlegend.[57] Diese Arbeitsdefinition bildete die Grundlage der Forschungsreihe, die von Werner Conze und Jürgen Kocka Mitte der 1980er Jahre an der Universität Bielefeld initiiert wurde. Die im Geiste der kritischen Sozialgeschichte durchgeführten Forschungen versuchten, das Wesen des Bildungsbürgertums unter verschiedenen Gesichtspunkten und mit Hilfe internationaler Vergleiche zu erfassen und zu beschreiben.

Der Studienband, der das Forschungsprojekt abschloss, erschien im Jahre 1992. In seinem Aufsatz, der die nahezu ein Jahrzehnt andauernden Forschungen zusammenfasst und bewertet, kam Kocka zu erstaunlichen Schlussfolgerungen. Aus den Untersuchungen ging nämlich nicht eindeutig hervor, ob die Zeitgenossen das Bildungsbürgertum überhaupt als eine gesellschaftliche Einheit empfunden hätten.[58] Nur für die Zeit ab den 1850er Jahren habe es Anzeichen dafür gegeben, dass die öffentliche Meinung zwischen Bildungsbürgertum und Wirtschaftsbürgertum unterschied, also dass sie Gruppen, die aufgrund ihres Wissens oder ihres Vermögens zu den bürgerlichen Schichten gehörten, nicht als eine Einheit betrachtete.[59] Im Zuge der Forschungen stellte sich auch heraus, dass der Ausdruck »Bildungsbürgertum« erst Anfang der 1920er Jahre entstanden war – also zu einer Zeit, als sich die von den Historikern als Bildungsbürgertum definierte Gruppe bereits in Auflösung befand. Außerdem sei der Begriff zunächst in pejorativem Sinne verwendet worden.[60] Es stellte sich auch heraus, dass sich die »Heiratszirkel« derjenigen Berufsgruppen, die traditionell zum Bildungsbürgertum gerechnet würden, in starkem Maße mit denjenigen des *Wirtschaftsbürgertums* deckten. Ein ähnlich gemischtes Bild zeigten die Bielefelder Forschungen mit Blick auf die örtliche Segregation. Bei den »bürgerlichen« Berufen sei demnach die Verteilung der Wohnorte mehr durch das Einkommen (also durch die Vermögensunterschiede) als durch die Zugehörigkeit zum Bildungs- oder Wirtschaftsbürgertum zu erklären. Auch begrenze die politische Vielfarbigkeit des Bildungsbürgertums die Gültigkeit des Begriffs.

Jürgen Kocka bezweifelte zudem, dass der Neohumanismus als identitätsstiftende Ideologie diente. Seine Argumentation basierte auf zwei Erwägungen. Er war der Auffassung, dass die neohumanistische Form der Bildung gerade wegen ihres Strebens nach Universalität und ihres Anspruchs auf allgemein zugängliche Bildung nicht geeignet gewesen sei, eine Kraft zur Schaffung gesellschaftlicher Gruppen zu bilden. Selbst wenn sie gewisse gesellschaftliche Umstände dazu befähigt hätten, habe die neohumanistische Form der Bildung – so Kocka unter Berufung auf Bourdieu – ihre Wirkung nicht entfalten können. Die familiäre Sozialisation sei immer stärker als die Sozialisation in der Schule gewesen und der

Neohumanismus habe klassischerweise gerade im Unterricht – hauptsächlich am Gymnasium und auf der Universität – seine Wirkung entfaltet, so dass ihm als formierende Kraft nur eine sekundäre Rolle habe zukommen können.[61] Die gruppenbildende Kraft der gemeinsamen Bildung sei auch durch den immer weiter fortschreitenden Prozess der Professionalisierung geschwächt worden. Im Zuge dieser Entwicklung habe die Anerkennung des Spezialwissens immer stärker zugenommen und zwangsläufig die vom Neohumanismus propagierte Allgemeinbildung untergraben.[62] Angesichts derartiger Entwicklungen sei es kein Wunder, dass die Historiker keine wirklichen Spuren des Bildungsbürgertums fänden, wenn sie den gesellschaftlichen Gruppenwandel untersuchten.

Eine Schlussfolgerung wie diese ließ sich leicht mit der Interpretation verbinden, dass das Bildungsbürgertum überhaupt nicht existierte, sondern erst nachträglich, in Zeiten der sozialen Krise und zunächst im Rahmen des öffentlichen Diskurses, geschaffen wurde. Die Geschichtswissenschaft habe, so Kocka, die neue Kategorie dann übernommen und zur Untermauerung beziehungsweise Widerlegung ihrer eigenen Hypothesen verwendet. Tatsächlich verbarg sich in der derart beschriebenen Entwicklung vielleicht auch der Ursprung eines eigenartigen Paradoxons: Während sich nämlich seit dem 18. Jahrhundert der Begriff »Bildungsbürgertum« mit fortschreitender Zeit im gesellschaftlichen Diskurs immer stärker herauskristallisierte, kann die *Gruppe* selbst mit den Mitteln der Gesellschaftswissenschaft immer weniger erfasst werden.[63]

Wenn wir den Rahmen der nationalen Geschichtsschreibung verlassen und uns auf das Gebiet der internationalen Komparatistik begeben, nehmen die Probleme demnach zu. Denn als Ergebnis der Vergleiche zeichnet sich klar und deutlich eine nur für die deutsche Gesellschaft des 19. Jahrhunderts charakteristische Gruppe ab, die – wie überraschend dies auch sein mag – in Entsprechung zum oben bereits mehrmals definierten Bildungsbürgertum gebracht werden kann.[64] Natürlich darf man dieses Ergebnis nicht überbewerten, denn nur im Falle von Frankreich und England wurden bisher systematische Vergleichsuntersuchungen durchgeführt, während der Vergleich mit den osteuropäischen Staaten bestenfalls als sporadisch zu bezeichnen ist.[65] Dementsprechend kann die These vom Bildungsbürgertum als einem spezifisch deutschen

Einzelfall noch nicht mit völliger Gewissheit vertreten werden. In jedem Fall ist es hiernach aber nicht überraschend, dass Kocka das Bildungsbürgertum eher für eine idealtypische Konstruktion als für ein tatsächliches gesellschaftliches Gebilde hält. Daher wirft er auch die Frage auf, ob es nicht produktiver sei, anstelle des Ausdrucks »Bildungsbürgertum« den international sowieso schon verbreiteten Begriff »*Intelligenz*« zu verwenden.[66]

Es ist nicht einfach, eine Lösung für dieses Problem zu finden, und zwar unter anderem deshalb nicht, weil eine Reihe von Historikern, die an den Forschungen beteiligt waren, die Meinung von Jürgen Kocka nicht teilten und das *Bildungsbürgertum* als existierende gesellschaftliche Entität weiterhin erforschen beziehungsweise erforschten. Einer der geistreichsten Kommentare hierzu stammt von Rainer M. Lepsius, der an den Grenzen der oftmals ungewollt statisch werdenden Strukturgeschichte rüttelte und eine dynamischere Anschauung empfahl. Er akzeptierte die Berechtigung der bereits bekannten Einwände und vertrat aufgrund seiner Forschungen die Meinung, dass sich das Bürgertum aus mehreren kleineren Gruppen, deren Gewicht, Größe und Zahl sich kontinuierlich veränderte, zusammengesetzt habe. Das *Bildungsbürgertum* stelle eine dieser Gruppen dar, die in bestimmten Fällen, wenn sie ihre Werte und Ideale in der gesamten Gesellschaft zur Geltung bringen könne, zu einer unterscheidbaren gesellschaftlichen Entität werde. Andernfalls existierte es nur als Subkultur und sei daher mit dem Instrumentarium der Sozialgeschichte nur schwer und widersprüchlich zu erfassen.[67]

Verstehen und wieder Vergleichen

Der Vergleich der Forschungsgeschichte zu »értelmiség« und Bildungsbürgertum zeigt, dass die beiden Begriffe in ihrer gegenwärtigen Auslegung einander nicht entsprechen. Dies liegt nicht nur daran, dass die ungarische Fachliteratur in der Frage, wie »értelmiség« definiert werden könne und welche Schichten, Berufe und Lebensweisen man hierzu zählen könne, zu keiner Übereinkunft gekommen ist. Denn die Aufgabe wird nicht einfacher, wenn wir die deutsche Geschichtswissenschaft zu Hilfe rufen. Auch hier ist das Hauptproblem nicht, dass viele Wissenschaftler das Bildungsbürgertum nicht als ein tatsächliches gesellschaftliches Gebilde betrachten. Das entscheidende Problem ist vielmehr, dass die Forschung in Ungarn bei den »értelmiség« keine Spuren eines stark religiös-theologisch fundierten Bildungsideals aufzeigt, wie es im deutschen Kontext zur Charakterisierung des Bildungsbürgertums dient.

Der Versuch, die beiden Begriffe in Übereinstimmung zu bringen, wird durch die unterschiedlichen Rollen der Kirchen und der Religion in beiden Gesellschaften und vor allem im Bildungswesen noch weiter erschwert. In Ungarn spielten die Kirchen – im Gegensatz zu den deutschen Territorien – bis Mitte des 20. Jahrhunderts in Grund- und höheren Schulen eine entscheidende Rolle. Es ist daher selbstverständlich, dass auch das Verhältnis der beiden gesellschaftlichen Gruppen, die sich selbst über den Unterricht und die Ausbildung definierten beziehungsweise definiert werden, zur Religion und zu den Kirchen unterschied.

Eine andere Schwierigkeit stellt die Verschiedenheit der Forschungsprobleme dar, die die Begriffe mit sich bringen. Die Grenzen ihrer Verwendbarkeit werden auch dadurch bestimmt, bei welcher Thesenformulierung die Begriffe in den Vordergrund rückten und rücken. In Ungarn wurde bei der Untersuchung und Definition des Begriffs »értelmiség« eine Antwort auf die Frage gesucht, wie sich eine in ihren Werten und auch aufgrund der Umstände ihrer Entstehung ursprünglich *moderne* gesellschaftliche Schicht (die »értelmiség«) mit der gänzlich als feudales und konservatives Relikt betrachteten Gentry identifizieren konnte. In Deutschland rückte hingegen das Bildungsbürgertum als möglicher Auslöser des Sonderwegs in den Mittelpunkt der Aufmerksamkeit. Es wurde als eine Schicht betrachtet, die – so die ursprüngliche These – mit ihrem Autoritätsprinzip (tekintélyelvűség) zu einer der vorbereitenden Kräfte des Nazismus wurde. Es ist verständlich, dass diese beiden Deutungen – der »értelmiség« als eines hoffnungsvollen, wenn letztlich auch gescheiterten Motors der Modernisierung und des Bildungsbürgertums als eines Hauptpfeilers des Konservativismus – nur schwerlich miteinander in Einklang gebracht werden konnten und können. Dies trifft auch dann zu, wenn sie im Wesentlichen die Besonderheit der Entwicklung der jeweiligen Gesellschaft verkörpern sollen.

Die angesprochenen Unterschiede lassen sich zudem durch die verschiedenen theoretischen Herangehensweisen erklären.[68] Die ungarischen Historiker betrachten – und dies ist nicht unabhängig vom marxistischen Denkansatz – die »értelmiség« auch dann als Elite, wenn sie sie, oftmals in Ermangelung einer besseren Möglichkeit, unter den Mittelschichten ansiedeln. Die deutsche Geschichtsschreibung hingegen ordnet das Bildungsbürgertum dem Bürgertum zu, also der gesellschaftlichen Mitte. Damit können weder die Verwendung der beiden Begriffe und ihre innere Struktur noch die von ihnen erfassten gesellschaftlichen Gruppen in Übereinstimmung gebracht werden.

Im Rahmen eines Vergleichs, vor allem dann, wenn die Struktur der zu vergleichenden Gesellschaften unterschiedlich ist, ist ihre Verwendung daher irreführend und ihre Übertragbarkeit beschränkt. Wird aber ein »nationaler« Begriff gewählt – und das ist in Ost-West Vergleichen meistens ein westeuropäischer – wird nicht nur der Diskurs zwischen den verschiedenen Geschichtswissenschaften asymmetrisch, sondern es werden zudem Defizite aus westlicher Sicht beschrieben.[69] Ein gutes Beispiel dafür ist die jahrzehntelang verbreitete Backwardness-These. Ihre Verfechter postulierten, dass die Modernisierung der Gesellschaften in West-Europa und Nord-Amerika als Modell für die Gesellschaften außerhalb dieser Territorien dienen könne. So wurden die »westeuropäischen« Merkmale der Modernisierung in Osteuropa gesucht, aber nur bedingt gefunden, und dieses Defizit wurde als Rückständigkeit definiert.[70] Doch lassen sich, und das ist einer der Gründe, warum die Rückständigkeitsthese oft kritisiert wurde, nicht alle Modernisierungsprozesse mit Hilfe eines solchen starren Modells fassen.[71]

Welche Strategien gibt es aber, wenn wir dennoch vergleichende Studien durchführen wollen und nebenbei anstreben, dass die Begriffe präzise sind und in den jeweiligen Diskursen der nationalen Geschichtswissenschaft eine übereinstimmende Bedeutung haben?

Eine Lösung könnte sein, statt nach Schichten und Klassen – deren konkrete Definition und deren Bedeutungswandel ja immer in den historischen und historiographischen Traditionen des jeweiligen Landes wurzeln – im Rahmen eines Vergleichs nach gesellschaftlichen Prozessen, Verhaltensweisen und Attitüden zu fragen. In diesem Falle eröffnet sich die Möglichkeit, gesellschaftswissenschaftliche Begriffe zu verwenden, die unabhängig von den historischen Traditionen der jeweiligen Länder und bereits Bestandteile des internationalen wissenschaftlichen Diskurses sind.

Dies ermöglicht auch ihre genauere Definition und Übersetzung. Das bedeutet allerdings nicht, dass damit alle Probleme behoben wären. Prozessbegriffe (wie »Industrialisierung«, »Modernisierung« oder »Demokratisierung«) sind zumeist auch an einem konkreten gesellschaftlichen Kontext entwickelt worden – und können, wie oben bereits erwähnt wurde, nicht problemlos auf andere Kontexte übertragen werden. Aber immerhin erleichtert es ihre Etabliertheit im internationalen historiographischen Diskurs, sich über ihre Verwendung zu verständigen.

Vielversprechender erscheint der Ansatz, derart allgemeine Begriffe aufzugeben und sich ganz auf konkrete gesellschaftliche Gruppen, beispielsweise auf bestimmte Beschäftigungsgruppen, oder auf bestimmte gesellschaftliche Positionen, die eindeutige äußere Merkmale haben, zu konzentrieren. Wenn wir statt Bildungsbürgertum und »értelmiség« beispielsweise die Lehrer der höheren Schulen in den beiden Ländern vergleichen, nehmen die begrifflichen Definitionsprobleme ab. Obwohl sich so die Tragweite der Aussagen verringert, sind die Aussagen im Hinblick auf die nationalen Kontexte viel präziser und verständlicher. Dennoch kann es natürlich auch dann geschehen, dass es aufgrund des Fehlens eines solchen »tertium comparationis« (die entsprechenden Arbeitsbedingungen und Beschäftigungsstrukturen sind völlig anders) ein Vergleich letztlich nicht durchgeführt werden kann.

Insgesamt scheint dies jedoch der einzige Weg zu sein, um allgemeine »europäische« oder »transnationale« geschichtswissenschaftliche Begriffe zu entwickeln. Im Falle von Bildungsbürgertum und »értelmiség« würde das bedeuten, erst die einzelnen dazugehörigen Berufe vergleichend zu untersuchen und daran anschließend einen neuen »Oberbegriff« herauszuarbeiten.[72] Denis Sdvizkov's Begriff »Gebildete« könnte hierfür (trotz seiner Unbestimmtheiten und Probleme) als Grundlage dienen,[73] aber es müssten, wie beispielsweise ein Vergleich der Lehrer höherer Schulen in Ungarn und Preußen zeigt, die unterschiedliche Rolle der Kirchen und die Beziehung zur Religion und zum Staat viel stärker als bisher in die Überlegungen einbezogen werden.[74] In jedem Fall könnte der Begriff die Arbeitsgrundlage für weitere Vergleiche bilden und durch diese modifiziert werden. Der Erfolg eines derartigen Versuches ist unter anderem wegen der noch immer relativ großen Isolation der nationalen geschichtswissenschaftlichen Diskurse zwar äußerst zweifelhaft, aber nicht ausgeschlossen. Auch gibt es keinen anderen Weg, wenn wir unseren Aussagen auf *nicht*-nationaler Ebene Gültigkeit verschaffen möchten.

Paradoxerweise lässt sich damit am Ende dieser Analyse festhalten, dass, um mit fundierten »transnationalen Begriffen« arbeiten zu können, man erst Vergleiche durchführen muss, die auf Transfers und Verflechtungen Rücksicht nehmen – um mit Hilfe dieser Ergebnisse dann mit neuen Begriffen neue Vergleiche anzustellen. Eine große Herausforderung – aber eine, die sich lohnt.

Anmerkungen

1 Vgl. *Kaelble, H.*, Der historische Vergleich. Eine Einführung zum 19. und 20. Jahrhundert, Frankfurt/Main 1999; *Paulmann, J.*, Internationaler Vergleich und interkultureller Transfer. Zwei Forschungsansätze zur europäischen Geschichte des 18. bis 20. Jahrhunderts, in: Historische Zeitschrift 267 (1998), S. 649–685; *Haupt, H.-G.* u. *J. Kocka*, Vergleichende Geschichte: Methoden, Aufgaben, in: *dies.* (Hg.), Geschichte und Vergleich. Ansätze und Ergebnisse international vergleichende Geschichtsschreibung, Frankfurt/Main 1996, S. 9–45; *Werner, M.* u. *B. Zimmermann*, Vergleich, Transfer, Verflechtung, in: Geschichte und Gesellschaft 28 (2002), S. 607–636.

2 Zu den begrifflichen Probleme des historischen Arbeitens im transnationalen Kontext am Beispiel Indiens siehe *Pernau, M.*, Transkulturelle Geschichte und das Problem der universalen Begriffe, in: *B. Schäbler* (Hg.), Globalgeschichte und Entwicklungspolitik, Wien 2007, S. 117–149.

3 Zu Ránki und seiner Rolle in der ungarischen Geschichtswissenschaft siehe *Gyáni, G.*, Történetíró a diktatúra korában. Ránki György élete és munkássága, in Károly Halmos et aliud (Hg.) A felhalmozás míve, Budapest 2009, S. 539–551.

4 Vgl. *Gyáni*, S. 550.

5 Vgl. *Ránki, G.*, Die Entwicklung des ungarischen Bürgertums vom späten 18. zum frühen 20. Jahrhundert, in: *J. Kocka* (Hg.), Bürgertum im 19, Jahrhundert, 1. Band, Göttingen [2]1995, S. 230–248. Die Studie von Ránki war so sehr für den deutschen »Markt« bestimmt, dass sie erst Jahre nach seinem Tod auf Ungarisch publiziert wurde.

6 Vgl. *Ránki*, S. 247.

7 Ebd., S. 244.

8 Ebd., S. 245.

9 Die Emanzipation und die immer größer werdende fachliche Autonomie bestätigen alle historiographischen Arbeiten. Das und die Tatsache, dass in der ungarische Geschichtswissenschaft fast zeitgleich mit Deutschland

die Strukturgeschichte immer stärker wurde, macht einen Vergleich trotz der Systemunterschiede sinnvoll. Die Benutzung und Herausbildung von Begriffen wird immer, unabhängig von den jeweiligen politischen Systemen, von Ideologien und Anschauungen beeinflusst. Über die ungarische Geschichtswissenschaft nach 1945 siehe: *Gunst, P.*, A magyar történetírás története, Debrecen 1995; *Gyáni, G.*, A mai magyar történetírás dilemmái, in: *ders.*, Relatív történelem, Budapest 2007; auf Englisch: *Trencsényi, B.* u. *P. Apor*, Fine-Tunning the Polyphonic Past: Hungarian Historical Writing in the 1990s, in: *S. Antohi*, u. a. (Hg.), Narrativ Unbound. Historical Studies in Post-Communist Eastern Europe, Budapest 2007, S. 1–100.

10 Es ist kein Zufall, dass in dieser Zeit der Prozess der Entwicklung einer modernen Intelligenz erneut zu einem wichtigen Thema wurde, ebenso wie ihr Scheitern und die Lehren, die aus diesem zu ziehen waren. In den Fragestellungen der Intelligenz spiegeln sich also auch ihre eigenen Erfolge und ihr Scheitern in der damaligen Zeit wider. Ein gutes Beispiel dafür ist: *Konrád, G.* u. *I. Szelényi*, Intelligenz auf dem Weg zur Klassenmacht, Frankfurt/Main 1979 Das Buch durfte in Ungarn aus politischen Gründen erst nach der Wende veröffentlicht werden.

11 Vgl. *Németh, B. G.*, A magyar kritika története a pozitivizmus korában, in: Irodalomtörténeti Közlemények 1–2. szám (1971), S. 148–183; *ders.*, Létharc és nemzetiség. Az »irodalmi« értelmiség felső rétegének ideológiájához, 1867 után, in: *ders.*, Létharc és nemzetiség, Budapest 1976, S. 7–41.

12 Vgl. *Tibor, H.*, Gondolatok az értelmiség szociológiai jellemzőiről és fogalmáról, in: Valóság 2 (1972), S. 2–3.

13 Vgl. *Gramsci, A.*, Az értelmiség és a kultúra szervezete, in: *ders.*, Filozófiai írások, Budapest 1970, S. 271–307.

14 Vgl. *Huszár*, Gondolatok S. 2.

15 Vgl. *Gramsci*, S. 271–272.

16 Ebd., S. 273.

17 Vgl. *Huszár*, Gondolatok, S. 4–5.

18 Vgl. *Gramsci*, S. 274, S 280.

19 Vgl. *Huszár*, Gondolatok, S. 11, S 17.

20 Vgl. *Huszár*, Fejezetek, S. 20.

21 Vgl. *Huszár* (Hg.), Értelmiségiek, diplomások, szellemi munkások, Budapest 1978, S. 8; *István, H.*, Az osztálytársadalom, in: *D. Sándor* (Hg.), Magyar Művelődéstörténet, Bd. 5, Budapest 1941, S. 163–201.

22 Vgl. *Huszár*, Értelmiségiek, S. 21.

23 Ebd., S. 11, S 19 f.

24 Vgl. *Huszár* (Hg.), Értelmiségszociológiai írások Magyarországon 1900–1945, Budapest 1981.

25 Ebd., S. 9, S. 11.

26 Ebd., S. 12–16.

27 Vgl. *Károly, V.*, modern értelmiség kezdetei Magyarországon, in: *ders.*, Hétköznapok a polgári Magyarországon, Budapest 1997, S. 21–48. (Erste Publikation in *Valóság, 10* [1975] S. 1–20.)

28 Ebd., S. 47.
29 Ebd., S. 21.
30 Ebd., S. 23–25.
31 Vgl. *Hanák, P.*, Magyarország társadalma a századforduló idején – A tisztviselő és értelmiségi réteg, in: Magyarország története 1890–1918, Bd. I, Budapest 1978,S. 452–459.
32 Zu der Debatte siehe *Hanák*, Vita Magyarország kapitalizmuskori fejlődéséről, Budapest 1971.
33 Ihm zufolge gab es vor 1945 eine doppelte Gesellschaft in Ungarn, das bedeutet, dass parallel eine bürgerliche »moderne« und eine »historische« feudal-ständische Gesellschaft existierte. Diese These (heute von den meisten Historikern verworfen), hatte eine große Wirkung in den 1970er Jahren.
34 Vgl. *Hanák*, Magyarország társadalma, S. 452.
35 Ebd., S. 453.
36 Ebd., S. 459.
37 Vgl. *Mazsu, J.*, Az értelmiség társadalmi szerkezetének átalakulása Magyarországon a dualizmus korában, (Kandidátusi értekezés), Debrecen 1984–1994. Vgl. von Mazsu zu diesem Thema außerdem *Mazsu*, A dualizmuskori értelmiség társadalmi forrásainak főbb változási tendenciái, in: Történelmi Szemle 2. szám (1980), S. 289–308; *ders.*, A magyarországi tisztviselő-értelmiségi réteg társadalmi szerkezetének változási folyamata a dualizmus időszakában (a réteg társadalomtörténeti makrokutatásának határai és néhány fontosabb eredmény), in: *Történelmi Szemle* 1. szám (1987–1988), S. 29–37; *ders.*, A hazai értelmiség fejlődésének sajátosságai a 19. század második felében, in: *B.G. Németh* (Hg.), Forradalom után – Kiegyezés előtt, Budapest 1988, S. 234–251.
38 Vgl. *Mazsu*, A hazai értelmiség, S. 242–244. Das ist das Gegenteil von dem, was Hanák sagt. Ihm zufolge bringt die »Verbürgerlichung« der Rekrutierungsbasis keine qualitative Veränderung mit sich.
39 Vgl. *Mazsu*, A hazai értelmiség, S. 248–250 und *ders.*, Az értelmiség társadalmi szerkezetének, S. 179.
40 Zum Mittelklassediskurs und den Begriff selbst siehe *Gyáni, G.*, Polgárság és középosztály a diskurzusok tükrében, in: *ders.*, Történészdiskurzusok, Budapest 2002, S. 78–98. Zu Hanák und Mazsu siehe dort besonders ebd., S. 79–84. Zum Begriff der Mittelklasse im 19. Jahrhundert siehe *György, K.*, Középrend vagy középosztály, in: Századok 5, szám (2003), S. 1119–1168.
41 Vgl. *Mergel, T.*, Die Bürgertumsforschung nach 15 Jahren, in: Archiv für Sozialgeschichte 41 (2001), S. 515, 520.
42 Vgl. *Faulenbach, B.*, Ideologie des deutschen Weges, München 1980, S. 8–11.
43 Vgl. *Wehler, H.-U.*, Deutsches Bildungsbürgertum in vergleichender Perspektive- Elemente eines »Sonderwegs«, in: *J. Kocka* (Hg.), Bildungsbürgertum im 19. Jahrhundert, Bd. IV., Stuttgart 1989, S. 215–218.
44 Ebd., S. 218.

45 Vgl. *Lundgreen, P.*, Zur Konstituierung des »Bildungsbürgertums«: Berufs- und Bildungsauslese der Akademiker in Preussen, in: *J. Kocka* (Hg.), Bildungsbürgertum im 19. Jahrhundert, Band IV, Stuttgart 1989, S. 92.
46 Vgl. *Wehler*, Deutsches Bildungsbürgertum, S. 230.
47 Vgl. *Kocka*, Bildungsbürgertum – Gesellschaftliche Formation oder Historikerkonstrukt?, in: *ders.* (Hg.), Bildungsbürgertum im 19. Jahrhundert, Band IV, Stuttgart 1989, S. 15.
48 Vgl. *Koselleck, R.*, Einleitung – Zur anthropologischen und semantischen Struktur der Bildung, in: *ders.* (Hg.), Bildungsbürgertum im 19. Jahrhundert, Bd. II, Stuttgart 1990, S. 24–26.
49 Vgl. *Koselleck*, Einleitung, S. 16.
50 Vgl. *Wehler*, Deutsches Bildungsbürgertum, S. 221.
51 Vgl. *Koselleck*, Einleitung, S. 19.
52 Ebd., S. 18; *Wehler*, Deutsches Bildungsbürgertum, S. 220.
53 Vgl. *Koselleck*, Einleitung, S. 14–15.
54 Ebd., S. 16.
55 Vgl. *Lundgreen, P.*, Bildung und Bürgertum, in: *ders.*, Sozial- und Kulturgeschichte des Bürgertums?, Göttingen 2000, S. 173–174; *Koselleck*, Einleitung, S. 21–23.
56 Vgl. *Kocka*, Bildungsbürgertum, S. 10.
57 Vgl. *Conze, W.* u. *J. Kocka*, Einleitung, in: *dies.* (Hg.), Bildungsbürgertum im 19. Jahrhundert, Teil I, Stuttgart 1985, S. 12.
58 Vgl. *Kocka*, Bildungsbürgertum, S. 11.
59 Ebd., S. 12.
60 Ebd., S. 12.; *Lundgreen*, Bildung und Bürgertum, S. 173.; *Engelhardt, U.*, Bildungsbürgertum. Begriffs- und Dogmengeschichte eines Etiketts, Stuttgart 1986, S. 192.
61 Vgl. *Kocka*, Bildungsbürgertum, S. 18–19.
62 Ebd., S. 14, 19; *Conze* u. *Kocka*, Einleitung, S. 26; *Jarausch, K. H.*, Die Krise des deutschen Bildungsbürgertums im ersten Drittel des 20. Jahrhunderts, in: *J. Kocka* (Hg.), Bildungsbürgertum im 19. Jahrhundert, Bd. IV, Stuttgart 1989, S. 187.
63 Vgl. *Kocka*, Bildungsbürgertum, S. 15.
64 Ebd.
65 Zum Beispiel *Koestler, N.*, Intelligenzschicht und höhere Bildung im geteilten Polen, in: *W. Conze* u. *J. Kocka* (Hg.), Bildungsbürgertum im 19. Jahrhundert, Teil I, Stuttgart 1992, S. 186–206.
66 Ebd., S. 17.
67 Vgl. *Lepsius, R. M.*, Das Bildungsbürgertum als ständische Vergesellschaftung, in: *ders.* (Hg.), Bildungsbürgertum im 19. Jahrhunderts, Bd. 3, Stuttgart 1992, S. 12–14.
68 Vgl. *Sdvizkov, D.*, Zeitalter der Intelligenz. Zur vergleichende Geschichte der Gebildeten in Europa bis zum Ersten Weltkrieg, Göttingen 2006, S. 188–193.
69 Vgl. *Pernau*, S. 119.
70 Zum Beispiel *Chirot, D.*, The Origins of Backwardness in Eastern Europe, Berkeley 1989; *Berend, I. T.*, Central and Eastern Europe 1944–1993.

Detour from the Periphery to the Periphery, Cambridge 1996; *ders.*, Decades of Crisis. Central and Eastern Europe before World War II, Berkeley 1998; *ders.*, History Derailed: Central and Eastern Europe in the Long Nineteenth Century, Berkeley 2003; sowie neu und zusammenfassend: *ders.*, What is Central and Eastern Europe?, in: European Journal of Social Theory 8/4 (2005), S. 401–416.

71 Zum Beispiel: *Hroch, M.* u. *L. Klusakova*, (Hg.), Criteria and Indicators of Backwardness, Prague 1996; Auf theoretischer Ebene: *Eisenstadt, S. N.*, Die Vielfalt der Moderne, Weilerswist 2000. Speziell zu Berends Herangehensweise: *Wingfield, N. M.*, The Problem with the »Backwardness«: *Berend, I. T.*, Central and Eastern Europe in the Nineteeth and Twentieth Centruies, in: European History Quarterly 34 (2004), S. 535–551, besonders S. 548.

72 Etwas Ähnliches schlägt auch Margit Pernau vor. Siehe *Pernau,* Bürger mit Turban, Göttingen 2008, S. 9–10.

73 Vgl. *Sdvizkov*, S. 9–20. Über die problematische Seiten von Sdvizkovs Konzept siehe *Keller, M.*, Ki is vagyok én, mi is az én nevem?; *Sdvižkov, D.*, Das Zeitalter der Intelligenz. Zur vergleichenden Geschichte der Gebildeten in Europa bis zum Ersten Weltkrieg, in: Korall 28–29 (September 2007), S. 247–252.

74 Vgl. *Keller, M.*, A tanárok helye. A középiskolai tanárok professzionalizációja porosz-magyar összehasonlításban a 19. század második felében, L'Harmattan-1956-os Intézet, Budapest 2010.

Vom Globalen zum Nationalen zum Lokalen: Zur Verortung des Transnationalen

Benno Gammerl

Der Vergleich von Reich zu Reich

Überlegungen zum Imperienvergleich anhand des britisch-habsburgischen Beispiels

Die Komparatistik verfestigt ihre Vergleichsgegenstände zu abgeschlossenen Einheiten und verzerrt so die historische Wirklichkeit von Übergängen, Bewegungen und inneren Widersprüchen. So lautet einer der häufig gegen die vergleichende Geschichte erhobenen Vorwürfe. Oft ist damit die Beschuldigung verbunden, dass sie sich zu sehr auf Nationalstaaten konzentriert und alternative Zusammenhänge vernachlässigt.[1] Derartigen Vorwürfen können Vergleiche von nicht-nationalstaatlichen, in sich heterogenen Phänomenen begegnen. Die Suche nach Ähnlichkeiten und Unterschieden zwischen Reichen zielt in diese Richtung. Gleichzeitig greift sie in analytisch anspruchsvoller Weise das wachsende wissenschaftliche und öffentliche Interesse an Imperien auf.[2]

Reiche sind per definitionem in sich vielfältig und uneinheitlich. Einerseits sind ihre Bevölkerungen von ethnischer Vielfalt geprägt. Andererseits setzen sie sich aus verschiedenen Territorien zusammen, die mittels je eigener Institutionen und Mechanismen regiert werden. Imperien sind also sowohl ethnisch-personal als auch politisch-territorial heterogen und unterscheiden sich damit von politisch-rechtlich homogenen Staaten auf der einen und von Nationalstaaten auf der anderen Seite, die die nationale Integration und Vereinheitlichung ihrer Staatsvölker anstreben.[3]

Zwar bieten solche uneinheitlichen Phänomene viel versprechende Möglichkeiten für komparative Konstellationen, aber zugleich droht die Komplexität imperialer Formationen den Vergleich zu überfordern. Dennoch wurden in den letzten Jahren wiederholt Imperienvergleiche gefordert. Zum einen stellen sie eine genauere Erfassung dieses von der am Nationalstaat orientierten Geschichtsschreibung lange vernachlässigten Phänomens in Aussicht. Zum anderen versprechen sie eine Erweiterung des historiografischen Horizonts hin auf transnationale und globale Fragestellungen. Dabei richtet sich das Interesse besonders auf den Vergleich von westeuropäisch-maritimen Kolonial- und mittelosteuropäischen Kontinentalreichen, die als Verkörperungen spezifischer Typen von Imperialität gelten.[4] Weil die Unterscheidung dieser beiden imperialen Formationen eng mit der dichotomischen Trennung Europas in einen »fortschrittlichen« Westen (mit dem französischen und dem britischen Reich) und einen »rückständigen« Osten (mit dem Russischen, dem Osmanischen und dem Habsburgerreich) verknüpft ist, ermöglichen Vergleiche wie der britisch-habsburgische eine kritische Überprüfung der normativ aufgeladenen West-Ost-Dichotomie.[5]

Die Bearbeitung eines solchen Vergleichs ist schwierig, jedoch mitnichten unmöglich. Zwei Strategien können das Risiko der inter- und intra-imperialen Verwirrung minimieren: die Fokussierung auf ein klar eingegrenztes und adäquates Phänomen sowie eine Gliederung der Argumentation, welche die innere Heterogenität der Reiche berücksichtigt. Im ersten Teil beleuchtet der Aufsatz diese beiden methodischen Vorschläge, bevor er sie in zwei weiteren Abschnitten anhand empirischer Beispiele veranschaulicht und abschließend die wesentlichen Ergebnisse zusammenfasst.

Verbindendes Vergleichsphänomen und zerstückelte Gliederung

Imperienvergleiche beginnen mit einer Frage, deren Untersuchung in verschiedenen imperialen Fällen besondere Erträge verspricht.[6] Aber welche Arten von Problemen eignen sich für Vergleiche von Reich zu Reich? Der Gegenstand sollte sowohl in allen ausgewählten Kontexten als auch für die Gegenwart der Forschenden ausreichend relevant (gewesen) sein, um eine Untersuchung lohnend erscheinen zu lassen. Besonders eignen sich Probleme, die in transnationalen Zusammenhängen diskutiert wurden. Die Konfigurationen der Geschlechterverhältnisse in verschiedenen imperialen Konstellationen wären beispielsweise ein lohnender Vergleichsgegenstand.[7]

Gleiches gilt für die Frage nach dem Umgang mit ethnischer Heterogenität. Nicht nur Österreich-Ungarn und das Britische

Weltreich mussten um die Wende zum 20. Jahrhundert versuchen, die Zusammengehörigkeit einer ethnisch vielfältigen Bevölkerung mit der wachsenden Bedeutung von Nationalismus und Demokratie in Einklang zu bringen.[8] Der Vergleich kann also zur Beantwortung der Frage beitragen, aufgrund welcher Umstände man dieses Problem auf je besondere Weise zu lösen versuchte. Staatsangehörigkeit und Staatsbürgerschaft sind in diesem Zusammenhang von besonderem Interesse, denn beide Rechtsinstitute definierten, wer zu einem Gemeinwesen dazugehören sollte und wer nicht. Ethnische Kriterien konnten dabei, beispielsweise bei der Zuerkennung oder Verwehrung politischer Staatsbürgerrechte, eine ausschlaggebende Rolle spielen.

Die Staatsangehörigkeit eignet sich besonders für einen britisch-habsburgischen Vergleich, weil sie eng mit der problematischen West-Ost-Dichotomie verknüpft ist. Die Forschung unterscheidet häufig zwischen einem »fortschrittlichen« Modell politischer Inklusivität in Westeuropa, das man mit dem ius soli, also dem Geburtsortsprinzip, verbindet, und einem »rückständigen« Muster ethnischer Exklusivität in Osteuropa, das – so die weit verbreitete Meinung – mit dem ius sanguinis, also dem Abstammungsprinzip, einhergeht.[9] Diesen Gegensatz unterläuft der Vergleich des britischen mit dem habsburgischen Fall.[10] Außerdem macht ihr transnationaler Charakter die Staatsangehörigkeit, die immer mit zwischenstaatlichen Aushandlungsprozessen verknüpft war und weltweit In- und Exklusionen regelte, zu einem adäquaten Vergleichsgegenstand. Auch die Staatsbürgerschaft avancierte um 1900 in politischen, sozialen und kulturellen Konflikten zu einem Schlagwort mit globaler Reichweite. Hundert Jahre später verleihen die europäische Integration und Debatten über Migration Fragen des – im Jahr 2000 in Deutschland grundlegend reformierten – Staatsangehörigkeitsrechts und der Staatsbürgerschaft erneut überragende Bedeutung.

Hat man ein adäquates Problem bestimmt, muss man zunächst ein analytisches Instrumentarium definieren, das – im vorliegenden Fall – verschiedene Formen des Umgangs mit ethnischer Heterogenität beschreiben kann. Diese Begrifflichkeit muss allgemein genug formuliert sein, um zwei sehr unterschiedliche imperiale Formationen erfassen zu können. Auf der Grundlage theoretischer Überlegungen und vorliegender empirischer Untersuchungen lässt sich eine Typologie von Modi des Umgangs mit ethnischer Vielfalt entwickeln, die als heuristische Brille das Untersuchungsfeld erschließen und als roter Faden das Argument strukturieren kann.

Im Zentrum der Untersuchung steht die Unterscheidung dreier Logiken: einer nationalstaatlichen, einer etatistischen und einer imperialistischen. Die nationalstaatliche Logik verbindet die Herstellung von Rechtsgleichheit innerhalb eines angehörigkeitsrechtlichen Personenverbandes mit der exklusiven Schärfung seiner Außengrenzen und zielt so auf die Integration der Nation.[11] Das etatistische Muster stellt demgegenüber nicht den nationalen Zusammenschluss, sondern die Interessen des a-nationalen Staates in den Mittelpunkt.[12] Es zielt auf die Kongruenz von Wohnbevölkerung und Staatsvolk sowie auf die Etablierung einer homogenen Rechtssphäre, um so die Kontrollmacht des Staates zu maximieren und die Durchsetzung der Steuer- sowie der Wehrpflicht zu erleichtern. Dabei verhalten sich die Behörden, sofern sie ethnisch heterogene Bevölkerungen regieren, entweder ethnisch-neutral oder sie verfolgen eine Politik der Anerkennung, welche verschiedene ethno-nationale Gruppen in gleichberechtigter Weise in das Gemeinwesen einbindet.[13] Die imperialistische Logik trennt schließlich innerhalb eines Personenverbandes privilegierte von benachteiligten Gruppen, wobei diese rechtlichen Diskriminierungen zumeist eng mit rassistischen Hierarchisierungen verknüpft sind.[14]

Das analytische Werkzeug der drei Logiken stellt einen groben Orientierungsrahmen zur Verfügung, der im Lauf der Untersuchung weiter verfeinert werden kann.[15] Es hat vor allem zwei Vorteile. Zum einen ist es wichtig, das Konzept der Nationalstaatlichkeit mit in die Analyse einzubeziehen, denn aus dem Umstand, dass die Untersuchung sich im imperialen Rahmen bewegt, folgt nicht, dass nationalstaatliche Vorstellungen gänzlich irrelevant gewesen wären.[16] Zum anderen ist die Fokussierung auf die drei Logiken deswegen sinnvoll, weil sie mit der etatistischen und der imperialistischen Logik sowohl die typisch habsburgische Betonung des Staates als auch die für den britischen Fall charakteristischen kolonialen Machtasymmetrien berücksichtigen und so einem Vergleich zweier sehr unterschiedlicher Reiche Kohärenz verleihen kann. Allerdings hat dieser ausreichend flexible und zugleich kohärente Rahmen einen Preis. Aufgrund des analytischen Zuschnitts und der thematischen Eingrenzung konzentriert sich die Untersuchung auf den Blickwinkel der politischen und administrativen Eliten. Der Umgang mit ethnischer Heterogenität im Alltag und auf der Mikro-Ebene gerät dagegen weitgehend aus dem Blick. Damit bleibt der Imperienvergleich auf geographisch anders zugeschnittene, eher kleinräumige Untersuchungen angewiesen. Nur die Synopse beider Herangehensweisen ergibt ein annähernd adäquates Bild der vergangenen Wirklichkeit.

Im nächsten Schritt gilt es eine Gliederung zu entwerfen, welche die imperiale Vielfalt berücksichtigt. Da die Untersuchung rechtliche Fragen fokussiert, bietet es sich an, zunächst von der politischen Heterogenität der Imperien auszugehen. Wie verfuhr man in den einzelnen Territorien der Reiche mit ethnischen Differenzen? Um diese Frage zu beantworten, muss man die Imperien in einzelne Teile zerlegen, um die intra-imperial verschiedenen Positionen zu identifizieren. Gleichzeitig lässt sich dadurch die historiografische Privilegierung der Metropole vermeiden, weil metropolitane wie periphere Perspektiven in ihren je spezifischen Kontexten verortet werden.

Die Auswahl der unterschiedlichen intra-imperialen Beispielfälle muss zwangsläufig auf informierter Intuition beruhen. Für das Britische Weltreich ist die Zergliederung in selbstverwaltete Dominions, Kronkolonien, Protektorate und das Mutterland relevant. Daneben gilt es den Unterschied zwischen vor langem oder vor kurzem erworbenen Besitzungen, die Besonderheiten von Siedlungskolonien und von Territorien mit mehrheitlich nicht-europäischen Bevölkerungen sowie die globale Verteilung der britischen Gebiete zu berücksichtigen. Die Untersuchung des Dominions Kanada, der kolonialen Gebiete in Indien, des ostafrikanischen Protektorats und des Vereinigten Königreichs versucht diese Vielfalt einzufangen. Im habsburgischen Fall fällt die Auswahl leichter, denn das Reich war in drei Teile gegliedert: die dualistischen Partnerstaaten Ungarn und Österreich sowie das quasikoloniale Bosnien-Herzegowina.

Bei der Untersuchung der einzelnen Reichsteile oder der subimperialen Einheiten kommt es ganz besonders darauf an, intra-imperiale Verflechtungen, Wechselwirkungen und Transfers zu berücksichtigen. Daneben sucht der Vergleich zunächst nach Ähnlichkeiten und Unterschieden zwischen den ausgewählten Teilgebieten, wobei man auf unerwartete Korrespondenzen stoßen kann. So verschieden das Britische Weltreich und das Habsburgerreich auf den ersten Blick zu sein scheinen, so schnell springen unterhalb der gesamtimperialen Ebene Parallelen ins Auge. Diese bieten einen hervorragenden Ausgangspunkt für die Gliederung des Vergleichs der verschiedenen Reichsteile. Dies soll der folgende Abschnitt zeigen, der vor allem anhand der Migrationspolitik die nationalstaatliche Logik in Kanada und Ungarn, das etatistische Muster in Indien und Österreich und die imperialistische Logik in Ostafrika und Bosnien sowie die Besonderheiten des Vereinigten Königreichs skizziert.

In- und Exklusionen in einzelnen Teilen der beiden Reiche

Blickt man zunächst nach Kanada, so fällt zuerst der Versuch ins Auge, die Einwanderer aus Europa möglichst rasch in den Angehörigenverband zu integrieren. Der britische Untertanenstatus war für Immigranten in Kanada deutlich einfacher zu erwerben als im Vereinigten Königreich.[17] Diese Erleichterungen sollten als Anreiz wirken und die Immigration von »Europäern« fördern, während »nicht-europäischen« Einwanderern, insbesondere den »Asiatics«, der Zugang verweigert wurde. Entscheidend war das Immigrationsgesetz von 1910, das bestimmten Einwanderern die Einreise erschwerte, nämlich »immigrants belonging to any race deemed unsuited to the climate or the requirements of Canada«.[18]

Diese Bestimmung ist deswegen besonders interessant, weil sie nicht nur den Ausschluss angehörigkeitsrechtlich fremder Personen beispielsweise aus Japan, sondern auch die Exklusion britischer Untertanen aus Indien oder anderen Teilen des Weltreichs ermöglichte. Auf diese Weise wurde diesen nicht nur der Zugang zum kanadischen Territorium, sondern auch zu den ihnen dort nominell zustehenden Staatsbürgerrechten verweigert. Denn im Britischen Weltreich brachte die Staatsangehörigkeit – der britische Untertanenstatus – an sich keine materiellen Rechte mit sich. Staatsbürgerliche Ansprüche konnten vielmehr immer nur innerhalb bestimmter Territorien – vor allem in den Dominions und im Vereinigten Königreich – erhoben werden. Deswegen schlossen Migrationsrestriktionen bestimmte Teile des britischen

Untertanenverbandes meist nach »rassischen« Kriterien von politischen und sozialen Rechten aus. Dabei betrachtete man gerade in den Dominions die ethnische Homogenität der Bevölkerung als Voraussetzung für die Expansion demokratischer und wohlfahrtsstaatlicher Partizipation, weswegen man die Ausdehnung staatsbürgerlicher Rechte meist mit ethnischen Ausschlüssen verknüpfte. So entstanden innerhalb des imperialen Gesamtzusammenhangs privilegierte »weiße« Personenverbände.[19]

Während in Kanada bestimmte Gruppen von Einwanderern integriert oder abgewiesen wurden, waren im ungarischen Fall Auswanderer von inkludierenden oder exkludierenden Mechanismen betroffen. Ein Gesetz von 1886 über die »massenweise[n] Rückeinbürgerung der Csángo-Magyaren aus der Bukowina« integrierte die sogenannten Székler, die als eine mit den Magyaren verwandte Volksgruppe galten, in den ungarischen Staatsverband, obwohl diese sich teilweise schon vor langer Zeit außerhalb des Staatsgebiets niedergelassen hatten.[20] Auch das rechtliche und ethno-kulturell verstandene Band zwischen der ungarischen »Heimat« und den Auswanderen nach Übersee sollte, so ein weit verbreitetes Postulat, trotz der räumlichen Distanz so lange als möglich aufrechterhalten werden. Ein Reichstagsabgeordneter forderte die Regierung auf, mehr Lehrer und Seelsorger zur Betreuung der Auswanderer nach Nordamerika zu schicken, damit diesen »ungarischer Geist eingeimpft« werde.[21]

Andere Gruppen profitierten hingegen nicht von derlei Integrationsbemühungen. Dazu gehörten beispielsweise Witwen, die die ungarische Staatsangehörigkeit durch Heirat erworben und später wegen ihrer Auswanderung nach Österreich wieder verloren hatten. In einem solchen Fall verweigerte die ungarische Regierung die sonst übliche Rückübernahme der ehemaligen Staatsangehörigen, weil sie die »ursprüngliche (abstammungsgemäße) ungarische Staatsbürgerschaft« einer Witwe bezweifelte.[22] Diese Beobachtungen lassen sowohl in Kanada als auch in Ungarn die Wirksamkeit der nationalstaatlichen Logik erkennen, die bestimmte Gruppen in den nationalen Verband integrierte, andere dagegen davon ausschloss, wobei »rassische« und ethnische Kriterien eine ausschlaggebende Rolle spielten.

Versuche einer Nationalisierung des Angehörigenverbandes wurden in der österreichischen oder cisleithanischen Hälfte des Habsburgerreichs nicht unternommen. Im Inneren versuchte die österreichische Regierung, dem selbstformulierten Anspruch supra-ethnischer Gerechtigkeit durch eine strikt neutrale oder eine anerkennende Politik gerecht zu werden. Und auch nach außen waren ethnische Differenzierungen nicht maßgeblich, weder in der Auswanderer- noch in der Einwanderungspolitik. Zwar wurden Forderungen insbesondere nach der Exklusion jüdischer Immigranten von verschiedenen Seiten erhoben, aber die Behörden traten solchen Tendenzen wiederholt entgegen und beharrten auf dem Prinzip der Neutralität.

Dies verdeutlicht die Reaktion des k.k. Innenministeriums, also der österreichischen Regierung, auf Versuche des Wiener Magistrats, vor allem israelitischen – so der damals gebräuchliche Begriff – Zuwanderern die Aufnahme in den Gemeindeverband und damit auch die Einbürgerung zu verwehren. Diesen Bestrebungen, so das Innenministerium, sollten die übergeordneten Behörden »durch rigoroseste Beurteilung« im Instanzenweg entgegentreten.[23] Letztlich waren sie dabei erfolgreich. Die österreichische Einwanderungs- und Einbürgerungspolitik stellte bis zum Ende der Habsburgermonarchie die ökonomischen und militärischen Interessen des supra-nationalen Staates in den Mittelpunkt und blieb vom etatistischen Prinzip der ethnischen Neutralität geprägt.

Auch der indischen Regierung lag wenig am Ausschluss bestimmter ethnischer Gruppen von der Einwanderung,[24] dafür aber umso mehr an ihrer Selbstinszenierung als supra-ethnischer Autorität, die zwischen den verschiedenen Bevölkerungsgruppen des Subkontinents vermittelte. Obwohl Teile des indischen Rechtssystems selbst die »natives« gegenüber den »Europeans« benachteiligten, wandte sich die indische Regierung im frühen 20. Jahrhundert wiederholt gegen die rassistischen Diskriminierungen der Dominions und vertrat ihnen gegenüber den ethnisch-neutralen Standpunkt, dass alle britischen Untertanen unabhängig von ihrer »rassischen« Zugehörigkeit gleichberechtigt sein sollten. Diese Forderung wollten die indischen Auswanderungsgesetze unterstreichen. Eine 1910 eingeführte Bestimmung ermöglichte das Verbot der Emigration, wenn der »Governor General« die den »free Indians« in den betreffenden Territorien eingeräumte Rechtsposition als unzureichend ansah.[25] Damit drohte man den Dominions, ihnen den Import billiger Arbeitskräfte aus Indien zu untersagen, wenn sie das Ideal der supra-ethnischen

Gleichheit in zu krasser Weise verletzten. Diese Drohung blieb letztlich wirkungslos. Aber immerhin ist es bemerkenswert, dass die indische Regierung – ähnlich wie die österreichische – dem etatistischen Prinzip der ethnischen Neutralität zu Bedeutung verhelfen wollte.

Für die ostafrikanische Protektoratsverwaltung war dieses Leitbild dagegen weitgehend bedeutungslos. Dort prägten rassistische Hierarchisierungen das Regierungshandeln. In der Immigrationspolitik war die ethnische oder »rassische« Identität der Einwanderer ausschlaggebend. Die Behörden verhalfen letztlich der Vorstellung von Kenia als einem »white man's country« zur Geltung, die auf der Unterdrückung einheimischer Bevölkerungsgruppen und auf der Exklusion aller »nicht-weißen« Immigranten beruhte. So sprach sich die Mehrheit der Native Labour Commission 1913 gegen die Anwerbung von Arbeitern aus Asien aus, denn die »Asiatics« hätten einen »deteriorating effect morally upon the natives of the country«. Ihre Präsenz würde unweigerlich zu einem »race problem« führen.[26]

Während sie den Ausschluss der »Asiatics« vorantrieb, förderte die Verwaltung zugleich die Einwanderung »europäischer« Siedler. Eine Folge dieser diskriminierenden Politik war die territoriale Segregation der Bevölkerung, weil man das besonders begehrte Hochland für die »Europäer« gleichsam reservierte. Alteingesessene Bevölkerungen verdrängte man in Reservate und Immigranten aus Indien wurde der Zugang verwehrt.[27] Letztlich entstand durch diese und andere Maßnahmen eine mehrfach abgestufte Rangfolge aus Privilegierungen und Benachteiligungen, an deren Spitze die »Weißen« und an deren Ende die »natives« standen.

So deutlich ausgeprägt war die imperialistische Logik in Bosnien bei weitem nicht. Diskriminierungen wirkten hier zum einen insofern, als österreichische und ungarische Staatsangehörige zumindest pro forma an imperialen Entscheidungen beteiligt waren, während diese politische Partizipationsmöglichkeit den bosnischen Landesangehörigen verwehrt blieb. Dennoch unterlagen sie in derselben Weise der Wehrpflicht wie die anderen Angehörigen des Habsburgerreichs. Diese Ungleichbehandlung spiegelte letztlich die koloniale Situation Bosniens im imperialen Zusammenhang.

Zum anderen zwang die bosnische Verwaltung zumeist serbische oder muslimische Auswanderer in eine rechtlich prekäre

Grauzone zwischen Zugehörigkeit und Nicht-Zugehörigkeit, indem sie ihnen die Entlassung aus der Landesangehörigkeit verweigerte. Auf diese Weise konnten diese Personen bei ihrer Wiedereinreise entweder zurückgewiesen oder zum Militärdienst gezwungen werden und waren so in besonders krasser Weise der behördlichen Willkür ausgeliefert.[28] Allerdings basierten diese Diskriminierungen weniger auf rassistischen Hierarchisierungen als vielmehr darauf, dass die militärischen, politischen und ökonomischen Interessen des Staates auf besonders rigorose Weise durchgesetzt werden sollten. Deswegen kann man für Bosnien nur ansatzweise von einer Durchsetzung der imperialistischen Logik sprechen, die in Ostafrika dagegen voll ausgeprägt war.

Das Vereinigte Königreich als Metropole des Britischen Weltreichs stellt insofern einen Sonderfall dar, als sich hier die drei Logiken im Umgang mit ethnischer Heterogenität durchkreuzten und mischten. Zum einen waren imperialistische Denk- und Handlungsmuster ausschlaggebend, wenn es darum ging, »nicht-weiße« britische Untertanen von den sozialen Staatsbürgerrechten auszuschließen. In der Debatte zum Old Age Pensions Act von 1908 machte die Regierung deutlich, dass unter der ethnisch-neutralen Oberfläche des Gesetzes rassistische Exklusionsmechanismen wirkten:

> They [die Anspruchsberechtigten, d. Vf.] are to be British subjects resident in the United Kingdom for twenty years previously, which, of course, practically makes the provision for British subjects in every sense of the word.[29]

Die Verknüpfung von Untertanenstatus und Wohnsitz im Vereinigten Königreich als Zugangsvoraussetzung zielte also – ganz ähnlich wie in den Dominions – auf den Ausschluss von »Nicht-Weißen«.

Gleichzeitig verhalfen die frühen wohlfahrtsstaatlichen Maßnahmen der nationalstaatlichen Logik zur Geltung, indem sie bestimmte Personen, die rechtlich zwar als Ausländer galten, in ethno-nationaler Perspektive aber als Briten betrachtet wurden, in die Gruppe der Anspruchsberechtigten integrierten.[30] Noch deutlicher kommt das nationalstaatliche Muster von Inklusion und Exklusion im Aliens Act von 1905 zum Ausdruck.[31] Dessen Regelungen sollten einerseits einer ethnisch definierten Gruppe den Zugang zum Vereinigten Königreich versperren:

> The only class of immigrants to which I have any strong objection are Russians and Poles. […] The objection we have to them is that […] neither in race, religion, feeling, language, nor blood are they suitable or advantageous to us […].[32]

Andererseits wollte der Gesetzgeber zugleich sicherstellen, dass ehemalige »weiße« Untertanen, die formal Ausländer, also »aliens« waren, nicht den Immigrationsrestriktionen unterlagen. Eines sollte diesen auf keinen Fall verwehrt werden: »to lay their bones in the sacred soil of their own country and in the graves of their forebears«.[33] Damit kombinierte der Aliens Act die Schärfung der Außengrenzen mit der Integration bestimmter Gruppen in den nationalen Personenverband und verwirklichte so die nationalstaatliche Logik in mustergültiger Weise.

Schließlich bestimmte die etatistische Logik ebenfalls die Londoner Regierungspolitik. Insbesondere dann, wenn man – um den Zusammenhalt des Britischen Weltreichs zu stärken – den indischen Untertanen supra-ethnische Gleichberechtigung versprach oder gegenüber den Dominions darauf pochte, dass deren Gesetze (zumindest oberflächlich) dem Prinzip der ethnischen Neutralität entsprechen sollten. Aufgrund der skizzierten Gemengelage unterschiedlicher Absichten und Interessen kam es im Vereinigten Königreich also zu einer Vermischung der drei Logiken im Umgang mit ethnischer Heterogenität.

Die Gesamtimperien zwischen Diskriminierung und Anerkennung

Die Suche nach Ähnlichkeiten und Unterschieden zwischen den einzelnen Teilen der beiden Reiche schärft zunächst das Bewusstsein für deren innere Vielfalt. Sobald sich der Vergleich im zweiten Schritt den Gesamtreichen widmet, geraten die intra-imperialen Verflechtungen in den Blick. Der in verschiedenen Teilen des Britischen Weltreichs übernommene »literacy test« für Immigranten und Einbürgerungsbewerber ist dafür ein gutes Beispiel.[34] Man kann den Großteil der skizzierten Entwicklungen in den einzelnen Territorien des Reichs nur verstehen, wenn man die permanenten Interaktionen zwischen ihnen berücksichtigt. Ähnliches gilt im habsburgischen Fall beispielsweise für die Mechanismen zur Feststellung und Festschreibung ethno-nationaler Identitäten in den unterschiedlichen Reichsteilen.

Auf der Grundlage dieses Wissens um die innere Heterogenität und Verflochtenheit der beiden Reiche kann die Suche nach Ähnlichkeiten und Unterschieden zwischen beiden beginnen. Dabei stellt sich zunächst die Frage, wie und vor allem mittels welcher Quellen man die Imperien als Ganze in den Blick nehmen kann. Eine Möglichkeit besteht darin, die Außenkontakte der Reiche zu untersuchen, denn dem Ausland gegenüber traten sowohl das Britische Weltreich als auch Österreich-Ungarn weitgehend als einheitliche Akteure auf. Deswegen stellt der folgende britisch-habsburgische Vergleich, der auch die intra-imperialen Konflikte beleuchtet, das Konsulatswesen ins Zentrum und widmet sich der Frage, wem die Behörden diplomatischen Schutz gewährten und wem nicht.

Im habsburgischen Fall stellte sich diese Frage vor allem im Kontext des (zerfallenden) Osmanischen Reiches, wo im späten 19. und frühen 20. Jahrhundert sowohl die türkische als auch die bulgarische Regierung die volle Personalhoheit über Personen beanspruchten, die bisher österreichisch-ungarische Protektion genossen hatten. Zu den sogenannten Schutzgenossen des Habsburgerreichs gehörten – den Familiennamen nach – Italiener, Deutsche, Griechen, Armenier, Ungarn, Tschechen und Rumänen sowie – der Konfession nach – Christen, Juden und Muslime.[35] Es handelte sich also um eine ethnisch höchst heterogene Gruppe. Dennoch beharrten die habsburgischen oder k.u.k. Vertretungsbehörden gegenüber den ausländischen Regierungen auf den Privilegien aller Schutzgenossen gleichermaßen, wobei ethnische Differenzierungen (kaum) eine Rolle spielten.

Stattdessen stand für die habsburgische Außenpolitik das internationale Prestige des Reichs im Vordergrund.[36] Selbst nachdem 1911 das Rechtsinstitut der Schutzgenossenschaft in Bulgarien aufgehoben worden war, versuchten die Botschaft in Sofia und das k.u.k. Außenministerium in Wien den Schutz aller ehemaligen Protegés aufrecht zu erhalten.[37] Diese Beispiele belegen, dass die gemeinsame Regierung Österreich-Ungarns und ihre Vertreter im Ausland sich am Prinzip ethnischer Neutralität orientierten.

Ganz anders verhielten sich die britischen Vertretungsbehörden in Siam, dem heutigen Thailand, wo britische Untertanen aus

Indien, dem Vereinigten Königreich, Hongkong und Malaysia Anspruch auf diplomatischen Schutz hatten. Die siamesische Regierung wollte jedoch insbesondere die »asiatischen« Untertanen der lokalen Wehr- und Steuerpflicht unterwerfen, von denen die Angehörigen der europäischen Großmächte eigentlich befreit waren. In dieser Situation beschloss das Außenministerium in London 1896, den burmesischen Einwanderern, der größten Gruppe »asiatischer« Briten in Siam, die Aufnahme ins konsularische Untertanenregister und damit den Schutz vor dem Zugriff der siamesischen Regierung zu verwehren, denn »the extension of our lists of protected British (Asiatic) subjects is not to be desired«.[38] An dieser Leitlinie hielten die Behörden auch gegen Einwände von Rechtsexperten fest, wobei sie die Exklusion der »nicht-weißen« Untertanen vor allem auf der Ebene administrativer ad-hoc Entscheidungen und semi-formeller Vereinbarungen mit der siamesischen Regierung durchsetzten.[39] Letztlich sicherten die britischen Vertretungsbehörden also die Privilegien der »weißen« Untertanen, während sie den »Nicht-Weißen« ihren Schutz verwehrten. Auf diese Weise setzten sie das imperialistische Muster rassistischer Diskriminierung durch.

Die habsburgische Verwaltung beharrte stattdessen auf dem Prinzip der ethnischen Neutralität und achtete sorgfältig darauf, jedweden Verdacht der Diskriminierung möglichst umgehend zu entkräften. Anfang des 20. Jahrhunderts wurde den k.u.k. Vertretungsbehörden in den USA vorgeworfen, dass jene kroatischsprachige Emigranten gegenüber deutsch- und ungarischsprachigen Auswanderern benachteiligten, unter anderem, weil jene im Verkehr mit den Konsulaten nicht ihre Muttersprache gebrauchen dürften.[40] Diesen Vorwurf zurückweisend, stellte die k.u.k. Botschaft in Washington fest, dass einige Konsulatsbeamte durchaus des Kroatischen – wenn auch nicht perfekt, so doch in ausreichendem Maße – mächtig seien. Auch der österreichische Ministerpräsident versuchte umgehend, den Diskriminierungsverdacht zu entkräften, und versprach im Reichsrat die Einstellung zusätzlicher kroatischsprachiger Beamter.[41] Damit ging die österreichische Regierung über das Prinzip der ethnischen Neutralität hinaus, indem sie nicht nur alle Staatsbürger gleich, sondern auch jede ethno-nationale Gruppe ihren spezifischen Bedürfnissen entsprechend behandeln wollte und somit eine etatistische Politik der Anerkennung betrieb.

Tendenzen zur Privilegierung bestimmter ethnischer Gruppen lassen sich allenfalls in der Politik der ungarischen Regierung ausmachen, die – einem ethnischen Nationsverständnis und der nationalstaatlichen Logik entsprechend – die »magyarischen« Auswanderer bevorzugte.[42] In der Frage, wie mit den eigenen Staatsangehörigen im Ausland umzugehen sei, kam es dementsprechend zu Konflikten innerhalb des Habsburgerreichs. Denn die nationalstaatlichen Ansätze Budapests kollidierten mit der Anerkennungspolitik der österreichischen und der etatistisch-neutralen Position der gemeinsamen Regierung.

Den letztgenannten Standpunkt vertrat in der Debatte über die Auswanderergesetzgebung das k.u.k. Kriegsministerium. Es forderte – auf militärische Interessen verweisend – ein weitreichendes Emigrationsverbot, das für alle wehrfähigen Männer gleichermaßen und unabhängig von ihrer ethno-nationalen Zugehörigkeit gelten sollte.[43] Gegen diese restriktive Politik wandte sich das österreichische Handelsministerium. Dessen Vertreter rückten stattdessen die ökonomischen Interessen des Staates ins Zentrum. Wenn es gelänge, so das Argument, die Auswanderer aus allen ethno-nationalen Gruppen durch anerkennende Maßnahmen dauerhaft an die Monarchie zu binden, ergäben sich daraus durch Güterexporte und Devisentransfers Vorteile für das Habsburgerreich.[44] Diesem Vorhaben widersprach wiederum der Ansatz der ungarischen Regierung, die im Sinne der nationalstaatlichen Integration vor allem die »magyarischen« Auswanderer unterstützen und an die Heimat binden wollte. Diese Gegensätze führten allerdings jenseits von Debatten über die Aufgaben der k.u.k. Konsulate und die Emigrationsgesetze kaum zu größeren Konflikten, da die dualistische Konstellation sowie die Getrenntheit des österreichischen vom ungarischen Angehörigenverband es den Akteuren erlaubten, ihre Ansätze weitgehend unabhängig voneinander zu verfolgen.

Ganz anders stellte sich die Situation im hierarchischer strukturierten Britischen Weltreich dar, wo die Einheitlichkeit des britischen Untertanenstatus als Garantin des imperialen Zusammenhalts galt. Deswegen versuchte die Londoner Regierung im frühen 20. Jahrhundert, die bisher in den verschiedenen Teilen des Reichs divergierenden Regeln für die Einbürgerung von Ausländern zu vereinheitlichen. Dieses Vorhaben machte Differenzen zwischen den Vertretern des Vereinigten Königreichs, der Dominions und der indischen Regierung offensichtlich. Die Dominions wollten, ihrer rassistischen Exklusionspolitik folgend, in dem neuen Gesetz »a distinction […] between applicants of European descent and those of non-European descent« festschreiben.[45] London widersetzte sich dieser Forderung nach expliziter Diskriminierung, pochte dabei allerdings nicht auf das Prinzip supra-ethnischer Gerechtigkeit, sondern betonte stattdessen, dass die Dominions auch weiterhin rassistische Maßnahmen ergreifen könnten.[46] Lediglich im Gesetz selbst wollte man diskriminierende Formulierungen vermeiden, um nicht allzu offensichtlich gegen die Gleichberechtigung zu verstoßen, die Queen Victoria 1858 ihren indischen Untertanen versprochen hatte.

Vor diesem Hintergrund formulierte die Regierung in Delhi die dritte Position innerhalb des intra-imperialen Konflikts. Sie wandte sich sowohl gegen den expliziten Ausschluss der »Asiatics« von der Einbürgerung als auch gegen die praktische Exklusion »nichtweißer« Untertanen in den Dominions.[47] Beide Vorgehensweisen würden den rassistisch diskriminierenden Charakter des britischen Rechts betonen und könnten, so die Befürchtung, Proteste seitens der indischen Nationalbewegung auslösen, die die supraethnische Gleichberechtigung aller britischen Untertanen einforderte. Letztlich setzten die Dominions jedoch ihr »Recht auf Diskriminierung« durch. Der British Nationality and Status of Aliens Act von 1914 verfügte: »Nothing in this Act shall […] prevent any […] Government [of any British Possession] from treating differently different classes of British subjects.«[48]

Ergebnisse des Imperienvergleichs

Im Britischen Weltreich bestimmte also die imperialistische Diskriminierungslogik den Umgang mit ethnischer Heterogenität, während im Habsburgerreich die etatistischen Muster der Anerkennung und der Neutralität sowie die nationalstaatliche Logik nebeneinander wirksam waren. Dieser Befund macht die Problematik der normativen Unterscheidung zwischen »fortschrittlichem« Westen und »rückständigem« Osten offensichtlich. Denn dieser normative Gegensatz blendet die imperialen Dimensionen der britischen und westeuropäischen Geschichte aus. Deren prägendes Muster der Diskriminierung von »Nicht-Weißen« heute als zukunftsweisendes Modell zu bezeichnen, wäre zynisch. An Elementen der österreichischen Anerkennungspolitik können sich gegenwärtige Debatten über den Umgang mit ethnischer Heterogenität dagegen durchaus orientieren.

Es bringt jedoch wenig, die wertende und verkürzende West-Ost-Dichotomie umzukehren, die der Geschichte des europäischen Kontinents nicht gerecht werden kann. Vielmehr lohnt sich ein kurzer Blick auf die Gründe dafür, dass man in beiden Fällen so unterschiedlich mit ethnischer Heterogenität umging. Zum einen waren die politischen Strukturen der beiden Reiche ausschlaggebend. In gewisser Weise korrespondierte die imperialistische Diskriminierung im britischen Fall mit der vergleichsweise ausgeprägten Machtasymmetrie zwischen Metropole und Peripherie, die im habsburgischen Fall fehlte. Dort förderte der Dualismus das Nebeneinander unterschiedlicher Logiken. Zum anderen waren ethnische Differenzen in beiden Fällen meist unterschiedlich konstruiert. Während sich – verkürzt gesagt – die multipolaren Unterscheidungen im habsburgischen Kontext vor allem an der Sprache orientierten, was die Etablierung einer Anerkennungspolitik erleichterte, unterschied man im Britischen Weltreich bi- oder tripolar nach Hautfarbe, was im Kontext von rassistischen Hierarchievorstellungen Diskriminierungen legitimierte. Für die Durchsetzung der imperialistischen Logik waren außerdem die Forderungen der »europäischen« Siedler in den britischen Kolonien von großer Bedeutung. Vergleichbare Gruppen fehlten im habsburgischen Fall. Ferner trugen die verschiedenen Expansionsdynamiken und unterschiedliche Rechtstraditionen – das Konzept des »British subject« war mit Ungleichbehandlung vereinbar, während der österreichische Begriff des »Staatsbürgers« auf Egalität abzielte – mit dazu bei, dass sich im Britischen Weltreich die imperialistische Logik der Diskriminierung durchsetzte, während im Habsburgerreich etatistische und nationalstaatliche Muster vorherrschten.

Diese Erläuterungen zeigen, dass man jenseits der West-Ost-Dichotomie maritime und kontinentale Imperien fruchtbar miteinander vergleichen kann, wenn man Ähnlichkeiten nicht außer Acht lässt und Unterschiede kontextuell einbettet, statt sie zu normativen Gegensätzen zu verfestigen. Das Potenzial eines solchen Vergleichs kommt gerade dann zur Geltung, wenn man Vorannahmen über den »vorbildlichen« Westen und den »defizitären« Osten hinterfragt und einen alternativen Analyserahmen entwickelt. Für die Untersuchung des Umgangs mit ethnischer Heterogenität erweist sich dabei die Unterscheidung von nationalstaatlichen, etatistischen und imperialistischen Logiken als besonders hilfreich. Anstatt die binäre Trennungslinie zwischen West und Ost mit ihren vorgefertigten Zuordnungen zu reproduzieren, entwerfen die drei Logiken zwischen Integration, Neutralität, Anerkennung und Diskriminierung ein Spannungsfeld, innerhalb dessen verschiedene europäische Fälle verortet und neben erwartbaren Unterschieden auch überraschende Ähnlichkeiten sichtbar werden können.

Zu diesen Gemeinsamkeiten gehört, dass um 1900 sowohl im habsburgischen als auch im britischen Fall ethnische Differenzen für die rechtlichen Mechanismen der Inklusion und Exklusion an Bedeutung gewannen, wobei sich je spezifische Formen des Umgangs mit ethnischer Heterogenität entwickelten. Im ungarischen und im kanadischen Fall tendierte das Recht zur Integration einer ethnisch verstandenen Nation, in Österreich (und in Indien) begannen anerkennende Differenzierungen eine Rolle zu spielen und im Britischen Weltreich setzte sich die Diskriminierung zwischen »Nicht-Weißen« und »Weißen« als leitendes Prinzip durch. Die Ethnisierung des Rechts im frühen 20. Jahrhundert lässt sich mithin als europäisches oder globales Phänomen beschreiben.

Damit trägt der britisch-habsburgische Vergleich zur Revidierung des europäischen West-Ost-Gegensatzes bei. Darüber hinaus haben die vorangegangenen Abschnitte gezeigt, dass Vergleiche von Reich zu Reich, die intra-imperiale Heterogenität und Verflechtungen methodisch berücksichtigen, nicht nur machbar sind, sondern auch interessante und relevante Ergebnisse liefern können. Letztlich sind die Überlegungen zum Imperienvergleich auch für komparative Konstellationen lehrreich, die sich auf nationalstaatliche Fälle beschränken. Denn der an der imperialen Vielfalt geschulte Blick wird den scheinbar monolithischen Charakter von Nationalstaaten schnell als vordergründig durchschauen und beim inter-nationalen Vergleich ebenfalls verstärkt auf die Vielfalt, die Divergenzen und die Interaktionen innerhalb der jeweiligen Vergleichseinheiten achten. Vielleicht wäre es zutreffender, von Vergleichsvielheiten zu sprechen.

Anmerkungen

1 Vgl. *Werner, M.* u. *B. Zimmermann*, Vergleich, Transfer, Verflechtung, in: Geschichte und Gesellschaft 28 (2002), S. 607–636, S. 610; *Lorenz, C.*, Comparative Historiography, in: History and Theory 38 (1999), H. 1, S. 25–39, S. 32f.

2 Vgl. u.a. *Elliott, J.H.*, Empires of the Atlantic World. Britain and Spain in America 1492–1830, New Haven 2007; *Shipway, M.*, Decolonization and its Impact: A Comparative Approach to the End of the Colonial Empires, Oxford 2008; *Hart, J.*, Comparing Empires. European Colonialism from Portuguese Expansion to the Spanish-American War, London 2003; *Matsuzaki, R.*, Placing the Colonial State in the Middle: The Comparative Method and the Study of Empires, in: Comparativ 18 (2008), H. 6, S. 107–119; *Cooper, F.*, Empire Multiplied. A Review Essay, in: Comparative Studies in Society and History 46 (2004), H. 2, S. 247–272.

3 Das hier zugrunde liegende Verständnis von ethnischen, »rassischen« sowie nationalen Differenzen muss zumindest kursorisch umrissen werden. Wichtig ist zunächst, dass alle drei Unterscheidungen konstruiert, änderbar und unsicher sind. Während ethnische Identifikationen auf kulturelle (und potenziell erwerbbare) Charakteristika wie Sprache verweisen, beruhen »rassische« Kategorisierungen auf der Annahme biologischer (und angeborener) Markierungen wie der Hautfarbe. Nationale Differenzierungen stehen dagegen in einem engen Zusammenhang mit der politischen Verfasstheit eines Gemeinwesens, wobei Nationen sowohl mit einer ethnischen Gruppe kongruieren als auch – wie in Kanada – verschiedene ethnische Gruppen zusammenfassen können.

4 Vgl. *Leonhard, J.* u. *U. von Hirschhausen*, Empires und Nationalstaaten im 19. Jahrhundert, Göttingen 2009; *McGranahan, C.* u. *A.L. Stoler*, Preface, in: *dies.* u.a. (Hg.), Imperial Formations, Santa Fe 2007, S. IX–XII.; *Jobst, K.S.* u.a., Neuere Imperiumsforschung in der Osteuropäischen Geschichte: die Habsburgermonarchie, das Russländische Reich und die Sowjetunion, in: Comparativ 18 (2008), H. 2, S. 27–56; *Ruthner, C.*, »k.(u.) k. postcolonial«? Für eine neue Lesart der österreichischen (und benachbarter) Literatur/en, in: *W. Müller-Funk* u.a. (Hg.), Kakanien revisited, Tübingen 2002, S. 93–103; *Komlosy, A.*, Habsburgerreich, Osmanisches Reich und Britisches Empire – Erweiterung, Zusammenhalt und Zerfall im Vergleich, in: Zeitschrift für Weltgeschichte 9 (2008), S. 9–62. In eurasischer Perspektive: *Osterhammel, J.*, Russland und der Vergleich zwischen Imperien, in: Comparativ 18 (2008), H. 2, S. 11–26. Inzwischen liegen erste empirisch fundierte Vergleiche vor: *Morrison, A.*, Russian Rule in Samarkand 1868–1910. A Comparison with British India, Oxford 2008; *Gammerl, B.*, Staatsbürger, Untertanen und Andere. Der Umgang mit ethnischer Heterogenität im Britischen Weltreich und im Habsburgerreich, 1867–1918, Göttingen 2010. Auf der Arbeit an diesem Buch beruhen die hier vorgestellten Überlegungen.

5 Die Gegenüberstellung von »fortschrittlichem« West- und »rückständigem« Osteuropa ist ein populärer Topos, der in öffentlichen Debatten

immer wieder anklingt. Sie wird vor allem in der Wirtschaftsgeschichte, aber auch darüber hinaus vertreten. *Chirot, D.* (Hg.), The Origins of Backwardness in Eastern Europe. Economics and Politics from the Middle Ages until the Early Twentieth Century, Berkeley 1991; *Kochanowicz, J.*, Backwardness and Modernization. Poland and Eastern Europe in the 16th-20th Centuries, Aldershot 2006; *Kocka, J.*, Zivilgesellschaft als historisches Problem und Versprechen, in: *M. Hildermeier* u. a., Europäische Zivilgesellschaft in Ost und West, Frankfurt/Main 2000, S. 13–39. Zum Problem der »Fortschrittlichkeit« vgl. *Paulmann, J.*, Internationaler Vergleich und interkultureller Transfer, in: Historische Zeitschrift 267 (1998), H. 3, S. 649–685.

6 Für »Partialvergleiche ohne Totalitätsanspruch« in diesem Sinn plädiert auch Osterhammel, S. 14. Sie können aufschlussreicher sein als komparative Arbeiten, die Imperien ohne thematischen Fokus miteinander vergleichen und dabei häufig die Erzählung vom Aufstieg und Niedergang einzelner Reiche oder das teleologische Narrativ von ihrer Überlebensunfähigkeit in der Moderne reproduzieren. *Kennedy, P.*, The Rise and Fall of the Great Powers, New York 1987; *Emerson, R.*, From Empire to Nation. The Rise to Self-Assertion of Asian and African People, Cambridge/Mass. 1967.

7 Wichtige Anregungen für ein solches Unterfangen liefern *Levine, P.* (Hg.), Gender and Empire, Oxford 2004; *Pierson, R. R.* u. a. (Hg.), Nation, Empire, Colony. Historicizing Gender and Race, Bloomington 1998; *Sinha, M.*, Colonial Masculinity. The ›Manly Englishman‹ and the ›Effeminate Bengali‹ in the Late Nineteenth Century, Manchester 1995.

8 Wechselwirkungen zwischen Nationalismen und imperialen Formationen werden in verschiedensten Kontexten diskutiert: *Lieven, D.*, Dilemmas of Empire 1850–1918. Power, Territory, Identity, in: Journal of Contemporary History 34 (1999), S. 163–200. Vgl. auch *Greer, M. R.* u. a. (Hg.), Rereading the Black Legend. The Discourses of Religious and Racial Difference in the Renaissance Empires, Chicago 2008; *Hale, H. E.*, The Foundations of Ethnic Politics. Separatism of States and Nations in Eurasia and the World, Cambridge 2008; *Miller, A.*, The Romanov Empire and Nationalism, Budapest 2008; *Crossley, P. K.* u. a. (Hg.), Empire at the Margins. Culture, Ethnicity, and Frontier in Early Modern China, Berkeley 2006.

9 Vgl. *Ra'anan, U.*, Nation und Staat. Ordnung aus dem Chaos, in: *E. Fröschl* u. a. (Hg.), Staat und Nation in multi-ethnischen Gesellschaften, Wien 1991, S. 23–59; *Brubaker, R.*, Citizenship and Nationhood in France and Germany, London 1992.

10 Das vom ius soli geprägte britische Recht entfaltete starke ethnische Exklusionswirkungen, während das österreichische Recht das ius sanguinis mit ethnisch-neutralen Inklusionsmechanismen vereinte. Zur Kritik an der Kontrastierung von »ethnic East« und »civic West« vgl. auch *Barkey, K.*, Thinking About Consequences of Empire, in: *dies.* u. a. (Hg.), After Empire. Multiethnic Societies and Nation-Building, Boulder 1997, S. 99–114; *Gosewinkel, D.*, Staatsangehörigkeit und Nationszugehörigkeit in Europa

während des 19. und 20. Jahrhunderts, in: *A. Gestrich* u.a. (Hg.), Inklusion/Exklusion, Frankfurt/Main 2004, S. 207–227.

11 Dieses Modell analysiert *Brubaker*, Citizenship and Nationhood.

12 Deutlich ausgeprägt war dieses Muster in den deutschen Einzelstaaten des 19. Jahrhunderts, die ihre Eigenstaatlichkeit gegen nationale Integrationsforderungen verteidigten. *Gosewinkel, D.*, Einbürgern und Ausschließen: Die Nationalisierung der Staatsangehörigkeit vom Deutschen Bund bis zur Bundesrepublik Deutschland, Göttingen 2001; *Fahrmeir, A.*, Citizens and Aliens. Foreigners and the Law in Britain and the German States 1789–1870, New York 2000.

13 Diese etatistisch-anerkennende Logik haben Arbeiten zum österreichischen Fall beschrieben. Vgl. u.a. *Burger, H.*, Sprachenrecht und Sprachengerechtigkeit im österreichischen Unterrichtswesen 1867–1918, Wien 1995; *Stourzh, G.*, Die Gleichberechtigung der Nationalitäten in der Verfassung und Verwaltung Österreichs 1848–1918, Wien 1985.

14 Dieses Muster beleuchten Untersuchungen zum britischen Fall nach 1945. *Paul, K.*, Whitewashing Britain. Race and Citizenship in the Postwar Era, Ithaca 1997; *Cesarani, D.*, The Changing Character of Citizenship and Nationality in Britain, in: *ders.* u.a. (Hg.), Citizenship, Nationality and Migration in Europe, London 1996, S. 57–73; *Dummett, A.* u. *A. Nicol*, Subjects, Aliens, Citizens and Others. Nationality and Immigration Law, London 1990. Die vorliegende Analyse unterscheidet zwischen den Begriffen »imperial« für politisch und ethnisch heterogene Formationen und »imperialistisch« für die hier beschriebene Diskriminierungslogik.

15 Alternative Begrifflichkeiten zur Analyse des imperialen Umgangs mit ethnischer Heterogenität finden sich bei *McGranahan* u. *Stoler*, die von »degrees of tolerance, of difference, of domination, and of rights« (S. XI) sprechen. Nach *Leonhard* u. *Hirschhausen*, S. 13, konnten sich Reiche auf unterschiedliche Art als »nationalisierende Empires« begreifen. *Cooper* betont die Bedeutung des Mischungsverhältnisses von »incorporation and differentiation« (S. 269). Diese Ansätze vernachlässigen jedoch neben nationalstaatlicher Integration und imperialistischer Diskriminierung die dritte Möglichkeit eines anationalen, etatistisch geprägten Zusammenhangs.

16 Vgl. *Patel, K K.*, Transnationale Geschichte – Ein neues Paradigma?, in: H-Soz-u-Kult 2.2.2005, http://hsozkult.geschichte.hu-berlin.de/forum/id=573&type=artikel (29.5.2010). Zudem bewahrt die Integration der nationalstaatlichen Logik das Argument vor der anachronistischen Verlockung, die Imperien als utopische Gegenentwürfe zu den »Übeln« des Nationalstaats oder als Vorläufer kosmopolitisch-transnationaler Strukturen darzustellen. In dieser Richtung zu weit gehend argumentiert *Grant, K.* u.a. (Hg.), Beyond Sovereignty. Britain, Empire and Transnationalism, c. 1880–1950, New York 2007.

17 In Kanada war abweichend vom britischen Naturalization Act von 1870 die Einbürgerung nicht erst fünf, sondern bereits drei Jahre nach der Einwanderung möglich. London, Public Records Office (PRO), CO 383/23.

Auch die Gebühren für die Naturalisation waren in Kanada mit 75 Cents deutlich niedriger als im Vereinigten Königreich, wo 5 Pfund zu entrichten waren. London, PRO, FO 881/2306.

18 Canada, Immigration Act, 1910.

19 Das kanadische Einwanderungsgesetz spricht in diesem Sinn von »Canadian citizens«.

20 Ungarn, GA IV von 1886. Die ungarische Staatsangehörigkeit war ein eigenständiger, von der österreichischen Staatsbürgerschaft unterschiedener Rechtsstatus.

21 Reichstagsabgeordneter Madaráß, zit. nach Pester Lloyd, 13. und 14.11.1908.

22 Wien, Allgemeines Verwaltungsarchiv (AVA), MdI, Allg., 8, Ktn. 144, 11005–1917 und 6265–1917.

23 Wien, AVA, MdI, Allg., 11/4, Ktn 433, 6982–1900. Vgl. auch Wien, AVA, MdI, Allg., 8, Ktn. 356, 26481–1898.

24 Auf eine Anfrage der US-Regierung von 1886 nach restriktiven Maßnahmen gegen die chinesische Einwanderung antwortete die indische Regierung: »there are no such regulations in existence«. London, India Office Records (IOR), L/PJ/6/172, file 431.

25 India, Act 14 von 1910, Emigration.

26 London, PRO, CO 544/5, Native Labour Commission, 1912–13, S. 325.

27 Regulation Nr. 25 von 1902, Nr. 1 von 1904 und Nr. 33 von 1918. London, PRO, CO 630/1 und 630/2.

28 Wien, Haus-, Hof- und Staatsarchiv (HHStA), MdÄ, Adm. Reg., F61, Ktn 20, 45127–1896 und 38585–1896.

29 UK Parliament, Lords, Bd. 192, Sp. 1339, 20.7.1908, Viscount Wolverhampton.

30 Sowohl der zweite Old Age Pensions als auch der National Insurance Act von 1911 enthielten Ausnahmeregelungen, die Frauen, welche durch Heirat ihren britischen Untertanenstatus verloren hatten, den Zugang zu den staatlichen Sozialleistungen garantierten. UK Acts, 1&2 Geo. 5 ch. 55, I.45.3. und 1&2 Geo. 5 ch. 16, 3.1. Vgl. *Gammerl, B.*, Subjects, Citizens and Others, in: European Review of History 16 (2009), H. 4, S. 523–549.

31 UK Acts, 5 Edw. 7 ch. 13, sec. 3.1.

32 UK Parliament, Commons, Bd. 145, Sp. 761, 2.5.1905, Sidney Buxton.

33 UK Parliament, Commons, Bd. 148, Sp. 405 f., 27.6.1905, Mr. Flynn. Die dieser Forderung entsprechende Bestimmung des Gesetzes lautete: »leave to land shall not be refused […] to any immigrant who […] was born in the United Kingdom, his father being a British subject.« UK Acts, 5 Edw. 7 ch. 13, sec. 1.3.

34 In diesem Test mussten Immigranten ihre Kenntnis einer europäischen Sprache nachweisen, wobei die Beamten zumeist willkürlich zwischen dem Englischen, dem Norwegischen oder jeder anderen Sprache wählen und so das Versagen der Kandidaten sicherstellen konnten. *Lake, M.*, From Mississippi to Melbourne via Natal: The Invention of the Literacy Test as a Technology of Racial Exclusion, in: *A. Curthoys* u.a. (Hg.), Connected Worlds. History in Transnational Perspective, Canberra 2005, S. 209–229.

35 Wien, HHStA, MdÄ, Adm. Reg., F 57, Ktn. 5. Ebd., Konsulat Jerusalem, Ktn. 140 und 141.

36 Wien, HHStA, MdÄ, Adm. Reg., F 57, Ktn. 9. Ebd., F 61, Ktn 20, 1228–1882.

37 Wien, HHStA, MdÄ, Adm. Reg., F 57, Ktn. 42, 44405–1911.

38 London, PRO, FO 881/7550, Registration in Siam (1896–1900).

39 London, PRO, FO 881/6944 und 8295. Insbesondere verweigerte man den in Siam geborenen Nachkommen der »nicht-weißen« Zuwanderer die Protektion, obwohl diese laut Gesetz britische Untertanen waren.

40 Wien, HHStA, MdÄ, Adm. Reg., F 8, Ktn 267, 74360–1904 und Ktn. 268, 26431–1907.

41 Wien, HHStA, MdÄ, Adm. Reg., F 8, Ktn. 267, 74360–1904.

42 Während alle anderen Angehörigen der Habsburgermonarchie ihren Anspruch auf Unterstützung durch die k.u.k. Konsulate mittels offizieller Dokumente belegen mussten, genügte auf Anordnung der Regierung in Budapest im Fall »ungarischer Staatsangehöriger magyarischer Zunge« allein »die Kenntnis dieser Sprache […], um die Betreffenden als nationale zu legitimieren.« Wien, HHStA, MdÄ, Adm. Reg., F8, Ktn. 140, 34813–1905.

43 Wien, HHStA, MdÄ, Adm. Reg., F 15, Ktn. 10, 18118–1913.

44 Wien, HHStA, MdÄ, Adm. Reg., F 15, Ktn. 7, Memo zu Auswanderungsfragen, Mai 1901.

45 Command Paper No. 3524, House of Commons, London, S. 794–799, Bericht des Justizministers der Kapkolonie, 1904.

46 »Nothing now proposed would affect the validity and effectiveness of local laws regulating immigration […] or differentiating between classes of British subjects.« Winston Churchill auf der Imperial Conference von 1911, zit. nach *Ollivier, M.*, The Colonial and Imperial Conferences, Bd. 2, Ottawa 1954, S. 86 f.

47 London, IOR, L/PJ/6/714, file 923.

48 UK Acts, 4&5 Geo. 5 ch. 17, sec. III.26.1.

Christiane Reinecke

Migranten, Staaten und andere Staaten

Zur Analyse transnationaler und nationaler Handlungslogiken in der Migrationsgeschichte

Transnationale und globale Perspektiven gewinnen in der Geschichtswissenschaft derzeit an Bedeutung, und es wächst das Bemühen, sich von einer rein nationalstaatlichen Perspektive zu lösen.[1] Mit der Frage nach Transfer und Verflechtung, nach *shared* und *entangled histories* sowie dem Projekt einer *histoire croisée* haben diese Verschiebungen im historischen Interesse eine Reihe theoretischer und methodischer Reflexionen angestoßen.[2] Dabei gehört es zu den Gemeinplätzen der transnationalen Geschichtsschreibung, auf die Bedeutung von Migration für Verflechtungs- und Transferprozesse zu verweisen. Migrantinnen und Migranten tragen demnach maßgeblich dazu bei, den Austausch zwischen verschiedenen Räumen voranzutreiben. Auch vermag gerade die hochmobile Lebensweise von Arbeitswanderern das Ausmaß der globalen Verflechtung von Wirtschaft, Verkehr und Kommunikation im 19. und 20. Jahrhundert zu veranschaulichen. Der transnationale Alltag von Migranten scheint sich insofern besonders für jene kritische Perspektive auf eine nationalstaatlich dominierte Geschichtsschreibung zu eignen, der sich historische Studien zu Transfer und Verflechtung häufig verpflichtet sehen. Einer gängigen Kontrastierung von fluiden, mobilen (transnationalen) Prozessen mit starren (nationalen) Strukturen folgend, wird Migration in der Literatur wiederholt als subversive Praxis gezeichnet, die nationalstaatliche Setzungen unterminiert.[3]

Doch ist zugleich schwerlich zu übersehen, dass sich die dominierende Logik nationalen Denkens und nationalistisch motivierter Ein- und Ausschlussmechanismen im 20. Jahrhundert an kaum einer Gruppe so deutlich zeigte wie eben an den Migranten. Denn sie waren an erster Stelle mit staatlichen Grenzregimen konfrontiert und an ihnen entluden sich die Spannungen zwischen verschiedenen nationalstaatlichen Regelungssystemen. Auch konnten sie selbst in der Diaspora zu überzeugten Akteuren des Nationalen werden.[4] Angesichts dessen stellt sich zum einen die Frage, wie genau sich transnationale (Migrations-) Prozesse jeweils zu nationalen Ordnungsmustern und nationalstaatlichen Politiken verhielten, und zum anderen wäre zu fragen, inwiefern sich die verschiedenen nationalen Politiken im Umgang mit Migranten wiederum glichen, unterschieden oder inwieweit sie miteinander verschränkt waren. Dieses Doppelverhältnis von transnationaler Mobilität und nationaler Regulierung auf deren einen sowie der Interdependenz verschiedener nationalstaatlicher Herrschaftspraktiken auf der anderen Seite ist Gegenstand der folgenden Analyse. Dabei soll es in erster Linie darum gehen, sich anhand der Verwaltung von Migration mit der Verschränkung von transnationalen, nationalen und lokalen Handlungsweisen zu befassen, um davon ausgehend auf die konkreten Probleme einer sowohl verflechtungs- als auch vergleichsgeschichtlichen Analyse zu sprechen zu kommen.

Die Frage nach dem Verhältnis von Transnationalem und Nationalem stellt sich zumal mit Blick auf das späte 19. und frühe 20. Jahrhundert als einer Epoche, die vielfach mit einer ersten Globalisierungswelle und einem weltumspannenden Prozess der Verdichtung von Zeit und Raum in Verbindung gebracht wird.[5] Doch war das ausgehende lange 19. Jahrhundert auch durch ein wachsendes Maß an nationalstaatlichen Regulierungsversuchen gekennzeichnet. Während Millionen von Europäern sich zeitweilig oder bleibend in benachbarte Länder oder nach Übersee begaben, begannen die meisten Staaten im nordatlantischen Raum, Migrationsprozesse zu kontrollieren.[6] Zwischen 1880 und 1920 entwickelten die Vereinigten Staaten ebenso wie zahlreiche europäische Regierungen Mechanismen, um die Zuwanderung zu erfassen und um bestimmten Gruppen den Zugang zu verwehren. Damit liegt es nahe, das Verhältnis von staatlichen Akteuren und Migranten in unterschiedlichen Ländern miteinander zu vergleichen und zu fragen, warum Staaten in diesem Zeitraum jeweils in Wanderungsprozesse eingriffen – und wie sie das taten. Denn gerade die Auseinandersetzung mit dem »Wie« staatlichen Handelns – und damit die Analyse der in der historischen Literatur häufig ausgesparten administrativen Praxis – erlaubt es, neben den Zielen staatlicher Kontrollpolitiken auch deren Auslassungen sowie die Strategien der Migrierenden selbst in den Blick zu nehmen. Darüber hinaus wird es mithilfe eines vergleichenden Zugangs möglich, der Frage nach den Ursachen für die weiträumig veränderte Migrationspolitik nachzugehen und dabei von der gegenseitigen Bespiegelung zweier nationaler Narrative zu profitieren.

Die komparative Untersuchung der Verwaltung von Migration wirft indes eine Reihe konzeptioneller Fragen auf. Denn inwiefern entwickelten sich nationale Migrationspolitiken unabhängig voneinander und inwiefern hingen sie zusammen – etwa indem sich die Akteure in Politik und Verwaltung an der Kontrollpraxis anderer Staaten orientierten oder indem die Zugangskontrolle des einen das Migrationsaufkommen im anderen Staat beeinflusste? Wie waren Entscheidungskompetenzen verteilt, wie verhielt sich das staatliche Ganze jeweils zu imperialen Formationen sowie zu den einzelnen regionalen oder föderal-staatlichen Teilen?[7] Wie lassen sich unterschiedliche Handlungsebenen – die Interaktion von Polizei, Verwaltung und Migranten auf lokaler Ebene, deren Einbettung in übergreifende administrative und politische Entscheidungsprozesse auf nationaler Ebene bis hin zu internationalen Dynamiken – entwirren? Und auf welche Weise lassen sich die unterschiedlichen Elemente von Vergleich, *entanglement* und Transfer in ein Narrativ integrieren?

Um derartige Fragen anhand von empirischen Beispielen diskutieren zu können, beziehen sich die folgenden Überlegungen auf die Entwicklung des britischen und deutschen Migrationsregimes zwischen 1880 und 1914.[8] Beide Staaten divergierten maßgeblich in ihren administrativen Traditionen, nationalen Leitbildern und in ihrer Einbindung in imperiale Formationen. Zugleich ergriffen sowohl die britische als auch die deutsche Regierung im späten 19. und frühen 20. Jahrhundert Maßnahmen, um die temporäre und permanente Zuwanderung über ihre Grenzen zu regulieren. An der Politik beider Länder lasst sich damit die Herausbildung eines restriktiven Migrationsregimes im nordatlantischen Raum ablesen, und ein Vergleich ihrer Migrationskontrolle erscheint mit Blick auf die ursprünglich ausgeprägten Unterschiede zwischen ihren administrativen Kulturen besonders aufschlussreich. Die Frage, auf welche Weise Ausländerinnen und Ausländer jeweils des Landes verwiesen wurden, dient im Folgenden als Ausgangspunkt, um auf die Unterschiede, Gemeinsamkeiten und übergreifenden Bezüge des administrativen Handelns in Großbritannien und Deutschland zu sprechen zu kommen. Dazu geht ein erster Abschnitt auf die Interdependenzen und transnationalen Rahmungen der Migrationspolitik beider Staaten ein, während ein zweiter Abschnitt die britische und deutsche Ausweisungspraxis in einem komparativen Setting beleuchtet, um dann in einem dritten Abschnitt auf die Probleme der Analyse von transnationaler Mobilität auf der einen und lokal divergierenden Regelungen auf der anderen Seite zurück zu kommen.

Verflechten: Zu den Interdependenzen administrativen Handelns

Während sich in Großbritannien und dem Deutschen Reich der Umgang mit Migrantinnen und Migranten primär aus internen Gemengelagen und innerhalb ihres je eigenen bürokratischen Rahmens entwickelte, beeinflussten inter- und transnationale Entwicklungen maßgeblich ihre Politik. Ob sich ihr Verwaltungshandeln indes an der Praxis anderer Staaten orientierte, ob es auf alltägliche Probleme im Umgang mit anderen Bürokratien reagierte oder ob es aus je eigenen politischen Interessen resultierte, variierte je nach Zeitpunkt und Maßnahme. Um diese Entwicklung angemessen historisieren zu können, bedarf es der Verschränkung vergleichender und verflechtungsgeschichtlicher Perspektiven.

Die zwei Staaten waren im späten 19. Jahrhundert auf vielfältige Weise in transnationale Entwicklungen eingebunden. An erster Stelle betraf das ihre Position im globalen Wanderungsgeschehen, denn beide waren an ihren Grenzen mit einem wachsenden Migrationsaufkommen konfrontiert. Ein Großteil der Reisenden, die sich aus Ost- und Ostmitteleuropa in die USA oder nach Südamerika begaben, durchquerte auf dem Weg dorthin das Deutsche Reich und die britischen Inseln, und gerade in London ließen sich viele der russisch-jüdischen Migranten nieder.[9] Damit wurden beide Staaten nach 1880 für die aus Russland und Österreich-Ungarn kommenden jüdischen Migranten zu wichtigen Ziel- und Durchgangsländern, und sie waren zugleich eingebunden in weiter reichende Migrationsströme, die von Ost- und Ostmitteleuropa nach Übersee führten, und die ebenso sensibel auf veränderte Bedingungen im Zarenreich reagierten wie auf die amerikanische Wirtschaftslage und Politik. Allerdings war die innereuropäische Arbeitswanderung in das Deutsche Reich und namentlich nach Preußen vor 1914 deutlich ausgeprägter als die Arbeitsmigration nach Großbritannien.[10] Dennoch führte die starke Sichtbarkeit der russisch-polnischen Kolonie inmitten der britischen Metropole – und dort wiederum in einem Arbeiterviertel wie dem East End – dazu, dass in der Öffentlichkeit das eigene Land nach 1880 zunehmend als Zielland von Migration wahrgenommen wurde.[11]

Darüber hinaus entwickelte sich die Politik beider Länder in kolonialen Settings: Denn obschon Zuwanderer in Großbritannien vor 1914 nur in begrenztem Maße aus den Kolonien und Dominions kamen, ist kaum zu ignorieren, dass imperiale Interessen und der Kontext des Britischen Empires die britische Politik prägten. Im Deutschen Kaiserreich wiederum war zwar das Kolonialgebiet weniger maßgeblich für die metropolitane Migrationspolitik, doch bildeten dort die in Teilen quasi-kolonialen Verhältnisse in den ostpreußischen Provinzen sowie die polnische Nationalbewegung zentrale Bezugspunkte der Politik.[12] Des Weiteren beeinflussten Resolutionen, die auf internationaler Ebene bei Konferenzen oder nach 1918 im Rahmen des Völkerbundes getroffen wurden, die im nationalen Rahmen geführten Debatten. Überhaupt wirkten sich die internationalen Beziehungen auf das administrative Handeln aus, indem Entscheidungen, die ausländische Staatsangehörige betrafen, die Interessen anderer Staaten berührten.

Dass nationalstaatliche Migrationsregime sich im späten 19. und frühen 20. Jahrhundert nicht isoliert voneinander entwickelten, sondern in ihrem Umgang mit ausländischen Staatsangehörigen in übergreifende (trans- und internationale) Strukturen eingebunden waren, wird am Beispiel ihrer Ausweisungspraxis deutlich. Denn während die Verweisung ausländischer Migrantinnen und Migranten je eigenen In- und Exklusionsbestrebungen folgte, erforderte sie zugleich die Abstimmung mit anderen Nationalstaaten. Indem der oder die Ausgewiesene aufgefordert wurde, das staatliche Territorium zu verlassen und es künftig nicht wieder zu betreten, kamen Ausweisungen rechtlich einem Gebietsverbot gleich.[13] Ob jemand als In- oder Ausländer gelten konnte, war für dieses Verbot von zentraler Bedeutung, zumal die aufnehmenden mit den ausweisenden Behörden darin übereinstimmen mussten, welche Nationalität die Ausgewiesenen besaßen. Die erzwungene Entfernung ausländischer Staatsbürger war dabei eng mit der Herausbildung wohlfahrtsstaatlicher Strukturen verbunden.[14] Sie knüpfte an frühere armenrechtliche Traditionen an, denen zufolge eine Gemeinde Mittellose, die dort kein Heimatrecht besaßen, in die Heimatorte zurückschickte.

Die Kohärenzen und Friktionen zwischen verschiedenen Staatsangehörigkeitsregelungen wurden in diesem Zusammenhang offenbar. Staaten waren verpflichtet, ihre eigenen Bürgerinnen und Bürger bei sich aufzunehmen, wenn sie von einem anderen Staat ausgewiesen wurden. Zugleich sahen Gesetze im späten 19. Jahrhundert vielfach noch vor, dass Emigranten bei längerer Abwesenheit ihre Staatsangehörigkeit verloren. Das deutsche Staatsangehörigkeitsgesetz von 1870 ging beispielsweise von einem Verlust der Staatsangehörigkeit nach einer mehr als zehnjährigen Abwesenheit aus.[15] Insofern konnte es sein, dass eine Person einem Staat nicht mehr angehörte, aber noch nicht Bürger eines neuen Landes war. Eine derartige De-facto-Staatenlosigkeit erschwerte offenkundig die Ausweisung: Eine Person, die kein Staat aufzunehmen bereit war, konnte schwerlich abgeschoben werden.

Die Verantwortung eines Staates für die eigenen Bürger, speziell hinsichtlich ihrer Versorgung im Krankheits- oder Armutsfall, bildete in diesem Kontext einen häufigen Konfliktpunkt. Die deutschen und niederländischen Behörden etwa befassten sich seit den 1860er Jahren wiederholt mit Migranten aus den Niederlanden, die in Deutschland der Armenfürsorge anheim fielen.[16] Die niederländische Arbeitswanderung in das Kaiserreich war stark ausgeprägt und wurde von der dortigen Regierung angesichts der stockenden wirtschaftlichen Entwicklung im eigenen Land unterstützt. Allerdings sah die niederländische Gesetzgebung vor, dass Emigranten nach fünf Jahren (beziehungsweise seit 1892 nach zehn Jahren) ihre Staatsangehörigkeit verloren – sofern sie denn mit dem »festen Vorsatz, nicht zurückzukehren«, emigriert waren.[17] Eine derart vage Klausel erleichterte es nicht unbedingt, nationale Zugehörigkeiten zu klären. Die deutschen Behörden forderten daher, dass niederländische Arbeitswanderer ihre Staatsangehörigkeit eindeutig nachwiesen, und die niederländische Regierung begann infolgedessen, ihren Migranten Nationalitätsnachweise auszustellen. Das erleichterte aus Sicht der deutschen Bürokratie die Identifikation niederländischer Migranten, doch blieb die Frage der Armenfürsorge umstritten. Der deutsch-niederländische Zuwanderungsvertrag von 1906 sah daher vor, dass mittellose Niederländerinnen und Niederländer in Deutschland ein Anrecht auf armenrechtliche Unterstützung hatten, aber nach einigen Monaten derart gewährter Hilfe ausgewiesen werden konnten. 1908 wurde diese Regelung nochmals abgeändert, indem niederländische Migranten nun im Deutschen Reich verbleiben durften, sofern ihr Herkunftsland für die armenrechtliche Unterstützung aufkam.[18]

Insofern war die Entwicklung des Ausweisungsrechts eng mit einer »Nationalisierung des Sozialen« verbunden, wie sie Gérard Noiriel beschrieben hat.[19] Denn während die Nationalstaaten sich darum bemühten, die eigenen Bürger stärker an den Staat zu binden, indem sie die Privilegien dieser Zugehörigkeit definierten, betonten sie zugleich, wer nicht dazu gehörte: Wem die Einreise verwehrt wurde oder wer dadurch ausgeschlossen blieb, dass ihm oder ihr die zivilen, politischen und sozialen staatsbürgerlichen Rechte versagt blieben.[20] Vor 1800 hatte in der Regel die Mitgliedschaft in einer städtischen Gemeinschaft – und nicht die Staatsangehörigkeit – darüber entschieden, ob jemand Armenfürsorge erhielt.[21] Und während früher städtische Autoritäten Arme, die kein Niederlassungsrecht besaßen, aus dem Stadtgebiet verwiesen hatten,[22] verlagerte sich die Verantwortung für soziale Leistungen im Laufe des 19. Jahrhunderts von der kommunalen auf die staatliche Ebene. Ausweisungen wurden zu einem Monopol des Staates, und die Unterscheidung zwischen eigenen und fremden Staatsangehörigen gewann an Bedeutung.[23]

Die Gewährung sozialer Leistungen durch den Staat führte zu einem erhöhten Regelungsbedarf, indem die nationalstaatlichen Bürokratien nach Wegen suchten, um lediglich für die Fürsorge der eigenen Staatsangehörigen aufzukommen. Zugleich weist das niederländisch-deutsche Beispiel darauf hin, dass die Verweisung ausländischer Migranten bilaterale Absprachen erforderte. Das galt sowohl für die konkrete Übergabe an der Grenze wie für die behördliche Kommunikation darüber, welche Staatsangehörigkeit der oder die Ausgewiesene besaß. In den Akten des preußischen Innenministeriums finden sich in den 1880er Jahren Schriftwechsel, in denen sich die preußischen und russischen Behörden mit der Frage auseinandersetzen, ob eine aus Preußen auszuweisende Person tatsächlich die russische Staatsangehörigkeit besaß. Um solche Abläufe stärker zu standardisieren, schloss die deutsche Regierung bilaterale Verträge ab, die sich mit der Freizügigkeit, Niederlassung und Abschiebung von Bürgern aus beiden vertragsschließenden Ländern befassten. Zwischen dem Deutschen Reich und Italien bestand ein solcher Vertrag seit 1873.[24] Beide Länder verpflichteten sich darin, für die Pflege körperlich oder geistig Hilfsbedürftiger aus dem Nachbarstaat aufzukommen, bis deren Abtransport in das jeweiligen Heimatland möglich war. Zudem sicherten beide Vertragspartner zu, Untertanen auch dann zu übernehmen, wenn sie ihre Staatsangehörigkeit bereits verloren und eine neue Staatsangehörigkeit noch nicht erlangt hatten.[25] Ein mit Russland seit 1894 bestehendes Übernahmeabkommen, das die Modalitäten des Ausweisungsverfahrens in beiden Ländern regelte, enthielt eine ähnliche Formel.[26] Die Verträge überblendeten auf diese Weise die blinden Flecken, die Gesetze hinsichtlich jener Bürger besaßen, die zwischen zwei Nationalstaaten und damit zwei Rechtssystemen wechselten.

Anders als in Deutschland, wo die preußische Regierung in den 1880er Jahren die massenhafte Ausweisung ausländischer Polen und Juden angeordnet hatte und wo Ausweisungen generell gebräuchlich waren, wurden nicht-britische Untertanen in Großbritannien im 19. Jahrhundert lange Zeit nicht ausgewiesen. Zwar ließ ein Gesetz von 1848 theoretisch die Abschiebung von Personen zu, die die öffentliche Ordnung gefährdeten, aber die Vorschrift wurde kaum angewendet und war ab 1850 nicht mehr gültig.[27] Erst mit dem Erlass des Aliens Act, der neuen Ausländergesetzgebung von 1905, war es der britischen Exekutive wieder erlaubt, nicht-britische Untertanen auszuweisen.[28] Dennoch hatte Großbritannien bereits zuvor für bestimmte Ausländer – geistig Kranke, die sich in britischen Anstalten aufhielten – informelle Absprachen mit anderen Regierungen getroffen. Die Regierung ließ sich bei ihren Vereinbarungen vor allem davon leiten, wie in dem anderen Staat mit britischen *pauper lunatics* umgegangen wurde.[29] Sie orientierte sich am Prinzip der Reziprozität.

Überhaupt setzten inoffizielle wie offizielle bilaterale Abkommen den Umgang mit ausländischen Migranten im eigenen Land in der Regel zu der Behandlung der eigenen Untertanen in anderen Ländern in Bezug. Insofern waren nationalstaatliche Migrationspolitiken zum einen miteinander verflochten, weil es die Bürokratien mit den gleichen Migrantengruppen zu tun hatten –

etwa weil die Auswanderung russisch-jüdischer Migranten infolge von Pogromen im zaristischen Russland sie ebenso nach Großbritannien wie in das Deutsche Reich führte und die Migrationskontrollen des einen Staates denen des anderen vorgeschaltet waren: Migranten, die bereits an der deutschen Grenze abgewiesen wurden, kamen nicht bis zur britischen.[30] Sie waren zum anderen miteinander verschränkt, weil sie ihre Verwaltungsabläufe mit den Bürokratien anderer Staaten koordinierten. Und sie waren drittens miteinander verbunden, weil Regierungen auf diplomatischer Ebene gemeinsame bilaterale (oder internationale) Konventionen zu etablieren suchten.

Vergleichen: das Gemeinsame und Spezifische administrativen Handelns

Um zu erklären, warum beide Staaten wann in Wanderungsprozesse eingriffen, muss eine komparative Studie abwägen und gewichten, welche Faktoren deren administratives Handeln beeinflussten. Denn abgesehen von den internationalen Dynamiken reagierten die britischen und deutschen Autoritäten mit ihren Kontrollmaßnahmen auf eine Reihe von internen Entwicklungen. Dazu gehörte die anwachsende Migration ebenso wie die bereits angesprochene Nationalisierung der sozialen Sicherungssysteme. Auch schlug sich in ihrer Politik, wenngleich auf unterschiedliche Weise, eine ethnisch-exklusive Orientierung des nationalen Denkens nieder. Gerade die preußische Politik folgte stark antisemitischen und antipolnischen Impulsen, während in Großbritannien rassistische und nationalistische Denkweisen zu einer verschärften Abwehrhaltung gegenüber ausländischen Migranten beitrugen – obschon dort die Zuwanderung an erster Stelle als soziales Problem wahrgenommen wurde. Fürchteten die deutschen Autoritäten um ihr »imperiales Projekt« in den preußischen Ostprovinzen, drückten sich in der britischen Zuwanderungspolitik die Ängste einer Gesellschaft aus, die nach dem Burenkrieg um ihre nationale und imperiale Stärke fürchtete und der vor sozialen Spannungen in der Metropole bangte. Auch beeinflusste die wirtschaftliche Entwicklung die Politik beider Staaten, gleiches galt für die Eigendynamik des sich ausdifferenzierenden Verwaltungsapparates.

Migrationspolitische Veränderungen resultierten indes nicht ausschließlich aus einem Wandel der politischen Zielsetzungen. Vielmehr waren Regierungen für die Umsetzung ihrer Politik jeweils auf eine ausreichende bürokratische Infrastruktur und ein ausführliches Daten-Wissen angewiesen.[31] Schon aus diesem Grund ist die Geschichte der staatlichen Intervention in Wanderungsprozesse eng mit der Entwicklung des modernen Verwaltungsapparates verbunden.[32] Auch war es aus Sicht der Migranten zentral, wie Kontrollmaßnahmen implementiert wurden und auf welche Weise sie gegebenenfalls umgangen werden konnten. Denn nicht jede politische Programmatik wurde problemlos in administrative Abläufe übersetzt.[33] Um derartige Reibungsverluste mitdenken zu können, muss eine komparative Analyse unterschiedliche Vergleichseinheiten (Reich, Einzelstaat, Provinz, Bezirk im deutschen versus Zentralverwaltung, *city*, *borough* oder *district* im britischen Fall) sowie verschiedene Akteursgruppen (etwa deutsche Ministerialbeamte und britische Parlamentarier) zueinander in Bezug setzen. Auch muss sie unterschiedlichen politischen Systemen Rechnung tragen, da die britische Migrationspolitik vor 1914 auf einem Gesetzgebungsverfahren basierte, während sie im deutschen Fall über Erlasse implementiert wurde. Mit Blick auf das »Wie« der britischen und deutschen Abschiebepraxis wäre also zu fragen, unter welchen Bedingungen es jeweils möglich war, Ausländer des Landes zu verweisen.[34] Wer durfte Ausweisungen anordnen? Basierten die Entscheidungen auf Gerichtsurteilen, mussten die Betroffenen eine Straftat begangen haben, um ausgewiesen zu werden? Wurden sie aus nationalpolitischen, armenrechtlichen, sicherheitspolitischen oder militärischen Gründen ausgewiesen? Und wie reagierten die Ausgewiesenen selbst, was für eine »Mikromechanik der Macht« bestimmte das Verhältnis zwischen ihnen und den staatlichen Vertretern?[35]

Im März 1906 wurden zwei Seeleute dabei beobachtet, wie sie in der King's Street im englischen Ramsgate zwei Paar Stiefel und eine Hose entwendeten. Als die beiden dem Gericht vorgeführt wurden, gestaltete sich die Verständigung zunächst schwierig; die Angeklagten verstanden keine der Sprachen, in denen man sie ansprach. Selbst ihr Kapitän erklärte, er bediene sich der Zeichensprache, um mit ihnen zu kommunizieren. Dementsprechend unklar war zunächst ihre Herkunft. Erst im Laufe der Gerichtsverhandlung wurde festgestellt, dass es sich bei Mihkel Lood und

Mihkel Singi um zwei Esten handelte.[36] Sie wurden vom Gericht zu zwei Wochen Haft mit harter Arbeit verurteilt und es wurde empfohlen, sie auszuweisen. Am 14. April 1906 meldete dann Detective Sergeant George Paine seinem Vorgesetzten, dass er Lood und Singi nach Ablauf ihrer Haftstrafe im Gefängnis in Canterbury abgeholt habe. Paine begleitete die beiden Seeleute nach London ins Russische Konsulat, wo er ihre Pässe erhielt sowie ein Anschreiben an den Kapitän der »S. S. Kurgar«, die im Londoner Hafen vor Anker lag. Nachdem er sich dann noch telefonisch versichert hatte, dass die »Kurgar« tatsächlich um Mitternacht abfuhr, sprach der Detective mit dem Maat des Schiffs. Der versicherte, dass er die Anweisung erhalten hatte, die beiden Ausgewiesenen an Bord zu nehmen. Er las, hieß es in dem Bericht, den beiden Seeleuten die Ausweisungsanordnung vor und schloss sie in eine Kabine ein, bis das Schiff lossegelte.[37]

Schon diese Schilderung verdeutlicht, dass sich Ausweisungen im britischen Fall aus bürokratischer Sicht eher umständlich gestalteten. Gemäß des Aliens Act von 1905 konnte ein Minister eine Immigrantin oder einen Immigranten nur dann des Landes verweisen, wenn ein Gericht zuvor deren Ausweisung empfohlen hatte. Ordnete er eine Ausweisung an, musste ein Polizeibeamter sicherstellen, dass der oder die Betreffende tatsächlich das Land verließ, wobei häufig unklar war, wer die Kosten für deren Überfahrt übernahm. In jedem Fall konnten Ausweisungen eine kostspielige Maßnahme darstellen. Überhaupt ordneten die gerichtlichen und ministerialen Autoritäten in Großbritannien eher selten an, ausländische Bürger des Landes zu verweisen. Der geographischen Lage als einer Insel gemäß und der liberalen Regierung vor 1914 geschuldet, fand die versuchte Regulierung der unerwünschten Zuwanderung in erster Linie an den Grenzen statt.

Die Ausweisungen, die dennoch erfolgten, betrafen in erster Linie zwei Gruppen: Zum einen kriminelle Migranten, die – wie Mihkel Lood und Mihkel Singi – wegen eines Strafdelikts verurteilt wurden, zum anderen solche, die Empfänger von Fürsorgeleistungen waren.[38] Denn nicht-britische Untertanen, die soziale Leistungen im Rahmen des »Poor Law« erhalten hatten,[39] die sich ohne ersichtliche Unterhaltsmittel im Land aufhielten oder die zu mangelhaften hygienischen Bedingungen in gedrängten Verhältnissen lebten,[40] konnten laut Gesetz ausgewiesen werden.[41] Anders als im Falle von kriminellen Ausländern betrafen die letztgenannten Regelungen indes ausschließlich Migranten, die vor weniger als einem Jahr eingereist waren. Sie waren Teil eines umfassenden Bestrebens, sozial Unerwünschte auszuschließen. Auch die nach 1905 etablierten Grenzkontrollen zielten darauf ab, mittellose Migranten an der Einreise zu hindern. Dass fürsorgebedürftige Ausländer darüber hinaus bis zu ein Jahr nach ihrer Ankunft ausgewiesen werden konnten, verlieh diesem Bestreben, sozial schwache Migranten auszuschließen, weiteren Nachdruck. Ihre Ausweisung kam einer nachgeholten Einreisekontrolle gleich, und es gehörte klar zu den umfassenden Zielen der britischen Migrationspolitik, die Empfänger von Fürsorgeleistungen – unabhängig davon, ob nun private Organisationen, lokale oder staatliche Träger für sie aufkamen – abzuwehren.

Obschon die Rechtslage eine restriktivere Praxis erlaubt hätte, musste im Rahmen der staatlichen Ausweisungspolitik vor 1914 nur eine begrenzte Zahl von Migranten das Land verlassen. Bis Ende 1913 wurden im Schnitt 358 Ausweisungen pro Jahr angeordnet.[42] Davon betraf ein Großteil der Verweisungen sogenannte *criminal aliens*: Von den 461 Ausweisungsbefehlen, die beispielsweise 1910 erlassen wurden, galten 414 Ausländern, die nach einem Strafdelikt verurteilt und ausgewiesen wurden. Lediglich 47 Anordnungen betrafen Ausländer, die der Armenfürsorge anheim gefallen waren oder als mental krank galten.[43] Dass die Maßnahme eher vorsichtig gehandhabt wurde, war unter anderem der britischen Gerichtsbarkeit geschuldet. Das Innenministerium beschwerte sich jedenfalls 1911 in einem Bericht an das Parlament, dass Richter zu selten die Ausweisung ausländischer Krimineller vorschlügen.[44] Von den 2.050 Ausländern, die sich in Haft befänden, seien lediglich 390 zur Ausweisung empfohlen worden. Mit Blick auf diese Zahlen forderte das Ministerium, dass Polizeibeamte den Gerichten häufiger die Ausweisung nahe legen und sich Gerichte häufiger bereit zeigen sollten, die Ausweisungsmaschinerie in Gang zu setzen.[45] Nicht erwähnt wurde indes, dass das Innenministerium selbst durchaus nicht allen gerichtlichen Vorschlägen entsprach, sondern in etwa 5 % der Fälle davon absah, eine gerichtlich angeratene Ausweisung auch anzuordnen.[46]

Im britischen Fall erforderten Ausweisungen damit einen mehrstufigen Entscheidungsprozess, in den mit den Gerichten und Ministerien zwei Instanzen eingebunden waren; eine Struktur, die die

Zahl der Anordnungen tendenziell beschränkte und den Migrierenden selbst im Rahmen der gerichtlichen Verhandlungen Einspruchsmöglichkeiten gewährte. Hinzu kam, dass die Art ihrer Durchführung es Ausgewiesenen vergleichsweise einfach machte, die Anordnung zu umgehen. Denn während im eingangs geschilderten Fall der estnischen Seeleute der zuständige Beamte die beiden am Gefängnis abholte und bis zu ihrem Schiff brachte, war das nicht immer der Fall. Oftmals erhielten die Betreffenden lediglich die Anordnung, das Land binnen einer bestimmten Frist zu verlassen, ohne dass nachgeprüft wurde, ob sie tatsächlich an Bord eines Schiffes gegangen waren. Das galt auch für Migranten, die nach einer Gefängnisstrafe des Landes verwiesen wurden. Charakteristisch dafür ist der Fall von Emilie Miller (auch unter den Namen Hupfeld bekannt) und Ernst Weise (auch unter dem Namen Ernst Herman bekannt), die im August 1905 zur Ausweisung empfohlen wurden und zwei Wochen Zeit hatten, um das Land zu verlassen.[47] Er habe es sich nicht erlauben können, erklärte der zuständige Polizeibeamte in Liverpool, die beiden, wie vom Ministerium vorgeschlagen, 14 Tage lang zu beschatten. Sie seien daher in Manchester entwischt, und obwohl er ihre Fotos in Umlauf gebracht habe, sei keine Spur von ihnen zu finden. Demnach verließen nicht alle, deren Ausweisung angeordnet war, das Land, und nicht alle, die das Land verlassen hatten, hielten sich an das Verbot, nach England zurück zu kehren. Die jährlichen Berichte an das Parlament listeten jedenfalls wiederholt Ausgewiesene auf, die widerrechtlich wieder eingereist waren, und es ist davon auszugehen, dass de facto die Anzahl derer, die sich unentdeckt im Land aufhielten, höher war.[48]

Dass Migranten staatliche Anordnungen umgingen, ist an sich wenig überraschend. Interessant ist jedoch, wie sie das taten. Denn ihre Strategien konnten zur Folge haben, dass die Bürokratie ihrerseits die eigenen Abläufe veränderte. Die misslungene Ausweisung von Emilie Miller und Ernst Weise etwa führte dazu, dass das Innenministerium die gängige Abschiebepraxis überprüfte und effizienter zu gestalten suchte.[49] Trotz solcher Nachbesserungen gelang es Migrantinnen und Migranten dennoch, Vorschriften zu umgehen. Sie fanden bei einer Reihe von Akteuren Unterstützung: bei Arbeitgebern, die sich ungern davon abhielten ließen, ausländische Arbeiter zu niedrigen Löhnen anzustellen, bei Schleppern, die ihr Geld damit verdienten, Reisende an den Einreisekontrollen vorbei über die Grenze zu schleusen, oder bei Hilfsorganisationen, die sich für die Rechte von Migrierenden einsetzten.

In jedem Fall lässt sich die Frage, wie staatliche Kontrollpolitiken sich auf den Alltag und die Optionen von Migrierenden auswirkten, erst beantworten, wenn deren Wege und Handlungsweisen bekannt sind. Konnten sie sich unbehindert von bestehenden Grenzkontrollen oder geltenden Aufenthaltsvorschriften in einem Land bewegen, zeugte das von einer wenig effizienten Form der staatlichen Kontrolle. Im Falle des britischen und deutschen Migrationsregimes lässt sich indes festhalten, dass in beiden Staaten – wenngleich im deutschen Fall früher als im britischen – die Bürokratie zunehmend über eine administrative Infrastruktur, über Melderegister, Statistiken und Ausweispapiere, verfügte, die es ermöglichte, ausländische Staatsangehörige separat zu erfassen, sie zu identifizieren und zu kontrollieren.[50] Dennoch umgingen Migrantinnen oder Migranten weiterhin Grenzkontrollen, hielten sich unerlaubt im Land auf oder wehrten sich offen gegen administrative Entscheidungen. Die konkreten Strategien, die sie wählten, geben dabei Aufschluss über die bürokratische Kultur, mit der sie konfrontiert waren.

Hedwig Kohane war eine ehemals preußische Untertanin, die einen galizischen Migranten geheiratet hatte und damit – dem deutschen Staatsangehörigkeitsrecht gemäß – dessen Nationalität angenommen hatte. Dem Paar drohte 1886 die Ausweisung aus Preußen. Und während ihr Mann sich mit einer Petition an den Preußischen Innenminister wandte, um gegen die Anordnung zu protestieren, schrieb Hedwig Kohane am 30. Juni 1886 an die Kaiserin. In ihrem Brief erklärte sie nicht nur, von »achtbaren deutschen Eltern« erzogen worden zu sein, sondern sie unterstrich auch, dass ihr Ehemann, gleich ihr, »von deutscher Gesinnung und deutschem Wesen durchdrungen« sei. Er sei ehrlich und arbeite erfolgreich. Nachdem sie derart die beispielhafte Integration ihres Mannes in das kulturelle und wirtschaftliche Leben geschildert hatte, beendete Kohane ihren Brief, indem sie an die Kaiserin als der »erhabenen Protektorin des deutschen Familienlebens« appellierte, ihr zu helfen.[51]

Ausländische Staatsangehörige, denen die Ausweisung aus Preußen drohte, versuchten häufig, diese Maßnahme rückgängig zu machen, indem sie Petitionen verfassten. Ähnlich wie in Großbritannien verließen außerdem nicht alle, die dazu aufgefordert wurden, das Land tatsächlich. Doch bestrafte der preußische Staat unlegitimierte Grenzüberquerungen und die unerlaubte Rückkehr zuvor Ausgewiesener für gewöhnlich, indem die Betreffenden inhaftiert oder erneut ausgewiesen wurden. Petitionen stellten hingegen einen legalen Weg des Protestes dar, indem die Ministerialbeamten angehalten waren, eine Anordnung zu überprüfen, wenn die Betroffenen Beschwerde einlegten. Bittbriefe wie die von Hedwig Kohane sind insofern charakteristisch für das obrigkeitsstaatliche Erbe der preußischen Verwaltung: Sie standen für eine bürokratische Praxis, bei der es kaum verrechtlichte Wege des Protests gegen Verwaltungsentscheidungen gab und die Macht weitgehend bei der Bürokratie lag. Dementsprechend waren Ausweisungen in Preußen per Ministerialdekret und nicht wie in Großbritannien per Gesetz geregelt. Da vor 1914 die diesbezüglichen Vorschriften vage blieben, war auch die Ausweisungspraxis wenig stringent. Individuelle Beamte besaßen weitreichende Entscheidungskompetenzen hinsichtlich der Frage, wer das Land verlassen musste, und in der Regel verfügte nicht der Minister oder ein Ministerialbeamter die Ausweisung, sondern es entschieden zunächst die Oberpräsidenten der einzelnen Provinzen und später die Regierungspräsidenten darüber.[52]

Während schon die Abschiebepraxis innerhalb Preußens uneinheitlich war, kam hinzu, dass sie in den unterschiedlichen deutschen Ländern nicht einheitlich gehandhabt wurde. Im föderativen Deutschen Reich überlagerten sich verschiedene Ebenen der Staatlichkeit. Dementsprechend wurde zwischen Verweisungen aus dem Reich und der Ausweisung aus den einzelnen deutschen Staaten unterschieden. Anders als die Entscheidungen auf Länderebene basierten die Reichsverweisungen auf einer klar umrissenen gesetzlichen Regelung: Sie durften ausschließlich auf der Basis eines Gerichtsurteils angeordnet werden und folgten dem Strafgesetzbuch. Auch war, ähnlich wie im britischen Fall, die Zahl der aus dem Reich Verwiesenen nicht sehr hoch: 1890 wurden 586 ausländische Staatsangehörige aufgefordert, das Reich zu verlassen. 1900 waren es 490, und im Jahr 1910 dann 514 Fälle.[53] Der größte Teil dieser Anordnungen galt Ausländern, die als »Landstreicher« oder »Bettler« verurteilt worden waren. Ein sehr viel kleinerer Teil bezog sich auf Strafdelikte wie Diebstahl oder Hehlerei.[54] Damit waren es in erster Linie (tatsächliche oder potentielle) Empfänger von Fürsorgeleistungen, die das Land verlassen mussten. Unabhängig von und ergänzend zu diesen Reichsverweisungen konnten, wie im Fall des Ehepaars Kohane, die einzelnen deutschen Länder ausländische Staatsangehörige abschieben. Die ausgesprochenen Gebietsverbote bezogen sich ausschließlich auf das betreffende Staatsgebiet: Preußen wies aus Preußen aus, Bayern aus Bayern. Nicht alle Ausländer, die des Preußischen Staates verwiesen wurden, verließen damit notwendigerweise das Deutsche Reich, wenngleich die Behörden bemüht waren, Ausländer über die Reichsgrenze abzuschieben.[55]

Anders als bei den Reichsverweisungen handelte es sich bei der Ausweisung aus den Ländern um eine administrative Maßnahme, die nicht auf einem Gerichtsurteil fußte. Gerade die preußischen Behörden wiesen häufig Ausländer aus, die aufgrund ihrer Ethnie, Religion oder sozialen Zugehörigkeit als »lästig« galten.[56] Da den konservativen preußischen Eliten, einem antipolnischen Impuls folgend, daran gelegen war, den bleibenden Zuzug vor allem polnischer und osteuropäisch-jüdischer Migranten zu verhindern, wandten sich ihre Anordnungen nicht selten explizit gegen diese Gruppen. Ähnlich der preußischen Massenausweisungen von 1885/86, in deren Folge ca. 32.000 Polen und Juden das Land verlassen mussten,[57] zielten auch spätere Maßnahmen primär auf deren Ausschluss ab. Das verdeutlicht eine Anweisung des Preußischen Innenministers, der sich im Dezember 1905 an die Oberpräsidenten der Ostprovinzen und den Berliner Polizeipräsidenten wandte und erklärte, dass »das von mehreren Seiten gemeldete Überströmen zahlreicher ausländischer Juden aus Russland« nicht dazu führen dürfe, dass sich »diese Elemente, insonderheit [...] sie den niederen Bevölkerungsschichten oder dem politisch besonders gefährlichen geistigen Proletariat angehören«, im preußischen Staatsgebiet festsetzten. Soweit sie nicht schon an der Einreise gehindert werden oder auf andere Weise zum Verlassen des Landes bewegt werden könnten, seien sie auszuweisen.[58] Damit überlagerten sich in der preußischen Politik, die hier am Beispiel der Ausweisungen des Jahres 1905/06 skizziert wird, ethnische und antisemitische mit politischen und sozialen Ausschlusskriterien. Der proletarische, politisch aktive, russisch-jüdische Zuwanderer wurde, zumal vor dem Hintergrund der Russischen Revolution von 1905, zum Inbegriff des »lästigen Ausländers«, den es aus dem Staatsgebiet zu entfernen galt.

Eine ethnisch-exklusive Dynamik prägte die preußische Ausweisungspraxis ungleich stärker als die britische, die nicht auf eine bestimmte nationale oder konfessionelle Gruppe konzentriert war. Zugleich führt der Vergleich der britischen und deutschen Ausweisungspraxis die Notwendigkeit vor Augen, unterschiedliche administrative Entscheidungsebenen mit in die Analyse einzubeziehen. Denn während ein Vergleich der britischen Ausweisungen mit der Praxis der Reichsverweisung weitgehende Parallelen zwischen den Politiken beider Länder nahelegt, verändert sich dieser Befund maßgeblich, wenn die preußische Ausweisungspolitik mit in die Analyse einbezogen wird. So erfüllten die Reichsverweisungen eine ähnliche Funktion wie die Abschiebungen aus Großbritannien, indem sie, eng verknüpft mit sozialpolitischen Bedenken, eine Strafe bei kriminellen Delikten und ein Mittel der sozialen Disziplinierung darstellten und halfen, ausländische Fürsorgeempfänger auszuschließen. Die Ausweisungen aus Preußen folgten hingegen stärker nationalpolitischen und antisemitischen Impulsen, indem sie Migranten ausschlossen, die nicht aufgrund ihrer individuellen Vergehen, sondern ihrer Konfession, Nationalität und Klasse das Land verlassen mussten. Und wenngleich die britische Migrationspolitik insgesamt durchaus von nationalistischen und rassistischen Denkmustern geprägt war, folgte die dortige Ausweisungspolitik erkennbar anderen In- und Ausschlussmechanismen als die preußischen Landesverweisungen.

Verflochtenes Vergleichen: Zur Analyse transnationaler und nationaler Handlungslogiken

Eine komparative Untersuchung der Verwaltung von Migration setzt notwendigerweise miteinander verflochtene Handlungsweisen zueinander in Bezug. Zum einen, da Migration – sofern es sich nicht um Binnenmigration handelt – per se einen grenzüberschreitenden Prozess darstellte, und Migranten, die in dem einen Staat nicht aufgenommen wurden, gegebenenfalls in einen anderen gingen. Zum anderen orientierten sich die nationalstaatlichen Bürokratien am Verwaltungshandeln anderen Staaten. Drittens schließlich verschränkten sich innerhalb der verglichenen Staaten verschiedene Handlungsebenen miteinander. Gerade im föderalen Deutschen Reich war die Verwaltung von Migrationsprozessen nicht einheitlich organisiert. Je nachdem, welchen Ausschnitt des Migrationsgeschehens man dort in den Blick nimmt, verschiebt sich die Beurteilung der staatlichen Regulierungsversuche. Beispielsweise sahen sich ausländische Polen in Preußen mit einem vergleichsweise umfangreichen Vorschriftenkatalog konfrontiert, während Migranten aus dem süd- oder westeuropäischen Raum von der preußischen Bürokratie weniger behelligt wurden und gerade die süddeutschen Staaten insgesamt weniger in Migrationsprozesse eingriffen.[59]

Die vergleichende Analyse deutscher und britischer Verwaltungspraktiken muss der Tatsache gerecht werden, dass das bürokratische Handeln in beiden Ländern unterschiedlich strukturiert war und eigene Reibungsverluste produzierte. So entwickelte sich die Kontrolle von Zuwanderungsprozessen im Deutschen Reich entlang föderaler Bruchstellen, die das Migrationsregime unübersichtlicher werden ließen. Auch war es angesichts der geographischen Lage des Reichs vergleichsweise einfach, Grenzkontrollen zu umgehen, da sich die langen Landesgrenzen kaum lückenlos überwachen ließen; gleiches galt für Ausweisungen. Hingegen waren es in Großbritannien andere Faktoren, die das staatliche Kontrollbemühen beschränkten: Da dort die Einreisepolitik stark von Immigrationsräten beeinflusst war, die in den Häfen über die Zulässigkeit von Abweisung oder Einreise entschieden, variierte die Grenzpolitik je nach Hafenstadt und Zusammensetzung der Räte. Hinzu kam, dass der britische Staat des späten 19. und frühen 20. Jahrhunderts insofern ein »laissez-faire«-Staat war, als in vielen – wenngleich nicht allen – Politikbereichen die Autoritäten mit einem möglichst kostengünstigen Verwaltungsapparat operierten und eine nennenswerte Expansion des Staates erst vergleichsweise spät, im Rahmen der beiden Weltkriege, einsetzte.[60] Bis dahin standen Kostenargumente einem dichteren Netz von Grenzstationen entgegen und unter anderem den knappen Ressourcen geschuldet blieben viele der ankommenden Reisenden unkontrolliert. Auch hielten sich Richter nicht immer an die Empfehlungen der Exekutive und bremsten mit ihren Entscheidungen restriktive Maßnahmen. Beide Migrationsregime produzierten damit interne Widersprüche. Auch war die Art und Weise, wie Migranten mit staatlichen Kontrollversuchen umgingen, in beiden Ländern spezifisch für die administrativen Gepflogenheiten, mit denen sie es zu tun hatten. Umso wichtiger scheint es, die Interaktion zwischen ihnen und den staatlichen Akteuren ebenso in die Untersuchung mit einzubeziehen wie die Widersprüche zwischen den verschiedenen Handlungsebenen innerhalb der verglichenen Staaten.

Eine komparative Analyse der britischen und deutschen Herrschaftspraxis im Umgang mit Wanderungsprozessen trägt dazu bei, die Politiken beider Staaten in ihren transnationalen Bezügen zu verstehen. Ihre Migrationspolitik führt anschaulich die globale Verflochtenheit staatlicher Entwicklungen vor Augen – und verweist im gleichen Atemzug auf einen übergreifenden Prozess der Nationalisierung von Politik und Verwaltung im langen 19. Jahrhundert. Denn im britischen ebenso wie im deutschen Fall wird deutlich, dass der nationalen Zugehörigkeit in beiden Staaten eine wachsende Bedeutung zukam – und dass sich die Nationalisierung des bürokratischen Handelns in den unterschiedlichen Staaten gegenseitig verstärkte. Forderte ein Staat den Nachweis der Staatsangehörigkeit oder wies jemanden aus, musste ein anderer reagieren. Das Verhältnis von Migrant und Staat war im späten 19. und frühen 20. Jahrhundert damit stets auch durch das Verhältnis zu den übrigen sich nationalisierenden Staaten bestimmt. Schon aus diesem Grund ist die Geschichte der staatlichen Intervention in Wanderungsprozesse eng mit der Entwicklung des modernen Verwaltungsstaates und der »gigantischen Homogenisierungsmaschine« des modernen Nationalismus verbunden.[61]

Diese Beobachtung unterstreicht die Notwendigkeit, verflechtungs- und vergleichsgeschichtliche Zugänge miteinander zu verschränken. Denn erst, wenn nationale Prozesse in ihren globalen Bezügen untersucht werden, zeigt sich, wie sehr nationalstaatliche Herrschaftspraktiken sich im Wechselspiel mit den Erwartungen und Gepflogenheiten anderer Bürokratien und in Reaktion auf transnationale Phänomene entwickelten. Gerade angesichts der globalen Verflechtung von Wirtschaft, Kommunikation und Verkehr im 19. und 20. Jahrhundert lassen sich nationale Entwicklungen nicht separat voneinander verstehen, und derartige Interdependenzen rücken erst mit der Frage nach den transnationalen Verflechtungen in den Blick. Zugleich bedarf es eines komparativen Zugangs, um ebenso das Gemeinsame wie das Spezifische in den nationalen Reaktionen auf globale Entwicklungen bestimmen zu können.

An der Verwaltung von Migration wird zudem deutlich, dass, abgesehen von ihrer globalen Situiertheit, Nationalstaaten sich auch deswegen nicht als abgeschlossene Einheiten verstehen lassen, weil sie intern zu stark differenziert waren: Politische Entscheidungen, administrative Praktiken und staatliche Infrastrukturen resultierten aus dem Mit- und durchaus auch Gegeneinander von Akteuren, die auf unterschiedlichen (lokalen, regionalen, staatlichen) Ebenen agierten und die mitunter widerstreitende Interessen verfolgten. Die eingangs angeführte Gegenüberstellung von fluider Mobilität und starren nationalen Prozessen greift daher nicht nur zu kurz, weil sie zu übersehen droht, dass Migration in der Regel nicht in einem regelungsfreien Raum stattfand, sondern auch deswegen, weil nationale Strukturen kaum je starr waren: Sie veränderten sich vielmehr beständig und waren in ihrer Richtung und Reichweite bestimmt durch die Interaktion unterschiedlicher Akteure. Um dieser Komplexität gerecht zu werden, bedarf es der Kombination von Vergleich und Verflechtung ebenso es wie einer Analyse bedarf, die gleichermaßen lokale, nationale und internationale Handlungsebenen integriert.

Anmerkungen

1 Siehe hierzu *Budde, G.* u.a. (Hg.), Transnationale Geschichte. Themen, Tendenzen und Theorien, Göttingen 2006. Vgl. auch die Beiträge in dem hsozkult-Forum zu »Transnationaler Geschichte« unter http://hsozkult.geschichte.hu-berlin.de/forum/2005 [Stand: 30. Juni 2010].

2 Zum Konzept der *shared history* vgl. etwa *Stoler, A. L.* u. *F. Cooper*, Between Metropole and Colony. Rethinking a Research Agenda, in: *dies.*, Tensions of Empire: Colonial Cultures in a Bourgeois World, Berkeley 1997, S. 1–56. Zur *entangled history* siehe *Conrad, S.* u. *S. Randeria* (Hg.), Jenseits des Eurozentrismus: Postkoloniale Perspektiven in den Geschichts- und Kulturwissenschaften, Frankfurt/Main 2002 (dort insbesondere die Einleitung). Die Debatten zu Transfer und *histoire croisée* haben sich zunächst in der deutsch-französischen Literatur- und Geschichtswissenschaft entwickelt. *Middell, M.*, Kulturtransfer und Historische Komparatistik – Thesen zu ihrem Verhältnis, in: Comparativ 10 (2000), S. 7–41; *Werner, M.* u. *B. Zimmermann*, Vergleich, Transfer, Verflechtung. Der Ansatz der Histoire croisée und die Herausforderung des Transnationalen, in: Geschichte und Gesellschaft 28 (2002), S. 607–636; sowie *dies.*, Beyond Comparison: Histoire Croisée and the Challenge of Reflexivity, in: History and Theory 45 (2006), S. 30–50. Zur komparativen Geschichtsschreibung siehe *Haupt, H.-G.* u. *J. Kocka*, Historischer Vergleich: Methoden, Aufgaben, Probleme. Eine Einleitung, in: *dies.* (Hg.), Geschichte und Vergleich. Ansätze und Er-

gebnisse international vergleichender Geschichtsschreibung, Frankfurt/Main 1996, S. 9–43; *Kaelble, H.*, Der historische Vergleich. Eine Einführung zum 19. und 20. Jahrhundert, Frankfurt/Main 1999.

3 Vgl. etwa die Bemerkung bei Edkins und Pin-Fat: »The movement of people or peoples between and among states can be traced as a practice subversive of state identities and boundaries.« *Edkins, J.* u. *V. Pin-Fat*, The Subject of the Political, in: *J. Edkins* u. a. (Hg.), Sovereignty and Subjectivity, London 1999, S. 1–18, hier: S. 14.

4 Zum Begriff der Diaspora in der migrationsgeschichtlichen Forschung vgl. *Dufoix, S.*, Diasporas, Berkeley 2008. Siehe zudem die hervorragende Studie von *Gabaccia, D. R.*, Italy's Many Diasporas, Seattle 2000.

5 Vgl. dazu u. a. *Osterhammel, J.*, Die Verwandlung der Welt: Eine Geschichte des 19. Jahrhunderts, München 2009; *Conrad, S.*, Globalisierung und Nation im Deutschen Kaiserreich, München 2006; *Torp, C.*, Weltwirtschaft vor dem Weltkrieg. Die erste Welle ökonomischer Globalisierung vor 1914, in: Historische Zeitschrift 279 (2004), S. 561–609.

6 Zu dieser Entwicklung siehe *Zolberg, A. R.*, Global Movements, Global Walls: Responses to Migration 1885–1925, in: *W. Gungwu* (Hg.), Global History and Migrations, Colorado 1997, S. 279–307. Zur historischen Auseinandersetzung mit dem Feld der Migrationskontrolle siehe u. a. *Fahrmeir, A.* u. a. (Hg.), Migration Control in the North Atlantic World. The Evolution of State Practices in Europe and the United States from the French Revolution to the Inter-War Period, New York 2003; *Böcker, A.* (Hg.), Regulation of Migration. International Experiences, Amsterdam 1998; *Lucassen, J.* u. *L. Lucassen* (Hg.), Migration, Migration History, History. Old Paradigms and New Perspectives, Bern 1997; *Oltmer, J.* (Hg.), Migration steuern und verwalten. Deutschland vom späten 19. Jahrhundert bis zur Gegenwart, Göttingen 2003. Zur aktuellen politikwissenschaftlichen Sicht vgl. *Lahav, G.* u. *V. Guiraudon* (Hg.), Immigration Policy in Europe: The Politics of Control, West European Politics 29 (2006), Special Issue.

7 Zur historischen Analyse imperialer Formationen und dem Verhältnis von Nationalstaat und Empire vgl. *Stoler, A. L.* u. *C. McGranahan*, Refiguring Imperial Terrains, in: Ab Imperio (2006), S. 17–59.

8 Die Beispiele entstammen der Arbeit an meiner Dissertationsschrift zur Etablierung von Zuwanderungskontrollen in Großbritannien und Deutschland: *Reinecke, C.*, Grenzen der Freizügigkeit. Migrationskontrolle in Großbritannien und Deutschland, 1880–1930, München 2010.

9 Zur Geschichte der britischen Einwanderungspolitik siehe u. a. *Gartner, L. P.*, The Jewish Immigrant in England, 1870–1914, London [3]2001; *Roch, T. W. E.*, The Key in the Lock. A History of Immigration Control in England from 1066 to the Present Day, London 1969; *Garrard, J. A.*, The English and Immigration 1880–1910, London 1971; *Holmes, C.*, John Bull's Island. Immigration and British Society, 1871–1971, London 1988; *Feldman, D.*, Englishmen and Jews. Social Relations and Political Culture, 1840–1914, New Haven 1994; *Schönwälder, K.* u. *I. Sturm-Martin* (Hg.),

Die britische Gesellschaft zwischen Offenheit und Abgrenzung: Einwanderung und Integration vom 18. bis zum 20. Jahrhundert, Berlin 2001.

10 Zur Arbeitsmigration nach Deutschland vor 1914 siehe u.a. *Bade, K.J.*, Land oder Arbeit? Transnationale und interne Migration im deutschen Nordosten vor dem Ersten Weltkrieg, Habilitationsschrift, Erlangen-Nürnberg 1979/Osnabrück 2005 [Internet-Publikation]; *ders.*, »Preußengänger« und »Abwehrpolitik«. Ausländerbeschäftigung, Ausländerpolitik und Ausländerkontrolle auf dem Arbeitsmarkt in Preußen vor dem Ersten Weltkrieg, in: Archiv für Sozialgeschichte 14 (1984), S. 91–162; *ders.*, Politik und Ökonomie der Ausländerbeschäftigung im preußischen Osten 1885–1914. Die Internationalisierung des Arbeitsmarktes im »Rahmen der preußischen Abwehrpolitik«, in: *H.-J. Puhle* u. *H.-U. Wehler* (Hg.), Preußen im Rückblick, Göttingen 1980, S. 273–299. Siehe zudem die grundlegende Studie von *Nichtweiß, J.*, Die ausländischen Saisonarbeiter in der Landwirtschaft der östlichen und mittleren Gebiete des Deutschen Reiches, 1890–1914, Berlin 1959; *Elsner, L.* u. *J. Lehmann*, Ausländische Arbeiter unter dem deutschen Imperialismus 1900 bis 1985, Berlin 1988; *Herbert, U.*, Geschichte der Ausländerpolitik in Deutschland. Saisonarbeiter, Zwangsarbeiter, Gastarbeiter, Flüchtlinge, München 2001.

11 In diesem Zusammenhang dürfte die Bemerkung von Colin Holmes zutreffen: »However, the historical relationship between numbers and hostility is less straightforward than is usually assumed.« *Holmes, C.A.*, A Tolerant Country? Immigrants, Refugees and Minorities in Britain, London 1991, S. 83.

12 Vgl. *Ther, P.*, Deutsche Geschichte als imperiale Geschichte. Polen, slawophone Minderheiten und das Kaiserreich als kontinentales Empire, in: *S. Conrad* u. *J. Osterhammel* (Hg.), Das Kaiserreich transnational: Deutschland in der Welt 1871–1914, Göttingen 2004, S. 129–148.

13 Zur rechtlichen Einordnung von Ausweisungen siehe *von Conta, W.*, Die Ausweisung aus dem Deutschen Reich und aus dem Staat und der Gemeinde in Preußen, Berlin 1904; *Isay, E.*, Das deutsche Fremdenrecht, Bonn 1923, S. 199–247.

14 Zu diesem Zusammenhang vgl. *Reinecke*, Grenzen, S. 137–149. Zur Verknüpfung von Staatsangehörigkeitsrecht, Armenfürsorge und Ausweisungen im 19. Jahrhundert siehe zudem *Fahrmeir, A.*, Citizens and Aliens. Foreigners and the Law in Britain and the German States, 1789–1870, New York 2000.

15 Vgl. *Fahrmeir, A.*, Nineteenth-Century German Citizenships: A Reconsideration, in: The Historical Journal 40 (1997), S. 721–752, hier: S. 751. Zur historischen Entwicklung des deutschen Staatsangehörigkeitsrechts insgesamt vgl. *Gosewinkel, D.*, Einbürgern und Ausschließen: die Nationalisierung der Staatsangehörigkeit vom Deutschen Bund bis zur Bundesrepublik Deutschland, Göttingen 2001.

16 Vgl. *Van Eijl, C.* u. *L. Lucassen*, Les Pays-Bas au-delà de leurs frontières, 1850–1940, in: *N.L. Green* u. *F. Weil* (Hg.), Citoyenneté et émigration. Les politiques du départ, Paris 2006, S. 181–199.

17 Ebd.
18 Ebd., S. 191.
19 Vgl. *Noiriel, G.*, Die Tyrannei des Nationalen. Sozialgeschichte des Asylrechts in Europa, Lüneburg 1994.
20 Vgl. *Marshall, T. H.*, Bürgerrechte und soziale Klassen. Zur Soziologie des Wohlfahrtsstaates, Frankfurt/Main 1992 [1949].
21 Vgl. *Fahrmeir*, Citizens and Aliens, S. 17; sowie *Brubaker, R.*, Citizenship and Nationhood in France and Germany, Cambridge 1992, S. 50–72, v. a. S. 64–72.
22 Vgl. *Fahrmeir*, Nineteenth-Century, S. 726.
23 Im föderalen Deutschen Reich war es allerdings nach 1871 weiterhin möglich, Preußen (Sachsen, etc.) aus Bayern (Hessen, etc.) – wenngleich eben nicht aus dem Reich – zu verweisen.
24 Vgl. *von Conta*, S. 56–58.
25 Ebd., S. 57.
26 Ebd., S. 74–85.
27 Vgl. *Panayi, P.*, German Immigrants in Britain during the 19th Century, 1815–1914, Oxford 1995, S. 228 f.; *Dinwiddy, J. R.*, The Use of the Crown's Power of Deportation Under the Aliens Act, 1793–1826, in: Bulletin of the Institute of Historical Research 41 (1968), S. 193–211.
28 Vgl. *Fahrmeir*, Citizens and Aliens, S. 193–197.
29 Siehe die diesbezüglichen internen Überlegungen in The National Archives, Kew (im Folgenden TNA), HO 144/870/B32798.
30 Es kann an dieser Stelle nicht ausführlicher auf diesen Zusammenhang eingegangen werden, der jedoch gerade mit Blick auf die Transitwanderung von Osteuropa über Deutschland und Großbritannien nach Übersee von Bedeutung war. Siehe hierzu *Reinecke*, Grenzen, S. 27 ff.
31 Zum Konzept der »infrastrukturellen Macht« des Staates siehe *Mann, M.*, The Autonomous Power of the State: Its Origins, Mechanisms and Results, in: Archives Européennes de Sociologie 25 (1984), S. 185–213.
32 Zur Bedeutung bürokratischer Logiken für den Umgang mit Migranten siehe auch die Studie von *Rosenberg, C.*, Policing Paris. The Origins of Modern Immigration Control between the Wars, Ithaca 2006.
33 Vgl. die Hypothesen von *Cornelius, W. A.* u. a., Introduction, The Ambivalent Quest for Immigration Control, in: *dies.* (Hg.), Controlling Immigration. A Global Perspective, Stanford 1994, S. 3–42. Siehe auch die konzeptionellen Überlegungen bei *Sciortino, G.*, Toward a political sociology of entry policies: conceptual problems and theoretical proposals, in: Journal of Ethnic and Migration Studies 26 (2000), S. 213–228.
34 Es gibt kaum Literatur, die sich mit Ausweisungen historisch auseinandersetzt. Vgl. allerdings *Caestecker, F.*, The Transformation of Nineteenth-Century West European Expulsion Policy, 1880–1914, in: *Fahrmeir* u. a., Migration Control, S. 120–137; sowie die ereignisgeschichtliche Studie Neubachs zu den preußischen Massenausweisungen 1885/86: *Neubach, H.*, Die Ausweisungen von Polen und Juden aus Preußen 1885/86. Ein Beitrag zu Bismarcks Polenpolitik und zur Geschichte des deutsch-

polnischen Verhältnisses, Wiesbaden 1967. Ilse Reiter beschränkt sich auf die rechtliche Seite von Ausweisungen: *Reiter, I.*, Ausgewiesen, abgeschoben: eine Geschichte des Ausweisungsrechts in Österreich vom ausgehenden 18. bis ins 20. Jahrhundert, Frankfurt/Main 2000.

35 Zu Foucaults Konzept einer »aufsteigenden Analyse der Macht« von ihren »infinitesimalen Mechanismen« aus siehe *Foucault, M.*, Vorlesung vom 14. Januar 1976, in: *ders.*, Analytik der Macht, Frankfurt/M. 2005, S. 108–125, dort v. a. S. 113–118.

36 TNA, HO 45/10339/139304, Zeitungsausschnitt, 31. März 1906.

37 TNA, HO 45/10339/139304, Bericht von George Paine, Detective Sergeant, an den Chief Constable in Ramsgate, 14. April 1906.

38 Eine dritte und eher zu vernachlässigende Gruppe waren Ausländer, die nach Erlass des Gesetzes eingereist waren, aber zuvor in einem fremden Land, mit dem es einen Auslieferungsvertrag gab, wegen eines Verbrechens bestraft worden waren (politische Verbrechen ausgenommen). Vgl. Abschnitt 3 des Aliens Act sowie den diesbezüglichen Kommentar von *Henriques, H. S. Q.*, The Law of Aliens and Naturalization, London 1906, S. 159 f.

39 Zu den englischen Poor Laws siehe *Englander, D.*, Poverty and Poor Law Reform in 19th Century Britain, 1834–1914. From Chadwick to Booth, London 1998.

40 Vgl. *Henriques*, S. 159–163.

41 In derartigen Fällen wurde extra eine Gerichtsverhandlung anberaumt, die sich mit der möglichen Ausweisung der Fürsorgebedürftigen befasste. *Henriques*, S. 161 f. Hierfür waren die »Courts of Summary Jurisdiction« zuständig, in denen die Entscheidung in einem vereinfachten Verfahren durch einen Magistrat oder Friedensrichter getroffen wurde, während die Einspruchsmöglichkeiten der Angeklagten begrenzt waren.

42 Vgl. Parl. Pap. (Commons), 1914, Bd. XIV, Aliens Act 1905. Teil I. A Statement with Regard to the Expulsion of Aliens (for the year 1913), London 1914, S. 3.

43 Vgl. Parl. Pap. (Commons), 1911, Bd. X, Aliens Act 1905. Teil I. A Statement with Regard to the Expulsion of Aliens (for the year 1910), London 1911, S. 3–6.

44 Vgl. hierzu auch den Briefwechsel zwischen Richter Rentoul und dem Innenminister, in dem Gladstone den Richter erinnerte, es läge allein in seiner Verantwortung, Ausweisungen zu empfehlen. Parl. Pap. (Commons), 1909, Bd. LXX. Expulsion of Aliens: Correspondence between the Secretary of State for the Home Department and His Honour Judge Rentoul, K. C., S. 527 ff.

45 Vgl. Parl. Pap. (Commons), 1911, Bd. X, Aliens Act, 1905. Teil I. A Statement with Regard to the Expulsion of Aliens (for the year 1910), London 1911, S. 4 f.

46 Ebd.

47 TNA, HO 45/10529/147075, Bericht Head Constable des CID in Liverpool an das Innenministerium, 7. Dezember 1906.

48 1910 wurden 75 solcher Fälle gemeldet, 1913 waren es 56. Parl. Pap. (Commons), 1911, Bd. X, Aliens Act, 1905. Part I. A Statement with Regard to the Expulsion of Aliens, London 1911, S. 4 f.

49 Vgl. das diesbezügliche Memo in TNA, HO 45/10529/147075.

50 Vgl. *Reinecke, C.*, Governing Aliens in Times of Upheaval. Immigration Control and Modern State Practice in Early Twentieth-Century Britain, Compared with Prussia, in: International Review of Social History 54 (2009), S. 39–65.

51 Vgl. Geheimes Preußisches Staatsarchiv (im Folgenden GStA), I HA, Rep. 77, tit. 1176, Nr. 1 K, Bd. 2, S. 107 f.

52 Vgl. *Isay*, S. 199–247.

53 Vgl. die Angaben in den offiziellen Periodika »Zentralblatt für das Deutsche Reich« und »Deutsches Fahndungsblatt« sowie deren Zusammenfassung im »Statistischen Jahrbuch für das Deutschen Reich«.

54 Beispielsweise wurde bei 676 (90,5 %) der 747 im Jahr 1905 angeordneten Reichsverweisungen »Landstreicherei und Bettelei« als Begründung angegeben. 1910 waren es von 514 Ausweisungen 432 (84,1 %), 1913 von 433 Anweisungen 347 (80,1 %). Die Zahlen basieren auf den Angaben in den jeweiligen Zentralblättern für das Deutsche Reich.

55 Teilweise fanden sie Aufnahme in anderen deutschen Ländern, doch gerade Preußen übte Druck auf die übrigen Staaten aus, um sicherzustellen, dass die Ausgewiesenen nicht im Reich verblieben.

56 Vgl. etwa die Bemerkungen des deutschen Staatswissenschaftlers Ernst Isay, der mit Blick auf die quasi unbegrenzten Möglichkeiten der Ausweisung aus Preußen erklärte, das dortige Ausweisungsrecht stelle einen »letzten Rest des Polizeistaats« dar. *Isay*, S. 213 f.

57 Siehe zu dieser Schätzung *Neubach*, S. 128 f.

58 Vgl. Landesarchiv Berlin (im Folgenden LAB), A Rep. 406, Nr. 12, Bl. 4. Erlass des Preußischen Innenministers, 23. Dezember 1905, an die Ober-Präsidenten zu Königsberg, Danzig, Posen, Breslau.

59 Vgl. hierzu vor allem *del Fabbro*, S. 106–116. Zur Geschichte der italienischen Arbeitsmigration in den süddeutschen Raum siehe zudem *Wennemann, A.*, Arbeit im Norden. Italiener im Rheinland und Westfalen des späten 19. und frühen 20. Jahrhunderts, Osnabrück 1997.

60 Vgl. *Cronin, J. E.*, War, State and Society in Twentieth-Century Britain, London 1991, führt in diesem Zusammenhang die starke Stellung des Schatzamtes und die britische Tradition der Steuerpolitik als Faktoren an, die ein Anwachsen des Staatsapparates lange behinderten.

61 Vgl. *Kury*, S. 21.

Stephanie Schlesier

Grenzregionen als Experimentierfeld

Von der Notwendigkeit Vergleich, Transfer und Verflechtung zu kombinieren

Bei Regionen handelt es sich um Räume, deren geographische Ausdehnung die der nationalen beziehungsweise staatlichen Ebene unterschreitet und zugleich den Rahmen der lokalen beziehungsweise kommunalen Ebene übersteigt. Regionen werden aufgrund bestimmter Merkmale als Einheiten angesehen, wobei anzumerken ist, dass ihre Grenzen variieren können, je nachdem welcher Gegenstand im Mittelpunkt der Betrachtung steht. In diesem Sinne können administrative Einheiten, Wirtschaftsräume oder Gebiete, in denen die Bevölkerung eine regionale Identität entwickelt hat, als Regionen betrachtet werden. Bei Regionen handelt es sich also stets um Konstrukte.[1]

Der Regionalhistoriker Ernst Hinrichs konstatierte Anfang der 1990er Jahre einen inflationären Gebrauch des Begriffs »Region« in wissenschaftlichen und populären Kreisen. Dieser verstärkte Bezug auf subnationale Einheiten hing mit der politischen Zäsur von 1989, der zunehmenden Wahrnehmung der Globalisierung, der mit diesen Komplexen verbundenen Frage nach der zukünftigen Bedeutung des Staates und dem damit einhergehenden Wunsch nach Identifikationsmustern jenseits des Nationalen zusammen. Vor dem geschilderten Hintergrund erlebte auch die Forschung über Grenzen einen Aufschwung. Der Globalisierungsprozess und die europäische Einigung warfen die Frage auf, welcher Stellenwert Grenzen zukommt beziehungsweise in der Vergangenheit zukam. In der Geschichtswissenschaft trugen Arbeiten über den konstruierten Charakter des Nationalen einschließlich des nationalen Raums, das Konzept der »mental maps« und die Debatte über transnationale Geschichte dazu bei, dass sich das Interesse an Räumen und Regionen, an deren Grenzen sowie deren Konstruktion und Wirkung verstärkte.[2]

In der deutschen Geschichtswissenschaft sorgte die Anfang des 20. Jahrhunderts entstehende Landesgeschichte dafür, dass Regionen als Forschungsgegenstand an Bedeutung gewannen. Ihr Ziel lag zunächst darin, kleinere Räume umfassend zu untersuchen, um die Ergebnisse über eine Summierung oder Vergleiche fruchtbar für die National- und Universalgeschichte zu machen. Dieser breite Ansatz wurde allerdings zurückdrängt, so dass sich die Arbeiten – insbesondere der Kulturraumforschung – in den 1920er Jahren darauf konzentrierten, »den ›Nachweis‹ nationalen ›Kulturguts‹ in kulturell ›durchmischten‹ Gebieten«[3] zu erbringen. Trotz der Instrumentalisierung durch den Nationalsozialismus fand ein Umbruch in der Forschung über Regionen erst Anfang der 1970er Jahre statt, als sich unter der Bezeichnung »Regionalgeschichte« Historiker verstärkt auf sozialgeschichtliche Fragestellungen und auf die Zeit nach 1789 zu konzentrieren begannen. Ihnen ging es weniger um das Individuelle als um das Exemplarische ihres Untersuchungsraumes, das heißt sie untersuchten Makrostrukturen und -prozesse auf regionaler Ebene, um allgemeine Aussagen treffen zu können. Seit den 1990er Jahren sind zunehmend Fragen nach dem »Wie« von Prozessen und nach regionalen Widerständen gegen nationale Entwicklungen in den Blickpunkt gerückt, die auch von nicht auf Regionalgeschichte spezialisierten Historikern bearbeitet werden.[4]

In Frankreich und anderen westeuropäischen Länder haben sich keine mit den Auseinandersetzungen in der deutschen Landes- und Regionalgeschichte vergleichbaren Kontroversen zugetragen. Die dortigen Historiker befassen sich allerdings auch mit Regionen, wobei in Frankreich wirtschafts- und sozialhistorische Fragen nicht so stark im Vordergrund stehen wie im deutschen Kontext. Nicht selten wird die Geschichte der Regionen im Rahmen der Mikrogeschichte behandelt, die vor allem in Italien und Frankreich Anerkennung fand.[5]

Im Folgenden geht es darum zu zeigen, welche Möglichkeiten und Schwierigkeiten mit der Erforschung von Grenzregionen verbunden sind. Wenn von der »Grenze« die Rede ist, so wird damit auf eine nationalstaatliche Territorialgrenze im Sinne von »limite« beziehungsweise »border« – also eine zumindest theoretisch präzise Außengrenze – Bezug genommen. Bei Grenzregionen handelt es sich dementsprechend um Territorien, die an mindestens eine staatliche Trennungslinie stoßen. Darüber hinaus wird der Begriff des Grenzraums verwandt, der ein sich über die Grenze hinweg erstreckendes und durch jene definiertes Territorium bezeichnet.[6] Aufgrund der benutzten Definitionen beziehen sich die folgenden Ausführungen vor allem auf das späte 18. sowie das 19. Jahrhundert, also eine Zeit, in der sich in Europa vermehrt lineare Grenzen herausbildeten.[7]

Entwicklungen in Grenzräumen lassen sich in einem nationalstaatlichen Rahmen nur unzureichend analysieren, da Grenzregionen Einflüssen von jenseits der Grenze ausgesetzt sein können. Daher ist es notwendig, sich Ansätzen zuzuwenden, deren Blick über den nationalen Tellerrand hinausgeht. Sowohl der historische Vergleich als auch die Transferforschung und die Verflechtungsgeschichte leisten dies, weswegen sie geeignete Instrumente für die Untersuchung von historischen Phänomenen in Grenzräumen sind.[8] Der Artikel plädiert dafür, bei Untersuchungen von historischen Phänomenen in Grenzregionen stets die benachbarten Regionen jenseits der Grenze(n) einzubeziehen – also den Grenzraum als Ganzes zu untersuchen – und verschiedene Ansätze der historischen Forschung zu kombinieren, weil die Beschränkung auf eine einzige Region und Herangehensweise der Struktur von Grenzräumen nicht gerecht würde. Am Beispiel des lothringisch-preußisch-luxemburgischen Grenzraums wird dargelegt, welche Phänomene mithilfe des historischen Vergleichs, der Erforschung von Transfers und der Betrachtung von Verflechtungen beleuchtet werden können und welche Leerstellen sie hinterlassen. Der betrachtete Raum war in dem hier im Vordergrund stehenden 19. Jahrhundert ein Schauplatz der Auseinandersetzung und der Begegnung zwischen dem französischen, dem preußischen und dem luxemburgischen Staat sowie den dortigen Bevölkerungen. Prozesse der Durchstaatlichung verliefen eher langsam, da die verschiedenen Grenzregionen erst relativ spät in die jeweiligen Staatswesen integriert wurden. Hinzu kommt, dass die Grenzen in der betrachteten Zeit mehrfach verschoben wurden.[9]

Bei den folgenden Ausführungen handelt es sich um Überlegungen, die aus der Arbeit an meiner Dissertation – über die Auswirkungen der Emanzipation auf die jüdische Landbevölkerung in der preußischen Rheinprovinz, Lothringen und Luxemburg – hervorgegangen sind. Daher nehmen viele der angeführten Beispiele Bezug auf die Lage der jüdischen Bevölkerung in dem betrachteten Grenzraum und deren Verhältnis zu den christlichen

Einwohnern. Es wird argumentiert, dass es sinnvoll ist, den historischen Vergleich, die Transfer- und die Verflechtungsgeschichte zu kombinieren, da diese sich gegenseitig ergänzen und es erst ihre gemeinsame Verwendung erlaubt, Grenzregionen und -räume in ihrer Vielschichtigkeit zu erfassen. Es werden die Vor- und Nachteile der genannten Ansätze für die Erforschung von Grenzregionen geschildert und abschließend Vorschläge gemacht, wie die genannten Ansätze miteinander kombiniert werden können.

Vergleiche zwischen Grenzregionen

Um historische Phänomene in Grenzräumen zu untersuchen, bietet sich der Vergleich an, da er es erlaubt, die betrachteten Objekte in ihren jeweiligen regionalen und den übergeordneten staatlichen Kontexten zu erfassen, Ähnlichkeiten und Unterschiede zu identifizieren sowie auf die Ursachen bestimmter Entwicklungen zu schließen. Allgemein ist festzuhalten, dass bei bestimmten Fragen Regionen Staaten als Untersuchungseinheiten vorzuziehen sind, weil die bei einer synthetischen Darstellung vorgenommene Einebnung regionaler Unterschiede innerhalb eines Staates verfälschende Ergebnisse zur Folge hätte beziehungsweise die Erkenntnisse zu abstrakt wären. Dies gilt beispielsweise für Forschungen über die Transformation ökonomischer und sozialer Verhältnisse, über Identitäten oder religiöse Praktiken und Mentalitäten.[10]

Vergleichende Untersuchungen, die Grenzregionen als Untersuchungseinheiten wählen, erlauben es festzustellen, ob bestimmte Phänomene nur in einer Region zu beobachten und somit ausschließlich auf das Teilgebiet eines Staat begrenzt waren, oder ob sie auch in anderen Teilen des Grenzraumes vorkamen, also in mehreren Staaten verbreitet waren. Es geht somit um das Auffinden von Gemeinsamkeiten sowie Ähnlichkeiten und Unterschieden. Der jüdische Brauch »Holekrasch« wurde beispielsweise im deutschen Süden und Südwesten praktiziert, kann aber dennoch nicht als spezifisch deutsche regionale Besonderheit angesehen werden, da es ihn auch im Elsass und in Lothringen gab. Bei dieser Sitte hoben Kinder die Wiege eines Neugeborenen an und der Vater gab ihm währenddessen den Namen.[11] Ein Vergleich zwischen Grenzregionen kann den Blick auf Grenzräume als (kulturelle) Übergangszonen lenken beziehungsweise verdeutlichen, dass die Vorstellung von abgeschlossenen homogenen nationalen Kulturräumen in die Irre führt. Bei ausgeprägten Gemeinsamkeiten zwischen den Grenzregionen und gleichzeitiger Abweichung von den jeweiligen nationalen Kontexten ließe sich sogar von einer eigenen Grenzkultur sprechen.

Wenn Grenzregionen vergleichend betrachtet werden, ermöglicht dies zu erkennen, auf welche Ursachen historische Erscheinungen zurückzuführen sind. Sie können mit der Einbindung in verschiedene Staatswesen begründet oder durch überstaatliche (eventuell globale) Zusammenhänge erklärt werden. Darüber hinaus sind auch regionale Faktoren zu berücksichtigen; wobei es sich um Bedingungen handelt, die in einer oder mehreren der untersuchten Regionen vorherrschen, aber nicht in den übergeordneten Staaten per se. Wenn sich regionale Faktoren beiderseits der Grenze identifizieren lassen spricht dies – wie bereits im vorigen Abschnitt erwähnt – für das Vorhandensein einer von anderen Staatsteilen abweichenden Grenzkultur. Über die (über)staatlichen und regionalen Faktoren hinaus können auch lokale Gegebenheiten, das heißt die nur in manchen Orten vorhandenen spezifischen Bedingungen von Bedeutung sein.

In der Rheinprovinz und Lothringen zeigte sich die Wirkmächtigkeit regionaler Bedingungen zum Beispiel an der bedeutenden Rolle, welche die Landjuden als Vieh- und Pferdehändler in der ländlichen Ökonomie beider Regionen spielten, und die auf das dortige Vorherrschen von agrarischem Kleinbesitz zurückführen war.[12] Als Exempel für die Relevanz lokaler Faktoren lässt sich die relativ hohe Zahl jüdischer Gemeinderatsmitglieder in kleinen lothringischen Orten in den 1840ern anführen. Diese war unter anderem auf den relativ hohen Bevölkerungsanteil von Juden in den betroffenen Dörfern und Kleinstädten zurückzuführen, der in den wenigen Großstädten der Region nicht vorhanden war. Daher gehörten 1846 in 12 Dörfern und Kleinstädten Juden den örtlichen Gemeinderäten an, während dies beispielsweise in Metz nicht der Fall war. Die Ursache für die Struktur der jüdischen Siedlung war allerdings – wie auch unten noch ausgeführt wird – auf regionale Bedingungen zurückzuführen.[13]

Das wohl augenfälligste Beispiel für die Auswirkungen, welche die Einbindung von Grenzregionen in verschiedene Staaten hat, sind die voneinander abweichenden nationalen Gesetze. So wurde zum Beispiel den Juden 1845 in der preußischen Rheinprovinz die Bekleidung des Bürgermeisteramtes untersagt, während die Gleichberechtigung von Juden und Christen in Frankreich es ermöglichte, dass in Lothringen in einigen Dörfern jüdische Bürgermeister tätig waren.[14] Die Einbettung in verschiedene nationale Kontexte, die durch die Grenzlinie definiert wurde, beeinflusste also das Leben der den Grenzraum bewohnenden Bevölkerungen. Allerdings lässt sich gerade im 19. Jahrhundert in relativ jungen Grenzregionen – das heisst in Regionen, in denen eine Staatsgrenze neu gezogen wurde oder erst wenige Jahrzehnte existierte – feststellen, dass die Befolgung der nationalen Gesetze keine Selbstverständlichkeit war und der Prozess der Durchstaatlichung auf stärkere Hindernisse traf als in anderen Regionen. Dies hing damit zusammen, dass es sich bei den Grenzregionen häufig um umstrittene Territorien handelte, also die Machthaber während des noch nicht abgeschlossenen Staatsbildungsprozesses zumeist stärker als in national zentrierten geographischen Räumen auf die Loyalität der Bevölkerung angewiesen waren. Vergleichende Untersuchungen von Grenzregionen können daher darüber Aufschluss geben, inwiefern es staatlichen Machtzentren gelang, ihr Gewaltmonopol im eigenen Herrschaftsbereich durchzusetzen und welche Mittel sie dazu einsetzten.[15] Die preußische Regierung stand zum Beispiel 1815 vor der Frage, wie die im Zuge der Befreiungskriege hinzugewonnenen Provinzen in den Staat integriert werden sollten. Sie entschied sich in der Rheinprovinz für einen Weg zwischen Prinzipien des Zentralismus und des Regionalismus: Wegen der in der Bevölkerung verbreiteten Akzeptanz für große Teile des »Rheinischen Rechts« (das heißt der in der französischen Zeit eingeführten juristischen und administrativen Neuerungen) sah die Regierung davon ab, das preußische Verwaltungs- und Rechtssystem einfach auf die gesamte Rheinprovinz zu übertragen und ließ den Teil der bisherigen Regelungen, der den staatlichen Herrschaftsanspruch nicht grundsätzlich beeinträchtigte, bestehen.[16]

Dass selbst die Bewohner von Grenzregionen, die dem Herrschaftsanspruch eines Staats nicht grundsätzlich ablehnend gegenüberstanden, in der Lage waren, diesen zu Zugeständnissen zu bewegen, belegt die Rückkehr von Elsaß-Lothringen in den französischen Staatsverband im Jahr 1918. Die starken Proteste gegen die Einführung des französischen Separationsgesetzes von 1905, das die Trennung von Staat und Kirche bestimmte, sorgten dafür, dass es in den zurückgewonnen Grenzgebieten nicht eingeführt wurde, weswegen dort noch heute Staatsgelder für die Unterhaltung der verschiedenen Religionsgemeinschaften bereit gestellt werden.[17]

Wie wir gesehen haben, müssen bei Vergleichen von Phänomenen in Grenzregionen verschiedene Ebenen berücksichtigt werden. Dies sorgt dafür, dass historische Erscheinungen nicht voreilig auf »Pseudoerklärungen«[18] zurückgeführt werden, zum Beispiel die angebliche Einzigartigkeit eines Orts oder einer Region. Wenn ein bestimmtes Phänomen in größerer Dichte in einer Region zu beobachten ist, so ist es unwahrscheinlich, dass es ausschließlich auf lokale Ursachen zurückzuführen ist. Es stellt sich dann die Frage, ob die betrachtete Erscheinung über die Einbindung in den staatlichen Kontext erklärt werden kann. Wenn sie beiderseits der Grenze festzustellen ist, kann dies ebenso ausgeschlossen werden wie ein regionaler »Sonderweg« innerhalb eines Staates. Das untersuchte Phänomen lässt sich dann entweder mit allgemeinen überstaatlichen Entwicklungen oder mit Bedingungen, die im Grenzraum vorzufinden sind, erklären. Die im betrachteten Grenzraum Ende des 19. Jahrhunderts anzutreffende Erscheinung des Arbeiterbauern – der in der Woche als Industriearbeiter tätig war und zumeist nur am Wochenende Zeit für die Feldarbeit hatte, die ansonsten seine Familie übernahm – lässt sich zum Beispiel als Ergebnis der Kombination eines überstaatlichen Prozesses (der Industrialisierung) mit bestimmten regionalen Bedingungen (agrarischer Kleinbesitz) erfassen.[19] Bezüglich der nationalen Rahmenbedingungen ist zu betonen, dass stets empirisch zu überprüfen ist, inwiefern sie in der Grenzregion tatsächlich eine Rolle spielten.

Ein Problem, dass sich demjenigen stellt, der (Grenz)regionen als Untersuchungseinheiten für den Vergleich wählt, ist, dass er sie definieren muss, was augenscheinlich schwieriger ist als bei Staaten. Dieser vermeintliche Nachteil kann allerdings auch einen Vorteil darstellen, da sich dem oder der Forschenden die Frage nach der Angemessenheit der gewählten Untersuchungseinheiten stärker stellt als zum Beispiel bei Staaten und – wie von Seiten der »histoire croisée« gefordert – zur Reflexivität zwingt. Der konstruktive Charakter von Grenzen, der sich unter anderem in Grenzverschiebungen manifestiert, schärft das Bewusstsein dafür, dass Grenzregionen das Ergebnis einer Konstruktion und keine

»natürlich« vorgegebenen Einheiten sind.[20] Wie willkürlich Grenzen und somit auch Grenzregionen definiert werden und welche Akteure dabei eine Rolle spielen können, zeigt die Annexion eines Teils von Lothringen durch das Deutsche Reich. Während in der deutschen Öffentlichkeit die Annexion bestimmter lothringischer Gebiete wegen ihrer früheren Zugehörigkeit zum Alten Reich und der Deutschsprachigkeit eines Teils der Bevölkerung als eine Art Wiedereingliederung in den »deutschen Kulturkreis« befürwortet wurde, strebte das Militär die Inbesitznahme eines größeren, teilweise französischsprachigen Gebiets an, um einen territorialen »Schutzgürtel« gegen Frankreich zu erhalten. Hinzu kamen industrielle Kreise, die aufgrund von Bodenschätzen die Abtrennung bestimmter Teile Lothringens von Frankreich befürworteten. Die letztlich gezogene Grenze, auf deren Verlauf die französische Regierung nur geringen Einfluss ausüben konnte, stellte einen Kompromiss zwischen den verschiedenen Interessen auf deutscher Seite dar, kam den Vorstellungen des Militärs allerdings am nächsten, indem sie das französisch geprägte Metzer Land, welches zugleich Erzvorkommen beinhaltete, der deutschen Seite zusprach.[21]

Der konstruktive Charakter von Grenzen und Grenzregionen lenkt den Blick darauf, dass Grenzregionen, aber auch die Staaten, denen sie angehören, keine statischen, abgeschlossenen Einheiten sind. Aus der Perspektive der staatlichen Zentren bilden territoriale Grenzen zwar klare Trennlinien, aber aus der Perspektive der Grenzregionen ist der Grenzraum häufig ein Ort der Begegnung und der Interaktion.[22] Das bedeutet, dass Grenzräume einen Ort der Begegnung beziehungsweise der Auseinandersetzung mit dem »Anderen« darstellen, sei es in Form einer »Kulturverflechtung« oder eher eines »Kulturzusammenstoßes«. Wenn es nur wenig Austausch zwischen den Grenzregionen gibt und die Grenze eher undurchlässig ist, dann werden die Grenzanwohner allerdings weniger mit dem »Anderen« konfrontiert als vielmehr mit dem vom Staatszentrum propagierten Bild von diesem.[23]

Mithilfe eines reinen Vergleichs lassen sich die Beziehungen innerhalb des Grenzraums und deren Auswirkungen auf Entwicklungen in den Grenzregionen nicht erfassen. Der Vergleich ist außerstande, Ähnlichkeiten oder Gemeinsamkeiten zu erklären, die nicht auf überstaatliche, staatliche, regionale oder lokale Bedingungen zurückgehen, sondern auf Verbindungen zwischen den Grenzregionen. Daher müssen bei der Erforschung von Phänomenen in Grenzräumen die Untersuchungsgegenstände nicht nur vergleichend betrachtet, sondern auch die Beziehungen zwischen den Grenzregionen und gegenseitige Beeinflussungen berücksichtigt werden. Die Nähe der Untersuchungseinheiten zueinander macht dies besonders dringlich, wenn auch hervorzuheben ist, dass sich geographisch weit von einander entfernte Territorien ebenfalls beeinflussen können.[24] Abschließend sei noch bemerkt, dass die Nähe der Untersuchungseinheiten zueinander und die Tatsache, dass Grenzräume Grau- und Übergangszonen zwischen politischen Einheiten bilden können, Vergleiche zwischen Grenzregionen nicht ausschließt, aber die Berücksichtigung weiterer Ansätze verlangt. Bereits Marc Bloch sprach sich dafür aus, als er für einen breit angelegten Vergleich – einschließlich der Berücksichtigung von Transfers und übernationalen Prozessen – plädierte: »étudier parallèlement des sociétés à la fois voisines et contemporaines, sans cesse influencés le unes par les autres, soumises dans leur synchronisme, à l'action des mêmes grands causes.«[25]

Transfers – Vom Alltag in Grenzräumen

Befürworter der Kulturtransferforschung haben die Tendenz internationaler Vergleiche kritisiert, Phänomene in verschiedenen Ländern nebeneinander zu stellen, ohne auf die Beziehungen zwischen ihnen einzugehen. Bei der Untersuchung von Grenzregionen ist dieser Einwand besonders ernst zu nehmen, da die räumliche Nähe der untersuchten Gegenstände zueinander, das Vorhandensein eines gemeinsamen Grenzraums es erfordert, Überschneidungen und Vermischungen, die sich aus der Kommunikation zwischen den Grenzregionen ergeben, zu berücksichtigen. Aus diesem Grund hat die Kulturtransferforschung Grenzräumen auch ihre besondere Aufmerksamkeit gewidmet.[26]

Erleichtert wurde der Austausch zwischen der Rheinprovinz und Lothringen dadurch, dass die Staatsgrenzen keine Sprachgrenzen darstellten. Im östlichen Teil Lothringens bediente sich die Bevölkerung im Alltag der deutschen Sprache beziehungsweise lothringischer Dialekte, die wie die jenseits der Grenze gesprochenen Mundarten dem Moselfränkischen zuzurechnen sind. Französisch stellte zunächst lediglich die Verwaltungssprache dar, die allerdings auch von einem Teil der Bewohner auf der preußischen Seite der Grenze verstanden wurde.[27] Die Kenntnis der jenseits der Grenzen gesprochenen Sprache ermöglichte es zum Beispiel Mitgliedern der wissenschaftlichen Gesellschaften und Provinzakademien, die Interesse an der Tätigkeit ähnlicher Vereinigungen in der Nachbarregion hatten, sich über deren Arbeit zu informieren. So referierte der Rabbiner Levy aus Lunéville 1852 vor Mitgliedern der »Académie de Metz« über die Arbeit der »Trierer Gesellschaft für nützliche Forschungen«. Auf diese Weise erfuhren die Zuhörer Neues aus der Nachbarregion und hatten darüber hinaus die Möglichkeit, Rückschlüsse für ihre eigene Tätigkeit zu ziehen.[28] Im Bereich der Alltags- beziehungsweise Volkskultur kann zudem die grenzüberschreitende Verbreitung von bestimmten religiösen Praktiken nachgewiesen werden. Als Beispiel ist der bereits erwähnte jüdische Brauch »Holekrasch« anzuführen, der ausschließlich in deutsch-französischen Grenzregionen verbreitet war und dessen Name auf einen Transfer verweist: Die Sitte kam ursprünglich aus dem französischsprachigen Raum, wie deren Bezeichnung, die von »Haut la crèche« (Hoch die Wiege) abgeleitet ist, nahe legt.[29]

Die Betrachtung von grenzüberschreitendem Austausch ermöglicht es, historische Phänomene in Grenzregionen zu erklären, die bei einer ausschließlich auf eine Region oder einen Staat konzentrierten Sichtweise unverständlich blieben. Beispielsweise nahm die Bevölkerung der Saargegend 1789 die politische Entwicklung in Frankreich und die Geschehnisse im benachbarten Lothringen wahr, was dazu führte, dass es auch dort zu gegen die Obrigkeit gerichteten Unruhen kam. Um erklären zu können, warum die Erhebungen in den zum Reich gehörigen Herrschaften anders als in der französischen Nachbarschaft verliefen, muss die Einbindung der Grenzregionen in verschiedene staatliche beziehungsweise nationale Kontexte berücksichtigt werden. In dem angeführten Beispiel waren die unterschiedlichen Rahmenbedingungen im östlichen Frankreich und im Westen des Alten Reichs dafür ausschlaggebend, dass sich die Unruhen in den Reichsterritorien nicht zu einer Revolution ausweiteten. So ermöglichten in den kleinen deutschen Territorien die Nähe zu den Herrschaftsträgern und die Bindung an die Reichsinstitutionen Konfliktregulierungen, zu denen es im benachbarten Lothringen wegen der Ausrichtung auf ein weit entferntes Zentrum nicht kam.[30] Das Beispiel verdeutlicht, dass Transferuntersuchungen auf den Vergleich als ergänzende Herangehensweise angewiesen sind, da sonst unklar bleibt, warum die Entwicklungen in den Regionen von einander abweichen.[31]

Anhand der Entwicklung des französischen Vereinswesens lässt sich aufzeigen, dass Grenzregionen auf herausgehobene Art Orte des Transfers waren. Zudem verdeutlicht das Beispiel, dass Entwicklungen an der Peripherie auf den nationalen Kontext zurückwirken konnten und belegt zugleich, wie stark unterschiedliche nationale Bedingungen das Erscheinen bestimmter Phänomene beeinflussten. In Frankreich kam es im 19. Jahrhundert aufgrund der politischen und gesetzlichen Gegebenheiten später als in den deutschen Ländern zur Institutionalisierung von Vereinen und die Zeit vom Beginn der sechziger bis zum Ende der achtziger Jahre des 19. Jahrhunderts stellte die wichtigste Phase für die Neugründung von Musik- und Gesangsvereinen dar.[32] Dass diese Entwicklung wesentlich auf Transferprozesse von deutschen Territorien in benachbarte französische Regionen zurückzuführen ist, legt der räumliche Schwerpunkt der Neugründungen nahe: Die östlich gelegenen Départements gehörten zu den ersten in Frankreich, in denen sich Musik-, Gesangs- und Gymnastikvereine etablierten. Dass Vorbilder aus der Nachbarschaft bei Neugründungen vermutlich eine Rolle spielten, zeigt auch ein Auftritt preußischer Chöre auf der Weltausstellung von Metz im Jahr 1861, der vom Publikum mit großem Applaus bedacht wurde und bei manchen Zuhörern wohl den Wunsch nach derartiger Betätigung weckte. Im Bereich der Schützen- und Turnvereine lässt sich der Pioniercharakter Lothringens und des Elsass für das französische Vereinswesen nachweisen: Während in den Grenzregionen bereits seit dem Anfang der 1860er Jahre solche Zusammenschlüsse ins Leben gerufen wurden, kam es in der Pariser Region erst nach 1871 zur Bildung derartiger Vereinigungen – und zwar häufig auf Initiative von lothringischen und elsässischen Zuwanderern aus den vom Deutschen Reich annektierten Gebieten. So gründete sich 1876 die »société gymnastique alsacienne et lorraine«.[33]

Die Bewohner des betrachteten Grenzraums konnten aufgrund der räumlichen Nähe und der grenzüberschreitenden Verbreitung von Medien die in der Öffentlichkeit geführten Debatten in den benachbarten Regionen beziehungsweise Staaten verfolgen. Dass zumindest ein Teil der Bevölkerung der Grenzregionen diese Möglichkeit nutzte, lässt sich anhand der Verbreitung von antisemitischem Gedankengut in der katholischen Tageszeitung »Luxemburger Wort« im Jahr 1888 demonstrieren. Das von großen Teilen der katholischen Bevölkerung des Großherzogtums – aber auch in Teilen der Rheinprovinz – gelesene Organ bezeichnete die jüdische Minderheit in einigen Artikeln als Gemeinschaft, die die Christen über ihre ökonomische Tätigkeit schädigen wolle. Die Verfasser stützten sich sowohl auf deutsche als auch auf französische antijüdische Schriften, zum Beispiel auf den »Talmudjuden« von August Rohling sowie »Les Juifs rois« von Alphonse Toussenel und »La France Juive« von Édouard Drumont.[34] Einer der Autoren gab ausdrücklich an, dass »die von der ausländischen, speciell der deutschen Presse geführte Campagne gegen die Juden [...] ihn angetrieben«[35] habe.

Nachdem die Staatsbehörden Klage gegen die Zeitung wegen der Beschimpfung der jüdischen Religion und der Aufwiegelung gegen eine Klasse von Bürgern erhoben hatten, suchte die Verteidigung die Richtigkeit der antijüdischen Vorwürfe zu belegen. Sie verwies daher auf die preußische Herkunft des Großteils der in Luxemburg lebenden Juden und den in der öffentlichen Debatte jenseits der Grenze behaupteten schlechten Charakter der in der Nachbarregion lebenden Juden: »der Luxemburger muß sich natürlich fragen: Haben diese Juden nicht einen Theil jener Eigenschaften mit über die Grenze gebracht, die den Gegenstand so mancher Vorwürfe bilden?«[36] Die Angelegenheit, die mit einer Verurteilung der Zeitung endete, zeigt, dass an Grenzen gelegene Territorien in besonderem Maß von Transfers – in diesem Fall von der Migration von Menschen und der Rezeption und Weiterführung von in anderen Staaten begonnenen Debatten – betroffen waren. Zugleich verdeutlicht die Argumentation des Verteidigers, dass die staatliche Trennungslinie von Teilen der Bevölkerung als Kriterium für eine nationalistische Abgrenzung von »Eigenem« und »Fremdem« benutzt wurde und Transfers negativ bewertet werden konnten.

Die Untersuchung von Transferprozessen in Grenzregionen einschließlich ihrer Rückwirkungen auf den nationalen Rahmen bietet sich nicht zuletzt deshalb an, weil der im Grenzraum lebenden Bevölkerung aufgrund der eigenen Grenzüberschreitungen zumeist stärker als den Bewohnern anderer Regionen bewusst war, dass sich ihre Lebensumstände anders hätten gestalten können. Die Wahrnehmung der Verhältnisse jenseits der Grenze führte den Bewohnern des Grenzraums alternative Zustände und Handlungsmöglichkeiten vor Augen und dies konnte die politischen Einstellungen der Bevölkerung und deren Haltung zum eigenen Staat beziehungsweise zu bestimmten Themen beeinflussen.

Im Verlauf der in den 1840er Jahren intensiv geführten Diskussion über die Emanzipation der Juden in Preußen wiesen zum Beispiel des Öfteren Personen, die in der Nähe der Staatsgrenze lebten, auf die positiven Auswirkungen der Gleichstellung von Juden und Christen in den benachbarten Regionen und Ländern hin und begründeten auf diese Weise eigene Forderungen nach einer entsprechenden Behandlung der jüdischen Minderheit. So sprach sich die Trierer Bürgerschaft für die Gleichstellung von Juden und Christen aus und begründete dies mit »der in den benachbarten Landen gemachten Erfahrung«[37]. Die Bürger glaubten zwar, dass die jüdischen Einwohner aufgrund Jahrhunderte langer Unterdrückung schlechte Charaktereigenschaften angenommen hätten, aber sie waren überzeugt, dass jene diese nach der Einräumung der Gleichberechtigung ablegen würden: Mit der Aufhebung gesetzlicher Restriktionen »werden auch – davon sind wir innig überzeugt und finden die Wahrheit täglich jenseits der nahen Grenze bewährt – die Folgen schwinden.«[38]

Auch die Angehörigen der jüdischen Minderheit nahmen die Unterschiede ihrer Lage im Vergleich zur französischen Nachbarregion wahr und wiesen in Schreiben an die preußischen Behörden wiederholt darauf hin, um ihre eigene Situation positiv zu verändern. Die jüdische Gemeinde von Illingen bat 1837 zum Beispiel das zuständige Berliner Ministerium um Unterstützung für die Unterhaltung der jüdischen Schule des Dorfs und führte dabei an, dass in Frankreich – im Unterschied zu Preußen – die jüdischen Lehrer staatliche Besoldungen erhielten.[39] Manche Juden veranlasste das Wissen um die Möglichkeit eines Lebens ohne rechtliche Benachteiligungen gegenüber der christlichen Bevölkerung zur Migration in benachbarte Regionen. Diese Entwicklung wiederum nutzten Befürworter der Emanzipation aus der preußischen Rheinprovinz, um die gesetzliche Lage im eigenen Staat zu kritisieren. So glaubten christliche, sich mit einer Petition an den Rheinischen Provinziallandtag wendende Einwohner von Saarbrücken, dass sie nach der Gewährung der christlichen Gleichberechtigung nicht mehr

> die traurige Erscheinung zu beklagen haben [werden], die sich mehr und mehr vor unsern Augen wiederholt, daß brave, geachtete Männer dieses Glaubens [...] mit schwerem Herzen unserm Vaterlande den Rücken kehren, um sich in Nachbarländern eine neue wohnliche Heimath zu gründen und ein stiller Vorwurf zu sein für das Land, das sie verstößt.[40]

Die Landtagsabgeordneten aus der Grenzregion konnten sich zwar mit ihrem Wunsch nach einer vollständigen Emanzipation nicht durchsetzen, aber Teile ihrer Forderungen wurden in dem »Gesetz über die Verhältnisse der Juden« von 1847 berücksichtigt, zum Beispiel entfielen alle Beschränkungen im Bereich des Handels.[41]

Dass die Bewohner des preußisch-lothringisch-luxemburgischen Grenzraums Entwicklungen in den Nachbarregionen und deren Staaten beobachteten und daraus Rückschlüsse auf die Lage im eigenen Land zogen, gilt in besonderem Maß für die Bevölkerung des Großherzogtums. Diese betrachtete wegen der Lage des Kleinstaats zwischen den großen französischen und preußischen beziehungsweise deutschen sowie den kleineren niederländischen und belgischen Nachbarn die dortigen Geschehnisse besonders intensiv. Ein Luxemburger beschrieb die Folgen der Grenzlage für die Bewohner seines Landes und der benachbarten Regionen 1844 mit den Worten, »daß die Gränzländer schärfer sehen, daß man hier zu Vergleichen zwischen diesseits und jenseits der Gränze aufgefordert wird.«[42]

Es ist zu betonen, dass in Grenzräumen nicht nur Transfers von Ideen oder Personen über politisch-administrative Grenzen stattfinden, sondern auch staatliche Grenzen über die dortige Bevölkerung hinweggehen können. Die Grenzverschiebungen, zu denen es in dem betrachteten Raum in Anschluss an militärische Auseinandersetzungen kam, zogen zwangsläufig Transfers nach sich – sowohl zwischen dem Zentrum eines Staats und den neu erworbenen Territorien (zum Beispiel in Form neuer Gesetze) als auch über neu entstandene Grenzen hinweg (zum Beispiel in Form von Migration). Auch deswegen sind Regionen, die an Staatsgrenzen stoßen, in der Regel stärker von transnationalen Transferprozessen betroffen als andere Regionen.[43] Im Fall von Lothringen löste die Verschiebung der Staatsgrenze 1871 eine starke Emigrationswelle aus den annektierten Gebieten nach Frankreich aus, an der sich vor allem die Bevölkerung der Städte beteiligte: Zwischen 1866 und 1875 ging die Gesamtbevölkerung des dem Deutschen Reich zugeschlagenen Gebiets um 7,3 % zurück und die der jüdischen Einwohnerschaft sogar um 20,6 %. Der Anteil der jüdischen Auswanderer war überproportional hoch, da diese fürchteten, dass die Emanzipation zurückgenommen, also ein Transfer von sie diskriminierenden Gesetzen stattfinden würde.[44] Dass vor allem die politischen und wirtschaftlichen Eliten auswanderten, hatte wiederum zur Folge, dass die entstehenden Lücken durch Zuwanderer aus anderen Teilen des Reichs gefüllt wurden.[45]

Die Bevölkerungen der Grenzregionen akzeptierten die von den staatlichen Zentren gezogenen Grenzen keineswegs immer widerspruchslos, sondern sie nahmen teilweise explizit Stellung zu ihnen und in Einzelfällen gelang es ihnen sogar, deren Verlauf zu beeinflussen. Letzteres gelang allerdings nur in der ersten Jahrhunderthälfte, als die Durchstaatlichung noch nicht allzu weit fortgeschritten war. Als Beispiel lässt sich das Grenzdorf Villing nennen, dessen Einwohner 1824 die preußische Ortsverwaltung vertrieben, so dass der Ort 1829 schließlich Frankreich zugesprochen wurde.[46] Neben gewaltsamen Protesten sind willkürliche Transfers beziehungsweise Grenzüberschreitungen als eine Möglichkeit der Einwohner des Grenzraumes zu betrachten, den politischen Status Quo in Frage zu stellen. So reisten zum Beispiel in den achtziger Jahren des 19. Jahrhunderts zahlreiche Bewohner aus dem annektierten Lothringen in das auf der anderen Seite der Grenze gelegene Mars-la-Tour, um dort an der jährlichen Feier zum Gedenken an den Krieg teilzunehmen oder nach Nancy, um dort den französischen Nationalfeiertag zu begehen und so ihre Verbundenheit mit Frankreich auszudrücken.[47]

Verflechtungen

Es gibt ein Ensemble von Ansätzen und Herangehensweisen, die sich mit den Verflechtungen zwischen nationalen Gesellschaften oder auch Metropolen und Kolonien beschäftigen und zu denen unter anderem die »postcolonial studies«, die »connected« sowie

»shared history« und die »histoire croisée« zählen. Wie die Transferforschung im engeren Sinn gehen sie davon aus, dass die Vorstellung von monadenhaften Vergleichseinheiten unsinnig ist, gehen aber einen Schritt weiter, indem sie nicht nur Transfers von einer Einheit zu einer anderen betrachten, sondern wechselseitige Beeinflussungen beziehungsweise Abhängigkeiten erforschen.[48] Ähnlich wie im Fall des Transfers bieten sich Grenzregionen wegen der räumlichen Nähe verschiedener nationaler Gesellschaften auch für die Untersuchung von Verflechtungen an.

Wie vielfältig Beziehungen zwischen Grenzregionen sein können, lässt sich am Beispiel der preußischen Rheinprovinz und Lothringen vor 1871 zeigen. Vor allem direkt an der Grenze wurde über sie hinweg geheiratet und für die dort beheimatete Bevölkerung stellte sie auch in wirtschaftlicher Hinsicht kaum ein Hindernis dar: Bauern, die auf beiden Seiten der Grenze Land bearbeiteten, konnten ohne Probleme die administrative Scheidelinie mit ihrem Saatgut oder der Ernte überschreiten. Für die jüdischen Vieh- und Pferdehändler, deren verwandtschaftliche Netzwerke häufig weit in die benachbarten Regionen hineinreichten, war die Grenze ebenfalls kein geschäftliches Hindernis. Ab den 1840er Jahren verstärkte sich zudem der Rohstoffhandel zwischen den Grenzregionen, da die lothringischen Eisenwerke und Hochöfen auf Kohle aus den preußischen Saargruben angewiesen waren, zu der sie zunächst keine Alternative hatten. Die sich verstärkende Verflechtung, in den auch der Süden des Großherzogtums Luxemburg einbezogen war, drückte sich unter anderem in einem immer dichter werdenden Schienennetz zwischen den Regionen aus. Infolge der industriellen Entwicklung kam es vermehrt zu Grenzgängen: Neben den mit dem Transfer von Waren beschäftigten Personen arbeiteten zum Beispiel Lothringer in den preußischen Gruben und Metallarbeiter von der Saar in lothringischen Eisenwerken.[49] Auch religiöse Verbindungen bestanden zwischen den Einwohnern der Regionen, zum Beispiel bestatteten die Saarbrücker Juden bis 1841 ihre Toten in Forbach, da sie keinen eigenen Friedhof hatten und manche der in Luxemburg beheimateten Juden besuchten Gottesdienste in der Rheinprovinz, weil der Weg über die nahe Grenze für sie kürzer war als der zur Synagoge in der Hauptstadt.[50]

Verflechtungsgeschichtliche Ansätze gehen über eine reine Beziehungsgeschichte hinaus, denn ihnen geht es darum Phänomene zu beleuchten, die ohne den gegenseitigen Bezug aufeinander nicht denkbar sind. Ein historisches Phänomen im deutsch-französischen Grenzraum, für dessen Auftreten das Vorhandensein von politisch-administrativen Grenzen konstitutiv war, ist das Landjudentum. Im territorial zersplitterten Südwesten des Alten Reichs ließen sich im 17. und 18. Jahrhundert viele Juden in den vielen kleinen Herrschaften des Saar-Mosel-Raums, in der Pfalz, Baden, Württemberg und Franken nieder. Diese Möglichkeit eröffneten die Herrschaftsträger kleiner Territorien den teilweise aus den Städten Vertriebenen aus ökonomischen Motiven – das heißt gegen die Zahlung von Sonderabgaben und in der Hoffnung auf eine Belebung des Marktgeschehens. Dass sich jüdische Ansiedlungen zumeist in der Nähe von Grenzen bildeten, also dort, wo die Herrschaftsrechte umstritten waren, zeigte sich auch im Nordosten Frankreichs. Während der Frühen Neuzeit durften sich in Frankreich generell zwar keine Juden ansiedeln, aber im elsässischen und lothringischen Raum, dessen Zugehörigkeit zur Monarchie noch befestigt werden musste, war dies anders. Die Monarchie stellte die Praxis des ländlichen Kleinadels im Elsass, Juden gegen Zahlung von Schutzgeld das Wohnrecht einzuräumen, nicht in Frage, was mit der allgemeinen Politik gegenüber der Provinz zusammenhing: Zwecks der Integration in das Königreich wurden die in der Region herrschenden Rechtspraktiken akzeptiert. Im lothringischen Raum wirkten sich die zahlreichen Grenzen – zwischen der französischen Provinz der drei Bistümer, dem Herzogtum Lothringen und zahlreichen kleinen Territorien des Alten Reichs – und die mit ihnen zusammenhängenden Herrschaftskonflikte günstig auf die Niederlassungsmöglichkeiten für Juden aus, da sie in ihrer Tätigkeit als Kreditgeber beziehungsweise Truppenlieferanten benötigt wurden.[51] Das Beispiel verdeutlicht, dass Verflechtungen nicht nur in Form von Beziehungen zwischen verschiedenen Einheiten denkbar sind, sondern auch in Form von Konkurrenzen zwischen unterschiedlichen Territorien. Die Grenzen schufen eine für den Grenzraum spezifische Situation, welche die Handlungsspielräume der dort lebenden Bevölkerung erweiterte. Einschränkend ist zu bemerken, dass dies vor allem für Territorien galt, in denen der Prozess der Durchstaatlichung noch nicht weit fortgeschritten war.[52]

Eine Gefahr, der die Verflechtungsgeschichte aufgrund ihres Untersuchungsgegenstandes ausgesetzt ist, stellt die Unterschätzung der Bedeutung der staatlichen Kontexte dar. Grenzregionen eignen sich dazu, diesen Fehler zu vermeiden, da Grenzräume zwar oftmals Orte des Austauschs darstellten, aber eben auch des Aufeinandertreffens von Staaten, die ihr Territorium absichern wollten. Nach dem Deutsch-Französischen Krieg und der damit einhergehenden Grenzverschiebung war zum Beispiel die Zusammenarbeit zwischen deutschen und französischen Unternehmen zunächst unerwünscht. Während im annektierten Lothringen die Schwerindustrie aufgrund der weggefallenen Staatsgrenze zur Rheinprovinz und dem damit einhergehenden intensivierten ökonomischen Beziehungen weiterwuchs, erlebte sie im französisch gebliebenen Teil Lothringens zunächst einen Rückschlag, da die dortigen Unternehmen keine Kohle aus der Nachbarregion mehr importierten. Die deutsch-französische Grenze von 1871 beschnitt den Handlungsspielraum der über die Trennungslinie hinweg miteinander kooperierenden Firmen und erschwerte diesen die Verfolgung gemeinsamer Interessen, auch wenn sich die ökonomische Verflechtung immer wieder als stark genug erwies, um nationale Gegensätze zu überwinden. So erwarben zu Beginn des 20. Jahrhunderts deutsche Gesellschaften von der Saar und der Ruhr mit der Erlaubnis der französischen Regierung im Briey-Becken Erzkonzessionen von lothringischen Industriellen, um ihre Hütten im annektierten Lothringen und an der Ruhr mit Erz versorgen zu können. Die Lothringer erhielten im Gegenzug Beteiligungen an Ruhrzechen – und damit Zugang zu dem für die eigene Metallindustrie dringend benötigten Koks.[53] Es bleibt festzuhalten, dass Grenzen Verflechtungen zwischen Grenzregionen behindern konnten. In Grenzräumen, in denen die staatlichen Trennlinien mehrfach hin und her verschoben wurden, konnten Grenzen allerdings auch eine gegenteilige Wirkung entfalten, nämlich Verflechtungen verstärken. In dem hier betrachteten Grenzraum war dies zum Beispiel im juristisch-administrativen Bereich der Fall, da nach den Verschiebungen der deutsch-französischen Grenze die neuen Machthaber in der Regel Teile der bestehenden Rechtssysteme nicht antasteten.[54]

Die Annahme der »Histoire croisée«, dass sich Verflechtungen auf die Wahrnehmung von Gegenständen auswirken, lässt sich gut am Beispiel von Grenzräumen belegen, wenn man Einschätzungen der dortigen Bevölkerungen mit denen des Staatszentrums vergleicht, so zum Beispiel öffentliche Debatten über die mit der Industrialisierung verbundene Migration und deren Kontrolle zur Zeit des Kaiserreichs. Wenn Bewohner des Grenzraums den Begriff des »Fremden« anführten, so bezog er sich aus der regionalen Perspektive der Rheinprovinz heraus nicht nur auf italienische Immigranten sondern auch auf Arbeiter, die aus Westfalen kamen, also dem gleichen Staat angehörten. Dagegen wurden die Arbeiter aus der näheren Umgebung häufig nicht als Fremde angesehen, selbst wenn sie eine andere Staatsangehörigkeit innehatten. Dies stand im Widerspruch zur staatlichen Zentrale, für welche die Staatszugehörigkeit das entscheidende Kriterium für die Einschätzung von Personen als »Fremde« darstellte.[55] Auch im annektierten Lothringen wurde die in der Nachbarregion lebende Bevölkerung anders betrachtet als die des übrigen Deutschlands beziehungsweise Preußens: Immigranten aus der Rheinprovinz, die meist katholisch waren und etwas französisch sprachen, wurden von den Annektierten gesellschaftlich eher akzeptiert als die »echten Preußen«.[56]

Möglichkeit einer Verbindung der Ansätze

Es wurde dargelegt, dass die Betrachtung historischer Phänomene in Grenzregionen auf verschiedene Ansätze der historischen Forschung zurückgreifen muss, um keine falschen Folgerungen aus ihren Beobachtungen zu ziehen. Zugleich wurde gezeigt, dass Grenzregionen aufgrund der geographischen Nähe zueinander (sowie gelegentlicher Grenzverschiebungen) besonders geeignet sind, um Transferprozesse und Verflechtungen zwischen Gesellschaften zu untersuchen, die unterschiedlichen nationalen Kontexten angehören. Der Vergleich bietet sich ebenfalls als Herangehensweise an, da er es erlaubt, Unterschiede zu identifizieren, die auf die Einbindung in verschiedene Staaten zurückgehen und zugleich erlaubt er zu erkennen, ob es sich bei bestimmten Phänomen um Spezifika einer Region handelt oder nur um Erscheinungen, die auf Bedingungen zurückzuführen sind, die in verschiedenen Regionen vorzufinden waren. Die an die staatlichen Trennungslinien stoßenden Regionen ergaben zusammen einen Grenzraum, in dem spezifische Gegebenheiten herrschen konnten, die sich von denen in anderen Teilen der Staaten unterschieden. Als (ab)geschlossene Einheit darf der Grenzraum bei der Analyse allerdings nicht gesehen werden, sondern seine Untersuchung muss über die Betrachtung der einzelnen Grenzregionen und ihre Einbindung in die nationalen Kontexte erfolgen.

Die praktische Herausforderung für den Erforscher von Grenzregionen liegt darin, die verschiedenen Ansätze miteinander zu verbinden. Eine Möglichkeit besteht darin, transnationale Phänomene (Transfers, Beziehungen und Verbindungen) zu betrachten und zu untersuchen, wie sich diese auf Entwicklungen in verschiedenen Teilen des Grenzraums auswirkten. Als Beispiel für ein derartiges Vorgehen ist die Studie von Stefan Leiner über den Zusammenhang zwischen Binnenwanderungen im rheinpreußisch-lothringisch-luxemburgischen Grenzraum und deren Auswirkungen auf ausgewählte Industriestädte zu nennen. Er vergleicht die Entwicklungen in den verschiedenen Ländern angehörenden urbanen Ballungsräumen und verliert nie aus dem Blick, inwiefern sich Akteure gegenseitig beeinflussten, wie etwa die Staatsverwaltungen, die bei ihrem teilweise restriktiven Umgang mit Ausländern gegenseitige Abschiebungsverträge schlossen oder die Luxemburger Administration, die versuchte, polizeiliche Melderegister nach preußischem Vorbild einzurichten. Zugleich verdeutlicht er die beschränkte Wirksamkeit nationaler Vorgaben und zeigt, wie eng die Verbindungen zwischen den Grenzraumbewohnern waren.[57]

Eine weitere Möglichkeit, die verschiedenen Ansätze miteinander zu kombinieren – die sich mit der bereits vorgeschlagenen Herangehensweise verbinden kann – ist, Phänomene in einem Grenzraum mikrohistorisch vergleichend zu untersuchen.[58] In diesem Fall wird ein Gegenstand in mehreren lokalen Gesellschaften des Grenzraums betrachtet. Damit die Ergebnisse der Mikrostudien für die einzelnen Grenzregionen und gegebenenfalls den gesamten Grenzraum generalisierbar sind, müssen die lokalen Gesellschaften (zum Beispiel Dörfer oder Städte) nach bestimmten Kriterien ausgewählt werden (Einwohnerzahl, Marktlage, et cetera). Es werden also kleine Untersuchungseinheiten mit allgemeinen Fragen verknüpft, um aufgrund der auf diese Weise gewonnenen Ergebnisse zu allgemeineren Erkenntnissen über die Grenzregionen zu gelangen.[59] Der mikrohistorische Ansatz erlaubt es, die gewählten Untersuchungsgegenstände eingehend zu untersuchen, da er mit einer möglichst umfassenden Auswertung der vorhandenen Quellen einhergeht und somit nicht nur die Einbettung der lokalen Gesellschaften in die verschiedenen regionalen und staatlichen Kontexte verdeutlicht, sondern auch Beziehungen und Verflechtungen innerhalb des Grenzraums sichtbar macht. Da es bei der Mikrohistorie nicht um die Erforschung des Kleinen, sondern die Untersuchung im Kleinen geht, um anschließend allgemeine Aussagen treffen zu können, eignet sie sich (auch) für Analysen von historischen Entwicklungen in Regionen.[60] Mit dem Problem der Repräsentativität, das sich mikrogeschichtlichen Analysen stellt, beschäftigt sich in diesem Band auch Joachim Häberlen in seinen Überlegungen zur Möglichkeit einer vergleichenden Alltagsgeschichte.

In Bezug auf die hier im Mittelpunkt stehenden Regionen ist festzuhalten, dass die grenznah lebende Bevölkerung das gesamte 19. Jahrhundert über Beziehungen zueinander pflegte. Die staatlichen Zentralen versuchten häufig, die Loyalität der dort lebenden Einwohner über eine Berücksichtigung ihrer Wünschen zu gewinnen, solange dies ihren Herrschaftsanspruch nicht grundlegend in Frage stellte. Die Bereitschaft zu Konzessionen war anscheinend am größten, wenn die Durchstaatlichung noch am Anfang stand, ließ aber nach, je weiter dieser Prozess fortschritt. Es bleibt zu fragen, inwiefern sich diese Ergebnisse auf andere Grenzräume übertragen lassen. Bei der hier betrachteten französischen sowie der preußischen Grenzregion handelte es sich um Gebiete, die geographisch weit vom jeweiligen Staatszentrum entfernt lagen. Bei Grenzregionen, die der staatlichen Zentrale näher waren, ließe sich wahrscheinlich ein anderes Verhalten beobachten. In dem in diesem Artikel vorgestellten Grenzraum herrschte ein reger grenzüberschreitender Austausch, auch wenn die Staaten diesen im Verlauf des Jahrhunderts im wachsenden Maße zu kontrollieren suchten. Es stellt sich die Frage, wie stark sich grenzüberschreitende Beziehungen zwischen Regionen gestalteten, die sich strukturell, etwa sprachlich oder religiös, stärker voneinander unterschieden als die behandelten Regionen. Darüber hinaus wäre es lohnenswert zu erforschen, ob es auch in anderen europäischen Grenzräumen im 19. Jahrhundert eine Tendenz zur immer stärkeren Kontrolle der Grenzen gab und die zu diesem Zweck entwickelten Methoden dazu führten, dass die staatlichen Zentren spätestens im 20. Jahrhundert in der Lage waren, Kontakte zwischen Grenzregionen zu unterbinden, wenn sie dies wollten. In diesem Zusammenhang stellt sich die Frage, inwiefern eine Abschließung nach außen im Interesse der jeweiligen Staaten lag und welche Ziele sie verfolgten, wenn sie (kontrollierten) Austausch zuließen. Mit einem Teil dieser Fragen befasst sich Mateusz Hartwich in seinem Beitrag über die Region des Riesengebirges. Er verweist auf die weitgehende Abschottung der sozialistischen Staaten während des Kalten Kriegs, kann aber anhand des Tourismus in der genannten Region verdeutlichen, dass diese aus bestimmten Gründen nicht vollkommen war. Er geht auch darauf ein, welche Rolle regionale Interessen in diesem Kontext spielten und verweist auf die Problematik der deutschen Minderheit in der Region. Im Vergleich mit weiten Teilen Osteuropas spielte im deutsch-französisch-luxemburgischen Grenzraum die Frage des Umgangs mit nationalen Minderheiten eine untergeordnete Rolle. Es bleibt zu untersuchen, welche Rolle diese Problematik beim Umgang der Staaten mit Grenzregionen spielte.

Anmerkungen

1 Vgl. zur Definition von Region *Schenk, W.*, Historische Geographie als historische Regionalwissenschaft. Zur »Produktion« von Regionen durch die historisch-geographische Forschung, in: *M. Groten* u. *A. Rutz* (Hg.), Rheinische Landesgeschichte an der Universität Bonn. Traditionen – Entwicklungen – Perspektiven, Göttingen 2007, S. 251–253.

2 Vgl. *Hinrichs, E.*, Zum Problem einer modernen Regionalgeschichte, in: *H. Mohnhaupt*, Rechtsgeschichte in den beiden deutschen Staaten, 1988–1990, Beispiele, Parallelen, Positionen, Frankfurt/Main 1991, S. 324. Vgl. *François, E.* u. a., Einleitung. Grenzen und Grenzräume. Erfahrungen und Konstruktionen, in: *dies.* (Hg.), Die Grenze als Raum, Erfahrung und Konstruktion. Deutschland, Frankreich und Polen vom 17. bis zum 20. Jahrhundert, Frankfurt/Main 2007, S. 7–11. Vgl. *Duhamelle, C.* u. a. (Hg.), Perspektiven für eine vergleichende Grenzforschung Europas, in: *dies.* (Hg.), Grenzregionen. Ein europäischer Vergleich vom 18. bis zum 20. Jahrhundert, Frankfurt/Main 2007, S. 9–11.

3 Vgl. *Werner, M.*, Maßstab und Untersuchungsebene. Zu einem Grundproblem der vergleichenden Kulturtransfer-Forschung, in: *L. Jordan* u. *B. Kortländer* (Hg.), Nationale Grenzen und internationaler Austausch. Studien zum Kultur- und Wissenschaftstransfer in Europa, Tübingen 1995, S. 26. Vgl. auch *Werner, M.*, Die deutsche Landesgeschichtsforschung im 20. Jahrhundert. Aufbrüche, Umbrüche, Perspektiven, in: *Groten* u. *Rutz*, S. 161–170.

4 Vgl. *Werner*, Landesgeschichtsforschung, S. 171–174. Vgl. *Nonn, C.*, Was ist und zu welchem Zweck betreibt man Landesgeschichte? Zu Problemen und Perspektiven einer Landesgeschichte der Moderne, in: *Groten* u. *Rutz*, S. 233–235.

5 Vgl. *Kaiser, W.*, Regionalgeschichte, Mikrohistorie und segmentierte Öffentlichkeiten. Ein vergleichender Blick auf die Methodendiskussion, in: *S. Brakensiek* (Hg.), Regionalgeschichte in Europa. Methoden und Erträge der Forschung zum 16. bis 19. Jahrhundert, Paderborn 2000, S. 25–44. Vgl. *Dörner, R.*, Staat und Nation im Dorf. Erfahrungen im 19. Jahrhundert, Frankreich, Luxemburg, Deutschland, München 2006, S. 29 f.; *Ulbricht, O.*, Mikrogeschichte: Menschen und Konflikte in der Frühen Neuzeit, Frankfurt/Main 2009, S. 9–60.

6 Vgl. *François* u. a., S. 18 f. Vgl. *Nordmann, D.*, Von Staatsgrenzen zu nationalen Grenzen, in: *François* u. a., S. 107–134. Die Definition für den Grenzraum lehnt sich an die »borderlands« bei *Baud, M.* u. *W. van Schendel*, Toward a Comparative History of Borderlands, in: Journal of World History 8 (1997), S. 215 an. Vgl. zum Grenzbegriff auch *Schmale, W.* u. *R. Stauber*, Einleitung. Mensch und Grenze in der Frühen Neuzeit, in: *dies.* (Hg.), Menschen und Grenzen in der Frühen Neuzeit, Berlin 1998, S. 11–21.

7 Vgl. *François* u. a., S. 14. Vgl. *Duhamelle* u. a., S. 11. Für den französischen Fall lässt sich das Streben nach einem durch eine Grenzlinie abgeschlossenen staatlichen Territorium zwar schon im 17. Jahrhundert nachweisen, aber eine Annäherung an dieses Ziel fand erst im späten 18. Jahrhundert statt. Vgl. *Sahlins, P.*, Natural Frontiers Revisited: France's Boundaries since the Seventeenth Century, in: American Historical Review 95 (1990), S. 1434–1447.

8 Beim Vergleich gilt dies allerdings nur, wenn er international ausgerichtet ist. Es sind aber auch Vergleiche innerhalb eines Landes denkbar.

9 Vgl. zum betrachteten Grenzraum den Sammelband von *Heit, A.* (Hg.), Zwischen Gallia und Germania, Frankreich und Deutschland. Konstanz und Wandel raumbestimmender Kräfte, Trier 1987.

10 Vgl. *Kaelble, H.*, Die interdisziplinären Debatten über Vergleich und Transfer, in: *ders.* u. *J. Schriewer* (Hg.), Vergleich und Transfer. Komparatistik in den Sozial-, Geschichts- und Kulturwissenschaften, Frankfurt/Main 2003, S. 488 f. *Haupt, H.-G.* u. *J. Kocka*, Historischer Vergleich: Methoden, Aufgaben, Probleme. Eine Einleitung, in: *dies.* (Hg.), Geschichte und Vergleich. Ansätze und Ergebnisse international vergleichende Geschichtsschreibung, Frankfurt/Main 1996, S. 30. Vgl. *Haupt, H.-G.*, Historische Komparatistik in der internationalen Geschichtsschreibung, in: *G. Budde* u. a.(Hg.), Transnationale Geschichte. Themen, Tendenzen, Theorien, Göttingen 2006, S. 146 f.

11 Vgl. *Lowenstein, S. M.*, Anfänge der Integration, in: *M. Kaplan* (Hg.), Geschichte des jüdischen Alltags in Deutschland. Vom 17. Jahrhundert bis 1945, München 2003, S. 195. Vgl. *Pies, C.*, Jüdisches Leben im Rhein-Hunsrück-Kreis, o. O. 2003, S. 168.

12 Vgl. *Richarz, M.*, Emancipation and continuity. German Jews in Rural Economy, in: *W.E. Mosse* (Hg.), 1848 – Revolution and Evolution in German-Jewish History, Tübingen 1981, S. 106–114. Vgl. *Cahen, G.*, Les Juifs lorrains. Du Ghetto à la nation 1721–1871, Metz 1990, S. 108. Vgl. *Meyer, P.-A.*, Présentation historique, in: *H. Schumann*, Mémoire des communautés juives de la Moselle, Metz 1999, S. 21f.

13 Vgl. Liste des notables Israélites de la circonscription consistoriale de Metz pour l'année 1846, in: Archives Départementales de la Moselle 17J61. Vgl. *Neher-Bernheim, R.*, Documents inédits sur l'entrée des juifs dans la société française (1750–1850), Bd. 2, Tel Aviv 1977, S. 172f.

14 Vgl. *Willmanns, M.*, Die südlichen Bezirke der preußischen Rheinprovinz, in: Der Weg zur Gleichberechtigung der Juden, hg. v. d. Landesarchivverwaltung Rheinland-Pfalz Koblenz 1979, S. 38–42. Vgl. consistoire israélite de Nancy, Liste des notables, o.D., ca. 1843, in: Central Archives for the History of the Jewish People zf/470. Vgl. *Daltroff, J.*, L'histoire des communautés juives rurales de Moselle, in: Cahiers des pays de la Nied 11 (1994), Nr. 24, S. 21.

15 Vgl. *Baud* u. *Schendel*, S. 223–225. Vgl. *Kolb, E.*, Elsaß-Lothringen/Trient-Triest – umstrittene Grenzregionen 1870–1914. Einige Beobachtungen und Bemerkungen, in: *ders.* u. *A. Ara* (Hg.), Grenzregionen im Zeitalter der Nationalismen. Elsaß-Lothringen/Trient-Triest 1870–1914, Berlin 1997, S. 301. Vgl. *Raphael, L.*, Das Projekt »Staat im Dorf«. Vergleichende Mikrostudien zwischen Maas und Rhein im 19. Jahrhundert – Eine Einführung, in: *N. Franz* u. *M. Knauff* (Hg.), Landgemeinden im Übergang zum modernen Staat, Mainz 1999 S. 15f.

16 Vgl. *Zittartz-Weber, S.*, Zwischen Religion und Staat. Die jüdischen Gemeinden in der preußischen Rheinprovinz 1815–1871, Essen 2003, S. 59–62. Vgl. *Mayr, C.*, Zwischen Dorf und Staat. Amtspraxis und Amtsstil französischer, luxemburgischer und deutscher Landgemeindebügermeister im 19. Jahrhundert. Ein mikrohistorischer Vergleich, Frankfurt/Main 2006, S. 74f.

17 Vgl. *Meyer, P.-A.*, Un survol historique, in: Archives juives 27 (1994), Nr. 2, S. 19. Vgl. *Lang, J.B.* u. *C. Rosenfeld*, Histoire des Juifs en Moselle, Metz 2001, S. 142f.

18 Vgl. *Haupt* u. *Kocka*, S. 13, 29.

19 Vgl. *Altenkirch, G.*, Jeder wusste, wo man ein »Gimmche« machen konnte. Arbeiterbauern an der Saar, in: *K.-M. Mallmann* (Hg.), Richtig daheim waren wir nie. Entdeckungsreisen ins Saarrevier 1815–1955, 2. korrigierte Aufl., Berlin 1988, S. 61–65. Vgl. *Banken, R.*, Die Industrialisierung der Saarregion 1815–1914, Bd. 2, Stuttgart 2003, S. 310–321. Vgl. *Le Balle, Y.*, L'ouvrier paysan en Lorraine mosellane. Etude sur l'alternance d'activité, Paris 1958.

20 Vgl. *Werner, M.* u. *B. Zimmermann*, Vergleich, Transfer, Verflechtung. Der Ansatz der histoire croisée und die Herausforderung des Transnationalen, in: Geschichte und Gesellschaft 28 (2002), S. 608f.

21 Vgl. *Schlesier, S.*, Von sichtbaren und unsichtbaren Grenzen. Die Annexion von 1871 und ihre Auswirkungen auf das annektierte Lothringen bis zum Ersten Weltkrieg, in: *Duhamelle* u. a., S. 54–59.

22 Vgl. *Baud* u. *Schendel*, S. 216. Vgl. *Schmale* u. *Stauber*, S. 18.

23 Zu verschiedenen Formen kultureller Begegnungen vgl. *Bitterli, U.*, Die »Wilden« und die »Zivilisierten«. Grundzüge einer Geistes- und Kulturgeschichte der europäisch-überseeischen Begegnung, München 1976, S. 95–160.

24 Dies belegt das Konzept der »entangled history«. Vgl. *Kaelble*, Die Debatte über Vergleich und Transfer und was jetzt? Vgl. *ders.*, Interdisziplinäre Debatte, S. 487.

25 Vgl. *Bloch, M.*, Pour une histoire comparée des sociétés européennes, in: *ders.*, Mélanges historiques, Bd. 1, Paris 1963, S. 19.

26 Vgl. *Paulmann, J.*, Internationaler Vergleich und interkultureller Transfer. Zwei Forschungsansätze zur europäischen Geschichte des 18.–20. Jahrhunderts, in: Historische Zeitschrift 267 (1998), S. 668–672. Vgl. *Espagne, M.*, Les transferts culturels franco-allemands, Paris 1999, S. 1. Vgl. *Middell, M.*, Kulturtransfer und Historische Komparistik – Thesen zu ihrem Verhältnis, in: Comparativ 10 (2000), Nr. 1, S. 17–23. Vgl. *Werner*, Maßstab, S. 25 f.

27 Vgl. *Parisse, M.*, Einführung, in: *ders.* (Hg.), Lothringen – Geschichte eines Grenzlandes, Saarbrücken 1984, S. 19–22. Vgl. *Roth, F.*, Espace sarrois et Lorraine, relations et convergences 1815–1925, in: *W. Brücher* u. *P. R. Franke* (Hg.), Probleme von Grenzregionen. Das Beispiel Saar-Lor-Lux-Raum, Saarbrücken 1987, S. 72. Vgl. *Ruppel, A.*, Die historischen Gebiete des Bezirkes, in: *ders.* (Hg.), Lothringen und seine Hauptstadt, Festschrift zur 60. Generalversammlung der Katholiken Deutschlands in Metz 1913, Metz 1913, S. 73.

28 Vgl. Bulletin de l'Académie impériale nationale de Metz 34 (1852/53), S. 351, 382. Ob dies in der Realität geschah, muss noch untersucht werden.

29 Vgl. *Hartinger, W.*, Die Fiktion von den engen Grenzen der Volkskultur, in: *Schmale* u. *Stauber*, S. 230–240. Vgl. *Lowenstein*, S. 195. Vgl. *Pies*, S. 168.

30 Vgl. *Fehrenbach, E.*, Ländliche Gesellschaft und soziale Unruhen im linksrheinischen Deutschland vom Ancien Régime zur Revolution, in: *Heit*, S. 261–271. Vgl. *Kirsch, R.*, Die Reichsherrschaft Illingen in der Zeit der französischen Revolution. Die letzten Jahre der kerpischen Regentschaft, Illingen 2000, S. 35–72.

31 Vgl. *Paulmann*, S. 681.

32 Vgl. *Dörner*, 277 f. Vgl. *Quéniart, J.*, La sociabilité musicale en France et en Allemagne (1750–1850), in: *E. François* (Hg.), Sociabilité et société bourgeoise en France, en Allemagne et en Suisse, 1750–1850, Paris 1987, S. 143 f.

33 Vgl. *Wahl, A.*, Introduction, in: *ders.* u. *B. Desmars* (Hg.), Les associations en Lorraine (De 1871 à nos jours), Metz, 2000, S. 7. Vgl. *Roth*, Espace sarrois, S. 71. Vgl. *Chastenet, J.*, La France de M. Fallières. Une époque pathétique, Paris 1949, S. 327.

34 Vgl. Allgemeine Zeitung des Judentums (im folgenden AZJ) 1889, Nr. 6, S. 86 f. Vgl. *Kastner, D.*, Der Rheinische Provinziallandtag und die Emanzipation der Juden im Rheinland 1825–1845. Eine Dokumentation, Köln 1989, Bd. 1, S. 49. Vgl. *Blau, L.*, Antisémitisme au Grand-Duché de Luxembourg de la fin du XIXe siècle à 1940, in: *L. Moyse* u. *M. Schoentgen* (Hg.), La présence juive au Luxemburg. Du moyen âge au XXe siècle, Luxembourg 2001, S. 58 f. Bereits 1880 druckte das »Wort« an Glagau angelehnte Artikel ab, aber die liberale luxemburgische – vor allem die französischsprachige – Presse trat solchen Artikeln mit Gegendarstellungen entgegen. Vgl. AZJ (1880), Nr. 2, S. 24 f.

35 AZJ (1888), Nr. 25, S. 395.

36 Vgl. *Schoentgen, M.*, Die jüdische Gemeinde in Medernach. Einwanderung, Integration und Verfolgung, in: Organisatiounscomité »75 Jar Miedernacher Musek«, Fanfare Miedernach. 1930–2005, Mersch 2005, S. 308.

37 Vgl. *Kastner*, Bd. 2, S. 630.

38 Ebd., S. 631.

39 Vgl. Gesuch der jüdischen Gemeinde von Illingen an das Ministerium der geistlichen Angelegenheiten, 19.11.1837, in: Geheimes Preußisches Staatsarchiv I. HA Rep. 76 Kultusministerium III Sekt. 37 Abt. XVI Nr. 1 Bd. 1, S. 163–170.

40 Vgl. *Kastner*, Bd. 2, S. 597 f.

41 Ebd., S. 52–69. Vgl. *Willmanns*, S. 38.

42 AZJ 1844, Nr. 11, S. 158.

43 Aufgrund technischer Entwicklungen im Verkehrswesen beziehungsweise im Bereich der Kommunikation gilt diese Feststellung für das 20. Jahrhundert nur noch in eingeschränktem Maß. Beispielsweise können Transferprozesse zwischen Grenzorten geringer ausgeprägt sein als zwischen Großstädten, die durch Fluglinien miteinander verbunden sind.

44 Vgl. *Meyer*, présentation, S. 25. Vgl. *Lang* u. *Rosenfeld*, S. 136–138.

45 Vgl. *Roth, F.*, Das geteilte Lothringen (1871–1914), in: Parisse, S. 417. Vgl. *Baudin, F.*, Histoire économique et sociale de la Lorraine, Nancy 1992, Bd. 2, S. 117–131.

46 Vgl. *Schlesier, S.*, Vereinendes und Trennendes. Grenzen und ihre Wahrnehmung in Lothringen und preußischer Rheinprovinz, in: *François* u. a., S. 144.

47 Vgl. *Maas, A.*, Kriegerdenkmäler einer Grenzregion – Die Schlachtfelder um Metz und Weißenburg/Wörth 1870/71–1918, in: *Ara* u. *Kolb*, 293 f. Vgl. *Riederer, G.*, Feiern im Reichsland. Politische Symbolik, öffentliche Festkultur und die Erfindung kollektiver Zugehörigkeiten in Elsaß-Lothringen (1871–1914), Trier 2004, S. 219–239. Vgl. *Baud* u. *Schendel*, S. 211.

48 Vgl. *Werner* u. *Zimmermann*, S. 608 f. Vgl. *Haupt*, S. 148. Vgl. *Kaelble*, Debatte.

49 Vgl. *Schlesier*, Vereinendes, S. 139–142; Vgl. *Leiner, S.*, Wanderungsbewegungen im saarländisch-lothringisch-luxemburgischen Grenzraum 1856–1914, in: *Ara* u. *Kolb*, S. 55 f.; *Hartshorne, R.*, The Franco-German Boundary of 1871, in: World Politics 2 (1950), Nr. 2, S. 222.

50 Vgl. *Marx, A.*, Die Geschichte der Juden im Saarland. Vom Ancien Régime bis zum Zweiten Weltkrieg, Saarbrücken 1992, S. 35. Vgl. Lazarus Levy aus Grevenmacher an die Landeregierung von Luxemburg, 12.7.1841, in: Archives Nationales de Luxembourg E55.

51 Vgl. *Ullmann, S.*, Nachbarschaft und Konkurrenz. Juden und Christen in Dörfern der Marktgrafschaft Burgau 1650 bis 1750, Göttingen 1999, S. 13–17, 31–90. Vgl. *Cahen, G.*, Les juifs dans la région Lorraine des origines à nos jours, in: Le Pays lorrain, 1972, S. 59–70. Vgl. *Lang* u. *Rosenfeld*, S. 47–52. Vgl. *Schwarzfuchs, S.*, Alsace and Southern Germany. The Creation of a Border, in: *M. Brenner* (Hg.), Jewish emancipation reconsidered. The French an German models, Tübingen 2003, S. 5–8.

52 Vgl. zu den Handlungsspielräumen der Bevölkerung in der Zeit kurz vor der Französischen Revolution *Ulbrich, C.*, Grenze als Chance? Bemerkungen zur Bedeutung der Reichsgrenze im Saar-Lor-Lux-Raum am Vorabend der Französischen Revolution, in: *A. Pilgram* (Hg.), Grenzöffnung, Migration, Kriminalität, Baden-Baden 1993, S. 139–141.

53 Vgl. *Nievelstein, M.*, Der Zug nach der Minette. Deutsche Unternehmen in Lothringen 1871–1918. Handlungsspielräume und Strategien im Spannungsfeld des deutsch-französischen Grenzgebietes, Bochum 1991, S. 148–172. Vgl. *Roth*, Das geteilte Lothringen, S. 422–426. Vgl. *Leiner*, Wanderungsbewegungen, S. 55 f.; *Hartshorne*, S. 222.

54 Vgl. *Hudemann, R.*, Grenzübergreifende Wechselwirkungen in der Urbanisierung. Fragestellungen und Forschungsprobleme, in: *ders.* u. *Wittenbrock*, S. 9–12.

55 Vgl. *Werner* u. *Zimmermann*, S. 623. Vgl. *Leiner*, Wanderungsbewegungen, S. 57–66.

56 Vgl. *Roth*, espace sarrois, S. 72. Vgl. *Maas*, Kriegerdenkmäler einer Grenzregion, S. 290. Vgl. *Riederer*, S. 240–263.

57 Vgl. *Leiner, S.*, Migration und Urbanisierung. Binnenwanderungen, räumlicher und sozialer Wandel in den Industriestädten des Saar-Lor-Lux- Raumes 1856–1910, Saarbrücken 1994.

58 Als einer der ersten äußerte Medick die Idee, mikrogeschichtliche Vergleiche anzustellen. Vgl. *Medick, H.*, Entlegene Geschichte. Sozialgeschichte und Mikrohistorie im Blickpunkt der Sozialanthropologie, in: *J. Mattes* (Hg.), Zwischen den Kulturen? Die Sozialwissenschaften vor dem Problem des Kulturvergleichs, Göttingen 1992, S. 174–176.

59 Makro- und Mikrogeschichte stehen sich nicht als Gegner gegenüber. Vgl. *Revel, J.*, Micro-analyse et construction du social, in: *ders.* (Hg.), Jeux d'échelles. La micro-analyse à l'expérience, Paris 1996, S. 21–32. Vgl. *Ulbricht*, S. 34. Vgl. zu möglichen Auswahlkriterien *Raphael*, S. 17–20.

60 Vgl. *Ulbricht*, S. 13.

Joachim C. Häberlen

Die Praxis der Arbeiterbewegung in Lyon und Leipzig

Überlegungen zu einer vergleichenden Alltagsgeschichte

Alltagsgeschichte ist ein ungewöhnlicher Gegenstand für vergleichende Geschichtsschreibung. So notierten etwa Heinz-Gerhard Haupt und Jürgen Kocka 1996 in der Einleitung zu ihrem Standardwerk über Geschichte und Vergleich, dass »Alltagshistoriker, die, meist mikrohistorisch, vergangene Wirklichkeit unter Betonung der Erfahrungen und Lebensweisen in ihrer Totalität zu rekonstruieren versuchen und analytischen Begriffen eher skeptisch gegenüberstehen, ebenfalls wenig Vergleiche hervorgebracht haben.« Als Grund hierfür führen sie an, dass der Vergleich wichtigen Grundprinzipien der Geschichtswissenschaft diametral entgegengesetzt sei, wie etwa dem Prinzip der Quellennähe oder der Frage nach Wandel in der Zeit. »Man kann Phänomene nicht in ihrer vielschichtigen Totalität – als volle Individuen – miteinander vergleichen, sondern immer nur in gewissen Hinsichten. Der Vergleich setzt mithin Selektion, Abstraktion und Lösung aus dem Kontext voraus.« Der Vergleich sei damit, so schließen sie, die Sache »theoretisch orientierter, analytischer Geschichtswissenschaftler mit einer gewissen Distanz zur historistischen Tradition – und damit bisher die Sache einer Minderheit.«[1]

Nun haben, allen früheren Debatten zum Trotz, Alltagshistorikerinnen durchaus mit theoretischen Konzepten gearbeitet, die einen bleibenden Eindruck in der Geschichtswissenschaft hinterlassen haben, aber explizit vergleichende alltagshistorische Studien finden sich in der Tat selten. Wirft man einen Blick in die Zeitschriften Werkstatt*Geschichte* oder Historische Anthropologie, so finden sich zwar in jüngerer Zeit vermehrt global ausgerichtete Themenhefte, aber keine *vergleichend* vorgehenden Arbeiten, wobei dahingestellt sein mag, woran dies genau liegt.[2] Eine Ausnahme jedoch verdient hervorgehoben zu werden: Der

Aufsatz *Energizing the Everyday: On the Breaking and Making of Social Bonds in Nazism and Stalinism* von Sheila Fitzpatrick und Alf Lüdtke, zwei führenden Alltagshistorikerinnen.[3] Aus methodischer Sicht ist der Beitrag insofern bedeutsam, als er zeigt, in gewisser Weise ganz im Sinne Haupts und Kockas, dass ein Vergleich nicht ohne theoretische Kategorien auskommen kann, in diesem Fall – ausgehend von Hannah Arendts Überlegungen zu totalitären Gesellschaften – der Frage, wie soziale Bindungen in solchen Regimes hergestellt werden können. Dabei beobachten Lüdtke und Fitzpatrick sowohl Unterschiede als auch Gemeinsamkeiten in beiden Regimes. Methodisch sieht sich der Beitrag der Schwierigkeit gegenüber, wie einerseits generalisierende Aussagen getroffen werden können,[4] andererseits aber auch ein Eindruck von der Komplexität und Widersprüchlichkeit des Alltags gegeben werden kann. Hierzu wollen Lüdtke und Fitzpatrick erstens ein »Panorama an Möglichkeiten« zeigen und bedienen sich zweitens des Hilfsmittels von Kästen, in denen jeweils individuelle Geschichten in ihrer Komplexität vorgestellt werden, die gleichsam quer zum Text stehen.

Fitzpatrick und Lüdtke widmen sich methodischen Problemen vergleichender Alltagsgeschichte nur en passant. Diesem Aufsatz hingegen wird es darum gehen, Chancen wie auch Probleme einer vergleichenden Alltagsgeschichte expliziter herauszuarbeiten. Damit diese methodische Diskussion nicht im Abstrakten verbleibt, werden die Überlegungen anhand meines Dissertationsprojektes vorgestellt, das sich mit einem alltagshistorisch inspirierten Vergleich der Arbeiterbewegung in den späten 1920er und frühen 1930er Jahren in Leipzig und Lyon befasst.[5] Dem Ansatz Klaus Michael Mallmanns folgend,[6] soll hier der Blick auf alltägliche Praktiken *innerhalb* der linken, organisierten Arbeiterbewegung, was sowohl Parteien wie auch Gewerkschaften und Vereine einschließt, geworfen werden.[7] Wie gestalteten sich die Praktiken der Arbeiterbewegung, wie funktionierte Organisierung konkret, wie wurde die Arbeiterbewegung *gemacht*?[8]

Als Ausgangspunkt für einen Vergleich alltäglicher Praktiken sollen zwei *Geschichten* aus Lyon und Leipzig dienen. Geschichten, *stories*, in ihrer Komplexität dargestellte Alltagsepisoden, die gleichsam den Grundstoff von Alltagsgeschichte ausmachen,[9] müssen dabei auf Aspekte herunter gebrochen werden, die sich miteinander vergleichen lassen. Es könnte, im Sinne einer *material culture* danach gefragt werden, welche *Gegenstände* die Akteure in einer Geschichte wie gebrauchten;[10] es könnte nach der *Sprache* und den *Begriffen* ihrer Alltagskommunikation gefragt werden; es könnte nach *Identitäten* oder dem *organisatorischen Kontext* von Akteuren gefragt werden; oder es könnte, wie es im Folgenden zunächst geschehen soll, vergleichend nach den *Orten,* an denen sich die Geschichten zugetragen haben, gefragt werden.[11] All dies eröffnet Wege, *Praktiken* zu vergleichen. Es werden zunächst zwei Geschichten aus Lyon und Leipzig vorgestellt und analysiert, die dann in den jeweiligen Kontext eingebunden werden, um so einen Vergleich zu ermöglichen. Daran anschließend wird nach dem Erkenntnisgewinn eines solchen Vergleichs gefragt. Der Aufsatz endet mit einigen methodischen Überlegungen zum Vergleich von Alltagsgeschichte. Für den Moment sollen damit bewusst sowohl Kontext wie auch historiographische Relevanz eines solchen Vergleichs ausgeblendet werden, um vom mikroskopischen Detail auszugehen. Damit soll, auf methodischer Ebene, zunächst die Frage beantwortet werden, *wie* Alltage verglichen werden können; darauf folgend wird gezeigt, *warum* solche Vergleiche fruchtbar sein könnten.[12]

Konfigurationen der Arbeiterbewegung

Lyon. Albert Fau, Anfang der dreißiger Jahre Sekretär des zur kommunistischen Confédération Général du Travail – Unitaire (CGTU) gehörenden *Syndicat des Maçons*, berichtet in seinen 1989 verfassten Memoiren von den Praktiken der Gewerkschaften im Baugewerbe. Wie der Alltag seiner Tätigkeit aussah, zeigt der Bericht über folgende Gegebenheit, die vermutlich im Frühjahr 1934 auf einer Baustelle am *Montée de Choulans* stattfand, wo die Firma Le Roc etwa zwanzig Arbeiter beschäftigte. Ein Genosse von ihm hatte dort eine Versammlung organisiert und bat um die Anwesenheit eines Verantwortlichen der Organisation; dies war die Aufgabe Faus. Fau hatte sich bereits ein wenig vor dem Ende der Arbeitszeit in der Nähe der Baustelle eingefunden. Ausgerüstet mit einem Bündel an Mitgliedskarten konnten schnell sieben oder acht neue Mitglieder für die CGTU gewonnen werden. Auf einmal tauchte jedoch ein Mitglied des Cartel Autonome auf, einer explizit anti-politischen, das heißt anti-kommunistischen Gewerkschaft, der Fau an Kräften überlegen war und einen Ruf hatte, nicht um »schlagende« Argumente verlegen zu sein. Binnen kurzem hatte der Abgesandte des Cartels Fau erkannt, dessen Aktivität für das Cartel ebenso wie für seinen persönlichen Ruf eine Gefahr darstellte. Fau bereitete sich schon auf eine tätliche Auseinandersetzung vor, fest entschlossen, keinen Schritt zurück zu weichen. Aber er hatte Glück: Der Delegierte des Cartel bot Fau an, gemeinsam eine Versammlung abzuhalten und die Arbeiter frei entscheiden zu lassen, welcher Gewerkschaftsorganisation sie sich anschließen wollten. So konnte jeder der beiden sein Gesicht wahren. Hinzuzufügen ist, dass ähnliche Auseinandersetzungen vor dem Frühjahr 1934 immer wieder blutig endeten.[13]

Leipzig. Am 15. August 1931 wollten zwei junge Sozialdemokarten an der sogenannten Epa-Ecke, an der Kreuzung Lützner und Merseburger Straße, in Leipzig-Lindenau mit polizeilicher Genehmigung Flugblätter verteilen, die sich kritisch mit der Politik der KPD auseinandersetzten. Kommunisten beanspruchten die Ecke als »ihr« Terrain, und es dauerte nicht lange und die jungen Sozialdemokraten sahen sich von Kommunisten umgeben. Insbesondere Mädchen und junge Frauen beschimpften die beiden Sozialdemokraten. »Sie erfüllen die Straße mit hysterischem Geschrei über angebliche Verrätereien der SPD, schimpfen vorübergehende Sozialdemokraten Strolche, Verbrecher, etc.«, so ein sozialdemokratischer Zeuge. Männliche Kommunisten brachten ihren Herrschaftsanspruch über die Ecke zum Ausdruck: »Die rote Epa-Ecke ist unser; wir werden euch wegbringen, und wenn einer liegen bleibt«, rief ein Kommunist den Sozialdemokraten entgegen. Ein anderer erklärte: »Hier werden keine sozialdemokratischen Flugblätter verteilt!« Die beiden Sozialdemokraten zogen sich zunächst ein paar Schritte zurück, wurden aber von den Kommunisten verfolgt und attackiert. Schnell eskalierte die Situation; ein Kommunist zückte ein Messer und stach Max Warkus, den Vorsitzenden der Sozialistischen Arbeiter Jugend Leipzig-Lindenau, in die Lunge, was dieser nicht überlebte. Das mit Signalpfeifen zu Hilfe gerufene Reichsbanner, das in der Tat in Erwartung von Gewalttätigkeiten in der Nähe gewartet hatte, versuchte sofort mit Hilfe der Polizei des Mörders habhaft zu werden, während Kommunisten, erneut insbesondere Frauen, versuchten die Polizei zu verwirren, indem sie Sozialdemokraten fälschlich bei der Polizei anzeigten, so die Darstellung der sozialdemokratischen Leipziger Volkszeitung (LVZ). Dennoch konnte der Mörder schnell gefunden werden: ein 17 Jahre alter Kommunist, der zu sieben Jahren Haft verurteilt wurde.[14]

Um diese Geschichten vergleichen zu können, müssen sie gleichsam in ihre Bestandteile zerlegt werden, die dann wiederum in einen jeweils lokalen Kontext eingeordnet werden können. Auf diese Weise soll im Folgenden der Alltag der Arbeiterbewegungen in Leipzig und Lyon rekonstruiert und verglichen werden. Einen ersten Ansatzpunkt bieten die *Orte* an denen sich die jeweiligen Geschichten zutrugen. In Lyon war dies eine Baustelle, in Leipzig die Kreuzung zwischen Lützner und Merseburger Straße. Darüber hinaus sind die involvierten Organisationen in den Blick zu nehmen. In Leipzig standen sich Angehörige beziehungsweise Anhänger verschiedener *Parteien* gegenüber. In Lyon hingegen handelte es sich um einen (friedlich gelösten!) Konflikt zwischen verfeindeten *Gewerkschaften*.

Lyon. Für die verschiedenen Gewerkschaftsorganisationen (neben dem Cartel und der CGTU war noch ein anarcho-syndikalistisch geprägtes Syndicat Unique du Bâtiment, SUB[15] sowie die reformistische CGT aktiv, die aber beide relativ marginal blieben) war es zentral, den Zugang zu Baustellen zu kontrollieren.[16] Dabei wollten sie sicherstellen, dass nur Mitglieder ihrer eigenen Gewerkschaft auf der Baustelle Arbeit fanden. Für die Gewerkschaft hatte dies den Vorteil, dass sie sich auf eine geschlossene Belegschaft verlassen konnte, sollte es zum Streik kommen. Aber auch Arbeitgeber profitierten davon, dass nur eine Gewerkschaft auf ihrer Baustelle tätig war, garantierte dies doch eine gewisse Ruhe und Stabilität. Für Bauarbeiter in Lyon war der Arbeitsplatz der zentrale Ort, an dem »ihre« Arbeiterbewegung »stattfand«. Zwei Institutionen im Baugewerbe in Lyon waren in diesem Kontext entscheidend, die der *délégués du chantier* und die *roulantes*.[17]

Die *délégués*, die es zumindest auf größeren Baustellen gab, repräsentierten die Gewerkschaftsorganisation sowohl gegenüber den *patrons* als auch gegenüber Arbeitern. Sie hatten dafür Sorge zu tragen, dass Löhne entsprechend der Vereinbarungen mit der Gewerkschaft, in der Regel dem Cartel, gezahlt wurden, dass Sicherheitsvorkehrungen eingehalten wurden, aber auch dafür, dass die Arbeiter ihre Mitgliedsbeiträge entrichteten und sich der *dis-*

cipline syndicale unterwarfen. Kurz, sie waren vor Ort, auf den Baustellen, der Nexus zwischen Organisation und Arbeitern. Ihr Handeln, die Beziehungen, die sie tagtäglich mit den Arbeitern aufbauten, waren entscheidend, um die Arbeiter im Moment des Streiks mobilisieren zu können. Bei den *roulantes* handelte es sich um Gruppen von Gewerkschaftern, je nach Größe der Baustelle bis zu hundert Mann stark, die auf Fahrrädern – daher der Name – die verschiedenen Baustellen abfuhren und dort kontrollierten, dass nur Gewerkschaftsmitglieder beschäftigt waren. Auf diese Weise konnte sich das Cartel als machtvolle Organisation auf den Baustellen Lyons etablieren, der es unter anderem gelang zu kontrollieren, wer auf Baustellen Arbeit fand, was gerade in Zeiten von Streiks, die vom Cartel äußerst effektiv geführt wurden, entscheidend war. Damit soll nicht gesagt werden, dass andere Orte keinerlei Relevanz hatten – Cafés und Bars etwa, in denen Bauarbeiter je nach Profession getrennt verkehrten, spielten ebenso eine Rolle;[18] zentral aber war der Arbeitsplatz, an dem nicht nur Konflikte mit Arbeitgebern, sondern auch mit rivalisierenden Gewerkschaften, insbesondere der CGTU, ausgetragen wurden.

Für die Formierung der Arbeiterbewegung in Lyon spielte damit die *Berufszugehörigkeit* – das Cartel war schließlich ein Zusammenschluss der einzelnen nach Berufen organisierten *syndicats* – eine zentrale Rolle. Die Institutionen des *délégué* und vor allem der *roulantes* funktionierten speziell im Kontext des Baugewerbes, das von einer hohen Mobilität geprägt war. Arbeiter wechselten häufig die Stellung und den Arbeitgeber und waren über die gesamte Stadt verteilt. Dies machte andere Formen der Organisierung nötig als sie in dem relativ stabilen Umfeld einer Fabrik Sinn ergeben hätten. Die mobilen *roulantes* waren gleichsam die Antwort auf diese Situation. Somit ist die Lage und Organisierung der Bauarbeiterschaft nicht repräsentativ für die gesamte Arbeiterschaft Lyons, wohl aber entscheidend für die Arbeiter*bewegung* in Lyon, die vor 1935 von Bauarbeitern dominiert wurde. Etwa ein Viertel aller Streiks zwischen 1919 und 1935 involvierte Bauarbeiter, und knapp die Hälfte aller durch Streik verlorenen Arbeitstage betrafen das Baugewerbe.[19] Darüber hinaus waren Bauarbeiter die einzigen, die zwischen 1919 und 1935 konsistent und meist geschlossen am 1. Mai streikten und demonstrierten.[20] Auch hiermit ist der spezielle Fokus auf Bauarbeiter zu rechtfertigen.

Dies führt zu einem weiteren Charakteristikum der Situation in Lyon, die in der eingangs geschilderten Geschichte deutlich wird. In Lyon verliefen die Konfliktlinien innerhalb der Arbeiterbewegung in erster Linie zwischen verfeindeten Gewerkschaften. Auf der einen Seite stand dabei das Cartel Autonome du Bâtiment, auf der anderen Seite vor allem die kommunistische CGTU. Beide Organisationen lieferten sich Anfang der 1930er Jahre eine teils gewaltsame Auseinandersetzung darüber, wer auf Baustellen die Macht haben würde, eine Auseinandersetzung, aus der das explizit anti-politische Cartel siegreich hervorging.[21] Damit soll nicht behauptet werden, dass es keinerlei Konflikte zwischen Sozialisten und Kommunisten gab, sie spielten jedoch in der Praxis der Arbeiterbewegung im lokalen Rahmen eine wesentlich geringere Rolle.[22] In den Konflikten nach außen hin stellte das *patronat* den Hauptfeind der Arbeiterbewegung dar, gegen den teils auch mit tödlicher Gewalt vorgegangen wurde.[23] Zusammenfassend lässt sich festhalten, dass sich die Arbeiterbewegung in Lyon, massiv von Bauarbeitern dominiert, vor allem am Arbeitsplatz konstituierte und dass sich die Konfliktlinien der Arbeiterbewegung um Fragen der Kontrolle des Arbeitsplatzes drehten. Hier fanden die entscheidenden Praktiken der *délégués* und *roulantes* statt, die dem Cartel erlaubten, den Zugang zum Arbeitsplatz effektiv zu kontrollieren. Parteipolitik spielte in dieser Konstellation nur eine untergeordnete Rolle, ging es doch vor allem darum, Politik aus der Arbeiterbewegung (im Sinne des Cartels) fernzuhalten.

Leipzig. Die Auseinandersetzung in Leipzig spielte sich auf der Straße ab, und sie war, wie die Äußerungen der Kommunisten klar machen, eine Auseinandersetzung darum, wer an dieser Stelle politisch agieren konnte. Während es in Lyon um die Kontrolle von Baustellen ging, stand in Leipzig die Kontrolle von *Territorien* im Mittelpunkt. Gewaltsame Praktiken wie die oben geschilderte waren hierfür zentral.[24] Der tödliche Konflikt im August 1931 stellt dabei insofern eine Ausnahme dar, als dieser zwischen Kommunisten und Sozialdemokraten ausgetragen wurde.[25] In der Regel standen sich Kommunisten (und Sozialdemokraten) auf der einen Seite und Nationalsozialisten, vor allem die SA, auf der anderen Seite gegenüber.[26] Wie Nationalsozialisten versuchten, die »roten« Arbeiterviertel der Großstädte in Deutschland zu »erobern«, und wie Kommunisten versuchten diese zu »verteidigen«, ist hinlänglich bekannt und muss hier nicht nachgezeichnet werden.[27] In vergleichender Perspektive ist entscheidend, dass damit der Ort, an dem sich die Arbeiterbewegung formierte und mobilisierte, vornehmlich die Straße war, und nicht der Arbeitsplatz (wiewohl auch dieser eine Rolle spielte, wie sogleich zu sehen sein wird), dass es nicht um Kontrolle des Zugangs zum Arbeitsplatz ging, sondern darum, wer an bestimmten Stellen der Stadt politisch auftreten konnte.

Gewaltsame Praktiken waren nicht die einzigen, mittels derer die Arbeiterbewegung in Leipzig auf Straßen stattfand. Kommunisten agitierten in Hinterhöfen der Häuser und sorgten gerade in Wahlkampfzeiten dafür dass die Straßen der »roten« Arbeiterviertel in Leipzig mit roten und sowjetischen Fahnen geschmückt waren.[28] Auf diese Weise reklamierten Kommunisten symbolisch »ihre« Viertel, wie etwa den Volkmarsdorfer Markt im Leipziger Osten, eine Taktik, die sich explizit gegen die Sozialdemokratie richtete. Hatte diese dort jahrelang ihre Demonstrationen veranstaltet, so zog sie es im Mai 1931 vor, in eine »kleinbürgerliche« Straße auszuweichen, so die kommunistische Sächsische Arbeiterzeitung (SAZ).[29]

Die Straßen und Plätze der Arbeiterviertel waren aber nicht nur Orte, an denen Konflikte zwischen den verschiedenen Parteien ausgetragen wurden; sie waren auch Orte, an denen sich die lokale Arbeiterbewegung formierte, nicht zuletzt während solcher Konflikte, da hier die Arbeiterbewegung gleichsam in Aktion trat. In solchen Momenten wurden Anwohner für Aktionen auf der Straße mobilisiert, wodurch sie wiederum aktiv an der Arbeiterbewegung partizipieren konnten. Zwei Beispiele hierfür mögen genügen. Als die Arbeiterin Margret Zeichner im Oktober 1932 nach Hause ging, musste sie feststellen, dass jemand an der Haustür ein gut sichtbares Plakat angebracht hatte, das sie als Streikbrecherin brandmarkte. Gewaltsame Racheakte ihrer Nachbarn fürchtend, wandte sich Zeichner an die Polizei; ein Beamter begleitete sie daraufhin zu ihrer Wohnung, um das Plakat zu entfernen. Als Zeichners Nachbarin Lotte Saaler, die ebenso wie ihre beiden Töchter der Polizei als »aufrührerisches Element« bekannt war, dies sah, begann sie den Beamten zu beschimpfen: »Du Lump, laß bloß das Schild hängen, damit die Leute alle sehen, was hier für Streikbrecher wohnen.« Durch das Schimpfen der Saaler angelockt, versammelten sich schnell weitere, laut Polizeibericht kommunistische Anwohner in der Straße und schlossen sich dem Treiben an.[30] Auf der Straße vor dem Anwesen der Creuzigerstraße 10 formierte sich so praktisch das lokale und politisierte Arbeitermilieu. Das zweite Beispiel für eine Mobilisierung im nachbarschaftlichen Kontext betrifft eine Auseinandersetzung mit einem Nationalsozialisten namens Oswald Leuchtmann. Dieser besaß ein Geschäft in der Lorckstraße, dessen Fensterscheiben immer wieder eingeworfen wurden. Im Juli 1932 hatte er offensichtlich genug von diesem Treiben und hängte ein Schild neben die zerschlagene Scheibe: »Das sind die geistigen Waffen der Sozialdemokratie.«[31] Sichtlich empört über diese Anschuldigung versammelten sich binnen kurzem etwa 150 Menschen, laut Polizeiangaben Anhänger der SPD, was an den Drei-Pfeile-Abzeichen erkennbar war, vor dem Haus und forderten ihn auf, das Plakat abzunehmen. Als er sich weigerte, wurden ihm erneut die Scheiben zertrümmert. Erst das Überfallkommando der Polizei, die Leuchtmanns zehnjähriger Sohn informiert hatte, konnte die Menge zerstreuen. Auch in diesem Fall wurde die Straße zu einem Ort, an dem die Arbeiterbewegung, diesmal die sozialdemokratische, mobilisiert und damit praktiziert wurde. Aus vergleichender Perspektive ist zunächst festzuhalten, dass eine Mobilisierung auf der Straße in Lyon vor 1934 niemals eine ähnliche Rolle in den Praktiken der Arbeiterbewegung spielte.

Straßen und Plätze waren keineswegs die einzigen Orte, an denen die Arbeiterbewegung in Leipzig stattfand, auch wenn sie eine herausragende Bedeutung innehatten. Ebenso zu nennen sind die Sportstätten und Vereinsheime der Arbeitersportbewegung,[32] aber auch Arbeitsplätze und, insbesondere in Anbetracht der explodierenden Arbeitslosigkeit in Leipzig, Wohlfahrtsämter und die Wohnungen von Fürsorgepflegern, die dort ihrer ehrenamtlichen Tätigkeit nachgingen.[33] Überall dort konnte es zu Auseinandersetzungen zwischen Kommunisten und Sozialdemokraten kommen. In Hinsicht auf den Arbeitsplatz ist zunächst zu betonen, dass es in Leipzig keiner Organisation gelang, den Zugang zum Arbeitsplatz auf eine ähnlich effektive Weise zu kontrollieren wie es dem Cartel Autonome in Lyon gelungen war. Die Praktiken der Arbeiterbewegung am Arbeitsplatz unterschieden sich massiv von denjenigen auf Lyons Baustellen. Anders als in Lyon waren in Leipzig Betriebsratswahlen institutionalisiert und wurden somit zu einem Brennpunkt der Aktivitäten sowohl der

Freien Gewerkschaften als auch der kommunistischen Revolutionären Gewerkschaftsopposition (RGO).[34] Zwar konnte die RGO nur in wenigen Betrieben überhaupt Wahllisten vorlegen,[35] doch wo ihr dies gelang, inszenierte sie ein »politisches Theater« erster Güte, vornehmlich dadurch, dass sie im Nachhinein die Freien Gewerkschafter, die als amtierende Betriebsräte meist für die Organisation der Wahlen verantwortlich waren, des Wahlbetrugs bezichtigte. Solche Konflikte landeten regelmäßig vor dem Arbeitsgericht, ohne dass die RGO Erfolg gehabt hätte.[36] Entscheidend ist zum einen, dass damit am Arbeitsplatz parteipolitische Auseinandersetzungen stattfanden. Zum anderen ist zu betonen, dass Betriebsräte niemals eine integrative Wirkung entfalten konnten wie sie die *délégués du chantier* in Lyon hatten. Anders als in Lyon kann daher in Leipzig kaum davon gesprochen werden, dass sich die Arbeiterbewegung praktisch am Arbeitsplatz konstituierte.

Parteipolitische Konflikte kamen auch bei Streiks zum Vorschein, etwa im Oktober 1932, als die RGO, gemeinsam mit der Nationalsozialistischen Betriebszellen Organisation (NSBO) einen Streik in der Textilfabrik Tittel & Krüger inszenierte.[37] Aus Sicht der SPD und der Freien Gewerkschaften war dies nichts als eine Wahlkampfmasche der KPD, die Arbeiter gegen die SPD aufzuhetzen versuchte. Und so wurde der Streik denn auch direkt nach den Reichstagswahlen am 7. November 1932 erfolglos abgebrochen. Eine ähnliche Beobachtung lässt sich schließlich in den Vereinen der Arbeiterbewegung machen, wo die KPD seit 1928/29 die Spaltungsarbeit forcierte. Auch hier wurden die parteipolitischen Konflikte ausgetragen, wobei sich allerdings viele Kommunisten den Bemühungen ihrer Partei, in den Vereinen Parteipolitik zu betreiben, entgegenstellten.

Dies bedeutet, dass sowohl die Konflikte wie auch die Mobilisierungen der Arbeiterbewegung in einem fundamental anderen Rahmen abliefen als in Lyon, was für das Verständnis der Alltagspraktiken von zentraler Bedeutung ist. In Leipzig verliefen die Konflikte an zahlreichen Orten entlang parteipolitischer Bruchlinien. Dies führte dazu, dass Arbeiterinnen und Arbeiter, vornehmlich solche, die in irgendeiner Weise in der Arbeiterbewegung involviert waren – und das waren in Leipzig verhältnismäßig viele[38] – die Konflikte zwischen SPD und KPD teils im Wortsinne am eigenen Leib erleben konnten.[39] Sie wurden zu einer Alltagserfahrung und mehr als nur rhetorische Schlachten in

Parteizeitungen. Eine Konfliktlinie zwischen Kommunisten und Sozialdemokraten in Leipzig verdient es, in komparativer Hinsicht hervorgehoben zu werden. Viele der hier nur knapp angerissenen Praktiken waren überaus typisch für die KPD. Aus kommunistischer Sicht *sollte* die Arbeiterbewegung auf der Straße stattfinden.[40] So hieß es in SAZ im März 1930:

Hier auf dem Straßenpflaster, Hand in Hand und Seite an Seite mit seinen Klassengenossen, fühlt sich der Arbeiter als Teil der Riesenkraft, der die Welt gehört. Hier auf der Straße fühlt der Proletarier das Band, das ihn mit seinen Kollegen verbindet im Ringen um Brot, im Kampf um ein menschenwürdiges Dasein, im Kampf um die Macht. Hier auf der Straße, unter den roten Fahnen des unversöhnlichen Klassenkampfes, schmiedet sich die proletarische Kraft, entsteht der Massenwille zum Angriff, erhärtet sich der Entschluß zum Sieg.[41]

Nicht nur dort sollte kommunistische Politik stattfinden. An allen Fronten sollten Kommunisten den Klassenkampf ausfechten. Stolz verkündete die SAZ im Dezember 1930, als es um Auseinandersetzungen zwischen Sozialdemokraten und Kommunisten im (sozialdemokratisch dominierten) Konsumverein (KV) ging:

Ein Kommunist verkauft wegen seiner Existenz im KV seine Überzeugungen nicht, auch dann nicht, wenn ihm mit Entlassung gedroht wird. Ja, auch in dieser Frage unterscheiden wir uns von der SPD. Wir kämpfen an allen Fronten des Klassenkampfes, gleichviel ob im KV oder im Privatbetrieb oder auf der Stempelstelle.[42]

Sozialdemokraten hingegen wollten Politik in Gremien und Parlamente verbannen.[43] Dort konnte in Ruhe und vor allem vernünftig diskutiert werden. Kommunistische Wehrverbände stellten aus Sicht der LVZ nicht mehr ein »Militärvereinsgrüppchen« dar,[44] kommunistische Versuche, etwa in öffentlichen Freibädern zu agitieren, waren vor allem eine »Belästigung«,[45] und überhaupt veranstalteten Kommunisten nur ein »politisches Theater.«[46]

Im Vergleich mit Lyon fällt zunächst auf, dass in beiden Städten höchst umstritten war, wo Politik stattfinden sollte. So wehrte sich auch das Cartel Autonome explizit gegen den Einfluss von Politikern, das heißt in der Regel Kommunisten, in den Gewerkschaften.[47] In Leipzig jedoch hatte dieser Konflikt selbst eine parteipolitische Dimension. Die Arbeiterbewegung in Leipzig fand, anders als in Lyon, *stets* in einem politischen Feld statt. Damit soll nicht behauptet werden, die KPD hätte mit ihrer Taktik der Politisierung Erfolg gehabt; wohl aber, dass es keine »unpolitische« Alternative gegeben hätte. In Lyon fehlte diese parteipolitische Dimension. Anders als in Leipzig waren die Konflikte zwischen Kommunisten und Sozialisten (wohl aber diejenigen zwischen Kommunisten und autonomen Arbeitern) *nicht* Teil des Alltags von Arbeitern. Dies spiegelt sich in den Alltagspraktiken der Arbeiterbewegung in den jeweiligen Städten wider. Die beiden eingangs geschilderten Geschichten liefern hierfür eindrucksvolle Beispiele. Aus methodischer Sicht ist es daher bei der Interpretation von Praktiken notwendig, den begrifflichen und interpretatorischen Rahmen, in dem die Akteure handeln, stets mit im Blick zu behalten.

Der hier in aller Kürze durchgeführte Vergleich zeigt zwei höchst unterschiedliche Formierungen der Arbeiterbewegungen in Leipzig und Lyon in ihren Alltagspraktiken. Im Mittelpunkt der Praktiken der Arbeiterbewegung in Lyon standen der *Arbeitsplatz* und seine Kontrolle. Die Arbeiterbewegung spielte sich mithin in einem sozialen beziehungsweise ökonomischen Feld ab. In Leipzig hingegen standen (wenn auch keineswegs ausschließlich!) Auseinandersetzungen darüber, wer in Arbeitervierteln *politisch* handeln konnte, im Vordergrund; die Arbeiterbewegung fand hier in einem politischen Feld statt. Das bedeutet, dass sowohl Konfliktlinien als auch Mobilisierungen der Arbeiterbewegung in den jeweiligen Städten höchst unterschiedlich verliefen. In Leipzig waren die Praktiken der Arbeiterbewegung zutiefst vom Konflikt zwischen SPD und KPD geprägt (und selbstredend vom ebenfalls politischen Konflikt mit der NSDAP). Entscheidend ist dabei, dass diese Konflikte für viele Arbeiter Teil des Alltags wurden, sei es durch Gewalt, die sie selbst erlebten, oder deren Zeuge sie wurden, sei es durch Konflikte im Betrieb oder in den Vereinen. Die Situation in Lyon war von gänzlich anderen Konflikten geprägt. So spielte Gewalt in Lyon eine geringere Rolle und fand vor allem in einem anderen Kontext statt. Hier wurden nicht politische Konflikte ausgetragen, beziehungsweise Konflikte darüber, wer wo politisch agieren durfte, sondern Konflikte darüber, wer die Vergabe von Arbeitsplätzen kontrollieren würde. Wirft man den Blick auf die »externen« Feinde der Arbeiterbewegung, so ergibt sich ein ähnliches Bild. In Lyon stand dem Cartel vor allem das *Patronat*, ein sozialer Gegner, gegenüber, während in Leipzig de facto die Nationalsozialisten die größte Bedrohung für die linke Arbeiterbewegung darstellten (womit die Konflikte zwischen Sozialdemokraten und Kommunisten keineswegs heruntergespielt werden sollen).

Welchen Erkenntnisgewinn bringt dieser Vergleich? Er soll einen Beitrag dazu liefern, das Verhalten der Arbeiterbewegungen in entscheidenden Momenten, in Deutschland im Januar 1933, in Frankreich im Februar 1934, zu erklären. Es muss an dieser Stelle grob vereinfacht werden. Die deutsche Arbeiterbewegung, die vielen als die stärkste und bestorganisierte der Welt galt, kapitulierte 1933, wie es Manfred Scharrer überspitzt formulierte, »kampflos«;[48] die französische Arbeiterbewegung hingegen, schwächer und schlechter organisiert als die deutsche, reagierte mit einer ungeheuren und unerwarteten Massenmobilisierung auf die Demonstrationen der rechtsextremen Ligen in Paris am 6. Februar 1934.[49] Während man in Deutschland zurecht fragte, wo die »Rote Glut« (Alf Lüdtke) blieb,[50] kam es in Frankreich, um im Bild zu bleiben, zu einem regelrechten »roten Feuersturm«, der schließlich im Sieg der Volksfront im Mai 1936 und in den berühmten Sommerstreiks mündete.[51] Wie kann der hier skizzierte Vergleich zu einer Erklärung dieser unterschiedlichen Entwicklung beitragen?

Um diese Frage zu beantworten, ist es zunächst angezeigt, die Entwicklung in Lyon nach den Februarereignissen 1934 wenigstens in groben Zügen zu skizzieren. In Lyon kam es, wie im Rest Frankreichs, zu Demonstrationen und einem eintägigen Generalstreik gegen die »faschistische Bedrohung«.[52] Die antifaschistische Mobilisierung setzte sich in den Monaten danach in Form von *comités antifascistes* fort, an denen sich sowohl Kommunisten wie auch Sozialisten beteiligten.[53] Diese Mobilisierung war eine explizit *politische* Mobilisierung, die sich in den Nachbarschaften und, oft in gewaltsamen Ausschreitungen, auf den Straßen und Plätzen Lyons abspielte. Damit änderte sich das Terrain der Auseinandersetzungen in doppeltem Sinne, sowohl was das *Feld* der Auseinandersetzungen anbelangt als auch deren konkrete Orte. Es waren nicht mehr *ökonomische* Kämpfe um bessere Löhne und die Kontrolle des Arbeitsplatzes, die auf Baustellen ausgetragen wurden, sondern *politische* Kämpfe, bei denen die Verfassung der Nation auf dem Spiel stand, die sich auf Straßen und Plätzen abspielten.[54]

Diese Mobilisierung lässt sich durch den Vergleich mit Leipzig besser verstehen. In Leipzig waren politische Konflikte Teil des Alltags zahlreicher Arbeiter, was zum einen dazu führte, dass sich die Gräben zwischen KPD und SPD im lokalen Milieu (re)produzierten und vertieften. Die Ermordung Max Warkus' etwa demonstrierte eindrucksvoll die Brutalität der Kommunisten, während auf der anderen Seite für Kommunisten tödlich verlaufende Polizeieinsätze die These vom Sozialfaschismus belegen konnten, war doch Polizeipräsident Fleißner ein Sozialdemokrat.[55] Zum anderen führte die Politisierung des Alltags dazu, dass sich viele Arbeiter, selbst Mitglieder der KPD, von Politik belästigt fühlten, sich grundsätzlich von Politik abwandten und sich lieber ihrem geselligen Vereinsleben widmeten.

In Lyon gab es solche Konflikte nicht. Hier waren weder die Auseinandersetzungen zwischen Sozialisten und Kommunisten Teil des Alltags der Arbeiterbewegung, noch fühlten sich Arbeiter von den permanenten Agitationsversuchen der Kommunisten belästigt. Diese Absenz von Politik schuf gleichsam einen Raum, in dem eine *politische* Mobilisierung stattfinden konnte. Nun zählten alte »gewerkschaftliche« Differenzen nicht mehr; ein gemeinsamer *politischer* Feind ließ alte Gegner zusammenrücken. Gleichzeitig machte in dieser Situation die anti-politische Haltung des Cartel Autonome wenig Sinn. Es ist daher bezeichnend, dass eine kommunistische Fraktion im Laufe des Jahres 1935 die Macht im Cartel übernahm.[56] Der Vergleich zeigt, dass die vermeintliche Stärke der deutschen Arbeiterbewegung, wenigstens in Leipzig, im Moment der Krise zu einer Schwäche wurde, während sich die vermeintliche Schwäche der französischen Arbeiterbewegung, wenigstens in Lyon, als eine Stärke herausstellte.

Zum Schluss: Wie Alltag verglichen werden könnte

Welche *methodischen* Schlussfolgerungen können aus diesem Vergleich in Hinsicht auf eine vergleichende Alltagsgeschichte gezogen werden? Als Grundstoff können die *Geschichten* von Alltagsgeschichte dienen; diese müssen jedoch in ihre Bestandteile aufgebrochen werden, um einen Vergleich zu ermöglichen, was, wie oben ausgeführt, auf vielerlei Weise geschehen kann. Welche

Elemente dabei einen fruchtbaren Vergleich versprechen, hängt jeweils von der spezifischen Fragestellung ab. Dabei würde es sich als hinderlich erweisen, bei jeweils einer Dimension stehen zu bleiben. Um etwa *Alltagspraktiken* vergleichen zu können, ist nach deren Ort zu fragen; ebenso danach, in welchem organisatorischen und interpretatorischen Rahmen sie stattfinden. Dies könnte ein Ansatz sein, einerseits Komplexität zu bewahren, andererseits aber zu abstrahieren, um Vergleichsmöglichkeiten zu schaffen. Nicht alle Elemente werden sich dabei für einen Vergleich als relevant herausstellen, und eine Herausforderung des Vergleichs liegt eben darin, Relevantes zu identifizieren. Gerade Alltagsgeschichten sind komplex, widersprüchlich und oft verwirrend. Diese »Verwirrung« *und* die zur Analyse notwendige Abstraktion in einem spannungsreichen Verhältnis aufrecht zu erhalten, ist eine Herausforderung für einen alltagshistorischen Vergleich. Solche Vergleiche müssten sich keineswegs auf nationale Vergleiche beschränken. Ebenso ließen sich synchron oder diachron unterschiedliche Orte innerhalb eines Nationalstaats, aber auch soziale Schichten, Frauen und Männer oder Generationen vergleichen.

Ein solcher Vergleich könnte eine (und nur eine!) Möglichkeit sein, die Relevanz alltäglicher Phänomene für »größere« Entwicklungen hervorzuheben. Klassischerweise kann ein Vergleich dazu beitragen, Unterschiede wie auch Ähnlichkeiten zu identifizieren, die wiederum dazu beitragen können, Erklärungen für historischen Wandel zu formulieren, aber auch kritisch danach zu fragen, welchen Einfluss angeblich tiefe, strukturelle Wandlungen auf den Alltag der Menschen haben. Zwar lassen sich zahlreiche durch einen Vergleich gewonnene Argumente *ex post*, das heißt *nach* dem Vergleich, auch am einzelnen Beispiel demonstrieren; der vergleichende Blick aber schärft den analytischen Blick. Auf diese Weise mag der Vergleich dazu beitragen, Brücken zwischen Mikro- und Makrogeschichte zu schlagen.

Anmerkungen

1 Vgl. *Haupt, H.-G.* u. *J. Kocka*, Historischer Vergleich: Methoden, Aufgaben, Probleme. Eine Einleitung, in: dies. (Hg.), Geschichte und Vergleich. Ansätze und Ergebnisse international vergleichender Geschichtsschreibung, Frankfurt/Main 1996, S. 9–45, hier S. 22 f.

2 Verwiesen sei auf die Ausgaben der Werkstatt*Geschichte* 40 (02/2006): Alltagsgeschichte transnational, 43 (11/2006): Empire is coming home, und 45 (06/2007): Globale Waren. Ein Blick in die *Historische Anthropologie* bringt ähnliches zutage: Zwar finden sich auch dort immer wieder Aufsätze mit einer globalen Perspektive, aber kaum explizit vergleichende Studien. Ebenso wenig spielt der Vergleich in einem kürzlich erschienen Review Article zur Alltagsgeschichte eine Rolle, siehe *Steege, P.* u.a., The History of Everyday Life: A Second Chapter, in: Journal of Modern History 80 (2008), S. 358–278. Zur Alltagsgeschichte allgemein siehe *Lüdtke, A.* (Hg.), Alltagsgeschichte: Zur Rekonstruktion historischer Erfahrungen und Lebensweisen, Frankfurt/Main 1989; sowie *ders.*, Alltagsgeschichte – ein Bericht von Unterwegs, in: Historische Anthropologie 11 (2003), S. 278–295.

3 Vgl. *Fitzpatrick, S.* u. *A. Lüdtke*, Energizing the Everyday: On the Breaking and Making of Social Bonds in Nazism and Stalinism, in: *M. Geyer* u. *S. Fitzpatrick*, Beyond Totalitarianism. Stalinism and Nazism Compared, Cambridge 2009, S. 266–301.

4 Und für einen Beitrag zur Alltagsgeschichte finden sich in dem Aufsatz verblüffend verallgemeinernde Aussagen, siehe etwa S. 275: »Now [mit dem Beginn des Zweiten Weltkriegs] the endangered ›fatherland‹ … dominated in people's minds.«

5 Die Literatur zur Arbeiterbewegung in dieser Zeit füllt Bände. Hier sei nur auf drei Studien zu Lyon bzw. Leipzig verwiesen: *Vogel, J.*, Der sozialdemokratische Parteibezirk Leipzig in der Weimarer Republik. Sachsens demokratische Tradition, 2 Bd., Hamburg 2006; *Voigt, C.*, Kampfbünde der Arbeiterbewegung. Das Reichsbanner Schwarz-Rot-Gold und der Rote Frontkämpferbund in Sachsen 1924–1933, Köln 2009; *Moissonnier, M.*, Le mouvement ouvrier rhodanien dans la tourmente, 1934–1945, 2 Bd., Lyon 2004. Quellen und Literaturverweise zum empirischen Material sind hier kurz gehalten.

6 Vgl. *Mallmann, K.-M*, Kommunisten in der Weimarer Republik: Sozialgeschichte einer revolutionären Bewegung, Darmstadt 1996. Zur Kontroverse um sein Buch, siehe Andreas Wirsching, ›Stalinisierung‹ oder entideologisierte ›Nischengesellschaft‹? Alte Einsichten und neue Thesen zum Charakter der KPD in der Weimarer Republik, in: Vierteljahrshefte für Zeitgeschichte 45 (1997), S. 449–446; sowie die (aus meiner Sicht überzeugende) Replik *Mallmanns*, Gehorsame Parteisoldaten oder eigensinnige Akteure? Die Weimarer Kommunisten in der Kontroverse – Eine Erwiderung, in: Vierteljahrshefte für Zeitgeschichte 47 (1999), S. 401–415. Siehe in diesem Kontext auch *Swett, P.E.*, Neighbors and Enemies: the

Culture of Radicalism in Berlin, 1929–1933, Cambridge 2004; *Weitz, E. D.*, Creating German Communism, 1890–1990: from Popular Protests to Socialist State, Princeton 1997; sowie *Epstein, C.*, The Last Revolutionaries. German Communists and Their Century, Cambridge 2003.

7 Dieser praxeologische Ansatz ist inspiriert von *Reichardt, S.*, Faschistische Kampfbünde: Gewalt und Gemeinschaft im italienischen Squadrismus und in der deutschen SA, Industrielle Welt Bd. 63, Köln 2002.

8 Ich verwende diesen Begriff in Anlehnung an die Überlegungen in *Hörning, K. H.* u. *J. Reuter* (Hg.), Doing Culture: Neue Positionen zum Verhältnis von Kultur und sozialer Praxis, Bielefed 2004.

9 Siehe hierzu *Steege* u. a., The History of Everyday Life, S. 373–377. Diese Episoden in ihrer Komplexität und Widersprüchlichkeit zu analysieren ist gleichsam das Geschäft der Alltagsgeschichte. Zwei Beispiele werden unten gegeben.

10 Siehe hierzu *Auslander, L.*, Taste and Power. Furnishing Modern France, Berkeley 1996; *dies.*, Cultural Revolutions. Everyday Life and Politics in Britain, North America and France, Berkeley 2009; sowie *Auslander* u. a., AHR Conversation: Historians and the Study of Material Culture, in: American Historical Review 114 (2009), S. 1355–1404.

11 Siehe hierzu *Steege* u. a., The History of Everyday Life, S. 363–368.

12 Dabei sollte klar sein, dass die Frage nach dem Erkenntnisgewinn, anders als in der Präsentation des Arguments hier, stets immer auch am Beginn einer Forschungsarbeit bedacht werden sollte. Blind drauflos zu vergleichen mag vielleicht manchmal überraschende Ergebnisse zutage fördern, erscheint mir jedoch prinzipiell ein problematisches Verfahren zu sein.

13 Vgl. *Fau, A.*, Maçons au pied du mur. Chronique de 30 années d'action syndicale, o. O. 1989, S. 135. Der genaue Zeitpunkt geht aus den Ausführungen Faus leider nicht hervor. Für Beispiele gewaltsamer Auseinandersetzungen, die es insbesondere 1930 gab, siehe ebd., S. 99, 117. Siehe auch *Auzias, C.*, Mémoires libertaires. Lyon 1919–1939, Collection Chemins de la mémoire, Paris 1993, S. 98.

14 Siehe Staatsarchiv Leipzig, PP St. 98, sowie Leipziger Volkszeitung (LVZ), 17.8.1931, sowie die folgenden Tage. Dort auch die Zitate.

15 Siehe hierzu *Ratel, B.*, L'Anarcho-Syndicalisme dans le bâtiment en France entre 1919 et 1939, Paris 2000 (unveröffentlichte mémoire de maîtrise).

16 Vgl. *Fau*, Maçons au pied du mur, S. 101. Zur Geschichte der Bauarbeiter in Lyon siehe allgemein *de Ochandiano, J.-L.*, Formes Syndicales et Luttes Sociales dans l'Industrie du Bâtiment, Lyon 1926–1939: Une Identité Ouvrière Assiégée?, Lyon 1995/96 (unveröffentlichte mémoire de maîtrise). Leider ist diese exzellente Mémoire de Maîtrise nicht veröffentlicht. Zur Geschichte der Bauarbeiter in Lyon in längerfristiger Perspektive siehe *ders.*, Lyon. Un Chantier Limousin. Les Maçons Migrants (1848–1940), Lyon 2008. Zur Entwicklung der Gewerkschaften in Lyon in der Zwischenkriegszeit, siehe *Auzias*, Mémoires libertaires, S. 55–110.

17 Zu diesen Institutionen siehe *Ochandiano*, Formes Syndicales et Luttes Sociales, S. 74–85. Zu den *délégués du chantier*, siehe L'Effort, 7.5.1932. Der

Effort war die Zeitung des Cartel Autonome. Zu den *roulantes*, siehe auch *Fau*, Maçons au pied du mur, S. 135; sowie *Tissot, R.*, La roulante: chronique d'une grève assassinée, Collection Lignes de force, Lyon 1995.

18 Vgl.*Ochandiano*, Formes Syndicales et Luttes Sociales, S. 70–72.

19 Vgl. *ders.*, Lyon. Un Chantier Limousin, S. 230f.

20 Vgl. *Auzias*, Mémoires libertaires, S. 90, 104f.

21 Der Konflikt zwischen Cartel und CGTU lässt sich anhand der Zeitungen L'Effort (Cartel) und Le Travail (kommunistisch) zwischen 1930 und 1932 nachvollziehen, sowie Akten in den Archives Départementales du Rhône (ADR), 10M465, 10M466.

22 Dies wird vor allem im Vergleich mit Leipzig deutlich. Anders als in Leipzig finden sich in Lyon keine Beispiele für Gewalt zwischen Kommunisten und Sozialisten, für kommunistische Versuche, die sozialistische Partei zu unterwandern, wie es regelmäßig in Leipzig geschah, oder für gegenseitige Denunziationen. Einerseits deutet dies darauf hin, dass die Beziehungen zwischen Kommunisten und Sozialisten in Lyon nicht so vergiftet waren wie in Leipzig, andererseits aber auch darauf, dass Parteien in der Arbeiterbewegung in Lyon eine eher untergeordnete Rolle spielten. Für ein solches Argument, das auf der *Absenz* von Quellen beruht, ist der Vergleich äußerst hilfreich.

23 Vgl. *Fau*, Maçons au pied du mur, S. 112f.

24 Gewalt in der Weimarer Republik ist ein gut erforschtes Gebiet, siehe etwa *Rosenhaft, E.*, Links gleich rechts? Militante Straßengewalt um 1930, in: *T. Lindenberger* u. *A. Lüdtke* (Hg.), Physische Gewalt: Studien zur Geschichte der Neuzeit, Frankfurt/Main 1995 S. 238–275; *Schumann, D.*, Politische Gewalt in der Weimarer Republik 1918–1933: Kampf um die Straße und Furcht vor dem Bürgerkrieg, Essen 2001; *Reichardt*, Faschistische Kampfbünde. Auch in Leipzig kam es zu massiver politischer Gewalt, siehe etwa Staatsarchiv Leipzig, PP St 92.

25 Gleichwohl kam es auch immer wieder zu gewaltsamen Auseinandersetzungen zwischen Kommunisten und Sozialdemokraten, beispielsweise als kommunistische Jugendliche eine Veranstaltung der Sozialistischen Arbeiterjugend (SAJ) im November 1930 sprengten, siehe Staatsarchiv Leipzig, PP S 2427. Zum Verhältnis von KPD und SPD am Ende der Weimarer Republik siehe grundsätzlich *Aviva A.*, The SPD and the KPD at the End of the Weimar Republic: Similarity within Contrast, in: Internationale Wissenschaftliche Korrespondenz zur Geschichte der deutschen Arbeiterbewegung 14 (1978), S. 171–186, *Dorpalen, A.*, SPD und KPD in der Endphase der Weimarer Republik, in: Vierteljahrshefte für Zeitgeschichte 31 (1983), *Mallmann*, Kommunisten, S. 365–380. Mallmann zeichnet allerdings ein, zumindest für Leipzig, zu harmonisches Bild von Beziehungen zwischen Sozialdemokraten und Kommunisten. Siehe auch *Weber, H.*, Hauptfeind Sozialdemokratie. Strategie und Taktik der KPD 1929–1933, Düsseldorf 1982.

26 Zu weiteren tödlich verlaufenden politischen Auseinandersetzungen kam es ausschließlich mit Beteiligung der Nationalsozialisten. Im Juni 1930 er-

schlugen Nationalsozialisten einen jungen Kommunisten bei der Landagitation im nahegelegenen Eythra. Als einzig Kommunisten für diesen Zusammenstoß verurteilt wurden, die Nationalsozialisten aber freigesprochen wurden, kam es im Juli 1931 zu einer kommunistischen Demonstrationen, in deren Gefolge ein Nationalsozialist erschossen wurde. Darüber hinaus wurden im Februar 1931 und im Oktober 1932 Nationalsozialisten in Auseinandersetzungen getötet; im Februar 1933 erstachen diese einen Sozialdemokraten, siehe Staatsarchiv Leipzig, PP St 7, Bl. 107, 153, PP St 92, Bl. 110 ff., sowie unnummerierte Blätter, Berichte vom 17.10.1932 und 26.2.1933.

27 Siehe *Schmiechen-Ackermann, D.*, Nationalsozialismus und Arbeitermilieus: der nationalsozialistische Angriff auf die proletarischen Wohnquartiere und die Reaktion in den sozialistischen Vereinen, Politik- und Gesellschaftsgeschichte Bd. 47, Bonn 1998; *Reichardt*, Faschistische Kampfbünde. In Leipzig lässt sich diese Auseinandersetzung am Besten in den Berichten der SAZ nachvollziehen, die immer wieder berichtete, der »rote« Westen oder Osten hätte die National Sozialisten zurückgeschlagen. So berichtete die SAZ etwa stolz nach Straßenschlachten aus Anlass einer Demonstration von Nationalsozialisten im Seeburgerviertel, einer kommunistischen Hochburg in der die »Ärmsten der Armen« wohnten: »SPD-, Reichsbanner- und KPD-Arbeiter standen an den Eingängen der Straße des Viertels bereit, mit ihrem Leben Frauen und Kinder gegen einen Mordüberfall der braunen Mordpest zu schützen.« SAZ, 28.6.1932.

28 Siehe etwa SAZ, 30.8.1930, sowie Staatsarchiv Leipzig, PP S 4208, PP S 6726, PP S 8413. Siehe weiterhin *Korff, G.*, Rote Fahnen und Geballte Fäuste. Zur Symbolik der Arbeiterbewegung in der Weimarer Republik, in: *P. Assion* (Hg.), Transformationen der Arbeiterkultur, Marburg 1986, sowie *Paul, G.*, Krieg der Symbole. Formen und Inhalte des symbolpublizistischen Bürgerkriegs 1932, in: *D. Kerbs* u. *H. Stahr* (Hg.), Berlin 1932: das letzte Jahr der ersten deutschen Republik. Politik, Symbole, Medien, Berlin 1992, S. 27–55. In Bezug auf Leipzig, siehe *Vogel*, Der sozialdemokratische Parteibezirk Leipzig, S. 731.

29 Vgl. SAZ, 27.5.1931.

30 Siehe Staatsarchiv Leipzig, PP S 7024/32. Leider enthält der Polizeibericht keine Informationen darüber, ob Zeichner noch Opfer von Gewalt wurde. Die Nachbarschaft jedenfalls wusste nun sicherlich, was für eine Streikbrecherin sie war. Hier auch alle weiteren Zitate zu diesem Fall.

31 Siehe Staatsarchiv Leipzig, PP S 3129. Hier auch alle weiteren Angaben zu dem Fall.

32 Siehe etwa *Heidenreich, F.*, Arbeiterkulturbewegung und Sozialdemokratie in Sachsen vor 1933, Demokratische Bewegungen in Mitteldeutschland, Bd. 3, Köln 1995; *Adam, T.*, Arbeitermilieu und Arbeiterbewegung in Leipzig 1871–1933, Demokratische Bewegungen in Mitteldeutschland, Bd. 8, Köln 1999. Auseinandersetzungen wegen kommunistischer Fraktionsarbeit in der Fußballersparte des Leipziger Arbeiter Turn- und Sportbundes sind dokumentiert in *Gellert, C.*, Kampf um die Bundeseinheit.

Zusammengestellt unter Verwendung der Niederschrift über die Verhandlungen der Vorstände-Konferenz der Sächsischen Spielvereinigung vom 28. September 1929, Leipzig 1929. Der Fall wird dargestellt und diskutiert in *Häberlen, J.*, Indépendance du sport ou lieu de politisation: la relation problématique entre le mouvement sportif ouvrier et les partis ouvriers à la fin de la République de Weimar, in: *J. Rowll* u. *A.-M. Saint-Gille* (Hg.), La société civile organisée aux XIXe et XXe siècles: perspectives allemandes et françaises, Lyon 2010.

33 Die Arbeitslosigkeit explodierte in Leipzig von 27.479 im Juni 1929 auf 102.357 im Juli 1932. Siehe Statistisches Amt Leipzig (Hg.), Statistische Monatsberichte der Stadt Leipzig, Leipzig 1932. In Leipzig war die kommunale Wohlfahrt so organisiert, dass Fürsorgepfleger, die nach Parteienproporz der in der Stadtverordnetenkammer vertretenen Parteien bestimmt wurden, sich um Fürsorgeempfängern kümmerten, was oft in den Wohnungen der Pfleger geschah. Dies führte immer wieder zu Konflikten zwischen sozialdemokratischen Fürsorgepflegern und kommunistischen Fürsorgeempfängern, die insbesondere von der kommunistischen Presse als politische Konflikte inszeniert wurden, während die sozialdemokratische Presse versuchte, die Konflikte zu entpolitisieren, siehe etwa SAZ, 26.7.1930, LVZ, 2.8.1930. Zur Organisation der Wohlfahrt in Leipzig siehe *Brandmann, P.*, Leipzig zwischen Klassenkampf und Sozialreform: kommunale Wohlfahrtspolitik zwischen 1890 und 1929, Geschichte und Politik in Sachsen, Bd. 5, Köln 1998; *Paulus, J.*, Kommunale Wohlfahrtspolitik in Leipzig 1930 bis 1945. Autoritäres Krisenmanagement zwischen Selbstbehauptung und Vereinnahmung, Geschichte und Politik in Sachsen, Bd. 8, Köln 1998.

34 Zur RGO siehe *Müller, W.*, Lohnkampf, Massenstreik, Sowjetmacht: Ziele und Grenzen der »Revolutionären Gewerkschafts-Opposition« (RGO) in Deutschland 1928 bis 1933, Köln 1988, zu kommunistischen Betriebszellen siehe *Kücklich, E.* u. *S. Weber,* Die Rolle der Betriebszellen der KPD in den Jahren der Weimarer Republik, in: Beiträge zur Geschichte der Arbeiterbewegung 22 (1980), S. 116–130. Siehe auch *Mallmann*, Kommunisten, S. 199–213.

35 Siehe etwa BArch RY 1/I 3/8–10/155.

36 Siehe zahlreiche Akten des Arbeitsgerichts in Leipzig im dortigen Staatsarchiv, etwa Nummern 20140/7, 20140/142, 20140/180.

37 Zu dem Streik siehe SAZ und LVZ, 25.10.1932–8.11.1932, sowie BArch RY 1 I/3/8–10/145 und RY 1 I/3/8–10/158.

38 Die KPD in Leipzig hatte 1932 6.634 Mitglieder, die SPD 1930 29.171 Mitglieder, was knapp 4 % der Bevölkerung entsprach; die SAJ hatte im selben Jahr 1.602 Mitglieder, was etwa 1,4 % der Jugend entsprach; im Allgemeinen Deutschen Gewerkschaftsbund (ADGB) schließlich waren 114.219 Personen organisiert. Alle Zahlen nach *Vogel*, Der sozialdemokratische Parteibezirk Leipzig, S. 669 f., 677, 728 f.

39 Diese Einschätzung widerspricht den Ergebnissen Alexander von Platos im Ruhrgebiet, der betont, dass die Arbeiterbewegung keine große Rolle

im Alltag der Arbeiter gespielt habe. Die quellenbasierten Ergebnisse aus Leipzig deuten in eine andere Richtung. Vielleicht ist bei den Interviews, die von Plato geführt hat, eine gewisse verklärende Nostalgie, ein Wunsch nach (unpolitischer) Harmonie in der Vergangenheit zu erkennen, siehe *von Plato, A.*, »Ich bin mit allen gut ausgekommen« oder: War die Ruhrarbeiterschaft vor 1933 in politische Lager zerspalten?, in: *A. von Plato* u. *L. Niethammer* (Hg.), »Die Jahre weiß man nicht, wo man die heute hinsetzen soll.« Lebensgeschichte und Sozialkultur im Ruhrgebiet 1930 bis 1960, Bd. 1, Berlin 1983, S. 31–65.

40 In diesem Kontext ist selbstredend auf die Nationalsozialisten einzugehen, deren »Angriffe« auf die Arbeiterviertel eine massive physische Bedrohung für die Kommunisten darstellten. Während Kommunisten diese als genuin *politische* Gefahr auffassten – schließlich spielte sich Politik auf der Straße ab – sahen Sozialdemokraten vor allem eine Gefahr für Ruhe und Ordnung, aber bestritten eben, dass hier Politik stattfand. In diesem Sinne trugen auch die unterschiedlichen Vorstellungen von Politik dazu bei, dass sich Kommunisten und Sozialdemokraten nicht gemeinsam den Nationalsozialisten in den Weg stellten.

41 Siehe SAZ, 6.3.1930.

42 Siehe SAZ, 10.12.1930.

43 Das Politikverständnis der SPD wird etwa in Beschwerden über andauernde Diskussionen vor dem Volkshaus deutlich, wo »Nachläufer der Siamesischen Zwillinge, Thälmann-Hitler« fortgesetzt ihren geistigen abluden, so ein Leserbriefschreiber. Für Diskussionen sei nicht die Straße, sondern die Räume der Organisationen da. Siehe LVZ, 17.9.1931. Zum Politikverständnis von SPD und KPD, siehe auch *Marquardt, S.*, Polis contra Polemos. Politik als Kampfbegriff in der Weimarer Republik, Köln 1997, S. 176–200.

44 Siehe LVZ, 20.2.1930.

45 Siehe LVZ, 19.8.1932, 2.9.1932.

46 Siehe Staatsarchiv Leipzig, Arbeitsgericht, 20140/7.

47 Siehe *Auzias*, Mémoires libertaires, S. 77.

48 Vgl. *Scharrer, M.*, Kampflose Kapitulation: Arbeiterbewegung 1933, Reinbek bei Hamburg 1984. Siehe kritisch zu den Möglichkeiten der Arbeiterbewegung den Faschismus zu verhindern *Deppe, F.* u. *W. Roßmann*, Hätte der Faschismus verhindert werden können? Gewerkschaften, SPD und KPD 1929–1933, in: Blätter für deutsche und internationale Politik 28 (1983), S. 18–29. Die KPD hatte 1932 etwa 252.000 zahlende und 360.000 eingeschriebene Mitglieder, siehe *Mallmann*, Kommunisten, S. 87.

49 Zur Volksfront in Frankreich siehe *Jackson, J.* The Popular Front in France. Defending Democracy, 1934–38, Cambridge 1988; *Prost, A.*, Autour du Front populaire: Aspects du mouvement social au XXe siècle, Paris 2006. Zu Lyon siehe *Faure, J.*, Le Front Populaire à Lyon et autour de Lyon. Evénements, Images et Représentations (Avril – Juillet 1936), Lyon, 1998 (unveröffentlichte mémoire de maîtrise). Die PCF hatte 1932, je nach Quelle, zwischen 25.000 und 32.000 Mitglieder, siehe *Mortimer, E.*, The

rise of the French Communist Party, 1920–1947, London 1984, S. 113, *Harr, K.*, The Genesis and Effect of the Popular Front in France Lanham 1987, S. 13. Zur PCF siehe weiterhin *Girault, J.*, Sur l'implantation du Parti communiste français dans l'entre-deux-guerres, Paris 1977; *Fourcaut, A.*, Bobigny, banlieue rouge, Paris 1986.

50 Vgl. *Lüdtke*, Wo blieb die »rote Glut«? Arbeitererfahrungen und deutscher Faschismus, in: *ders.*, Alltagsgeschichte, S. 224–282.

51 Zu den Streiks in Frankreich siehe *Prost, A.*, Les grèves de Mai-Juin 1936 revisitées, in: Le Mouvement social 200 (2002), S. 33–54; *Sirot, S.*, La vague de grèves du Front Populaire: des interprétations divergentes et incertaines, in: *G. Morin* u. *G. Richard* (Hg.), Les deux France du Front populaire. Chocs et contre-chocs, Paris 2008, S. 51–62. Zu Lyon, siehe *Walter, N.*, Les grèves du juin/juillet 1936 dans l'agglomération lyonnaise, Lyon 1999 (unveröffentlichte mémoire de maîtrise).

52 Siehe ADR 4M235, und 10M470, CGTU – Organisation d'une grève générale à la fin du mois de Mars; siehe weiterhin die Presse in Lyon, Lyon Républicain, 8.2–12.21934, La Voix du Peuple (PCF), 10.2. und 17.2.1934, und L'Avenir Socialiste (SFIO), 10.2. und 17.2.1934. Siehe Auch *Fauvet-Messat, A.*, Extrême Droite et Antifascime à Lyon: Autour du 6 Février 1934, Lyon 1996 (unveröffentlichte mémoire de maîtrise), S. 73–87; *Moissonnier*, Le mouvement ouvrier rhodanien, Bd. 1, S. 226f.

53 Siehe l'Avenir Socialiste, 6.4.1934, 13.4.1934. Siehe auch *Fauvet-Messat*, Extrême Droite et Antifascime à Lyon, S. 165–71; *Moissonnier*, Le mouvement ouvrier rhodanien, Bd. 1, S. 249.

54 Siehe beispielsweise La Voix du Peuple, 10.3.1934, 17.3.1934, 24.3.1934, 5.5.1934, 12.5.1934, 19.5.1934. Eine besonders gewaltsame Ausschreitung fand am 19. Juni 1934 statt, als Sozialisten und Kommunisten gemeinsam gegen eine Versammlung der rechten Front National demonstrierten. Als die Polizei gegen die Menge vorging, verletzte sie den jungen kommunistischen Bauarbeiter Louis Juston so schwer, dass er an den Folgen starb, siehe Lyon Républicain, 21.6., 29.6., 2.7., 3.7.1934, La Voix du Peuple 30.6., 7.7.1934, sowie *Moissonnier*, Le mouvement ouvrier rhodanien, Bd. 1, S. 275. Siehe grundsätzlich *Passmore, K.*, From Liberalism to Fascism: The Right in a French Province, 1928–1939, Cambridge 1997, S. 229–236. Insofern gehört auch die eingangs geschilderte Auseinandersetzung eigentlich in eine andere Periode, nahm doch die Bedeutung des Arbeitsplatzes im Frühjahr 1934 eher ab, auch wenn er nicht vollkommen irrelevant wurde. Die Episode ist gleichwohl insofern bezeichnend, da nach dem Februar 1934 gewaltsame Auseinandersetzungen zwischen Kommunisten und Autonomes vermieden wurden.

55 Zwischen 1929 und 1933 wurden mindestens neun Arbeiter bei kommunistischen Demonstrationen erschossen, wobei aber auch zwei Polizisten beim Reichjugendtag des KJVD Ostern 1930 von jungen Kommunisten regelrecht gelyncht wurden, siehe SAZ, 22.4.1930, 5.5.1930, 4./5.12.1930, 26.3.1931.

56 Vgl. *Ochandiano*, Formes Syndicales et Luttes Sociales, S. 152–158.

Schlusswort

Jakob Hort

Vergleichen, Verflechten, Verwirren

Vom Nutzen und Nachteil der Methodendiskussion in der wissenschaftlichen Praxis: ein Erfahrungsbericht

Hervorstechendstes Kennzeichen der (post-)modernen Geschichtswissenschaft ist ihre Fragmentierung. Auf Konferenzen und in Kolloquien staunt man nicht nur über die Vielfalt der Themen, sondern auch die Heterogenität von Theorieentwürfen und -adaptionen und die Bandbreite von Methoden und Ansätzen. Nicht selten drängt sich der Eindruck auf, dass die Vortragenden ganz unterschiedlichen Fachgebieten angehören – zumindest nicht mehr dem eigenen – und kaum noch über gemeinsame Begrifflichkeiten verfügen.[1] Natürlich ist dies in erster Linie ein Ergebnis von fortschreitender Spezialisierung und Binnendifferenzierung und insofern eine fast logische Konsequenz wissenschaftlicher Arbeit, die fast allen Fachgebieten gemein ist. Doch gibt es dafür meines Erachtens auch eine fachspezifische Disposition, angereichert durch Anreize, die der gegenwärtige Modus des Wissenschaftsbetriebs stiftet: Fachspezifisch ist eine gewisse althergebrachte Theorieferne, die, positiv gewendet, auch als angesichts der Grenzenlosigkeit des Stoffs notwendige Flexibilität und Offenheit für die Eigenlogiken unterschiedlichster Denksysteme bezeichnet werden könnte.

Während der Befund einer grundsätzlichen »Theoriebedürftigkeit«[2] der Geschichte im Sinne einer grundlegenden abstrakten Vorstellung von historischer Realität evident ist, scheint mir jedoch die Klage über die »Theoriearmut«[3] längst nicht mehr angebracht, im Gegenteil: Die moderne Geschichtswissenschaft lebt seit vierzig Jahren von den Impulsen, die sie aus der Auseinandersetzung mit Theorien und Modellen benachbarter Wissenschaften, vor allem der Soziologie, Ethnologie und Literaturwissenschaft, bezieht, und erschließt sich darüber nicht nur neue methodische Zugänge, sondern auch Gegenstandsbereiche. Man kann für die Gegenwart geradezu von einer Lust am Experimentieren mit deren Konzepten, am Verfeinern und Systematisieren von Methoden, an der Schöpfung und Weiterentwicklung »neuer« Begrifflichkeiten sprechen. Unzweifelhaft hat die Auseinandersetzung mit Theorien und Methoden die Forschung beflügelt und ihr wichtige Impulse gegeben, doch wirkt die Auseinandersetzung mit Theorien bei historischen Arbeiten zu oft wie eine rhetorische Fingerübung.

Um mich nicht sofort dem Vorwurf der »Theoriefeindschaft«[4] auszusetzen, wie sie Historikerinnen und Historikern immer wieder unterstellt wird: Der besondere Reiz großer Synthesen und generalisierender Analysen besteht gerade in der intelligenten Anwendung und Schöpfung von Theorien, die eine übergeordnete Vorstellung von den chaotischen Zeitläuften liefern, Zusammenhänge veranschaulichen und innere Logiken aufzeigen.[5] Eine solche Theorie zeichnet sich in erster Linie durch ihre Erklärungskraft aus, ist plausibel und relevant, zugleich umstandslos objektivierbar und falsifizierbar, ist schlicht, abstrakt und elegant – kurz: sie trägt zu Klarheit und Vereinfachung bei.

In der Praxis ist jedoch oftmals das Gegenteil zu beobachten. Ein starker Theoriebezug gehört in wissenschaftlichen Qualifizierungsarbeiten mittlerweile zum Standard und wird durch das Wissenschaftssystem noch gefördert. Ob er inhaltlich begründet ist, spielt dabei selten eine Rolle, vielmehr erfolgt er einerseits aus einer defensiven Haltung der Absicherung gegen den Vorwurf der methodischen Unschärfe und Beliebigkeit. Die Folge ist, dass in vielen Arbeiten dem empirischen Kern ein seltsam losgelöster theoretischer Teil voransteht, auf den – wenn überhaupt – erst in der Zusammenfassung wieder Bezug genommen wird. Was der Beitrag der Theorie zum historischen Problem sein soll und was umgekehrt das historische Problem zur Weiterentwicklung und Präzision des methodischen Instrumentariums leisten könnte, bleibt unklar.

Auf der anderen Seite resultiert der Theoriebezug oftmals aus einer offensiven Strategie der wissenschaftlichen Profilierung durch Abgrenzung gegenüber etablierten Verfahren. Da diese jedoch in der Regel nur variiert und umetikettiert werden, tragen die Versuche, den eigenen Ansatz zu einer Theorie oder Methode auszubauen, eher zur Auflösung von Begrifflichkeiten, als zu ihrer Schärfung bei und damit nicht zu einer disziplinären Binnendifferenzierung, sondern zur angesprochenen Fragmentierung. Hinzu kommt als Nebeneffekt dieser offensiven Selbstbehauptung auch inhaltlich ein fragwürdiger »Thesenzwang«, eine Tendenz zur Überspitzung von Aussagen im Streben nach größtmöglicher Originalität und Absetzung von der bisherigen Forschung.

Wenn aber die praktische Forschung, das heißt die Arbeit an den Quellen, nicht mehr der Theoriebildung vorangeht, sondern die Anlage einer Arbeit und die Auswahl der Quellen an den Vorgaben eines theoretischen Konzepts oder an dem Innovationspotential eines Arguments ausgerichtet wird, ist eine Verzerrung von Forschungsergebnissen geradezu vorprogrammiert.

Was hier nun kritisch über die Funktion von Theorien in historischen Arbeiten angemerkt wurde, lässt sich analog auch eine Ebene darunter für den engeren Bereich der Methoden und Forschungsansätze feststellen. Auch sie sollten kein Selbstzweck sein, nicht nur durch ausgefeilte Methodik den Anspruch auf Wissenschaftlichkeit verteidigen, sondern ein Hilfsmittel, ein deduktiver Rahmen, der der besseren Beantwortung einer spezifischen historischen Frage, oder, was ebenfalls legitim erscheint, zur Verortung innerhalb eines Forschungsfeldes und zur Offenlegung expliziter und impliziter Annahmen dient. Schwierigkeiten ergeben sich hierbei insbesondere dann, wenn sich ein Forschungsprojekt nicht eindeutig zuordnen lässt und etwa wegen einer heterogenen Quellenbasis nicht die methodische Stringenz und Kohärenz aufweist, wie sie Vertreter bestimmter Forschungsansätze im Allgemeinen reklamieren.

Im Folgenden möchte ich an einem konkreten Beispiel der Frage nachgehen, welchen Gewinn die Auseinandersetzung mit theoretischen Fragen beziehungsweise spezifischen Methoden und Ansätzen bringen kann und welche Chancen und Risiken für die praktische Arbeit an einem kleineren Forschungsprojekt damit verbunden sind. Dazu versuche ich, den Weg und die Veränderung des eigenen Dissertationsprojektes zu rekapitulieren, vom ursprünglichen Arbeitskonzept mit seinen Hypothesen über die Phase der Archivforschung bis zur Niederschrift. Dieser subjektive Ansatz scheint mir für einen solchen »Praxistest« unausweichlich.[6] Er ist aber auch bewusst gewählt, um den Einfluss und die Bedeutung des Arbeitsprozesses bei der Erzeugung historischer Erkenntnis zu beleuchten. Diese Erfahrung ist niemandem fremd, der wissenschaftliche Arbeiten verfasst, nur werden im allgemeinen und insbesondere in den Geschichtswissenschaften dieser Arbeitsprozess und seine Folgen noch zu wenig reflektiert.

Die Dissertation entstand am Berliner Kolleg für Vergleichende Geschichte Europas, das mit seiner methodischen Ausrichtung auf den historischen Vergleich, auf Transfer- und Verflechtungsgeschichte nicht nur ein fruchtbarer Boden für die Diskussion methodischer Fragen war, sondern bereits eine erste Vorentscheidung im Hinblick auf die Konzeption der Arbeit bedeutete.

Zum besseren Verständnis des Zusammenhangs von Methodendiskussion und Forschungspraxis ist es zunächst notwendig, kurz die Grundidee und die Fragestellung meines Projekts zu erläutern: Das ursprüngliche Ziel der Arbeit war es, anhand der Botschaftsgebäude europäischer Staaten (Frankreich, Großbritannien, Deutschland) deren auswärtige Repräsentationspolitik und ihre Konsequenzen für die zwischenstaatlichen Beziehungen zu untersuchen. Botschaftsgebäude, die unter staatlichen Repräsentationsbauten eine singuläre Stellung einnehmen, boten sich hierfür als Untersuchungsobjekt in besonderer Weise an, da sich in ihnen mehrere Ebenen verschränken: Erbaut in den Zentren anderer Staaten gaben sie auf der einen Seite dem Bauherren (das heißt dem Entsendestaat) die Möglichkeit, über ihre äußere Erscheinung eine spezifische Vorstellung von sich selbst zu vermitteln oder einen Geltungsanspruch zu formulieren. Auf der anderen Seite stellten Botschaftsgebäude für die lokale Gesellschaft das sichtbarste kulturelle Zeugnis anderer Staaten oder Nationen dar und ihre Wahrnehmung beeinflusste das Bild von diesen Staaten. So konnte der Kauf oder Bau einer Botschaft einerseits als Zeichen besonderer Nähe und Wertschätzung positiv aufgefasst werden, andererseits negativ als Ausdruck eines besonderen Machtanspruchs, der unter Umständen mit dem des Empfangsstaates kollidierte. Die Bauwerke, die so zum Symbol, ja sogar zum Synonym für die Politik des fremden Staates selbst avancierten, wirkten als Schauplatz wie Instrument auswärtiger Politik gleichermaßen auf die zwischenstaatlichen Beziehungen zurück.

Ausgangspunkt der Arbeit, resultierend aus Archivrecherchen in anderem Zusammenhang, war die Beobachtung, dass sich diese besondere Funktion von Botschaften – als politische Schnittstelle zwischen Staaten, als Orte nationaler Selbstverständigung und Projektionsfläche von Fremdbildern, sowie als Bestandteil eines Ensembles internationaler Vertretungen – in ihrer Architektur widerspiegelte, vor allem aber in den Prozessen der Planung, Errichtung und Nutzung der Gebäude reflektiert wurde. Daran schlossen sich anfangs zwei Hypothesen an: Erstens, dass sich im 19. Jahrhundert, sowohl in Folge bestimmter Ereignisse, wie dem Übergang zur Republik in Frankreich oder der Gründung des Kaiserreiches in Deutschland, als auch im Zuge säkularer Prozesse wie der Nationalisierung, spezifische nationale Repräsentationspolitiken und damit auch -architekturen herausbildeten. Zweitens, dass diese immer offensiver vorgetragenen Formen nationaler Selbstdarstellung sowohl Ausdruck als auch Antrieb für den Wandel zwischenstaatlicher Beziehungen waren und in einem Umfeld, in dem Prestigefragen eine zentrale Bedeutung zukam, zur Verschärfung von Spannungen beitrugen.

Mit diesen Hypothesen, die sich bald als modifikationsbedürftig erwiesen, waren in der Arbeit von Beginn an zwei Ebenen angelegt, mit denen unterschiedliche methodische Zugänge verbunden waren. Bei der einen Ebene, auf der es um den Zusammenhang von Baupolitik und politischen Beziehungen zwischen Entsende- und Empfangsstaaten ging, handelte es sich im Prinzip um eine klassische Beziehungsgeschichte. Den methodisch eher unbestimmten Zugang könnte man unter »Kulturgeschichte der Diplomatie«[7] fassen, denn gefragt wird nach den mentalen Dispositionen, Wahrnehmungsmustern und Erwartungshorizonten der Akteure und ihrer Bedeutung für die Struktur und Funktionsweise der internationalen Beziehungen. Auf der anderen Ebene ging es um die jeweils im nationalen Rahmen verhandelte Frage nach der adäquaten Form nationaler Selbstdarstellung – und damit letztlich nach dem nationalen Selbstverständnis selbst. Die Untersuchung der unterschiedlichen Nations- und Repräsentationsvorstellungen, die Diplomaten, Architekten, Regierungen und Öffentlichkeit als zentrale Akteure einbrachten, war als klassischer Vergleich angelegt, bei dem Ähnlichkeiten und Unterschiede zwischen den untersuchten Staaten herausgearbeitet und erklärt werden sollten.

Vergleich

Der historische Vergleich kann, nach Jürgen Kocka und Heinz-Gerhard Haupt, vor allem vier Funktionen erfüllen:[8] Heuristisch ermöglicht er durch die Gegenüberstellung zweier oder mehrerer Fälle Besonderheiten und sich daran anschließende Fragen überhaupt erst zu identifizieren, die ansonsten verborgen geblieben wären; deskriptiv ermöglicht er die Profilierung der einzelnen Vergleichseinheiten; analytisch fordert er zur Erklärung unterschiedlicher Sachverhalte, Entstehungs- und Verlaufsbedingungen auf; paradigmatisch wirkt er durch seinen Verfremdungseffekt, indem Alternativen zu bislang selbstverständlichen Prozessen und Entwicklungen aufgezeigt werden. Die besondere Stärke des historischen Vergleichs liegt also vor allem in der selbstreflexiven Herangehensweise an den Stoff, in der Relativierung und Infragestellung der eigenen Position und des eigenen Blickwinkels. Er erleichtert es so, die nationalgeschichtliche Perspektive zu überwinden und eignet sich damit insbesondere für die Untersuchung von Identitätskonstruktionen, wie in meinem Fall etwa der Vorstellung von nationaler Architektur. Darüber hinaus hat der Vergleich unbestreitbar Vorteile gegenüber anderen Verfahren, wenn es um die Ursachenanalyse und Erklärung von historischen Prozessen geht, denn zumeist gewinnen diese erst im Kontrast zu anderen an Kontur. Schließlich operiert der Vergleich dabei offen, er benennt explizit die mit der Anlage des Vergleichs verbundenen Prämissen und Vorentscheidungen. Andere Verfahren operieren hingegen mit impliziten Vergleichen, da jede qualitative Aussage eines tertium comparationis bedarf, reflektieren das damit verbundene methodische Problem in der Regel jedoch nicht.

In meinem Fall schien ein Vergleich etwa geeignet, um festzustellen, in welcher Weise sich die Debatten um Repräsentation auf nationaler Ebene voneinander unterschieden, welche Nationsvorstellungen, welche Selbst- und Fremdbilder damit verbunden waren und welchen Einfluss dies auf die Repräsentationspolitik hatte. So führte der Vergleich schon nach den ersten Archivforschungen zur ersten Modifikation der Hypothesen, als deutlich wurde, dass in keinem Land von einer konsistenten, programmatisch fundierten Repräsentationspolitik die Rede sein konnte und damit auch kein direkter Zusammenhang zwischen Botschaftsarchitektur und Staats- oder Nationsverständnis postuliert werden konnte. Stattdessen offenbarte sich, dass diese Fragen zwischen den Akteuren (Diplomaten, Architekten, Regierungen und Öffentlichkeit) auf nationaler Ebene selbst umstritten waren, sich die Staaten darin jedoch wiederum glichen, zwischen ihnen die Gemeinsamkeiten überwogen. Auf die Ursachen muss an dieser Stelle nicht weiter eingegangen werden, bleiben wir bei der Durchführung des Vergleichs.

Die Stärken und Schwächen des komparativen Verfahrens liegen dicht beisammen, wie sich bei der praktischen Umsetzung offenbart, die immer nur suboptimal zu gelingen scheint und darüber hinaus zahlreiche methodische Schwierigkeiten aufwirft. Dies zeigte sich in meinem Fall, sobald es an die Anlage des Vergleichs ging. Prinzipiell boten sich hierbei drei Varianten an: Die naheliegende erste wäre ein Vergleich der deutschen, britischen und französischen Botschaften jeweils in Berlin, London und Paris. Nun muss man wissen, dass es bis Mitte des 20. Jahrhunderts die Regel war, Botschaften in bereits existierenden Gebäuden unterzubringen, die bis etwa 1875 in der Regel nur angemietet, später zunehmend auch angekauft wurden. Dies galt in besonderem Maße für die Hauptstädte der europäischen Großmächte, die alle über einen hochentwickelten residenzstädtischen Raum verfügten, in dem bereits ausreichend prestigeträchtige Gebäude existierten. Da für meine Zwecke jedoch nur Neubauten oder Neuausstattungen von Interesse waren, war diese Lösung nicht praktikabel. Es galt also das Blickfeld zu erweitern und nach vergleichbaren Neubauprojekten zu suchen. Vergleichbarkeit, wie sich ebenfalls nach den ersten Archivrecherchen herausstellte, war aber nicht leicht herzustellen. Denn die zweite Variante wäre gewesen, sich an dem Errichtungszeitraum zu orientieren, also dem Vergleich ein chronologisches Korsett zu geben und jeweils zeitnah errichtete Bauten der drei Staaten zu untersuchen. Der synchrone Vergleich würde sich anbieten, um Ähnlichkeiten und Unterschiede in den jeweiligen nationalen Repräsentationsstrategien, sofern sie existierten, zu identifizieren, die Bedeutung des Standortes der Botschaften, mithin der Kontext würde aber völlig ignoriert. Und genau der Ort der Errichtung, was die zweite Modifizierung der Ausgangshypothese bedeutete, erwies sich als ganz entscheidender Einflussfaktor. Sowohl die Beziehungen zwischen Entsende- und Empfangsstaat, als auch der stadträumliche Kontext spielten eine wesentlich wichtigere Rolle für die Ausformung der Repräsentationspraxis als zunächst angenommen. Um dem gerecht zu werden, blieb als dritte Variante, dem Vergleich ein räumliches Korsett zu geben, Orte zu wählen, an denen alle drei Staaten neue Botschaften errichtet haben, unabhängig von ihrer Entstehungszeit. Streng genommen wäre damit die Vergleichbarkeit der Gebäude nicht mehr gegeben und statt ihrer würde automatisch die Zeit zwischen ihrer Errichtung, der Entwicklungsprozess vor Ort, in den Fokus rücken.[9]

Es wird deutlich, dass der Vergleich hier fast zwangsläufig defizitär ist, aber nicht nur in diesem speziellen Fall: Denn je prononcierter seine Aussage, desto strenger, präziser und abstrahierender müsste er durchgeführt, desto mehr müsste ausgeblendet und damit letztlich das Ergebnis verfälscht werden. Mit dieser Gradwanderung zwischen der Singularität des historischen Geschehens und der analytisch gebotenen Abstraktion sind wir bei den methodischen Grundproblemen des komparativen Ansatzes:[10] Ein bekannter und sicherlich ernst zu nehmender Einwand gegen den Vergleich betrifft den Konstrukt-Charakter der Vergleichseinheiten, der sich in vierfacher Weise äußert. Da zum einen in der Regel die Vergleichseinheiten in nationalstaatlichem Rahmen angesiedelt werden, werden nationale Stereotype durch die Hintertür wieder eingeführt und bestärkt, anstatt relativiert. Diese Gefahr besteht insbesondere, wenn Phänomene analysiert werden, die mit Identitätsfragen und zeitgenössischen Selbst- und Fremdbildern zu tun haben, wie in meinem Fall mit der Hypothese von unterschiedlichen Nationalarchitekturen beziehungsweise homogenen nationalen Repräsentationspolitiken. So kommt es zu dem Paradox, das nationale Vergleichseinheiten konstruiert werden, um die Konstruktion des Nationalen zu untersuchen.

Zum zweiten ist es nur unter Ausblendung verbindender Elemente möglich, Vergleichseinheiten so präzise zu definieren, wie es der Vergleich erfordert. Auch dieses Problem war in meinem Projekt bereits in der Konzeption virulent, da sich Repräsentation immer auf ein Gegenüber bezieht, und verschärfte sich im Zuge der Archivrecherchen. Denn sie ergaben, dass die Rivalität der Großmächte im 19. Jahrhundert die zentrale Triebkraft bei der Etablierung von Botschaftsarchitektur als eigener Bauaufgabe war. Die Vertretungen der anderen Mächte waren sowohl Auslöser als auch Mitadressaten des Botschaftsbaus, ihre Lage, Größe und Kosten bildeten den Maßstab für neue Bauprojekte, zu deren wichtigster Aufgabe der symbolische Erhalt des Gleichgewichts der Mächte beziehungsweise die Positionierung in einer bestimmten Rangordnung gehörte.

Zum dritten wird ein Vergleich durch seine Anlage und die Wahl der Einheiten so vorstrukturiert, dass eine Veränderung einzelner Parameter immer auch das Gesamtergebnis verändert.[11] Dadurch haftet dem Vergleich etwas Willkürliches an, das sich in der Regel als inhärentes politisches Programm entpuppt. Fast jede These kann belegt werden, wenn man nur die entsprechenden Beispiele und Gegenbeispiele auswählt. Der Vergleich lädt dazu ein, zumal ein Vergleichsfall einer These den zusätzlichen Schein von Objektivität verleiht, selbst wenn er nur dazu dient, um die ordentliche Begründung einer These herumzukommen.

Zum vierten werden internationale Vergleiche aus arbeitspraktischen Gründen zwangsläufig asymmetrisch. Dies liegt zum einen daran, dass der Forscher zu den Quellen in seiner Muttersprache einen ganz anderen Zugang hat, sowohl materiell als auch was sein Interpretationsvermögen betrifft. Zum anderen wird sich auch sein Arbeitsprogramm unmittelbar in dem Ergebnis niederschlagen, denn die zuerst gelesenen Quellen, der zuerst bearbeitete Vergleichsfall wird unwillkürlich zum tertium comparationis, zum »Normalfall«, von dem die anderen abweichen oder dem sie »folgen«.

Obwohl der Vergleich für die Ausgangsfrage der Arbeit von zentraler Bedeutung bleibt, eignet er sich offenbar für ihre Beantwortung nur partiell. Bewährt hat er sich bei der Untersuchung der nationalen Diskurse über auswärtige Repräsentation und Architektur. Durch ihn ließ sich feststellen, dass in allen drei Staaten die Fiktion von einer »nationalen Architektur« die Diskussion bestimmte, dass jeweils gleiche Akteursgruppen ähnliche Positionen vertraten, mit dem paradoxen Resultat, dass die einzelnen Botschaftsgebäude eines Landes sehr unterschiedliche Formen aufwiesen, darin aber den Bauten der anderen Staaten glichen.

Ob ein solch partieller Einsatz der Vergleichsoperation – diachron und asymmetrisch obendrein – für einen Teilaspekt vor dem methodischen Rigorismus der Komparatisten bestehen kann, bleibt dahingestellt. Denn die Gesamtanlage der Arbeit kann weder die Forderung nach methodologischer Trennung von Vergleichs- und Beziehungsstudien erfüllen[12], noch auf den kulturgeschichtlichen Ansatz mit seinem methodischen Pluralismus, der als unvereinbar mit dem komparativen Ansatz gilt[13], verzichten.

Als zentraler Aspekt der Arbeit, der mit dem Vergleich nicht zu fassen war, erwies sich die Bedeutung des Standortes. Wenn ein Staat in der Hauptstadt eines anderen Staates einen Repräsentationsbau errichtet, prägt er dort nicht nur den öffentlichen Raum. Es werden auf unterschiedlichen Ebenen vielfältige Verbindungen hergestellt, die nicht nur das Bauprojekt vor Ort modifizieren und in das Ursprungsland zurückwirken können, sondern sich auch unmittelbar auf die anderen Vertretungen vor Ort auswirken, deren Status sich mit dem Neubau verändert. Das Konzept des interkulturellen Transfers schien geeignet, solche wechselseitigen Einflüsse nachzuvollziehen.

Transfer

Transfergeschichte beschäftigt sich ursprünglich mit der Adaption und Modifikation von Wissen, Praktiken und Normen beim Übergang von einem kulturellen Kontext in einen anderen.[14] Sie reagierte damit auf das Grundproblem, dass Vergleiche die wechselseitige Beeinflussung und Verbindungen zwischen den Vergleichseinheiten ausblenden, damit Unterschiede verabsolutieren und den Prozesscharakter von Geschichte, den Faktor Zeit im Allgemeinen, zu wenig berücksichtigen. Bei der Archivarbeit wurde deutlich, dass die Bauprojekte in erheblichem Umfang vom Ort ihrer Errichtung abhängig waren. Zwar kamen die entsandten Architekten mitsamt ihrer Vorprägungen, ihrem Wissen und ihren Maßstäben aus einem anderen nationalen Kontext, doch mussten sie ihr Projekte nicht nur den Wünschen der Botschaftern anpassen, die dabei eine Mittlerfunktion zwischen Entsende- und Empfangsstaat einnahmen, sondern auch lokalen Einflüssen und Sachzwängen.

Die Bedeutung von Transfers in einem weiteren Sinne zeigt sich beim Botschaftsbau etwa bei den Schwierigkeiten der Übertragung heimischer Bautechniken und -traditionen in eine fremde Umgebung und manifestiert sich etwa in der Auswahl und Beschaffung von Materialien oder der Rekrutierung der Bauarbeiter und Handwerker. Das Beispiel der russischen Botschaft in Istanbul kann dies illustrieren: Beschäftigt wurden am Bau vor allem Griechen und Armenier, wenige Türken, dazu deutsche Zimmermänner für den Dachstuhl und Tischlerarbeiten, Russen für die Pflasterung der Böden und das Decken des Daches und Italiener für die Wand- und Deckenmalereien. Die Werksteine stammten zum Teil aus Italien und Frankreich, zum Teil aus nahegelegenen Steinbrüchen auf der asiatischen Seite des Bosporus, von wo auch das Holz kam. Die Dachziegel bezog man aus Odessa, das Eisen erwarb man vor Ort in Konstantinopel, der Marmor stammte von der Insel Marmara (Prokonessos), die Ziergitter wurden in Lugansk gefertigt. Diese Beispiele zeigen, dass Botschaftsbauten trotz ihrer Funktion und Konzeption keine rein nationalen Angelegenheiten waren, sondern in der Praxis das Produkt vielfältiger grenzüberschreitender Einflüsse.

Kulturtransfers in dem engeren Sinn von produktiver Aneignung fremder Konzepte gab es auch, vor allem durch die Architekten als Trägergruppe. Um beim Beispiel der russischen Botschaft in Istanbul zu bleiben: Das hohe Prestige der Botschaftsbauten hatte zur Folge, dass auch die Sultansfamilie und andere osmanische Würdenträger an die Architekten Gaspare und Giuseppe Fossati herantraten und bei ihnen Bauten und Entwürfe in Auftrag gaben, unter anderem die Ottomanische Universität, das Staatsarchiv und die Restaurierung der Hagia Sophia, außerdem zahlreiche Paläste.[15] Diese Bauten, die wiederum von osmanischen Architekten rezipiert und imitiert wurden, kombinierten europäische und osmanische Formen und wurden zum Symbol der Westernisierung osmanischer Eliten. Umgekehrt brachten die Architekten fremde Einflüsse und Techniken zurück in ihre Heimatländer, wovon etwa das orientalische Grabmal des französischen Botschaftsarchitekten auf dem Père-Lachaise in Paris zeugt. Die Untersuchung dieser Transfers ist notwendig, um etwa die Wahrnehmung von Botschaftsbauten im In- und Ausland abzuschätzen, den Ursprung bestimmter Konzepte und Stile nachzuweisen, zu identifizieren, wem dabei eine Vorbildfunktion zukam und weshalb et cetera und damit die Repräsentationslogik eines Botschaftsgebäudes zu ergründen.

Der Einfluss des Ortes auf den Botschaftsbau setzt sich fort bei der Bedeutung des Stadtraumes, den mental maps, die mit bestimmten Stadtvierteln verbunden waren, den Umzug von Botschaften auslösen konnten und die Wahl von Bauplätzen beeinflussten. Ebenso wirkte der Bau einer Botschaft oder die Entstehung eines Diplomatenviertels auf den Stadtraum zurück. Deutlich wird:

Der Ansatz des Kulturtransfers eignet sich zur Untersuchung eines ganz bestimmten Aspekts der Arbeit, aber er ist nicht zentral. Er kann die Einschätzung lokaler Einflüsse auf einen Bau und dessen Wahrnehmung und Wirkung erleichtern, ist dafür aber als methodischer Zugang nicht notwendig. So verdienstvoll es ist, die Bedeutung von wechselseitigen grenzüberschreitenden Einflüssen wieder stärker zu betonen, die Erklärungskraft der Transferforschung scheint mir insofern limitiert zu sein, als sie nur Aussagen auf der Mikroebene, über eng umgrenzte, individuelle Prozesse ermöglicht, die sich schwerlich verallgemeinern lassen. Sie bleibt als Ansatz auf ähnlich begrenzte Zusammenhänge angewiesen, wie dem intellektuellen Austausch von deutschen und französischen Gelehrten im 18. und 19. Jahrhundert, aus dem sie hervorgegangen ist. Vor allem kann sie nicht, wie beansprucht[16], die Schwächen des Vergleichs ausgleichen, da auch die Erforschung der Transfers auf den Vergleich, und damit auf konstruierte Vergleichseinheiten als Ausgangspunkt, angewiesen bleibt.[17]

Verflechtungsgeschichte und Histoire croisée

Entscheidend für die weitere methodische Orientierung war eine grundlegende Veränderung im Arbeitskonzept, motiviert durch die Ergebnisse der Archivforschungen. Denn zu den beiden oben skizzierten Ebenen, der nationalen, auf der anlässlich des Kaufs, Um- oder Neubaus einer Botschaft die Frage nach der adäquaten Form nationaler Selbstdarstellung verhandelt wurde, und der Ebene der Beziehungen zwischen Entsende- und Empfangsstaaten, die die Konzeption von Botschaftsgebäuden und ihre Wahrnehmung vor Ort wesentlich beeinflussten und wiederum von ihnen beeinflusst wurden, kam eine ebenbürtige dritte hinzu: die Ebene des Staatensystems selbst, das sich in den Botschaftsbauten im städtischen Raum gewissermaßen in kleinerer Form rekonstituierte. Ihre Positionierung, Architektur und Einrichtung orientierte sich implizit oder explizit an der anderer Staaten und folgte einer angenommenen oder angestrebten Hierarchie der Vertretungen. In diesem Spiel der Repräsentation offenbarten sich nicht nur die Selbstverortung der Akteure im System, sondern über die dabei angelegten Maßstäbe, Kriterien und Normen auch grundsätzliche Annahmen über die Strukturprinzipien und Funktionsmechanismen des Staatensystems selbst.[18]

Auslöser für die systemische Erweiterung war die ebenso zentrale wie ungewöhnliche Rolle der Diplomaten beim Botschaftsbau: Sie bildeten eine eng verflochtene, nicht primär national organisierte Gruppe, die sich sowohl lokal (als Diplomatisches Corps) konstituierte, als auch intensive grenzüberschreitende Kontakte pflegte, geeint durch eine bestimmte soziale Herkunft, kosmopolitische Orientierung, einen ähnlichen Lebensstil und Erfahrungshorizont und auch sehr ähnliche Vorstellungen von Repräsentation. Ihre Beharrungskraft und ihr Traditionsbewusstsein, auch ihre Position und ihr Selbstverständnis als Vermittler zwischen Entsende- und Empfangsstaat manifestierte sich in einer strikten Ablehnung von ostentativen architektonischen Auftritten und stand damit der auf nationaler Ebene geforderten Nationalisierung von Architektur diametral entgegen. Um kein Missverständnis aufkommen zu lassen: Selbstverständlich handelten die Diplomaten dabei nach ihrem Verständnis im Interesse des Staates und auch sie beteiligten sich nach Kräften an dem Wettbewerb um »Prestige«, das in allen drei Staaten zum Schlüsselbegriff für den Botschaftsbau avancierte, aber nach einem anderen, die Nation transzendierenden Wertesystem und Denkhorizont.

Diese überkommenen Ordnungsvorstellungen der traditionellen Diplomatie und ihrer Protagonisten wurden Ende des 19. Jahrhunderts von verschiedenen, sich verschränkenden Prozessen und Impulsen in Frage gestellt:[19] Auf der Makroebene gehörte dazu der übersteigerte Nationalismus, der die imperiale Machtentfaltung nach außen zum Staatszweck erhob, aber auch die Gegenbewegung des Internationalismus, bei der andere Akteure den Ton angaben und die Spielräume der alten Diplomatie begrenzten;[20] die wachsende Bedeutung und Einflussnahme der Öffentlichkeit in Form von Presse, Agitations- und Interessenverbänden; die neuen Theorien und Leitbilder, wie der Rassediskurs und Sozialdarwinismus und daraus abgeleitete kulturmissionarische Zivilisierungsaufträge, Weltreichslehren und die Unterteilung nach lebenden und sterbenden Nationen; das immer größere Gewicht von ökonomischen Fragen in der internationalen Politik, derer sich Diplomaten – wenn überhaupt – nur widerwillig annahmen; und schließlich, sofern man der These folgt, der Übergang vom europäischen zum Weltstaatensystem und die damit verbundenen, von Diplomaten kaum realisierten Machtverschiebungen;[21] auf der Mikroebene die zunehmende Bürokratisierung der in dieser Hinsicht relativ unbelasteten Auswärtigen Dienste und die regulierenden Eingriffe der Zentrale in die Organisation und Führung der Botschaften.

Wie der Begriff der Beharrungskraft bereits andeutet, versuchten die Diplomaten, oftmals mehr unbewusst als bewusst, diese Tendenzen abzuwehren, eine Restautonomie zu verteidigen. Die wachsende Diskrepanz zwischen den Repräsentationsvorstellungen der Diplomaten, ihrer Regierungen und nationalen Öffentlichkeiten war Ausdruck, manchmal auch Antrieb, einer tiefergehenden kulturellen, sozialen und politischen Entfremdung, die zunahm, je weiter neue Akteure und Triebkräfte auf das Gebiet der auswärtigen Politik, dem (vor-)letzten Arkanbereich von Monarchie und altem Adel, vordrangen.

Was bedeutete dies für das methodische Konzept der Arbeit? Zunächst wird deutlich, dass damit die Zuordnung der Akteure und ihrer Rolle an Eindeutigkeit verlor. Bereits die Architekten müssen zugleich als Absolventen nationaler Architekturschulen, als fachliche Universalisten, als Träger interkultureller Transferprozesse und vieles mehr betrachtet werden. Noch vielfältiger waren die Bezüge der Diplomaten – von der traditionellen und zeremoniellen Funktion als Verkörperung ihres Monarchen, über ihre Funktion als Repräsentanten einer Dynastie (oder einer Republik), eines Staates, einer Nation, als Angehörige des diplomatischen Corps, eines internationalen Netzwerks et cetera bis hin zu ihrer sozialen Klasse. Ihre Rolle übersteigt jedenfalls klassische Zuschreibungen, so dass man bei Diplomaten als Individuen vielleicht von »Grenzgängern«, als Kollektiv sogar von einem »Grenzraum«[22] sprechen sollte.

Ebenso wird deutlich, dass sich damit die Untersuchungsebenen ineinander verschoben und miteinander verflochten. Die Trennung in eine nationale Ebene der innerstaatlichen Diskurse, bearbeitet mit einem deutsch-französisch-britischen Vergleich, eine internationale Ebene der zwischenstaatlichen Beziehungen und des Staatensystems und eine transnationale Ebene, für die Gesamtheit der grenzüberschreitenden Interaktionen der nichtstaatlichen Akteure und der Transferprozesse, wäre analytisch von Vorteil, ließ sich praktisch jedoch nicht aufrecht erhalten.

Angesichts dessen, dass das Projekt ohnehin eine Kombination ganz unterschiedlicher methodischer Zugänge erforderte (ganz zu schweigen von der hier ausgeblendeten Frage der Interdisziplinarität, dem Rückgriff auf ethnologische, soziologische und politikwissenschaftliche Theorien, der kultur-, stadt-, architektur- und kunsthistorischen Ummantelung eines diplomatiegeschichtlichen Kerns), ging es also letztlich um die Frage, ob überhaupt ein Forschungsansatz sinnvoll als Orientierungshilfe und konzeptioneller Rahmen dienen konnte. Bei der weiteren Überlegung bot sich hier zunächst das in der Forschung vieldiskutierte Konzept der Histoire croisée[23] an, das aus der Kritik an Vergleich und Transfer heraus formuliert worden war. Im Grunde ging es dabei um eine erkenntnistheoretische Problematisierung der Ansätze, die demnach mit der Überwindung des nationalen Bezugsrahmens auf halber Strecke stehengeblieben waren. Vielmehr sei es auch nötig, den Prozess der Erkenntnisproduktion selbst – also die sprachliche, disziplinäre, begriffliche und politische Vorprägung des Forschers durch eine Zusammenführung (und Dekonstruktion) von Beobachterposition, Blickwinkel und untersuchtem Objekt – mit einzubeziehen. Da damit eine explizite Aufforderung zu multiperspektivischem Denken verbunden ist, zur Integration von Asymmetrien, der Logik und Wahrnehmung der Akteure, der Interaktion der Objekte, stand das Konzept der Histoire croisée einerseits dem eigenen Mehrebenen-Ansatz nahe, andererseits hätte ein ernsthafter Versuch, die »methodischen Folgerungen«[24] des Ansatzes umzusetzen, die Komplexität durch die geforderte Multiplizierung der ohnehin großen Zahl an Perspektiven, der »Variationen der Brennweite und des Beobachtungsstandpunkts«, bis zur völligen Verwirrung gesteigert. Mein Projekt bedurfte eher einer verbindenden Klammer als einer weiteren Auflösung. Nach meinem Verständnis ist das Konzept der Histoire croisée ohnehin eher ein (durchaus berechtigter) Appell an die Selbstreflexivität des Historikers, an die Einbeziehung der eigenen Beobachterposition in die Konzeption von Studien, als ein Ansatz. Mit der entscheidenden Frage nämlich, wie man Mehrebenen und Multiperspektivität in eine sinnvolle und lesbare Narration integrieren könnte, beschäftigt sich das Konzept gar nicht.

Eine Ebene darunter, das heißt sich auf den historischen Prozess der Verflechtung beschränkend und als relativ offenes Konzept mit Beziehungsgeschichte gut vereinbar, bot sich schließlich noch die Verflechtungsgeschichte als analytischer Rahmen der Arbeit an.[25]

Doch auch hier deuten bereits die zahlreichen Bezeichnungen für die artverwandten Konzepte (»Entangled Histories«, »Shared Histories«, »Connected Histories«), die sich darunter subsumieren lassen, an, dass es sich dabei um kein fest umrissenes Programm oder gar eine Methode handelt, sondern mehr um eine Forschungsperspektive. Gleiches gilt im Übrigen für die unterschiedlichen Begriffsschöpfungen zur Erfassung des Wesens dieser Verflechtungen (»Interkulturalität«, »Transkulturalität«, »Transnationalität«, »Translokalität«, »Transterritorialität« etc.). Aus dem Bereich der postcolonial studies hervorgegangen, geht es der Verflechtungsgeschichte um eine Relativierung des Modernisierungsbegriffs und eine Betonung der Rückwirkungen von Kolonien in die Mutterländer, womit sie eine eigentümliche Zwischenstellung zwischen einem Forschungskonzept, das Metropole und Peripherie als ein gemeinsames analytisches Feld denkt, und politischem Programm gegen den Eurozentrismus einnimmt. Auch wenn die damit verbundenen Grundgedanken, insbesondere die Wechselwirkungen von Peripherie und Zentrum, auch für mein Projekt von Bedeutung sind, so ist das Konzept doch zu eindeutig dem kolonialen und imperialen Kontext verhaftet, als dass es weiterführen könnte, zumal es auch methodisch keinen Beitrag leisten könnte, oder anders gesagt, weder zusätzliches Erklärungspotential, noch eine unentdeckte Perspektive eröffnet.

Es ist bezeichnend, dass Hartmut Kaelble in seinen resümierenden Überlegungen über die Debatte über Vergleich und Transfer die Frage aufwirft, ob nicht »sowohl ›Transfergeschichte‹ als auch ›Verflechtungsgeschichte‹ zu enge Begriffe« seien und man nicht »besser den neutralen Ausdruck ›Beziehungsgeschichte‹ verwenden« solle.[26] Für mich schließt sich hier im Grunde der Kreis, denn die Kombination von Vergleich und Beziehungsgeschichte stand auch am Anfang der Odyssee durch das Feld der Theorieansätze und Methoden.

…und was jetzt?

Die Auseinandersetzung mit Vergleich, Transfer, Verflechtung hat meinen Arbeitsprozess lange Zeit begleitet, mich im Hinblick auf die erhoffte Orientierung jedoch irgendwann ernüchtert zurückgelassen. So hilfreich und fruchtbar die Diskussion der Konzepte im Kolleg war, so einschränkend und lähmend ist mir die Lektüre der Theoriedebatten im Gedächtnis geblieben. Im Nachhinein würde ich dieses Unbehagen, das sich nicht primär auf die oben diskutierten Ansätze bezieht, auf fünf Eindrücke zurückführen: Problematisch erschien mir zum einen, dass die Debatten in der Regel losgelöst von empirischer Unterfütterung geführt werden, einer Antwort auf eine nicht gestellte Frage gleich. Zweitens ist nicht immer erkennbar, welchen Mehrwert die theoretische Ausformulierung eines Ansatzes erbringt, dessen Gegenstandsbereich so beschränkt ist, dass er ohnehin in keinem anderen Zusammenhang Verwendung finden wird. Drittens werden Konzepte in der Regel evolutionär fortentwickelt, wie im Fall von Vergleich und Transfer, aber um sich voneinander abzusetzen, werden die Gegensätze und Unterschiede besonders hervorgehoben und damit überbewertet. Häufig gehen damit ein normativer Impetus und ein Unvereinbarkeitspostulat einher, die einer Kombination beider Ansätze etwas Illegitimes verleihen. Viertens ist nicht immer nachvollziehbar, warum aus der Auseinandersetzung mit den Vor- und Nachteilen eines Ansatzes immer ein neuer hervorgehen muss. Gemeint ist damit die Tendenz zur Umetikettierung und Begriffsschöpfung, statt es mit einer Präzisierung eines bestehenden Begriffsrepertoires zu versuchen. Dadurch läuft die wichtige methodische Grundlagendiskussion Gefahr, sich durch die geringe Halbwertszeit ihrer Ergebnisse selbst zu entwerten. Fünftens kann die diskursive Dominanz der Theoriedebatten dazu führen, dass die empirische Forschung in ihr Fahrwasser gerät und zum Erfüllungsgehilfen abstrakter Modelle wird, statt umgekehrt. Der Anspruch, den ein Konzept wie die Histoire croisée formuliert, steht in keinem Verhältnis zu dem Umstand, dass ein solches Forschungsprogramm letztlich selbst ein Konstrukt ist, ein Idealtypus, dem man in der Praxis nicht begegnet, weil er so kaum umzusetzen ist.

Die Erwartung und Hoffnung, in bestimmten Konzepten und Ansätzen ein nützliches Hilfsmittel für die praktische Arbeit und die gedankliche Strukturierung des Stoffes zu finden, hat sich nur zum Teil erfüllt. Es überwog am Ende der Eindruck, dass keines der diskutierten Modelle im Hinblick auf meine Fragestellung und meinen Quellenkorpus wirklich greift, sondern bei strenger Anwendung letztlich immer die Perspektive und das Ergebnis verzerrt. Die Konsequenz daraus kann natürlich nicht sein, auf eine theoretische Fundierung und methodische Reflexion zu verzichten, im Gegenteil. Denn die Auseinandersetzung mit den unterschiedlichen Ansätzen schärft – mit der nötigen Distanz – den eigenen Blick. Nützlich ist vorübergehend auch der Verfremdungseffekt, der entsteht, wenn man immer wieder neue Perspektiven auf sein Thema erprobt. Dabei wird einem letztlich jedoch immer klarer, wie zentral erstens die Bedeutung des Erkenntnisinteresses und der eigenen Fragestellung ist und wie wichtig zweitens die Sorgfalt bei der Suche nach aussagekräftigen Quellen. Dies bleibt meines Erachtens noch immer entscheidend für das Gelingen, die Stimmigkeit und Überzeugungskraft einer Arbeit. Die Forderung, dabei stets die eigene Beobachterposition zu reflektieren, erscheint mir wichtig und berechtigt, aber zu dieser Erkenntnis bedarf es keines methodischen Konzepts. Wann kommt eigentlich die Forderung, die Perspektive des potentiellen Lesers der Arbeit in die Analyse mit einzubeziehen? Darf und kann man dem eigenen Leser trauen? Mein Plädoyer wäre – und dies ist der Kern dieser ironischen Frage – nicht nur den Forschenden im Vertrauen auf sein Urteilsvermögen zu bestärken, sondern auch um das rituelle Schräubchendrehen am disziplinären Theoriegebäude zu entlasten, zumal der Leser mit seiner eigenen Perspektive und seinen eigenen Zweifeln als Korrektiv wirkt. Ein solches Grundvertrauen in den kritischen Forscher und den mündigen Leser steht, wie ich finde, einer Wissenschaft, die den Zweifel zum Gestaltungsprinzip erhoben hat, gut an.

»Grau, teurer Freund, ist alle Theorie /
Und grün des Lebens goldner Baum.«

Goethe, Faust I

Anmerkungen

1 Dieses Problem beginnt schon mit dem unterschiedlichen Gebrauch des Begriffes »Theorie« selbst. Er wird (auf der Makroebene) sowohl im Sinne von Geschichtstheorie, als auch gesellschafts- bzw. kulturwissenschaftlicher Großtheorie (Funktionalismus, Strukturalismus, Poststrukturalismus etc.) verwendet, zugleich (auf der Mikro- oder Arbeitsebene) im Sinne von Erklärungsansatz bzw. Modell mittlerer Reichweite, im Sinne von Paradigma, im Sinne von Reflexion über methodische Grundlagen, teilweise synonym mit Methode und Ansatz, oder im schlichten Sinne von Hypothese bzw. als Gegenstück zu Empirie. Eine klassische forschungspraktische Definition aus den historischen Sozialwissenschaften, die Theorien als »explizite und konsistente Begriffs- und Kategoriensysteme, die der Identifikation, Erschließung und Erklärung von bestimmten zu untersuchenden historischen Gegenständen dienen sollen und sich nicht hinreichend aus den Quellen ergeben« (*Kocka, J.*, Einleitende Fragestellung, in: *ders.* (Hg.), Theorien in der Praxis des Historikers. Forschungsbeispiele und ihre Diskussion, Göttingen 1977, S. 10), definiert, zeigt, dass die Grenzen zwischen den Ebenen fließend sind.

2 Vgl. *Koselleck, R.*, Über die Theoriebedürftigkeit der Geschichtswissenschaft, in: *W. Conze* (Hg.), Theorie der Geschichtswissenschaft und Praxis des Geschichtsunterrichts, Stuttgart 1972, S. 10–28.

3 Vgl. *Wehler, H.-U.*, Historische Sozialwissenschaft und Geschichtsschreibung: Studien zu Aufgaben und Traditionen der deutschen Geschichtswissenschaft, Göttingen 1980, S. 52.

4 So etwa *Hunt, L.*, Geschichte jenseits von Gesellschaftstheorie, in: *C. Conrad* u. *M. Kessel* (Hg.), Geschichte schreiben in der Postmoderne. Beiträge zur aktuellen Diskussion, Stuttgart 1994, S. 98–122; im Original unter dem Titel: History Beyond Social History, in: *D. Carroll* (Hg.), The States of »Theory«. History, Art and Critical Discourse, New York 1990, S. 95–111, sowie *Welskopp, T.*, Stolpersteine auf dem Königsweg. Methodenkritische Anmerkungen zum internationalen Vergleich in der Gesellschaftsgeschichte, in: Archiv für Sozialgeschichte 35 (1995), S. 339–367, hier 340.

5 Als Musterbeispiel hierfür würde ich (noch immer) Max Webers Handlungs- und Gesellschaftstheorien bezeichnen. Zur Theoriebildung und den Geschichtswissenschaften siehe *Rüsen, J.*, Grundzüge einer Historik II: Rekonstruktion der Vergangenheit. Die Prinzipien der historischen Forschung. Göttingen 1986, S. 19–86 u. *Welskopp, T.*, Die Theoriefähigkeit der Geschichtswissenschaft, in: *R. Mayntz* (Hg.), Akteure – Mechanismen – Modelle. Zur Theoriefähigkeit makro-sozialer Analysen, Frankfurt/Main 2002, S. 61–90.

6 In ähnlicher Form verbindet sich die Methodendiskussion mit der subjektiven Perspektive bei: *Jelavich, P.*, Method? What Method? Confessions of a Failed Structuralist, in: New German Critique 65 (1995), S. 75–86; deutsche Überarbeitung: *ders.*, Methode? Welche Methode? Bekenntnisse

eines gescheiterten Strukturalisten, in: *C. Conrad* u. *M. Kessel* (Hg.), Kultur & Geschichte. Neue Einblicke in eine alte Beziehung, Stuttgart 1998, S. 141–159.

7 Auch hier läuft die methodische Debatte der praktischen Forschung voraus. Zu den Konzepten siehe *Lehmkuhl, U.*, Diplomatiegeschichte als internationale Kulturgeschichte: Theoretische Ansätze und empirische Forschung zwischen Historischer Kulturwissenschaft und Soziologischem Institutionalismus, in: Geschichte und Gesellschaft 27 (2001). S. 394–423; *Gienow-Hecht, J.* u. *F. Schumacher* (Hg.), Culture and International History, New York 2003; *Rolland, D.* u. *J.-F. Sirinelli* (Hg.), Histoire culturelle des relations internationales: carrefour méthodologique, XXe siècle, Paris 2004, sowie *Mößlang, M.* u. *T. Riotte* (Hg.), The Diplomats' World: A Cultural History of Diplomacy, 1815–1914, Oxford 2008. Als Beispiele praktischer Umsetzung können genannt werden: *Kaiser, W.*, The Great Derby Race: Strategies of Cultural Representation at Nineteenth-Century World Exhibitions, in: *J. Gienow-Hecht* u. *F. Schumacher* (Hg.), Culture and International History. New York 2003; *Hennings, J.*, The Semiotics of Diplomatic Dialogue: Pomp and Circumstance in Tsar Peter I's Visit to Vienna in 1698, in: The International History Review 30 (2008). S. 515–544; *McLean, R.R.*, Royalty and diplomacy in Europe 1890–1914, Cambridge 2001, sowie *Paulmann, J.*, Pomp und Politik. Monarchenbegegnungen in Europa zwischen Ancien Régime und Erstem Weltkrieg, Paderborn 2000.

8 Vgl. *Haupt, H.-G.* u. *J. Kocka*, Historischer Vergleich: Methoden. Aufgaben, Probleme. Eine Einleitung, in: *dies*. (Hg.), Geschichte und Vergleich. Ansätze und Ergebnisse international vergleichender Geschichtsschreibung, Frankfurt/Main 1996, S. 9–45; *Kaelble, H.*, Der historische Vergleich. Eine Einführung zum 19. und 20. Jahrhundert, Frankfurt/Main 1999; *Osterhammel, J.*, Sozialgeschichte im Zivilisationsvergleich. Zu künftigen Möglichkeiten komparativer Geschichtswissenschaft, in: Geschichte und Gesellschaft 22 (1996), S. 143–164, sowie *ders.*, Geschichtswissenschaft jenseits des Nationalstaats. Studien zu Beziehungsgeschichte und Zivilisationsvergleich, Göttingen ²2003, S. 11–66. Für Perspektiven der Forschung und einen Überblick über die ausufernde Literatur zu Vergleich und Transfer siehe *Siegrist, H.*, Perspektiven der vergleichenden Geschichtswissenschaft. Gesellschaft, Kultur und Raum, in: *H. Kaelble* u. *J. Schriewer* (Hg.), Vergleich und Transfer. Komparatistik in den Sozial-, Geschichts- und Kulturwissenschaften, Frankfurt/Main 2003. S. 305–339, sowie *Kaelble, H.*, Die interdisziplinären Debatten über Vergleich und Transfer, in: ebd., S. 469–493.

9 Eine elegante vierte Variante wäre eine Kombination aus der zweiten und dritten, wenn sich nämlich Erbauungsort und -zeit der Botschaften aller drei Staaten in Einklang bringen lassen. Dies geschah aber erst außerhalb meines Untersuchungszeitraums mit der Verlegung oder Neugründung eines Regierungssitzes, wie im Fall Ankaras oder Canberras in der Zwischenkriegszeit oder Neu Delhis und Brasilias in der Nachkriegszeit.

10 Zur Kritik am Vergleich siehe *Welskopp, T.*, Stolpersteine auf dem Königsweg; *Espagne, M.*, Sur les limites du comparatisme en histoire culturelle, in: Genèses 17 (1994), S. 112–121.

11 Vgl. *Lorenz, C.*, Comparative Historiography. Problems and Perspectives, in: History and Theory 38 (1999), S. 25–39. Dies wird auch deutlich an zahlreichen Beispielen in *Haupt, H.-G.*, Historische Komparatistik in der internationalen Geschichtsschreibung, in: *G. Budde* u.a. (Hg.), Transnationale Geschichte. Themen, Tendenzen und Theorien, Göttingen 2006, S. 137–149.

12 Vgl. *Haupt, H.-G.* u. *J. Kocka*, Historischer Vergleich, S. 10; Jürgen Kocka hat dies später relativiert und für eine Kombination plädiert: *Kocka, J.*, Beyond Comparison, in: History and Theory 42 (2003), S. 39–44.

13 Vgl. *Haupt* u. *Kocka*, Historischer Vergleich, S. 34. Zu den Vorbehalten gegenüber dem Methodenpluralismus der Neueren Kulturgeschichte siehe *Tschopp, S.S.*, Die Neue Kulturgeschichte – eine (Zwischen-)Bilanz, in: Historische Zeitschrift 289 (2009), S. 573–605.

14 Vgl. *Espagne, M.* u. *M. Werner*, Deutsch-französischer Kulturtransfer im 18. und 19. Jahrhundert. Zu einem neuen interdisziplinären Forschungsprogramm des C.N.R.S., in: Francia 13 (1985), S. 502–51, sowie *dies.* (Hg.), Transferts. Les relations interculturelles dans l'espace franco-allemand (XVIIIe – XIXe siècle), Paris 1988. Zum Verhältnis von Vergleich und Transfer siehe *Paulmann, J.*, Internationaler Vergleich und interkultureller Transfer. Zwei Forschungsansätze zur europäischen Geschichte des 18. bis 20. Jahrhunderts, in: Historische Zeitschrift 267 (1998), S. 649–685; *Middell, M.*, Kulturtransfer und Historische Komparatistik – Thesen zu ihrem Verhältnis, in: *ders.* (Hg.), Kulturtransfer und Vergleich, Leipzig 2000, S. 7–41.

15 Auch in die Dienste anderer Botschaften trat Fossati und erstellte bereits 1841 Pläne für den Neubau der niederländischen Botschaft, die allerdings nicht ausgeführt wurden, leitete 1853 die Restaurierung des Palazzo Venezia und errichtete schließlich die Neubauten der persischen (1856) und spanischen Gesandtschaften.

16 Vgl. *Espagne, M.*, Sur les limites du comparatisme en histoire culturelle, sowie *ders.*, Les transferts culturels, in: H-Soz-u-Kult, 19.1.2005, http://hsozkult.geschichte.hu-berlin.de/forum/id=576&type=artikel.

17 Vgl. *Werner, M.*, Maßstab und Untersuchungsebene. Zu einem Grundproblem der vergleichenden Kulturtransfer-Forschung, in: *L. Jordan* u. *B. Kortländer* (Hg.), Nationale Grenzen und internationaler Austausch. Studien zum Kultur- und Wissenschaftstransfer in Europa, Tübingen 1995, S. 20–33; *Kaelble, H.*, Die Debatte über Vergleich und Transfer und was jetzt?, in: H-Soz-u-Kult, 08.2.2005, http://hsozkult.geschichte.hu-berlin.de/forum/id=574&type=artikel.

18 Auch hier offenbarten sich wieder die dem Vergleich inhärenten Probleme des Settings: Diese drei Ebenen – national, bilateral und international – bildeten das analytische Gerüst für die Untersuchung der einzelnen Fälle und die Gliederung der Arbeit. Damit sollte zugleich die Komplexität und der

Kontext der Einzelfälle einigermaßen eingefangen werden und die Vergleichbarkeit hergestellt werden. Da die drei Ebenen für die unterschiedlichen Fallbeispiele jedoch von ganz unterschiedlichem Gewicht waren, entstand wieder eine neue, aber weniger gravierende Asymmetrie, nicht mehr zu Lasten der Einzelfälle, sondern der Gesamtkonstruktion.

19 Vgl. *Schieder, T.*, Staatensystem als Vormacht der Welt 1848–1918, Berlin ²1980. S. 260–272; *Osterhammel, J.*, Die Verwandlung der Welt. Eine Geschichte des 19. Jahrhunderts, München 2009, S. 708–716.

20 Zu diesen neuen Akteuren gehörten die ersten internationalen Organisationen, die in der Regel auf private Initiativen bzw. Expertennetzwerke zurückgingen, Wissenschaftler, Unternehmen, Beamte anderer Ressorts (z. B. Kolonialbeamte), Medien etc. Vgl. Ebd. S. 732–733; *Paulmann, J.* u. *M. H. Geyer*, The mechanics of internationalism: an introduction, in: *dies.* (Hg.), The mechanics of internationalism: culture, society and politics from the 1840s to the First World War, Oxford 2001, S. 1–26; *Herren, M.*, Governmental Internationalism and the Beginning of a New World Order in the Late Nineteenth Century, in: ebd., S. 121–144; *dies.*, Internationale Organisationen seit 1865. Eine Globalgeschichte der internationalen Ordnung. Darmstadt 2009. S. 26–49.

21 Vgl. *Dülffer, J.*, Vom europäischen Mächtesystem zum Weltstaatensystem um die Jahrhundertwende, in: Historische Mitteilungen der Ranke-Gesellschaft 3 (1990), S. 29–44; *Hildebrand, K.*, Europäisches Zentrum, Überseeische Peripherie und neue Welt. Über den Wandel des Staatensystems zwischen dem Berliner Kongress (1878) und dem Pariser Frieden (1919/1920), in: Historische Zeitschrift 249 (1989), S. 53–94; *ders.*, Globalisierung 1900. Alte Staatenwelt und neue Weltpolitik an der Wende vom. 19. zum 20. Jahrhundert, in: *L. Gall* (Hg.), Jahrbuch des Historischen Kollegs 2006, München 2007, S. 3–31.

22 Zum Konzept des Grenzraums siehe *Paulmann, J.*, Grenzüberschreitungen und Grenzräume: Überlegungen zur Geschichte transnationaler Beziehungen von der Mitte des 19. Jahrhunderts bis in die Zeitgeschichte, in: *E. Conze* u. a. (Hg.), Geschichte der internationalen Beziehungen: Erneuerung und Erweiterung einer historischen Disziplin, Köln 2004, S. 169–196.

23 Vgl. *Werner, M.* u. *B. Zimmermann*, Vergleich, Transfer, Verflechtung. Der Ansatz der Histoire croisée und die Herausforderung des Transnationalen, in: Geschichte und Gesellschaft 28 (2002), S. 607–636; *dies.*, Penser l'histoire croisée. Entre empirie et réflexivité, in: Annales 58 (2003), S. 7–36; *dies.*, Beyond Comparison. Histoire croisée and the challenge of reflexivity, in: History and Theory 45 (2006), S. 30–50.

24 Vgl. *Werner, M.* u. *B. Zimmermann*, Vergleich, Transfer, Verflechtung, S. 624–627.

25 Vgl. *Randeria, S.*, Geteilte Geschichte und verwobene Moderne, in: *J. Rüsen* u. a. (Hg.), Zukunftsentwürfe. Ideen für eine Kultur der Veränderung, Frankfurt 1999, S. 87–95; *Subrahmanyam, S.*, Connected Histories. Notes towards a Reconfiguration of Early Modern Eurasia, in: Modern

Asian Studies 31 (1997), S. 735–762; *Conrad, S.* u. *S. Randeria* (Hg.), Jenseits des Eurozentrismus. Postkoloniale Perspektiven in den Geschichts- und Kulturwissenschaften, Frankfurt/Main 2002, S. 9–49.

26 Vgl. *Kaelble, H.*, Die Debatte über Vergleich und Transfer und was jetzt?, in: H-Soz-u-Kult, 08.2.2005, http://hsozkult.geschichte.hu-berlin.de/forum/id=574&type=artikel.

Die Autorinnen und Autoren

Agnes Arndt, M. A., 2004–2005 Wiss. Mitarbeiterin am Wissenschaftszentrum Berlin für Sozialforschung, 2006–2010 Doktorandin am Berliner Kolleg für Vergleichende Geschichte Europas sowie Stipendiatin der Gerda Henkel Stiftung und der Deutschen Historischen Institute in Warschau, Paris und London, seit 2011 Visiting Fellow am Zentrum für Zeithistorische Forschung Potsdam. *Arbeitsgebiete*: Europäische Zeitgeschichte, insbesondere Sozial-, Politik- und Begriffsgeschichte in vergleichender und verflechtungsgeschichtlicher Perspektive, Theorien und Methoden der Geschichtswissenschaft. *Publikationen* u. a.: Intellektuelle in der Opposition. Diskurse zur Zivilgesellschaft in der Volksrepublik Polen, Frankfurt am Main 2007; Premises and Paradoxes in the Development of the Civil Society Concept in Poland, in: Agnes Arndt/Dariusz Gawin, Discourses on Civil Society in Poland, WZB Discussion Paper SP IV 2008–402, Berlin 2008, S. 1–29; Inspiracja czy irytacja? Społeczeństwo obywatelskie w Polsce i Europie, in: Kultura Liberalna, 86 (2010) 36.

Arnd Bauerkämper, Prof. Dr. phil., 1989 Promotion an der Universität Bielefeld, 2001 Habilitation an der Freien Universität Berlin; 2001–2009 Geschäftsführender Leiter des Zentrums bzw. des Berliner Kollegs für Vergleichende Geschichte Europas, seit 2009 Professor am Friedrich-Meinecke-Institut der Freien Universität Berlin. *Arbeitsgebiete*: Geschichte Großbritanniens im 19. und 20. Jahrhundert, Geschichte des europäischen Faschismus, Sozialgeschichte der Bundesrepublik Deutschland und der DDR, Geschichtstheorie. *Publikationen* u. a.: Die »radikale Rechte« in Großbritannien. Nationalistische, antisemitische und faschistische Bewegungen vom späten 19. Jahrhundert bis 1945, Göttingen 1991; Ländliche Gesellschaft in der kommunistischen Diktatur. Zwangsmodernisierung und Tradition in Brandenburg 1945–1963, Köln 2002; Die Sozialgeschichte der DDR (Enzyklopädie deutscher Geschichte, Bd. 76), München 2005; Der Faschismus in Europa 1918–1945, Stuttgart 2006.

Benno Gammerl, Dr. phil., 2008 Promotion an der Freien Universität Berlin; 2004–2008 Doktorand und Stipendiat der Gerda Henkel Stiftung am Berliner Kolleg für Vergleichende Geschichte Europas, seit 2008 Wiss. Mitarbeiter am Forschungsbereich Geschichte der Gefühle beim Max-Planck-Institut für Bildungsforschung in Berlin. *Arbeitsgebiete*: Geschichte der Homosexualitäten, der Staatsbürgerschaft und von Imperien, deutsche Zeitgeschichte, oral history, Geschichte der Gefühle. *Publikationen* u. a.: Staatsbürger, Untertanen und Andere. Der Umgang mit ethnischer Heterogenität im Britischen Weltreich und im Habsburgerreich, 1867–1918, Göttingen 2010; Erinnerte Liebe: was kann eine Oral History zur Geschichte der Gefühle und der Homosexualitäten beitragen?, in: Geschichte und Gesellschaft 35 (2009), S. 314–345.

Joachim C. Häberlen, M. A., seit 2004 Ph.D. Candidate am History Department der University of Chicago, wo er gegenwärtig seine Dissertation »Trust and Politics. The Working-Class Movement in Leipzig and Lyon at the Moment of Crisis, 1929–1933/38« abschließt, 2006–2009 Doktorand am Berliner Kolleg für Vergleichende Geschichte Europas sowie Stipendiat der Gerda Henkel Stiftung, des Deutschen Akademischen Austauschdienstes und des Deutschen Historischen Instituts Paris. *Arbeitsgebiete*: Vergleichende Europäische Geschichte des 20. Jahrhunderts, insbesondere Sozial-, Politik- und Alltagsgeschichte sowie Geschichte von sozialen Bewegungen. *Publikationen* u. a.: »Meint Ihr's auch ehrlich?« Vertrauen und Misstrauen in der linken Arbeiterbewegung in Leipzig und Lyon zu Beginn der 1930er Jahre, in: Geschichte und Gesellschaft 36 (2010), S. 377–407.

Mateusz J. Hartwich, Dr. des., 2010 Promotion an der Europa-Universität Viadrina in Frankfurt (Oder); 2007–2009 Doktorand und Stipendiat der Hertie-Stiftung am Berliner Kolleg für Vergleichende Geschichte Europas, seit 2010 als freiberuflicher Historiker, Übersetzer und Kulturmanager in Berlin tätig. *Arbeitsgebiete*: Tourismusgeschichte, deutsch-polnische Beziehungen, Grenzregionen, »Angewandte Geschichte«. *Publikationen* u. a.: Tourismus, Traditionen und Transfers. Rahmenbedingungen und Wahrnehmung der Reisen von DDR-Bürgern ins Riesengebirge in den 1960er-Jahren, in: Włodzimierz Borodziej/Jerzy Kochanowski/ Joachim von Puttkamer (Hg.), »Schleichwege«. Inoffizielle Begegnungen sozialistischer Staatsbürger zwischen 1956 und 1989, Köln u. a. 2010; Rübezahl zwischen Tourismus und Nationalismus. Vom umkämpften Symbol zum einigenden Patron des deutsch-polnisch-tschechischen Grenzlandes?, in: Petr Lozoviuk (Hg.), Grenzgebiet als Forschungsfeld. Aspekte der ethnografischen und kulturhistorischen Erforschung des Grenzlandes, Leipzig 2009.

Jakob Hort, M. A., M. E. S., 2006–2009 Doktorand und Stipendiat der Gerda Henkel Stiftung am Berliner Kolleg für Vergleichende Geschichte Europas. *Arbeitsgebiete:* Internationale Geschichte des 19. und 20. Jahrhunderts, Politische Kulturgeschichte, Europäische Integration. *Publikationen* u. a.: Bismarck in München. Formen und Funktionen der Bismarckrezeption 1885–1934, München u. a. 2004; Zwischen monarchischer Repräsentation und parlamentarischer Selbstdarstellung. Parlamentsarchitektur im 19. Jahrhundert, in: Nils Freytag/Dominik Petzold (Hg.), Das ›lange‹ 19. Jahrhundert. Alte Fragen und neue Perspektiven, München 2007, S. 75–102; Bismarckdenkmäler, in: Historisches Lexikon Bayerns, hrsg. v. der Bayerischen Staatsbibliothek in Zusammenarbeit mit der Kommission für Bayerische Landesgeschichte bei der Bayerischen Akademie der Wissenschaften und der Konferenz der Landeshistoriker an den bayerischen Universitäten 2006; Die Politische Symbolik der Europäischen Union. Genese und Funktion der Symbole des Verfassungsvertrages, Berlin 2004.

Márkus Keller, Dr. phil., 2009 Promotion an der Eötvös Loránd Universität Budapest; 2004–2006 Doktorand und Stipendiat der Hertie-Stiftung am Berliner Kolleg für Vergleichende Geschichte Europas, 2007–2008 Immanuel-Kant-Stipendiat, 2009–2010 Wiss. Mitarbeiter am 1956-er Institut Budapest, seit September 2010 Wiss. Mitarbeiter am Lehrstuhl für Wirtschafts- und Sozialgeschichte der Eötvös Loránd Universität Budapest. *Arbeitsgebiete:* Deutsche und Ungarische Geschichte des 19. und 20. Jahrhunderts, Komparatistik und oral history. *Publikationen* u. a.: (Zus. mit Adrienne Molnár und Zsuzsa Körösi), A forradalom emlékezete. Személyes történelem, Budapest 2006; 1956-os Intézet; A tanárok helye. A középiskolai tanárok professzionalizációja porosz–magyar összehasonlításban a 19. század második felében, Budapest 2010.

Jürgen Kocka, Prof. Dr. Dr. h.c. mult., 1968 Promotion an der Freien Universität Berlin, 1973 Habilitation in Münster; 1973–1988 Professur für Sozialgeschichte an der Universität Bielefeld, 1988–2009 für die Geschichte der industriellen Welt an der Freien Universität Berlin, 2001–2007 Präsident des Wissenschaftszentrums Berlin für Sozialforschung, dort 2007–2009 Forschungsprofessur für »Historische Sozialwissenschaft«, 1998–2009 Direktor am Zentrum bzw. Berliner Kolleg für Vergleichende Geschichte Europas, seit 2009 Permanent Fellow am Internationalen Geisteswissenschaftlichen Kolleg »Arbeit und Lebenslauf in globalgeschichtlicher Perspektive« an der Humboldt-Universität zu Berlin und Senior Fellow am Zentrum für Zeithistorische Forschung Potsdam. *Arbeitsgebiete:* Europäische Geschichte des 19. und 20. Jahrhunderts, historischer Vergleich, Sozialgeschichte, beispielsweise Geschichte der Unternehmen und der Arbeitsverhältnisse, der Arbeiterklasse, des Bürgertums und der Zivilgesellschaft, des Ersten Weltkriegs und der DDR. *Publikationen* u.a.: Civil Society and Dictatorship in Modern German History, Hanover, NH 2010; Arbeiten an der Geschichte. Gesellschaftlicher Wandel im 19 und 20. Jahrhundert, Göttingen 2011.

Zdeněk Nebřenský, M.A., seit 2004 Doktorand an der Karls-Universität Prag, wo er gegenwärtig seine Dissertation zum Thema »Sinnwelt der jungen Intelligenz in Ostmitteleuropa 1956–1968« abschließt, 2006–2008 Doktorand und Stipendiat der Hertie-Stiftung am Berliner Kolleg für Vergleichende Geschichte Europas, seit 2009 Projektberater in der Agentur für Lebenslanges Lernen (CZ). *Arbeitsgebiete:* Moderne Historiographiegeschichte, Vergleichende, Sozial- und Kulturgeschichte Zentraleuropas, Wissenstransfer. *Publikationen* u.a.: Early Voices of Dissent: Czechoslovak Student Opposition at the Beginning of the 1960s., in: Martin Klimke/Jacco Pekelder/Joachim Scharloth (Hg.), Between Prague Spring and French May. Opposition and Revolt in Europe, 1960–1980, New York 2011.

Tetyana Pavlush, M.A., seit 2006 Doktorandin und Stipendiatin der Hertie-Stiftung am Berliner Kolleg für Vergleichende Geschichte Europas, wo sie derzeit ihre Dissertation »Kirche nach Auschwitz zwischen Theologie und Vergangenheitspolitik. Die Auseinandersetzung der evangelischen Kirchen in der Bundesrepublik und in der DDR mit der Judenvernichtung im ›Dritten Reich‹ im politisch-gesellschaftlichen Kontext« abschließt. *Arbeitsgebiete:* Deutsch-deutsche Nachkriegsgeschichte und kirchliche Zeitgeschichte, kirchliche und christliche Erinnerungskultur in international vergleichender Perspektive, das christlich-jüdische Gespräch. *Publikationen* u. a.: Die Beichte der Kirche. Die Reflexion der deutschen Kirchen über ihre Rolle im NS-Deutschland, in: Jakub Končelík u. a. (Hg.), Rozvoj ceské spolecnosti v Evropské unii, Prag 2004, S. 298–309.

Christiane Reinecke, Dr. phil., 2008 Promotion an der Humboldt-Universität zu Berlin; 2004–2008 Doktorandin und Stipendiatin der Gerda Henkel Stiftung am Berliner Kolleg für Vergleichende Geschichte Europas, seit 2008 Mitarbeiterin am Sonderforschungsbereich 640 »Repräsentationen sozialer Ordnungen im Wandel« an der Humboldt-Universität Berlin, 2010 Visiting Scholar am Center for European Studies an der Harvard University. *Arbeitsgebiete:* Europäische Migrations- und Stadtgeschichte, Geschichte der Sozialwissenschaften in den USA und Europa. *Publikationen* u. a.: Grenzen der Freizügigkeit. Migrationskontrolle in Großbritannien und Deutschland, 1880–1930, München 2010; Riskante Wanderungen. Illegale Migration im britischen und deutschen Migrationsregime der 1920er Jahre, in: Geschichte und Gesellschaft 35 (2009) 1, S. 64–97.

Stephanie Schlesier, M. A., 2010 Promotion an der Universität Trier; 2008–2009 Wiss. Mitarbeiterin an der Universität Trier, 2004–2008 Doktorandin am Berliner Kolleg für Vergleichende Geschichte Europas sowie Stipendiatin der Gerda Henkel Stiftung, des Deutschen Historischen Instituts Paris und des Instituts für Europäische Geschichte Mainz. *Arbeitsgebiete*: Westeuropäische Geschichte mit Schwerpunkt auf dem deutschen, französischen und niederländischen Raum des 19. und 20. Jahrhunderts, Jüdische Geschichte, Sozial-, Gesellschafts- und Mikrogeschichte. *Publikationen* u. a.: Die unsichtbare Grenze. Die Annexion von 1871 und ihre Auswirkungen auf die Region Lothringen bis zum 1. Weltkrieg, in: Christophe Duhamelle/Andreas Kossert/Bernhard Struck (Hg.), Grenzregionen. Ein europäischer Vergleich vom 18. bis 20. Jahrhundert, Frankfurt am Main 2007, S. 51–75; Das religiöse Leben der jüdischen Gemeinden in Lothringen und der preußischen Rheinprovinz im 19. Jahrhundert, in: Jean Paul Cahn/Hartmut Kaelble (Hg.), Religion und Laizität in Deutschland und Frankreich im 19. und 20. Jahrhundert, Stuttgart 2008, S. 78–92.

Bo Stråth, Prof. Dr.; 1990–1996 Professor der Geschichte an der Universität Göteborg, 1997 bis 2007 Professor der europäischen Zeitgeschichte am Europäischen Hochschulinstitut in Florenz, seit 2007 Akademie von Finnland Distinguierter Professor der Nordischen, Europäischen und der Weltgeschichte an der Universität Helsinki. *Arbeitsgebiete*: Europäische Moderne des 19. und 20. Jahrhunderts in einer globalen Perspektive. Details unter www.helsinki.fi/strath. *Publikationen* u. a.: (Zus. mit Hagen Schulz-Forberg), The Political History of European Integration. The hypocricy of democracy-through-market, London 2010; (Hg. zus. mit Małgorzata Pakier), A European Memory? Contested Histories and Politics of Remembrance, Oxford 2010.

Wenn Sie weiterlesen möchten ...

Heinz Duchhardt / Małgorzata Morawiec / Wolfgang Schmale / Winfried Schulze (Hg.)

Europa-Historiker, Band 1-3

Ein biographisches Handbuch

Gibt es eine spezifisch europäische Identität? Wenn ja, wie ist diese Identität entstanden, worin besteht sie und was macht sie aus? Anders als bisherige gegenwarts- oder zukunftsorientierte Versuche, Antworten auf die Fragen der europäischen Integration zu finden, nähert sich dieses Handbuch im Rückblick. Es zeigt, in welchem Maß, mit welchen Konnotationen und mit welchen Zielsetzungen sich Historiker vergangener Jahrhunderte und Jahrzehnte mit dem Phänomen »Europa« auseinandergesetzt haben. Neben Historikern im engeren Sinne werden auch humanistisch gebildete Geographen und Literaten, »Statistiker« und Ökonomen, Politiker und Philosophen, Juristen und Staatswissenschaftler vorgestellt und verortet.

»Ein anspruchsvolles Vorhaben, das für die Autoren, wie im kurzen Vorwort zum zweiten Band angemerkt, eine ›intellektuelle Herausforderung‹ darstellte und der Wissenschaftsgeschichte auf insgesamt überzeugende Weise ein neues Feld erschließt.« *Karel Hruza, H-Soz-u-Kult*

Band 1

Band 1 enthält biographische Texte über Pierfrancesco Giambullari, Sebastian Münster, Johann Heinrich Gottlob von Justi, August Ludwig von Schlözer, Elias von Schmidt-Phiseldek, Leopold von Ranke, Constantin Frantz, Johan Huizinga, Oskar Halecki, Geoffrey Barraclough, Federico Chabod, Rolf Hellmut Foerster und Walther Lipgens.

Band 2

Band 2 enthält Essays über Alfonso de Ulloa, William Robertson, Johann Gottfried Herder, Friedrich Ludwig Georg von Raumer, Jacob Burckhardt, Nikolaj Jakovlevic Danilevskij, Henri Pirenne, H.A.L. Fisher, Gonzague de Reynold, Christopher Dawson, Carlo Curcio, Fernand Braudel, Friedrich Heer und Heinz Gollwitzer.

Band 3

Band 3 enthält biographische Texte über Francesco Guicciardini, Voltaire, Niklas Vogt, José Ortega y Gasset, Albert Mirgeler, Denis de Rougemont, Denys Hay, Henri Brugmans, Johann Wilhelm Süvern, François Guizot und Arnold Hermann Ludwig Heeren.

Die Bände sind einzeln beziehbar oder zusammen zum Vorzugspreis.